高寒矿区生态修复技术
创新与实践

李希来　徐有学　李长慧　贾顺斌　邓艳芳　唐俊伟　著

U0296620

科 学 出 版 社

北 京

内 容 简 介

本书关注高寒矿区生态修复理论、技术创新与实践，以及青海木里矿区生态修复管理创新与实践，共分为 7 章，内容涵盖了高寒矿区生态现状与修复理论、高寒矿区煤炭资源与开采、高寒矿区种草复绿探索、木里矿区土壤重构及植被恢复技术研究、高寒矿区生态修复技术创新、高寒矿区生态修复典型案例、高寒矿区生态修复管理创新与实践等。

本书可供恢复生态学、自然地理学、生态学、地质学、地貌学、草学、土壤学、植物学及水文学等领域的相关行业技术人员、政府工作人员和科技工作者、矿产开发与生态修复企业单位人员、高校师生应用与参考。

图书在版编目（CIP）数据

高寒矿区生态修复技术创新与实践 / 李希来等著. —北京：科学出版社，2022.6

ISBN 978-7-03-072530-1

Ⅰ.①高… Ⅱ.①李… Ⅲ.①寒冷地区-矿区-生态恢复-研究 Ⅳ.①X322

中国版本图书馆 CIP 数据核字（2022）第 100204 号

责任编辑：罗 静 付丽娜 / 责任校对：郑金红
责任印制：吴兆东 / 封面设计：无极书装

科 学 出 版 社 出版
北京东黄城根北街 16 号
邮政编码：100717
http://www.sciencep.com
北京中科印刷有限公司 印刷
科学出版社发行 各地新华书店经销
*
2022 年 6 月第 一 版 开本：720×1000 1/16
2023 年 4 月第二次印刷 印张：29 1/4
字数：589 000
定价：328.00 元
（如有印装质量问题，我社负责调）

编写组及项目组

主要著者　李希来　徐有学　李长慧　贾顺斌　邓艳芳　唐俊伟

其他著者　蔡佩云　张洪明　李永红　李志炜　梁俊安　欧为友
　　　　　　王　锐　王　佟

项目组织委员会

主　任　李晓南
委　员　王恩光　赵海平　张启元　韩德辉　王海平　阿英德　何　灿
　　　　　蔡佩云　张洪明　田　剑　韩　强

项目参加单位和主要人员

青海大学

李希来　李长慧　马玉寿　乔有明　施建军　孙海群　李宏林　杨元武
梁德飞　姚喜喜　韩成龙　谢久祥　温小成　蒋福祯　金立群　孙　熠
张玉芳　高志香　杨鑫光　王　锐　马盼盼　把熠晨

青海省林业和草原局

蔡佩云　张洪明　白永军　马建海　贾鸿翔　朱永平　李文平　雷延明
宋维菊　王　凯　张雅宁　王清水　邓艳芳　吉震宇　于　海　孙　慧
祁承德　莫玉花

青海省草原总站

徐有学　刘晓建　乔安海　唐俊伟　贾顺斌　欧为友　任　程　唐炳民
辛玉春　马　力　王晓彤　谈　静　汪雪梅　马乾坤　王海春　王占良
刘　凯　夏　欢　张来权　魏清平　薛　涛　何　玲　王晓搏
夏吾拉忠措

中国科学院西北高原生物研究所

周华坤　曹广民　李义康　杨永胜

青海省湿地保护中心

马春艳　肖　锋　季海川　马元杰

青海省草原改良试验站

魏红海　陈国明　石玉龙　土旦加　童世贤　王建峰　黄国胜　贾　科

青海省林业技术推广总站

时保国　杨文智　王　成

中煤地质集团有限公司

王海宁　王　佟　郭晋宁　刘永彬　王　辉　王明宏　刘金森　田　力
李永红　谢色新　熊　涛　文怀军　梁振新　李聪聪　李　飞　梁俊安
夏建军　梁峰伟　李永军　杨庆祝　毕洪波　胡　航　王伟超　江晓光

中国地质工程集团有限公司

李志炜　甄玉辉　吴大庆　申晓林

河北冀东建设工程有限公司

邢运涛　李　厂　林　炜　杨　文　肖冰峰　赵建业　侯星河

中国煤炭科工集团

李凤明　李岩然　白国良　韩科明　殷　磊　门雷雷　李幸丽　桑　盛
赵晗博　韩　震　赵立钦　郭孝理

序

　　高寒矿区分布于青藏高原高寒生态区，主要包括祁连山、江河源区、羌塘高原、喀喇昆仑山、可可西里以及柴达木盆地等地区，区域自然地理独特，生态环境极其脆弱。青海木里地区是高寒矿区的主要分布区，位于海西蒙古族藏族自治州（以下称海西州）天峻县木里镇和海北藏族自治州（以下称海北州）刚察县吉尔孟乡，是黄河上游重要支流大通河的发源地，是祁连山区域水源涵养地和生态安全屏障的重要组成部分，是青藏高原多年（季节性）冻土区、典型的生态脆弱区，区内植被以高寒草甸和湿地等为主。多年煤炭露天开采，造成矿区水资源、土地资源和植被资源不同程度的破坏，以及水源涵养功能下降等一系列生态环境问题，破坏的生态环境亟待整治修复。

　　木里矿区种草复绿是整治工作的重点，也是难点。矿区平均海拔在 3700m 以上，年平均气温低于-4.0℃，年均降水量 470mm 左右，矿区多年冻土分布，种草复绿基础条件极差。治理模式方面，目前，国内尚无高寒高海拔矿区大面积种草复绿的成熟经验，木里矿区种草复绿属于首创性工程，挑战与风险同在。对此，青海省林业和草原局坚持把木里矿区种草复绿作为头等大事，凝聚全员共识，动员全员力量，倾注大量心血，坚持尊重规律、科学整治和精细管理，充分总结全省草原保护修复的实践经验，把科学性、规范性、实效性举措贯穿矿区种草复绿方案编制、物资储备、现场施工、后期管护全过程。以青海大学李希来教授、李长慧教授，青海省草原总站徐有学研究员等为代表的专家团队，分组编班实施面对面指导服务，瞄准技术难题，发挥学科所长，把论文写在整治现场，与中煤地质集团有限公司、中国地质工程集团有限公司等施工队伍一道解决客土、草种、种草流程等重要问题，抢工时、抓进度、保质量，实施了种草复绿工程。特别是在种草复绿实践过程中，专家团队和技术人员也大胆探索，善于总结，形成了《高寒矿区生态修复技术创新与实践》学术成果，理论性、实践性较强，为我国高原高寒高海拔地区矿山修复提供了借鉴与示范，具有一定的指导意义。

　　在木里矿区生态修复（种草复绿）施工期间，技术支撑人员长期驻修复现场，进行现场技术指导和服务，解决了客土、草种、种草流程等多项关键技术问题，特别是在高寒矿区大面积种草复绿实践过程中，大胆探索总结经验，针对出现的技术难题和困难，及时进行科研攻关，开展了大量的试验研究，制定了多项相关技术规范和技术方案，为顺利推进矿区生态修复（种草复绿）工作提供了坚强的技术支撑。在总结高寒矿区生态修复经验的基础上，青海大学等技术支撑单位牵头撰写了《高寒矿区生态修复技术创新与实践》一书，该书重点介绍了木里矿区地貌重塑、土壤重构及植被恢复技术、高寒矿区生态修复技术创新以及管理创新与实践等内容，为国内外同类地区矿山修复提供了借鉴与示范，具有很强的指导性和操作性。

青海木里矿区生态修复（种草复绿）项目组织委员会

2022 年 1 月于西宁

前　　言

　　中国是重要的矿产资源生产国与消费国，矿产资源的开发与利用不可避免地会对土地、生态、环境等产生负面影响，如排土场和煤矸石山压占土地、土地沉陷、地貌景观改变、有毒气体排放和土壤污染等。因此，矿山地质环境生态修复是国土空间生态修复的重点之一。高寒矿区是指海拔在3700m以上，年均温低于-4.0℃，年均降水量470mm左右，具有冻土（多年或季节性）分布的矿区。祁连山是中国西部重要生态安全屏障，位于高寒矿区。

　　2020年8月，青海省启动了《木里矿区以及祁连山南麓青海片区生态环境综合整治三年行动方案（2020—2023年）》，确立了"实事求是、尊重科学"的工作原则，组建了涵盖矿山治理、生态修复等多领域的专家组，邀请85名院士、教授等专家学者参与指导，形成了"以自然恢复为主、人工修复为辅，人工修复为自然恢复打基础"、"与周围地貌保持一致"以及"山水林田湖草沙冰"系统治理为理念的综合治理方案。木里矿区地貌重塑工程采用边施工、边优化、边调整的"三边"方法；种草复绿工程创造性应用了矿区无客土渣土改良、羊板粪和有机肥耦合以肥代土、草种优选组合以及"七步法"种草流程的高寒矿区生态修复综合技术；祁连山南麓青海片区6.31万km^{2}范围内"问题图斑"工程，通过植草复绿、围栏封育等手段进行了修复整治，区域生态环境得以进一步修复。

　　由于木里矿区地处多年冻土高寒地区，系统的矿山生态修复没有可借鉴的成功经验，因此在木里矿区生态修复综合整治中，我们深刻践行习近平生态文明思想，牢牢把握"三个最大"省情定位，充分领会"绿水青山就是金山银山"，坚持"山水林田湖草沙冰"生命共同体理念，把尊重自然、顺应自然、保护自然的理念贯穿于生态环境整治与修复规划设计、工程建设和管理维护的全过程，着力实现矿区生态与周边自然生态环境的有机融合。矿山生态系统是一个耦合的经济-社会-生态系统，是一项复杂的系统工程。在木里矿区生态修复工程中政府、矿山企业、社区居民等多方共同参与，保证了实施方案、作业设计、施工过程的科学协调和系统整合，综合运用了恢复生态学、自然地理学、自然资源管理学、气象学和水文学等多种学科知识，木里矿区生态修复的成功经验值得总结，应用前景广阔。

　　高寒矿区生态修复是指对因矿业活动破坏和受损的生态系统进行修复，这个损毁生态系统包括矿坑底部、矿坑边坡、渣山、生活区、储煤场及道路等矿业活动场地，破坏的生态环境要素为土地与土壤、草原与湿地、地表水与地下水、大气、动物栖息地、微生物群落等。木里矿区地处高原、高寒、高海拔地区，自然条件极为严酷，生态环境极其脆弱，植被自然恢复缓慢，种草复绿土壤基底等立地条件差，客土十分困难，面临的技术难题多，治理难度大、成本高、周期长。

木里矿区的生态问题也成为亟待解决的社会热点问题，因此，实施木里矿区生态环境综合整治，已成为高寒矿区生态修复的典范。

本书旨在围绕木里矿区开展生态修复，突出"土-草-水-肥"一体化生态修复技术，详细介绍了青海木里矿区自然气候及生态环境等基本情况，阐述了近年来煤矿开采以及对区域植被、土壤等生态环境造成的危害，分析了各采矿矿井对生态环境造成的损失；总结了2014～2016年各采矿企业种草复绿经验；阐述了2020年木里矿区生态修复工程的思路、原则目标、方法和方案等，提出了利用羊板粪、有机肥改良渣土的措施，制定了适宜当地自然气候条件的多草种组合搭配、配方施肥等技术路线，建立了科学的保育管护制度。

本书围绕木里矿区生态修复这一主题，实现了多学科的集成与融合；在理论研究与技术应用研究过程中，贯彻了专业技术通俗化、复杂问题简单化原则；所提供的案例大多为著者主持或参与设计，以及主持审查、验收的项目，属于高原高寒高海拔地区开展大面积矿山治理的首例示范性工程，国内外尚无成功经验和成熟模式可借鉴，故案例具有可复制、可推广的示范性特点。此外，本书所论述的矿山生态修复理论、技术方法与案例实践，可供青藏高原其他矿区的生态修复工程所借鉴。

全书共分为7章，由李希来、徐有学、李长慧、贾顺斌统稿。各章编写人员如下：第1章高寒矿区生态现状与修复理论，由李长慧、李希来编写；第2章高寒矿区煤炭资源与开采，由李希来、徐有学、李长慧、贾顺斌编写；第3章高寒矿区种草复绿探索，由李希来、徐有学、李长慧、贾顺斌、邓艳芳、唐俊伟编写；第4章木里矿区土壤重构及植被恢复技术研究，由李希来、王锐、李长慧编写；第5章高寒矿区生态修复技术创新，由李希来、蔡佩云、张洪明、徐有学、李长慧、贾顺斌、邓艳芳、唐俊伟编写；第6章高寒矿区生态修复典型案例，由李希来、徐有学、张洪明、李长慧、贾顺斌、邓艳芳、唐俊伟、李永红、李志炜、梁俊安编写；第7章高寒矿区生态修复管理创新与实践，由李希来、蔡佩云、张洪明、徐有学、邓艳芳、李长慧、贾顺斌、唐俊伟、欧为友、王佟编写；文后图版，由李希来编排。

本书出版得到青海省科技厅项目（2015-SF-117、2019-ZJ-7041）、青海大学两级财政专项资金"三江源生态一流学科（生态系统演替与管理方向）"建设项目、青海省林业和草原局中央财政林草科技推广示范项目（青〔2021〕TG01号）、青海省林业技术推广总站省财政林业改革发展资金新技术推广项目（2021001）、高等学校学科创新引智计划项目（D18013）和青海省科技创新创业团队"三江源生态演变与管理创新团队"项目的共同资助。

基于矿山生态修复涉及学科众多、研究领域宽泛，且诸多新理论与新技术方法不断涌现，加之作者专业水平所限，本书定有很多不妥甚至错谬之处，敬请读者斧正。

主要著者

2021年11月15日

目　录

第1章　高寒矿区生态现状与修复理论

高寒矿区生态修复是生态环境综合整治工作的重点，也是难点。高寒矿区生态修复是世界性难题，从地貌重塑、土壤重构、植被恢复、生物多样性维持与评价4个方面，营造高原再生生境。如何构建冻土区人工地貌，快速修复土壤微生物环境，达到通过某些特定微生物的代谢活动，促进土壤养分循环，是高寒矿区生态修复的重点；建立植被种群配置合理的高寒植被群落，是植被修复和生物群落修复的关键。

高寒矿区平均海拔在3700m以上，年平均气温小于–4.0℃，年均降水量470mm左右，矿区多年（季节性）冻土分布，种草复绿基础条件极差。治理模式方面，目前，国内尚无高寒高海拔矿区大面积植被恢复的成熟经验，青海木里矿区种草复绿属于首创性工程，挑战与风险同在。本章系统介绍了高寒矿区生态环境概况、生态修复现状以及生态修复理论。

1.1　高寒矿区生态环境概况

1.1.1　高寒矿区概况

矿产资源是一种非常重要的自然资源，是人类社会赖以生存和发展不可缺少的物质基础。它既是人们生活资料的重要来源，又是极其重要的社会生产资料（吕贻峰，2001）。高寒矿区分布于青藏高原高寒生态区，典型矿区分布如图1-1所示，主要包括祁连山、江河源区、羌塘高原、喀喇昆仑山、可可西里以及柴达木盆地等地区（张进德和郗富瑞，2020）。青海省是高寒矿区的主要分布区。青海省位于世界屋脊——中国青藏高原东北部，北起祁连山主脊以南，南到唐古拉山一带，西至阿尔金山以东，东达积石山，东西长约1200km、南北宽约800km、面积72.1万km^2，位于古亚洲超构造域和特提斯超构造域的结合部位（潘彤等，2006）。青海省矿产资源十分丰富，是我国有色金属、贵金属、盐类与能源等矿产的主要蕴藏地之一，是中国矿产战略储备基地，成矿地质背景优越，多数矿床开发利用条件较好。截至2007年底，青海省已发现的矿产有132种，已探明储量的有107种，在已探明的矿产保有储量中，有50种居全国前10位，其中位居第一位的有锂矿、锶矿、冶金用石英岩、芒硝、电石用灰岩、化肥用蛇纹岩、镁盐（含MgCl$_2$和MgSO$_4$两种）、钾盐、石棉、玻璃用石英岩等11种。锌、铜、银、钼、石油、油页岩、炼焦用煤、钨、锑、金等矿产的资源储量列全国前20位。《青海省矿产资源总体规划（2008—2015年）》中有潜在价值的62种矿产保有储量潜在价值约17.3万亿元，占全国矿产保有储量潜在价值的19.2%。青海省国土资源厅（现青海省自然资源厅）统计数据显示，2009 年全省实现矿业总产值 304.19 亿元（胡莹，2011）。青海省虽然矿产资源丰富，但是其地域分布不均衡，贫矿较多，共生伴生矿产多。除众所周知的柴达木盆地盐湖化工区以外，主要矿带有北祁连地区、鄂拉山地区、积石山地区、玉树地区等。北祁连地区多数为多金属矿和煤矿，均产在火山岩中，与早古生代火山活动有关，红沟铜矿、木里煤矿可作为该带的代表；鄂拉山地区，有一系列以铜为主的多金属矿床和矿点，呈北北西向带状分布；积石山地区，矿床（点）几乎都是产在超基性岩中，其中以德尔尼铜矿最为著名；玉树地区，系三江成矿带的北西延伸部分，铜及多金属矿点较多，其中，纳日贡玛铜矿属斑岩型；野马泉地区，主要为与铁矿床共生的铅锌矿，有一定储量；鄂拉山地区，有一些单独的铅锌矿床、矿点和与铜矿共生的多金属矿。全省已知煤系地层有石炭系、二叠系、三叠系、侏罗系，以侏罗系最为重要。侏罗系煤田多受断陷盆地控制，常沿断裂带分布（章午生和金万福，1985）。

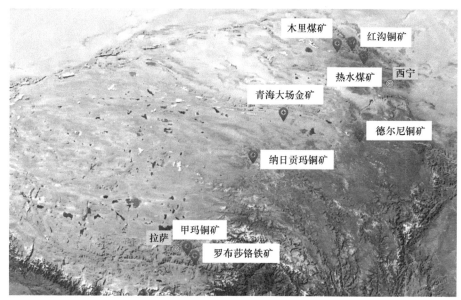

图 1-1　青藏高原典型矿区分布示意图

1.1.2　高寒矿区生态环境特征

张进德和郗富瑞（2020）在傅伯杰院士团队对我国生态区域开展系统性研究的基础上，对废弃矿山生态修复分区进行了综合划分。首先，根据地理位置-温湿条件，将我国划分为东部湿润半湿润、西部干旱半干旱和青藏高原高寒 3 个生态大区。其次，依据典型地带性植被、地貌类型、生态系统类型和人类活动等因素，又将 3 个生态大区继续细分为 13 个生态地区，共包含 57 个生态区。青海省高寒矿区属于青藏高原高寒生态大区青藏高原草原和森林草甸区。青海省深居我国内陆，其东部边缘远离太平洋，南部由喜马拉雅山山系所引起的巨大屏障作用以及冈底斯山-念青唐古拉山、唐古拉山等一系列东西走向的高大山系所引起的极大拦截作用削弱了来自印度洋的暖湿海洋性气流，青海省大部分地区处在西风环流和青藏高压的控制范围内。冬季主要受干冷的西风环流控制，长达 7~8 个月之久。冷季漫长，暖季短暂，雨季集中在 7 月、8 月、9 月三个月。巍峨的祁连山与唐古拉山耸立在南北两侧，昆仑山系有数条东西走向的山脉伸展至境内。同时，河流长期的切割与寒冻风化，形成了青海省复杂的地形。青海省的矿产资源大多分布在高海拔山区，海拔平均在 3600m 以上（表 1-1）。气候寒冷恶劣，年平均气温均在−1℃以下，冬季极端温度可达−41.8℃（玛多）。无绝对无霜期，大风天数多，蒸发量大，生态极其脆弱。土壤主要受自然因素的影响，形成了高山寒漠土、高山漠土、高山草甸土、高山草原土和高原沼泽土等类型。高山寒漠土主要分布于青藏高原冰雪线以下、高寒草甸以上，其上发育着垫状植被、高山流石坡稀疏植被和苔藓地衣等，如木里煤田哆嗦贡玛矿区的部分区域。高山漠土主要分布在青南高原西部和高海拔地区，以干、寒原始土壤为主，土层薄，石质性强。高山草甸土分布于玉树、果洛、黄南、海南、海北以及天峻等地森林带以上的山地阳坡，是分布最广泛的类型之一，其上发育着嵩草（*Kobresia*）草甸和高山杂类草草甸，优势植物主要有高山嵩草（*K. pygmaea*）、矮生嵩草（*K. humilis*）、线叶嵩草（*K. capillifolia*）、短轴嵩草（*K. prattii*）以及珠芽蓼（*Polygonum viviparum*）、圆穗蓼（*P. macrophyllum*）、横断山风毛菊（*Saussurea superba*）、云雾龙胆（*Gentiana nubigena*）等，如木里煤田聚乎更矿区广泛分布高山草甸土。高山草原土主要分布于青南高原西部、长江和黄河源一带以及昆仑山内部山地和阿尔金山、祁连山西段，其上发育着以紫花针茅（*Stipa purpurea*）为主的高寒草原。高原沼泽土是在寒湿环境下，西藏嵩草沼泽化草甸植被下发育的土壤，主要分布在玉树杂多县、治多县西部、果洛玛多县西部、久治县东北部，祁连山中段山地上部的河源，海拔 3800m 以上的地区，如木里煤田的江仓矿区、聚乎更矿区广泛分布，是典型的湿地。分布区气候寒冷湿润，年平均气温−5~−3℃，年降水量 400~500mm，地下发育有多年冻土层。泥炭层有机质含量 27%~78%（周兴民等，1987）。高寒沼泽化草甸植物种类组成丰富，覆盖度大，建群种主要有西藏嵩草（*K. tibetica*）和华扁穗草（*Blysmus sinocompressus*）等，湿生植物有长花马先蒿（*Pedicularis longiflora*）、鹿蹄草（*Pyrola calliantha*）、发草（*Deschampsia caespitosa*）等。大多高寒金属矿土壤有一定程度的污染，主要是镉（Cd）、铜（Cu）和锌（Zn），有些矿还有砷（As）、铅（Pb）的轻度污染（刘瑞平等，2018）。以纳日贡玛铜矿为例，纳日贡玛铜矿属于半湿润寒冻气候区，西部和西北部有现代冰川覆盖，主体地区在距离地表 1.5m 以下存在冰冻层，自然景观为高山地衣岩屑带。区内气温极低，常年处于冰冻条件下，植被稀少，局部有高山寒冻草甸发育。以现代冰雪作用引起的寒冰风化为主，岩石的机械崩解作用特别强烈，山体上部常为裸露的岩石，下部岩屑坡、碎石流覆盖较厚。典型意义上，土壤不发育，以高山草甸土、冰沼土为主，多年冰结，季节性融化层发育。

表 1-1　高寒地区典型矿生态环境主要指标统计

编号	矿区名称	所属分布区	海拔（m）	年均温（℃）	年降水量（mm）	经纬度
1	红沟铜矿	北祁连地区	3400~3800	-1.2	596	N38°10′30″ E99°53′56.4″
2	木里煤矿	北祁连地区	3800~3900	-4.2	470	N38°8′12.47″ E99°7′15.96″
3	热水煤矿	北祁连地区	3600~4200	-1.4	671	N37°35′00″ E100°30′00″
4	德尔尼铜矿	积石山地区	3980~4784	-1.2	733	N34°22′33.21″ E100°07′52.45″
5	纳日贡玛铜矿	玉树地区	4600~5800	-4.0	538	N33°32′00″ E94°46′53″
6	青海大场金矿	玉树地区	4400~5022	-1.6	423	N35°17′33″ E96°15′33.84″
7	西藏甲玛铜矿	墨竹工卡县	4610~5407	5.1	516	N29°37′49″ E91°43′06″
8	西藏罗布莎铬铁矿	山南地区曲松县	4000~4500	8.7	479	N29°15′50″ E92°5′30″

这些高寒矿区气候类型以高原高寒气候为主，气候干旱寒冷。地貌以高海拔山地丘陵为主，远离交通干线，交通不方便。

1.2　高寒矿区生态修复现状分析

矿山修复即对矿业废弃地污染进行修复，实现对被破坏的生态环境的恢复，以及对土地资源的可持续利用。矿山开采过程中会产生大量非经治理而无法使用的土地，又称矿业废弃地，废弃地存在生产导致的各种污染。大规模开采矿产资源同时带来了诸多生态环境问题，如占压破坏草原、损毁湿地、破坏水系等。遥感调查监测数据显示，截至 2018 年底，全国矿山开采占用损毁土地约 360 万 hm²，其中正在开采的矿山占用损毁土地约 133.33 万 hm²，历史遗留矿山占用损毁土地约 226.67 万 hm²。为解决矿山生态修复历史欠账多、现实矛盾多、投入不足等突出问题，按照党的十九大"构建政府为主导、企业为主体、社会组织和公众共同参与的环境治理体系"的要求，坚持"谁破坏、谁治理""谁修复、谁受益"原则，通过政策激励，吸引各方投入，推行市场化运作、科学化治理的模式，加快推进矿山生态修复。2019 年，自然资源部发布了《关于探索利用市场化方式推进矿山生态修复的意见》。2020 年 6 月，国家发展和改革委员会、自然资源部发布《全国重要生态系统保护和修复重大工程总体规划（2021—2035 年）》（发改农经〔2020〕837 号）。该规划以国家生态安全战略格局为基础，以国家重点生态功能区、生态保护红线、国家级自然保护地等为重点，提出以青藏高原生态屏障区、黄河重点生态区（含黄土高原生态屏障）、长江重点生态区（含川滇生态屏障）、东北森林带、北方防沙带、南方丘陵山地带、海岸带等"三区四带"为核心的全国重要生态系统保护和修复重大工程总体布局。为贯彻习近平生态文明思想，保护生态环境，树立和践行绿水青山就是金山银山理念，全面开展矿山生态治理。截至2016 年，全国用于矿山地质环境治理恢复资金超过 900 亿元，完成治理恢复土地面积约 92 万 hm^2。2020 年青海省对 43 个历史遗留矿山开展生态修复，治理总面积1031.52hm^2，自然资源部、财政部下达资金 1.26 亿元。2020 年，青海省实施《木里矿区以及祁连山南麓青海片区生态环境综合整治三年行动方案（2020—2023 年)》，开展有史以来海拔最高、面积最大的矿区生态恢复。采用"羊板粪+有机肥+大播量乡土草种+无纺布覆盖"技术模式，种草复绿 2022.09hm^2，复绿效果如图 1-2 所示。植被重建当年，植被覆盖度达到 90%以上，植株密度达到 4000 株/m^2 以上。同期，通过植草复绿、围栏封育等生态修复手段，完成祁连山南麓 771 个生态环境突出问题图斑的整治任务，祁连山青海片区生态环境得以进一步修复（图1-3，图1-4)。

图 1-2　种草复绿后的江仓 1 号井（李长慧，2021 年拍摄）

图 1-3　祁连县扎麻什乡西山梁多金属矿生态修复后，祁连圆柏染绿了满目疮痍的山体

（青海省自然资源厅，2021 年供图）

图 1-4　祁连山乐都段矿山植被恢复（李生峰，2021 年拍摄）

当前高寒矿区生态修复采取的技术措施主要包括地形地貌修复、地质边坡修复、覆土复绿、喷播绿化、植生带绿化、植生毯绿化等。地形地貌修复主要包括拆除工业场区及生活住宅区所有的废弃房屋和地坪等构筑物，对渣山削坡减荷增加稳定性，回填采坑，防止采坑边坑的垮塌。地质边坡修复主要包括对采矿形成的采矿和排土场边坡表层的弃渣进行人工或者机械清理，在废弃渣堆整理前缘设置拦渣墙，在渣山坡面上设置排水沟，将降水形成的地表汇流引导排泄于坡外，减少冲刷坡面。青海省高寒矿区大多分布分散，面积不大，多采用覆土方式，施用有机肥或化肥。对于集中连片大面积的主要采用以肥代土、改良渣土的方法。植被恢复主要应用的是退化草原恢复的乡土草种，主要有披碱草属植物、青海中华羊茅（*Festuca sinensis* cv. Qinghai）、青海冷地早熟禾（*Poa crymophila* cv. Qinghai）等 3～4 种，采用人工撒播、机械播种。局部地区采用了喷播、植生带等方法。修复效果较好的是木里矿区聚乎更 3 号井生态修复，已经过 5～6 年，植被覆盖度仍然能达到 85%以上，但是其修复成本过于昂贵，达到每亩[①]4 万元左右。

1.3　高寒矿区生态修复理论

1.3.1　高寒矿区生态修复的理论基础

矿区生态修复理论属于恢复生态学的研究范畴。恢复生态学理论基础认为生态破坏的实质是生态系统的结构发生变化，导致系统内的有序演替和平衡机制被打破。因此，生态恢复的目的就是使生态系统达到自然状态下的稳定发展和

---

① 1 亩≈666.7m²

自我维持状态。恢复生态学正是基于这一目的得以产生和发展的。恢复生态学属于生态学范畴，其理论基础和基本原理大多基于生态学。自我设计和人为设计理论是唯一起源为恢复生态学的理论。从生态系统来讲，生态修复中追求的是物种、种群或者生物多样性的修复到生态系统修复的转变，这种修复强调的是生态系统的结构、过程以及生物多样性的恢复，整体上注重于自然生态系统。

1992 年，美国国家科学基金会提出，使一个退化生态系统恢复到接近干扰前状态，即为生态修复。其中，更多强调的是自然修复。20 世纪 90 年代，Jordan 提出，使生态系统修复到先前或历史上的状态。Cairns 提出，生态修复应使受损生态系统的结构和功能恢复到受干扰前的状态，即开采以前什么样，修复以后也应该达到什么样。1996 年，Egan 提出了较全面的定义，生态修复是重建某区域历史上曾存在的植物和动物群落，而且保持生态系统和人类传统文化功能的持续性的过程。Egan 认为的生态修复在一定程度上强调了生态修复过程与经济社会的结合。胡振琪和赵艳玲（2021）提出矿山生态修复应该遵循因地制宜、仿自然修复、边采边修复三大理念。坚持"宜农则农、宜林则林、宜渔则渔、宜草则草、宜建则建"，要按照不同地区的特点进行修复，坚持生态修复治理优先，积极发展适宜产业，着力提升采煤损毁地治理的经济效益、社会效益和生态效益，按照自然的规律和特征去修复和构造。仿自然生态修复的主要内容包括地貌重塑、土壤重构、植物遴选与种植、动物栖息地和生物多样性、景观异质性、地质稳定、保持水土、可自然演替、自我调节和维护功能。

高寒矿区大多地处偏远，高寒缺氧，气候恶劣，不适于开展大众化的游览。因此，高寒矿区的生态恢复应该注重于生态功能的恢复，以人工修复为辅、自然恢复为主，人工修复为自然恢复创造条件，促进植被正向演替。

1.3.2　高寒矿区生态修复的理论体系

矿山生态修复技术研究热点较多，主要包括应对气候变化的矿山生态修复新思维、修复植被与复垦土壤间的相互作用机制、矿山生态系统服务价值、本土物种保持与特定污染的土壤修复技术和矿山生态修复监测技术。另外，生态恢复监测指标、植被等具体要素的监测、生态恢复驱动力的监测是讨论的重点，3S 技术、物联网技术、无人机技术、大数据技术、社交网络媒体技术也是当前研究的热点。根据矿山生态恢复的不同功能和特点，有 7 种模式，包括生态恢复模式、自然资源利用模式、旅游开发模式、土地复垦模式、造湖模式、垃圾处理模式和储存模式等，对上述技术研究的理论叙述如下。

1. 地貌重塑、边坡治理的理论

地貌重塑、边坡治理是矿区生态修复的基础。地貌重塑、边坡治理的目的是稳定渣山和地质边坡。渣山过高、坡度过大、堆积不紧实，在重力作用下易造成渣山的移动、滑坡和垮塌，不仅可能造成地质灾害，还直接影响生态修复的效果。该过程的任务是清除危石、削坡减荷，将未形成台阶的悬崖尽量构成水平台阶，把边坡的坡度降到安全角度以下，以消除崩塌隐患。雨季集中降水容易在渣山坡面上产生冲刷，造成侵蚀，影响修复效果。在渣山坡面上设置排水沟，将降水形成的地表汇流引导排泄于坡外，可减少冲刷坡面。地貌重塑是模拟自然地貌景观形态、构造仿自然地形地貌的过程。

2. 土壤改良的理论

矿山开采造成生态破坏的关键是土地退化，也就是土壤因子的改变，即废弃地土壤理化性质变坏、养分丢失及土壤中有毒有害物质增加。因此，土壤改良是矿山废弃地生态恢复最重要的环节之一。模拟自然土壤剖面的层状结构和自然地貌景观形态，构造仿自然垂直剖面和仿自然地形地貌的过程。植物生长需要适宜的种床、丰富的氮磷钾等营养，以及完善的土壤剖面层次和土壤团粒结构，即水、热、气、肥。为了满足植物正常的生长，需要采取的措施如下。

（1）异地取土措施：在不破坏异地土壤的前提下，取适量土壤，移至矿山受损严重的部位，在土壤上种植植物，通过植物的吸收、挥发、根滤、降解、稳定等作用对受损土壤进行修复。

（2）以肥代土：针对取土困难的高寒矿区，采用以肥代土的措施。通过羊板粪、有机肥和渣土充分混合，降低渣土的容重，增加空隙、持水能力和营养，重构土壤。

（3）土壤增肥改良措施：采用化学方法，添加有效物质，使土壤的物理化学性质得到改良，从而缩短植被演替过程，加快矿山废弃地的生态重建。

3. 矿山重金属污染修复的理论

重金属耐性植物不仅能耐重金属毒性，还可以适应废弃地的极端贫瘠、土壤结构不良等恶劣环境，部分耐性植物还能富集高浓度的重金属，因而被广泛地用于重金属污染土地的修复。考虑到引种可能会带来的生态问题，以及乡土植物对当地气候条件的适应性，立足本地筛选重金属耐性植物十分必要。

4. 矿山植被修复的理论

矿山植被修复的植物遴选与种植要因地制宜，要根据耐性定律与最小量定律、生态位原理，选择种群；要按照种群密度制约理论、空间分布格局理论，育苗、重建植被；要坚持自我设计与人为设计理论，实现生物多样性与自然演替。对于高寒矿区，选用的植物要适应寒冷的气候，生长期短暂，具有返青早、发育早、有横走的根系或具有根套等结构，以及光合效率高、脯氨酸含量高、超氧化物歧化酶活性高等生理特点，便于汲取更多的营养和抗御高原严寒。大多低海拔分布的植物不适应在高寒矿区生长。能够适应高寒矿区气候条件的只有当地的乡土植物。植物多样性是维持植被群落稳定性的因素之一，不同植物抵御逆境的对策不同，多种植物混播有利于植被的稳定。

5. 矿山水资源修复的理论

矿山开采中对水的损害分别体现在对地表水和地下水的影响。地表水、地下水的污染可以通过构筑人工湿地，通过耐性植物、微生物的作用对污染物进行去除。另外，由过度采水造成的地表水缺乏、地下水水位下降，就需要通过适当引水、缓解水缺乏压力、构建蓄水系统逐步解决这一问题。

6. 微生物修复的理论

矿山废弃地的生态恢复，只是土壤、植被的恢复是不够的，还需要恢复废弃地的微生物群落。完善生态系统的功能，才能使恢复后的废弃地生态系统得以自然维持。微生物群落的恢复，不仅要恢复该地区原有的群落，还要接种其他微生物，以去除或减少污染物。微生物的接种可考虑以下两种：一是抗污染的菌种，这些细菌有的能把污染物质作为自己的营养物质，把污染物质分解成无污染物质，或者把高毒物质转化为低毒物质；二是利于植物吸收营养物质的微生物，有些微生物不但能在高污染条件下生存，而且能为植物的生长提供营养物质，如固氮、固磷、改善微环境。

综上所述，我国矿山的生态环境破坏比较复杂，要从根本上遏制矿山生态环境进一步恶化，就需要根据我国生态环境建设的实际情况，建立各方面参加的多渠道投入机制，才能推动矿山生态环境恢复治理的开展，防止增加新的污染和破坏，逐步恢复矿山生态环境的良好状态。

7. 生态监测的理论

生态监测是生态损伤科学诊断、生态修复规划制定、生物多样性构建、生态修复控制的基础。矿区生态环境存在的问题类型多，有沉陷积水、沉陷裂缝、塌陷坑、煤层自燃等，针对矿区驱动力及损伤要素（显性、隐伏）损伤风险、损伤程度、损伤时空分布、未受影响的参照生态系统，通过采取矿区生态损伤立体融合监测、矿区生态损伤信息（含隐伏）提取、矿区生态损伤规律与机理技术、矿区生态损伤评价诊断等进行综合诊断，为制定生态修复规划提供依据。构建"天空地一体化"监测体系，采用卫星遥感、无人机航测和地面验证相结合的方法，从环境质量状况监测、生态之窗视频观测，区域现状及变化情况遥感监测、多年冻土监测、草地监测，水文水资源监测、水土保持监测，以及湿地监测、气象要素监测等方面，开展矿区生态监测，及时掌握矿区生态修复过程、修复效果，精准控制修复进程，准确预测生态演替，为后期管护和保证修复质量提供基础数据。

上述理论可总结如图 1-5、图 1-6 所示。开展高寒矿区生态修复，应在上述理论指导下，把握好诊断技术、规划设计、地貌重塑、土壤重构、植被恢复与生物多样性 5 方面的关键技术。

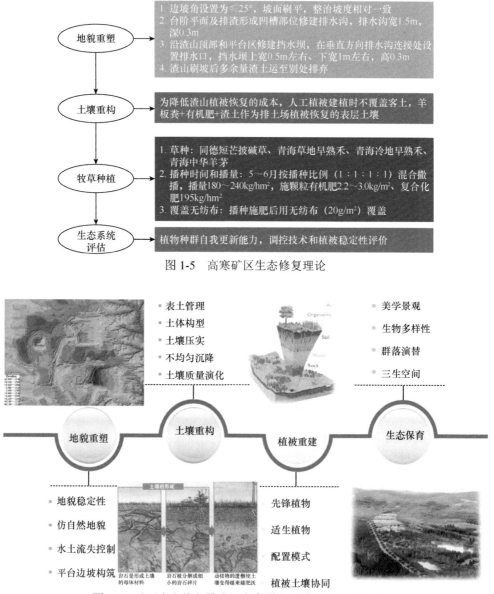

地貌重塑
1. 边坡角设置为≤25°，坡面刷平，整治坡度相对一致
2. 台阶平面及排渣形成凹槽部位修建排水沟，排水沟宽1.5m，深0.3m
3. 沿渣山顶部和平台区修建挡水坝，在垂直方向排水沟连接处设置排水口，挡水坝上宽0.5m左右、下宽1m左右，高0.3m
4. 渣山刷坡后多余量渣土运至别处排弃

土壤重构
为降低渣山植被恢复的成本，人工植被建植时不覆盖客土，羊板粪+有机肥+渣土作为排土场植被恢复的表层土壤

牧草种植
1. 草种：同德短芒披碱草、青海草地早熟禾、青海冷地早熟禾、青海中华羊茅
2. 播种时间和播量：5~6月按播种比例（1:1:1:1）混合撒播，播量180~240kg/hm²，施颗粒有机肥2.2~3.0kg/m²、复合化肥195kg/hm²
3. 覆盖无纺布：播种施肥后用无纺布（20g/m²）覆盖

生态系统评估
植物种群自我更新能力，调控技术和植被稳定性评价

图 1-5 高寒矿区生态修复理论

- 表土管理
- 土体构型
- 土壤压实
- 不均匀沉降
- 土壤质量演化

- 美学景观
- 生物多样性
- 群落演替
- 三生空间

地貌重塑　**土壤重构**　**植被重建**　**生态保育**

- 地貌稳定性
- 仿自然地貌
- 水土流失控制
- 平台边坡构筑

岩石是形成土壤的母体材料　岩石被分解成细小的岩石碎片　动植物的遗骸使土壤变得越来越肥沃

- 先锋植物
- 适生植物
- 配置模式
- 植被土壤协同

图 1-6 矿区生态修复模式（白中科和周伟，2019 年绘制）

第2章 高寒矿区煤炭资源与开采

高寒矿区孕育了煤、铜、石灰石等丰富的矿产资源，特别是地处高寒地区的木里煤矿，煤炭资源储量大、品位高，极具开采潜力。从20世纪60年代开始，该地区陆续开始采煤，由于采矿过程中带来的地表塌陷、草地和湿地资源破坏和矿产废料堆积等问题日趋突出，开采活动对青藏高原高寒草甸生态系统造成了巨大破坏。本章重点介绍了高寒矿区概况、煤炭资源、煤炭开采现状以及煤炭开采对生态环境的影响。

2.1 矿区概况

2.1.1 位置与交通

1. 位置与范围

木里矿区位于青海省海西天峻县、海北刚察县，其地理坐标为98°59′E～99°37′36″E、38°01′59″N～38°10′N，该矿区由江仓区、聚乎更区、弧山区和哆嗦贡玛区共4个区组成，哆嗦贡玛区位于聚乎更区北西10km；弧山区位于聚乎更区北东10km；江仓区位于聚乎更区东南45km。矿区属于丘陵平原地形，地势总体上呈东南低、西北高的趋势，位于矿区东南端的江仓区海拔标高为3750～3950m，位于矿区西北部的聚乎更区海拔标高为4000～4200m。

木里矿区呈北西向条带状展布。矿区东西长50km、南北宽8km，总面积约400km²，资源储量3.3×10⁹t。矿区范围：东起江仓区东端，西至哆嗦贡玛区西端，南北分别为聚乎更区和弧山区的最南北两端。江仓区东西走向长25km、南北宽平均2.2km，面积55km²；聚乎更区东西走向长19km、南北宽4km，面积76km²。

2. 交通运输

江仓区至热水的二级公路里程为97km，热水至西宁有铁路和公路相连，公路里程为218km；聚乎更区南与天峻县二级公路相通，里程150km；矿区范围内江仓区、聚乎更区、弧山区和哆嗦贡玛区之间均由简易公路相通。

2.1.2 自然地理

1. 地形地貌

矿区位于青海省东北部、中祁连山区的大通河流域的上游南岸，区内多为草原谷地，夏季沼泽湿地遍布，由大小不等的鱼鳞状水坑和若干小湖泊所构成。区内除上述沼泽遍布外，在山间冲积平原中发育有大通河、江仓河、娘姆吞河、上哆嗦河、下哆嗦河和克克赛河。河谷两侧发育有宽 50～700m 的一级冲积阶地，其河谷宽 50～1000m。

一级阶地两侧至山麓为冰积冰水堆积地形，以冰积冰水堆积的二级阶地为主，日干山等局部分布有冰积台地，基座上部为冰积泥砾层。区内南北两侧的高山上冰蚀地形发育，在 3900～4100m 高程位置上发育有冰蚀台地，其上覆堆积物的表面向草原倾斜。台地一般都因后期洪水侵蚀被山谷隔开。4100m 以上高山区，由于冰川作用，冰川谷横切山脊，山梁呈刃脊状，冰斗和角峰等冰蚀高山地貌形态遍布山顶。

该区气候严寒，10 月至翌年 4 月为冰冻期，区内广赋多年冰土，冻土（岩）厚度为 50～90m，最大融化深度小于 3m。

2. 水文

江仓区地表水系有大通河、江仓河、娘姆吞河、阿子沟河及江仓 1 号、2 号泉。江仓河、娘姆吞河、阿子沟河靠大气降水和周围低山融冰水补给，最后均汇于大通河。上述水源除大通河无动态观测与水质资料外，其余水质中均无铜、铅、锌、锰等重金属存在，水质完全符合饮用水标准。江仓河、娘姆吞河、阿子沟河在冬春季因冰结无水，大通河和江仓 1 号、2 号泉不受季节影响终年有水。

聚乎更区、弧山区、哆嗦贡玛区地表水系主要为上哆嗦河、下哆嗦河和努日寺沟，呈北东向斜切煤系地层，均源于大通山，向东至弧山、努日寺等地汇合注入大通河。该区西段低凹平原地带，还有约 2km² 的草格木日湖，这些河流湖泊于 10 月后开始冰结，至翌年 4 月开始解冻，由于水源依赖于大气降水及融雪补给，其流量随季节而变化，每年的 7 月、8 月、9 月流量最大。

3. 气象

该区地处高寒地带，年平均气温在 0℃以下，昼夜温差大，四季不分明，最低气温为 –35.6℃，最高气温为 19.8℃，年平均气温为 –4.2℃。年降雨量为 477.1mm，多集中在 6 月、7 月、8 月。年蒸发量 1049.9mm。一年四季均多风，1 月、2 月、3 月、4 月风力最大，风向以正西或西南为主，最大风速大于 40m/s，平均风速 2.9m/s。综上所述，该区气温较低，海拔较高，降雪量亦多，存在永久冻结带等，应属高山严寒地区。

4. 主要自然灾害

该区由于海拔较高，空气稀薄，高寒缺氧，长冬无夏，空气中氧含量约为海平面的 65%，干旱、低温、大风为该区的主要自然灾害。地震烈度聚乎更区和江仓区均为 8 度，弧山区、哆嗦贡玛区无资料，暂定为 8 度。

2.1.3　区域社会经济

该区由于海拔高，气候严寒，加之全区为多年冻结区，因而不产农作物，均以牧业为主，经济产品以畜产品为主，居民多为藏民。

天峻县木里镇下辖塞纳合让、聚乎更、佐陇、唐莫日 4 个行政村。全镇人口 364 户 1263 人，共有建档立卡户 30 户 83 人，其中，塞纳合让村 6 户 17 人、聚乎更村 5 户 15 人、佐陇村 10 户 27 人、唐莫日村 9 户 24 人，全部为藏族。全镇可利用草原面积 5.67 万 hm²，存栏各类牲畜 34 802 头，2019 年牧民人均可支配收入 1.22 万元。

刚察县吉尔孟乡辖 5 个行政村，有农牧户 1075 户 3769 人。其中，牧业 1041 户 3683 人，农业 34 户 86 人，是以藏族为主的少数民族聚居区，有藏族、汉族、回族、蒙古族、土族 5 个民族。全乡可利用草原面积 12.56 万 hm²，存栏各类牲畜 29.34 万头，2019 年农牧民人均可支配收入 1.49 万元。

2.1.4　矿产资源

矿产资源有煤、硫黄、石灰石、石棉、云母、石膏、冰洲石、芒硝、岩盐、高岭土、铅锌、铜、黄铁、金等，除煤、铅锌小规模开采外，其他尚未开采利用。

2.1.5　动植物资源

常见的野生动物有雁鸭类的黑颈鹤（*Grus nigricollis*）、斑头雁（*Anser indicus*）、赤麻鸭（*Tadorna ferruginea*）、红脚鹬（*Tringa totanus*）、棕头鸥（*Chroicocephalus brunnicephalus*）、普通燕鸥（*Sterna hirundo*）、绿头鸭（*Anas platyrhynchos*）、赤嘴潜鸭（*Netta rufina*）等湿地鸟类；鹰隼类有草原雕（*Aquila nipalensis*）、高山兀鹫（*Gyps himalayensis*）、猎隼（*Falco cherrug*）、游隼（*Falco peregrinus*）、大鵟（*Buteo hemilasius*）、金雕（*Aquila chrysaetos*）、短耳鸮（*Asio flammeus*）、纵纹腹小鸮（*Athene noctua*）等猛禽；雀形目有褐背拟地鸦（*Pseudopodoces humilis*）、棕颈雪雀（*Pyrgilauda ruficollis*）、棕背雪雀（*Pyrgilauda blanfordi*）、白腰雪雀（*Onychostruthus taczanowskii*）、褐岩鹨（*Prunella fulvescens*）、水鹨（*Anthus spinoletta*）、树麻雀（*Passer montanus*）、大朱雀（*Carpodacus rubicilla*）等近 20 种小型鸟类；高寒草甸草原环境也分布着藏野驴（*Equus Kiang*）、藏原羚（*Procapra picticaudata*）、藏棕熊（*Ursus arctos pruinosus*）、猞猁（*Lynx lynx*）、狼（*Canis lupus*）、荒漠猫（*Felis bieti*）、兔狲（*Felis manul*）、藏狐（*Vulpes ferrilata*）、高原兔（*Lepus oiostolus*）、喜马拉雅旱獭（*Marmota himalayana*）、赤狐（*Vulpes vulpes*）等中大型兽类。另外，广阔的草甸草原上还分布着根田鼠（*Lasiopodomys oeconomus*）、高原鼢鼠（*Eospalax fontanierii*）、高原鼠兔（*Ochotona curzoniae*）等小型啮齿动物，维系着草原生态的平衡。

植被以高寒草甸草地类型为主，分布有较多的沼泽化草甸亚类，植物种类较为丰富，多为湿生、湿中生、中生植物。主要以嵩草属和苔草属植物为主，优势种有高山嵩草（Kobresia pygmaea）、矮生嵩草（K. humilis）、西藏嵩草（K. tibetica）、糙喙苔草（Carex scabrirostris）、华扁穗草（Blysmus sinocompressus）。草群密度大，覆盖度常在 70%～90%，部分地区可郁闭地面。草群层次分化不明显，一般高 7～20cm。

2.1.6 矿区煤炭勘查和开发历史

根据兰州煤矿设计研究院的《青海省木里煤田矿区总体规划》，矿区煤炭勘查和开发历史总结如下。

1. 勘查历史

1）江仓区

1959～1965 年，青海省地质局木里队在木里煤田进行 1∶200 000 路线地质调查，在矿区西部施工大量探槽及浅井。

1965 年，青海煤炭地质 105 勘探队在矿区进行 1∶100 000 地质测量、地面物探及普查找煤工作，施工钻孔 7 个，总进尺 7037.95m，提交"木里煤田江仓勘查区普查找煤总结"。

1971 年末，青海煤炭地质 105 勘探队进行江仓矿区东段地质勘探工作，施工钻孔 41 个，总进尺 13 824.14m，1973 年提交"江仓矿区一井田地质勘探报告"一份。

1971～1975 年，青海煤炭地质 105 勘探队再次对江仓矿区进行普查勘探工作，施工钻孔 53 个，钻探总进尺 27 610.16m，提交"木里煤田江仓勘探区地质勘探普查报告"。

1976～1981 年，青海煤炭地质 105 勘探队进行初步详查，施工钻孔 72 个，总进尺 38 884.52m，1985 年 12 月提交"木里煤田江仓矿区详查勘探中间总结"。

2004～2006 年，青海省地质调查院对全矿区进行补充详查，投入 1∶10 000 地质测绘 55.80km²，1∶10 000 地质修测 55.22km²，1∶10 000 水文地质修测 60.50km²，高密度电法 5697 点，地震剖面试验 28 点，槽探 1050m³，岩心钻探 15 013.03m（31 个孔），水文地质钻探 1329.15m，采集各类样品 543 件。

同期青海省地质调查院先后对矿区内向斜南翼二、五、四、三井田进行勘探，共施工钻孔 53 个，总进尺 17 245.14m，先后提交了相应勘探报告，并经国土资源部评审中心评审通过，国土资源部备案。

2）聚乎更区

聚乎更区由 1～4 井田和 Ⅰ～Ⅲ 露天区共 7 个井田组成，其境界均为考虑勘探方便而人为划定的，区内查明资源量占全区总资源量的 25.6%，普查资源量占全区总资源量的 24.8%，预查资源量占全区总资源量的 49.6%。

3）弧山区及哆嗦贡玛区

弧山区属于详查勘查阶段，哆嗦贡玛区属于预测阶段。

2. 开发历史

1）江仓区

截至 2010 年 6 月，勘查区已完成市场化运作的有 5 块，其范围为向斜轴南侧的单斜部分，共 3 块，即 6～13 勘探线段、13～29 勘探线段、29～37 勘探线段。另有 37 线以西和江仓河以东各一块，5 块正在进行设计办证等前期准备工作。

2）聚乎更区

聚乎更区 1 号井和 2 号井在已设探矿权的基础上，均在做开发前的各项办证等准备工作。其余井田尚未开发，但都已设探矿权。

3）弧山区、哆嗦贡玛区

弧山区、哆嗦贡玛区均未开发，但前者已设探矿权。

江仓区和聚乎更区虽曾有小窑、小露天采过，但其遗址均已被江仓 1 号井和聚乎更 1 号井剥采得荡然无存。

2.2　矿区煤炭资源

2.2.1　江仓区

1. 区域地质

1）地层

本区属祁连地层区、中祁连分区、木里-热水地层小区。区内出露地层有下元古界、寒武系、奥陶系、志留系、石炭系、二叠系、三叠系、侏罗系、白垩系、古近系和新近系。其中三叠系、侏罗系沉积保存完整，分布广泛。志留系为碳酸岩、碎屑岩建造，石炭系为海相、海陆交互相沉积建造。二叠系为海盆边缘相紫红色碎屑岩建造。三叠系遍布中祁连，中下统为海相、海陆交互相沉积建造，上统以陆相碎屑岩建造为主，夹有海相灰岩薄层。侏罗系中下统为陆相山间盆地型，以湖相为主含煤建造，上统主要为湖相细碎屑岩建造。古近系为干旱内陆盆地碎屑岩建造。新近系遍布全区，为冰川、冰水堆积及现代冲积物。

2）构造

本区属祁连加里东褶皱系之中祁连中间隆起带，南北两侧分别为南祁连冒地槽褶皱带、北祁连加里东优地槽褶皱带，主构造方向呈北西-南东向展布。

石炭纪以来，本区下降接受沉积，主要以潟湖相、海陆交互相为主，逐渐发展为以河湖相为主体的一套碎屑岩建造地层，二叠纪末抬升。三叠纪以来再次下降，以浅海相逐渐演变为滨海相-潟湖相等的碎屑岩沉积，侏罗纪末抬升收敛，受历次沉降运行和沉降不平衡的影响，在山前或山间形成一系列北西西向的断陷盆地，为侏罗纪提供了含煤建造场所。这些盆地多沿袭老的不同单元接触带或不同方向断裂交会部位发育，沿走向形成串珠状或藕状褶皱构造。盆地内沉积了陆相含煤碎屑岩，即为江仓区的含煤建造。受印支运动的控制，下侏罗统多不发育，中上侏罗统超覆不整合于下伏不同地层之上。地层的分布及展布形态受早期形成的构造格架的影响和限制。

在中祁连中间隆起带中，侏罗系以来的沉积盆地自西向东分布有疏勒复向斜坳陷盆地、木里（镇）-江仓-热水复向斜坳陷盆地、西宁穹隆构造，是青海省的主要聚煤带。受区域构造的影响，坳陷盆地内的主构造方向与区域内整个祁连山的方向大体一致，呈北西-南东向。坳陷于三叠纪开始形成，其基底为加里东褶皱。

木里（镇）-江仓-热水复向斜坳陷盆地为区域内聚煤坳陷带，是在大通、托莱两山间的地堑式空间不断下沉的结果，其褶皱形态为一复式向斜构造，轴向也与区域内整个祁连山的方向大体一致，呈北西-南东向。断裂多沿盆地边缘脆弱地带分布，另外该带还发育有时代较新且切割上述一切构造的北东向横切断层。

木里煤田位于大通河中新生代地堑式断陷带的西段，根据现发现的含煤地层的分布、岩石组合特征及含煤性，大体上分为北、中、南三个聚煤条带。北带自西向东分布有冬库煤矿点、默勒煤矿区；中带自西向东分布有弧山、阿仓河南煤矿点、江仓煤矿区；南带自西向东分布有哆嗦贡玛、聚乎更、热水煤矿区。

印支运动和燕山运动使本区三叠纪、侏罗纪地层构成了向斜构造。各矿区多为复式向斜构造，整体上呈北西西向展布。一方面侏罗系平行不整合于上三叠系基底之上；另一方面受北西西-南东东向断裂控制，超覆于古近系西宁群之上，同时受北东向断裂影响各煤矿区呈雁行状排列，显示出侏罗系聚煤坳陷呈雁行式波状展布的区域构造特征。

3）岩浆岩

华力西期以后几乎没有岩浆活动，燕山期的木里煤田西缘笔架山一带有岩浆侵入，对侏罗系煤系地层和煤层有一定影响，但矿区内无岩浆侵入。

2. 矿区地层与构造

1）矿区地层

矿区及其附近钻孔所揭露的地层有：三叠系上统默勒群上岩段（TM^C）、侏罗系以及其上的古近系西宁群（ENX）、新近系贵德群（NG），这些地层皆被新近系更-全新统 2.60～71.89m 厚的松散沉积所覆盖。

2）含煤地层

木里煤田江仓区是侏罗系陆相含煤建造，以复向斜构造形态展布于聚乎更矿区的东端北侧，属于木里煤田中的沉陷中心和富煤带，也是木里煤田的最大矿区。

依据岩性组合特征、生物组合、沉积构造、标志层自下而上将侏罗系划分为大西沟组（Jd）、窑街组（Jy）和享堂组（Jx）三个岩组。窑街组又细分为下含煤段（Jy^1）、上含煤段（Jy^2）和顶部不含煤段（Jy^3）。

3）构造

a）煤系地层的构造形态

江仓区含煤地层的构造形态，呈北西西-近东西向不对称复式膝状向斜构造，构造主体为线形褶皱（向斜），东西端仰起。东西长度约 20.85km，南北平均宽 2.76km，长宽比 8：1。

向斜轴走向与区域构造走向线协调一致，向斜轴向大部为北 33°西，至 29 勘探线逐渐转为北西向。两翼倾角 50°～60°，往深部突变为 30°～40°，至轴部倾角更缓，由于向斜轴部缺少控制，变缓幅度和转折端位置不甚清楚。

b）断裂构造

平行展布于向斜两翼露头浅部的压扭性或压性主干断裂（F_1、F_8、F_{20}），在向斜北、南侧发育并纵贯全区，西端由 F_{15} 断裂（右旋平移断层）所切割。F_8 主干断裂，在喜山运动时，该断层向上逆冲掩覆新近系西宁群时，在其北侧相伴而产生了北东向的 F_{16}、F_7 断裂，这两个分支构造在平面上或剖面上，都与主干断裂以锐角组成反"入"字形构造，属扭性或压扭性断裂，表现出右旋特征，详见图 2-1。

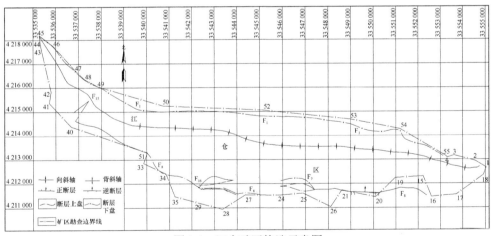

图 2-1　江仓矿区构造示意图

3. 煤层

江仓区下中侏罗统含煤建造中的窑街组下含煤段和上含煤段为含煤地层，其厚度为 631m，共含煤 19 层。江仓区平均煤层总厚度为 70.95m，平均有益厚度为 46.80m，可采煤层的平均厚度为 44.43m，含煤地层厚度为 631m，垂向含煤系数为 11.24%。

4. 煤质

1）煤的物理性质

矿区各煤层宏观物理特征一般为黑色、油脂光泽至弱玻璃光泽，硬度较小，性脆，易碎，多粉末状至碎粒状。

2）煤的化学性质

各煤层原煤水分一般为 0.28%～11.47%，平均为 1.15%，精煤水分一般为 0.10%～4.68%，平均为 1.02%。区内各煤层原煤灰分变化较大，在 0.84%～38.65%，平均为 11.51%。区内各煤层原煤挥发分在 15.03%～43.06%，平均值为 28.54%；精煤挥发分为 10.75%～38.74%，平均值为 26.74%。原煤、精煤挥发分在垂向及平面上无明显规律。区内各煤层原煤全硫含量在 0.07%～2.98%，平均为 0.93%。精煤全硫含量在 0.30%～2.57%，平均为 0.60%。各煤层原煤全硫含量在南北两翼均有向深部降低的变化趋势。

3）煤类

煤层多，煤类复杂，是江仓区煤层的一大特征。按照国家标准《中国煤炭分类》，依据挥发分、黏结指数和胶质层最大厚度等煤类分类指标，区内主要可采煤层和其他局部可采煤层按能否炼焦煤可分为炼焦用煤和非炼焦用煤两大类，其中炼焦用煤又可分为贫瘦煤（PS）、瘦煤（SM）、焦煤（JM）、肥煤（FM）、1/3 焦煤（1/3JM）、气煤（QM）、1/2 中黏煤（1/2ZN）7 个煤种，而非炼焦用煤又可分为贫煤（PM）、弱黏煤（RN）和不黏煤（BN）3 个煤种，全区共有 10 个煤种。焦煤类各项指标符合炼焦用煤要求；贫瘦煤、瘦煤、肥煤、气煤、1/2 中黏煤可作为主要炼焦配煤；弱黏煤和不黏煤由于热值高，可以用于动力用煤。各煤层原煤灰分、硫分、磷分均较低，精煤低至特低，其变化趋势是随着深度的加深，有害组分减少。

5. 水文地质

1）区域水文地质

区域海拔较高，气候严寒，年平均气温在 0℃以下，为多年冻土带。区内水文地质条件被多年冻土所控制，融区在湖底和侏罗纪砂岩、古近纪地层呈岛状分布。地下水补给来源主要靠大气降水，通过河流、小湖泊、断裂带融区补给地下水。根据岩性和时代将区域水文地质分为 4 个单元，现简单叙述如下。

（1）新近系孔隙潜水区：沿大通河、江仓河、阿子沟河呈带状分布，由砂砾石组成，厚 3.40～5.84m，渗透性能良好，动储量较大。局部地段具融区，贯通松散含水层，补给冻结层下含水层。

（2）古近系裂隙含水区：主要分布在江仓向斜之南，厚度很大，含水层以砾岩、细砂岩为主，富水性较好，为 HCO_3-$Ca \cdot Mg$ 型水和 $HCO_3 \cdot SO_4$-$Na \cdot Mg$ 型水。

（3）侏罗系砂岩层间裂隙承压含水区：冻结层厚度 40～75mm，根据水文浅井了解上部活动层的厚度为 0.5～3.0mm。裂隙承压含水层水质为 $HCO_3 \cdot CO_3$-$Ca \cdot Mg$ 型水，矿化度小于 1g/L。单位涌水量 0.0022～0.0069L/（s·m），富水性较弱；也是矿区主要含水层，是矿床充水的主要因素。

（4）三叠系裂隙含水区：在江仓向斜之北、煤系地层之北广泛分布，含水层以粉、细砂岩为主，渗透性能较差，可见季节性之冻结层上泉水出露，数量较多，流量小，为 0.1～5.0L/s。

2）矿区水文地质

区内冻土层普遍存在，相当于稳定隔水层。冻土层融化层中含有冻结层水，即松散岩类冻结层水，主要接受大气降水、季节融冰水的补给，水量受季节限制，随季节而变化。以大面积的沼泽形式在季节融冻的亚砂土和泥质砂砾石含水层中经过缓慢径流，在地形低洼处汇集注入江仓河和阿子沟河，部分又消耗于蒸发。地下水的循环形式既有水平方向的径流，又有垂直方向的交替，形成了松散岩类冻结层上水独特的补给、径流、排泄水文地质条件。

江仓区的地下水含水层主要为细砂岩、中砂岩、粗砂岩岩层，以裂隙含水层为主的矿床单位涌水量小于 0.1L/（s·m），无明显的补给、排泄区，与地表水体联系不密切，矿床埋藏在多年冻结带以下，且在侵蚀基准面以下，矿区属于二类一型的水文类型。

2.2.2 聚乎更区

1. 区域地质

同江仓区的区域地质（详见图 2-2）。

2. 矿区地层与构造

区内从元古生代的前震旦纪直至新生代的古近系、新近系，均有厚薄程度不一的沉淀，区域地层的描述与江仓区相同。勘探地段出露的地层仅包括上三叠纪、侏罗纪、古近系、新近系 4 个部分。三叠纪分布在矿区的南北部与背斜轴部，侏罗纪为向斜及区内地层的主要组成者，为区内含煤地层，古近系则多分布在北部的低凹地带，新近系为区内主要且普遍的覆盖层。

该区地处中祁连坳褶带西段，大地构造上属于大通河谷中生代坳陷带，构造线受区域构造控制，基本呈 NW-SE 向。该区的构造形态为中间以三叠系地层组成背斜，南北由煤系地层组成两个复向斜，向斜两翼地层倾角均较陡，南翼更甚，由西向东逐渐变为直立或倒转。由于受南北两侧挤压作用，在该区内形成两组张扭性断裂。

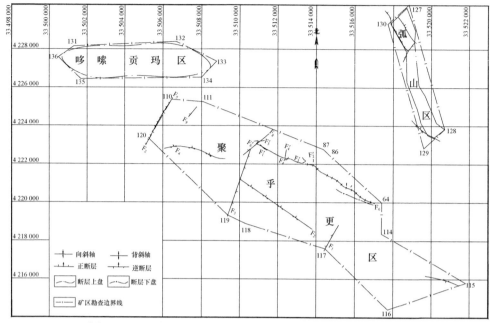

图 2-2　矿区构造示意图（聚乎更区、弧山区、哆嗦贡玛区）

由于受空间的控制和煤系地质沉积后受南北大通、托莱两山脉的横挤压力影响，因而该区构造轴向与祁连山的构造相应一致，并以紧密连接的褶皱为主，可称为一复式褶皱构造，并因横挤压力的影响，故造成与走向平行或斜交等断裂发生。

3. 煤层

聚乎更区共含有可采、局部可采煤层 5～6 层，由下往上编号，下$_2$、下$_1$二层煤全区发育良好，厚度虽有变化，但全区较稳定，为全区主要可采煤层，现由上至下叙述如下。

1）下$_1$煤层

其直接顶板是普遍发育的一层黑色及灰色的泥岩与粉砂岩，厚度 0.21～23.71m，平均约 5.59m，其顶为上含煤段之底界。该煤层结构复杂，普遍有 1～4 层夹矸，煤层厚度变化较大，在 5.18～46.73m，平均厚 18.42m。与下$_2$煤层间距为 12.36～80.72m，平均间距为 52.89m。

2）下$_2$煤层

其顶板为灰色、黑色泥岩、粉砂岩、细砂岩。该煤层结构简单，绝大部分为单一煤层，偶见 3～4 层夹矸，煤层厚 1.72～50.57m，平均厚 17.69m。

4. 煤质

下$_1$煤层为黑色丝炭较多，偶见菱铁矿结核，黄铁矿较下$_2$煤层多。下$_2$煤层呈黑色块状，具油脂光泽及玻璃光泽，结构较纹密，含少量黄铁矿及丝炭镜煤条带。

下$_1$、下$_2$两层煤的煤质变化不大，根据钻孔资料及矿区勘探资料和中国炼焦煤分类方案，煤质属于肥气煤、肥焦煤。原煤低灰、低硫，而且易洗选，属于优质炼焦煤和优质动力煤。该区煤类属于焦煤类，精煤回收率高，属良优等，属易选中等可选煤，结焦性能中等，因此，聚乎更矿区的煤炭资源可作为冶金工业的炼焦用煤。

5. 水文地质

根据地质勘探资料，该区水文地质条件简单。但由于断层导水，地表水体与大面积融区补给对井下充水有一定的影响。

2.2.3 弧山区

1. 区域地质

同江仓区的区域地质。

2. 矿区地层与构造

区内地层由下至上为二叠系（P）、上三叠系延长统（T$_3$）、侏罗系（J）（分上、中、下三统）、古近系（R）、新近系（Q）。该区呈一不完整、不对称的向斜构造，地层倾角大部分在 45°～60°，有的地段深部为 60°～80°甚至直立倒转。

3. 煤层

含煤地层中主要含煤段属于中侏罗统，岩性主要为灰、深灰色泥岩、粉砂岩、砂岩等，共含煤 14 层。

4. 煤质

据 1961 年 2 月所提详细最终报告，对第 V 煤层进行了筛分试验，结果表明该煤层块度小，煤尘多，各级颗粒度煤占 97.6%，二煤占 0.4%，矸石占 2.0%。分析水分 1.49%，灰分 16.05%，硫分 1.10%。

5. 矿区勘查程度

该区自 1956 年由西北地质局 637 队进行 1∶200 000 路线地质踏勘性普查，测制了 1∶50 000 地质草图，至 1958 年由青海省地质局木里地质队测有 1∶50 000 地形地质草图并进行部分地表工作。1959 年进入初步勘探工作，布施了 9 个钻孔，完成工程量 5204.15m，测有 1：5000 地形地质图 13.33km²，1960 年转入详细勘探工作。

2.2.4 哆嗦贡玛矿区

哆嗦贡玛矿区位于聚乎更区北西 10km 处，行政区划属天峻县木里镇，该区东接聚乎更区的三、四井田，西至多苏公欠断层，南至侏罗系含煤地层及 F₁ 断层南侧，北以推断的北向斜煤系地层为界，东西长约 12km，南北平均宽约 6km，面积约 72km²。根据青海省发展和改革委员会青发改能源〔2004〕583 号文《关于青海省天峻县木里煤田哆嗦贡玛勘查区普查设计的批复》，煤田普查工作施工工期为 2004～2007 年。

2.3 矿区煤炭开采现状

2.3.1 开采情况

木里矿区由江仓区、聚乎更区、弧山区、哆嗦贡玛区等组成。木里煤矿区煤炭开采方式为露天开采。木里煤矿区共有 20 个井田，其中 19 个井田位于海西州天峻县，1 个井田（江仓 1 号井）位于海北州刚察县。

木里矿区发现较早，其中江仓矿区和聚乎更矿区在 20 世纪 70 年代曾有小窑及小露天采过。已批准的《青海省木里煤田矿区总体规划》中，规划的范围共包括 4 个区，分别为江仓区、聚乎更区、弧山区和哆嗦贡玛区。

弧山区和哆嗦贡玛区勘探程度较低，均作为勘查区。

2.3.2 采坑和渣山情况

木里矿区煤层埋藏浅，上覆薄层第四系松散堆积物，或直接出露地表，属于暴露式-半隐伏式煤田。煤炭资源开采方式为露天开采，通过开挖方式，在采取煤炭资源的同时，在地表形成了规模不等的采坑和渣山。

2.4 矿区煤炭开采对生态环境的影响

党的十八大报告站在全局和战略高度，把生态文明建设与经济建设、政治建设、文化建设、社会建设一道纳入中国特色社会主义事业总体布局，并对推进生态文明建设进行全面部署。青海地处青藏高原腹地，长江、黄河、澜沧江及黑河发源于此，是欧亚大陆孕育大江大河最多的区域，是世界高海拔地区生物多样性最集中的地区，也是我国极为重要的水源涵养地和国家生态安全屏障。独特的地理位置、丰富的自然资源和重要的生态功能，决定了青海在我国乃至世界生态安全中具有独特和不可替代的作用。生态文明建设不仅关系到青海自身的发展，还关系着全国的可持续发展乃至全球的生态安全。可以说，保护好生态是青海对国家和人类、对子孙后代肩负的重要责任。

我国是世界上最大的煤炭生产国和消费国，目前我国有 11 000 个煤矿，全国共有 14 个国家重点建设的煤矿基地，根据国土资源部编制发布的《中国矿产资源报告（2014）》，截至 2013 年底，我国查明煤炭资源储量 1.48×10^{12}t。2014 年底，全世界煤炭产量是 7.9×10^{9}t，我国煤炭产量 3.874×10^{9}t，接近世界煤炭产量的一半，全国能源消费总量 4.26×10^{9}t 标准煤。煤炭是我国主要能源之一，占一次性能源使用量的 70% 左右，近年虽有下降，但在我国一次性能源消费构成中的主导地位还将在未来相当长一段时间内保持。青海煤炭资源主要分布在祁连山、柴北缘、昆仑山、唐古拉山、积石山五大含煤区（许长坤等，2011），主要集中分布在中祁连山区的大通河流域及柴达木盆地北缘。已经探明的重要矿区有鱼卡、聚乎更、江仓、热水、大通、大煤沟等，其中江仓、聚乎更为 2 处大型矿区。根据青海省矿产资源利用现状调查省级煤炭单矿种汇总结果，截至 2009 年，青海省累计查明煤炭资源储量为 4.584×10^{9}t。

矿区是资源、土地、环境矛盾相对突出的区域之一，煤田开采对高原生态系统的损坏具体表现在以下方面。

（1）土地破坏：露天采煤是把煤层上方的表土和岩层剥离之后进行的一项开采项目，因此对土地损毁的最主要形式表现为直接挖损，其毁损相当严重，据调查与资料统计，露天矿正式投产后每开采万吨煤要挖损 $0.02\sim0.18\text{hm}^2$ 土地，彻底改变了土壤养分的初始条件，增加了养分流失的机会（范英宏等，2003）。露天采矿剥离表层土堆积而形成的外排土场，压占土地量为采掘场挖损量的 $1.5\sim2.5$ 倍，平均为 2 倍，大量的弃土、煤矸石堆积形成的矿渣堆积场和废弃的尾矿由于是裸露、松散的堆积体，极易被雨水冲刷，一旦发生坍塌、滑坡、污染环境等次生灾害，将严重威胁着人类的生存环境。

（2）植被破坏：矿场的建设、废弃土石堆放、修路、地面塌陷与露天采矿剥离等都会引起植被破坏。土壤作为供给植物生长发育所必需的水、肥、气、热的主要源泉，也是营养元素不断循环、不断更新的场所。矿区的建设和生产改变了土地养分状况，从而使植被生长量下降。

（3）水体污染和破坏：煤矿区水体污染和破坏的主要形式有地下水转化为矿井水，水质遭受污染；煤矸石淋滤对地表水、地下水的污染；采矿引起的地下水流场的改变（段中会，2001）。矿井水、矸石堆淋溶水、选煤废水等排放量大且成分非常复杂，含有大量的悬浮物、重金属和放射性物质，危害大。同时采矿活动对于地表土壤的挖损，不仅会对地表植被造成破坏，降低其水分涵养，还会影响地表径流的渗透性。在地下开采过程中，地下水流方向会发生改变，有时会造成河溪断流问题。

（4）污染大气：煤矸石在露天堆放时，矸石表面会风化成粉尘，在风力作用下，飞沙走石，遮天盖日，整个矿区全都笼罩在黑色煤尘包围之中，会对周围大气环境造成不良影响。煤炭运输过程产生的粉尘废气中还含有很多对人体有害的元素，严重威胁矿区群众的身体健康。

（5）污染土壤：煤矸石多为黑灰色或黑褐色，其中含有大量的硫铁矿和重金属元素，煤矸石经雨水淋溶渗入土壤，并被植物根部所吸收，影响农作物的生长，造成农业减产和产品污染。大气和水携带的矸石风化物细粒可漂撒在周围土地上，污染土壤，矸石山的淋溶水进入潜流和水系，也可影响土壤。其中，毒性较大的是 Cd、Pb、Hg、As，它们不但不能被生物降解，相反还能在生物放大作用下，大量富集，沿食物链最后进入人体，危害人类健康。

（6）水土流失和土地沙漠化：青藏高原生态极其脆弱，煤矿建设和生产要开挖地表，弃土弃渣，破坏土地和植被。植被覆盖率的减少改变了地表径流和地表的粗糙度，使土壤抗蚀指数降低，加剧了水土流失和土地沙化。绿色植物这一生产者的减少改变了生态系统能量转化的途径，改变了水分和营养元素的系统内循环途径（姜凤岐等，2002），进而影响土壤物理、化学成分以及动植物和微生物等土壤生物区系的种类和数量，造成植被的逆行演替，导致生态系统退化。

（7）自然景观破坏：露天开采将剥离地表土壤，破坏植被，堆放废石、尾矿、矿渣等，对地表景观造成影响。

木里煤田位于青海省海北与海西交界处的大通河上游盆地中，包括江仓、聚乎更、弧山和哆嗦贡玛四区。煤炭资源储量 $3.3 \times 10^9 t$，占全省总储量的 66%，规划年产煤达 $2.49 \times 10^7 t$ 以上，主要以焦煤为主，为青海省最大的煤田。煤田企业上缴巨额利税的同时，在世界屋脊的高寒草甸上挖了不少的深坑，选矿的矿渣堆起一座座山丘。据统计，木里煤田有 14 个煤矿，采煤矿坑、堆积的矿渣、煤场、生活区、选矿区占据的草场面积为 $2000 \sim 3333.33 hm^2$。采矿活动在一定程度上破坏了生态环境，英国《卫报》对此做了披露。

2.4.1 矿区基本概况

木里矿区总面积 $400 km^2$，平均海拔 4100m，由 4 个矿区组成，共有 11 家开采企业。其中，聚乎更矿区 5 家，江仓矿区 5 家，哆嗦贡玛矿区 1 家，弧山矿区未开采，已全面封闭保护。

1. 聚乎更矿区

聚乎更矿区东西长约 19km，南北宽平均 3km，面积约 $57 km^2$。矿区共划分为 9 个井田，分别为 1 号至 9 号井田，其中 1 号、2 号、6 号井田尚未开采，其他井田以露天矿的形式有不同程度的开采。各矿井基本情况分述如下：5 号井：矿井总面积约 8.6km^2；3 号井：矿井总面积约 1.67km^2；4 号井：矿井总面积 4.3896km^2；7 号井：矿井总面积约 5.08km^2；8 号、9 号井：矿井总面积约 1.8896km^2。

2. 江仓矿区

江仓矿区东西长 15～21.3km，南北宽 3.0～3.5km，面积约 54.8km^2；矿区共划分为 5 个井田，其中 1 号、2 号、3 号、5 号井田以露天矿的形式有不同程度的开采，1 号、4 号井田已建井，其他井田尚未开发。各矿井情况简述如下：1 号井：矿井总面积 2.13km^2；2 号井：矿井总面积约 4.37km^2；3 号、4 号井：矿井总面积 7.29km^2；5 号井：矿井总面积约 4.75km^2。

3. 哆嗦贡玛矿区

矿区东西长 8～10.6km，南北宽 2～2.24km，面积 18.65km^2。

2.4.2 采煤对草原资源的影响

1. 第一阶段（2006～2014 年）

1）采煤对草原资源的破坏

木里矿区天然草地类型为高寒草甸类，植被覆盖度 70%～90%，优势种平均高度 8～15cm，地表具有 20cm 左右的草皮层。草地类型以高寒草甸的高山嵩草-矮生嵩草草地型及沼泽化草甸的西藏嵩草草地型为主。植物类群以莎草科植物为主形成建群种，其中高山嵩草、矮生嵩草、西藏嵩草为主要优势种，主要伴生种有早熟禾（*Poa* spp.）、发草（*Deschampsia cespitosa*）、黑褐苔草（*Carex atro-fusca*）、双柱头薹草（*Scirpus distigmaticus*）、水麦冬（*Triglochin palustre*）、鳞叶龙胆（*Gentiana squarrosa*）、灯心草（*Juncus effusus*）、斑唇马先蒿（*Pedicularis longiflora*）等。植物生长茂密，并形成根系盘结的生草层，土壤中累积了较为丰富的有机质。木里矿区地处黄河重要支流大通河的发源地，是祁连山区域水源涵养地和生态安全屏障的重要组成部分，生态地位极为重要。根据草地监测，2014 年产草量为 2566.25kg/hm^2。

截至 2014 年，木里矿区破坏草地面积共 4877.6hm^2，其中，聚乎更矿区 5 号井占 527.8hm^2，3 号井占 755.8hm^2，4 号井占 1127.6hm^2，7 号井占 445.6hm^2，8 号、9 号井占 744.5hm^2；江仓矿区 1 号井占 279.8hm^2，2 号井占 342.2hm^2，3 号、4 号井占 258.1hm^2，5 号井占 263.6hm^2；哆嗦贡玛矿区占 132.6hm^2。

2）复绿的面积

2014 年部分矿区的企业对开采形成的渣山进行了刷坡整形治理和种草复绿，复绿面积达 74.03hm^2，并对所有种草复绿渣山中长势差、出苗率低的区块进行了补植补种。具体植被恢复情况如下。

江仓矿区 5 号井 2014 年复绿 16.7hm^2，聚乎更矿区 3 号井 2014 年复绿 24hm^2，聚乎更矿区 4 号井 2014 年及以前复绿 33.33hm^2。

3）草原经济价值损失测算

采矿后受损草地面积为 4877.6hm^2，按平均牧草产量 2566.25kg/hm^2 计算，煤矿开采地区地上生物量损失量为 12 517.14t，以每千克鲜草 0.3 元计算，草地经济损失约为 375.51 万元/年。2006～2014 年，9 年内草地经济损失达 3379.59 万元。草地一经破坏，至少需要 50 年才可恢复到正常生产水平，草地经济损失达 18 775.5 万元。

煤矿开采后受损草地面积 4877.6hm^2，按 0～40cm 深度平均地下生物量 22.81kg/m^2 计算，地下生物量损失量为 1.1126×10^{6}t。

4）草地生态功能损失分析

a）植被特征变化

采煤使草地受到严重破坏，矿区周边的植被盖度有所下降，采矿区植被彻底破坏。矿区采煤前的草地生态系统主要为高寒草甸、高寒湿地等生态系统，主要有西藏嵩草草甸、矮生嵩草草甸、高山嵩草草甸群落，群落稳定性强，属于高覆盖度草地。

b）土壤特征变化

木里矿区土壤以高山草甸土为主，并分布面积较少的高山寒漠土。在煤矿大量开采的背景下，土壤侵蚀、水土流失等现象较为明显。

采矿对土壤环境的影响主要体现在对土壤层次、土壤质地结构和土壤肥力的影响上。土壤层次方面，采矿对土壤清除数量巨大，对矿区表层土壤的剥离和扰动尤为剧烈，除永久占地对表层土壤的占用和覆盖外，其余部分直接把土壤作为弃土堆放或遗弃，使其失去原有功能，而矿区土层较薄，这极大浪费了当地土壤资源。土壤结构方面，土壤结构需经过较长时间才能形成，工程开挖和回填将破坏土壤结构，尤其是土壤中的团粒状结构破坏后短时间内难以恢复。

矿区山地土壤土层厚度为 20cm 左右，土层较薄，土壤肥力低。

ⅰ．土壤中有机质含量变化

天然沼泽湿地生态系统转变为采矿废弃地后，土壤有机质的损失较为明显，木里、江仓矿区土壤有机质含量由天然沼泽湿地的 262.34g/kg 和 241.86g/kg 分别降低到 42.01g/kg 和 22.72g/kg，有机质损失率达 83.99%和 90.61%。

ⅱ．土壤养分变化

矿区天然沼泽湿地土壤 0～10cm 土层全氮、全磷含量分别为 9.26g/kg、2.06g/kg，煤矿开采后青海圣雄矿业有限公司的北渣山土壤 0～10cm 表层全氮、全磷含量分别为 0.87g/kg、1.62g/kg，损失率分别达 90.61%、21.36%。

iii. 土壤损失量变化

按评价地区煤矿开采后受损草地面积 4877.6hm²、平均土壤深度 40cm、平均土壤容重 0.75g/cm³ 计算，矿区土壤损失量达到 1.4633×10^7t，将显著影响高寒草地生态系统的稳定性和功能。

iv. 土壤水分变化

木里矿区西藏嵩草草甸和嵩草草甸破坏为采矿废弃地，地表涵养水源的能力显著下降。

v. 对土壤 pH 影响的分析

pH 是土壤重要的化学性质，直接影响着土壤养分的有效性。土壤 pH 在天然沼泽草甸各层土壤中均小于 6.5，为酸性土，而煤矿开采过程中地下水水位下降，导致土壤碱化，pH 升高。

vi. 土壤重金属含量变化

矿区天然沼泽湿地转变为采矿废弃地后，砷（As）①、铬（Cr）、铅（Pb）等土壤重金属元素含量均有所增加，含量由高到低依次为铬、砷、铅。其中，砷（As）的含量超过了国家一级标准规定的自然背景值，超标率为 100%。而重金属铬（Cr）和铅（Pb）含量略低于国家一级标准规定的自然背景值。监测结果表明，矿区采矿活动将会引起煤矸石表层土壤重金属元素砷、铬和铅含量的增加，但 3 种重金属元素中只有砷（As）含量超过国家一级标准规定的自然背景值，为木里矿区土壤中主要的重金属污染物。

2. 第二阶段（2014～2020 年 8 月）

2014 年 8 月 7 日，木里矿区非法开采问题被报道后，青海省委、省政府成立调查组赶赴矿区，制定《木里煤田综合整治工作实施方案》，叫停矿区内一切建前工程和开采行为，终止祁连山自然保护区内的探矿、采矿行为，要求用 3 年时间全面改善矿区生态环境。

1）破坏的草地面积、产量

根据 2020 年监测资料，天然草地主要植物包括西藏嵩草、粗喙苔草、黑褐苔草、早熟禾（*Poa* spp.）、甘肃棘豆（*Oxytropis kansuensis*）、假龙胆（*Gentianella auriculata*）、高山唐松草（*Thalictrum alpinum*）、甘肃马先蒿（*Pedicularis kansuensis*）、兰石草（肉果草）（*Lancea tibetica*），植被盖度达到 95%，草层平均高度 14cm，产草量 333.01g/m²。

---

① 砷（As）为类金属元素，但由于其性质与重金属元素相似，本书将其作为重金属处理

截至 2020 年 8 月, 木里矿区破坏草地面积共 5348hm², 比 2014 年扩大 470.4hm²。其中聚乎更矿区 5 号井占 617.8hm², 3 号井占 784.7hm², 4 号井占 1383.9hm², 7 号井占 523.7hm², 8 号、9 号井占 718.4hm²; 江仓矿区 1 号井占 286.3hm², 2 号井占 354.6hm², 3 号、4 号井占 269.4hm², 5 号井占 229.6hm²; 哆嗦贡玛矿区占 179.6hm²。

2) 矿区复绿面积

从 2015 年开始, 矿区各企业对露天开采形成的渣山(除聚乎更 4 号井南渣山 79.28hm² 滑坡体外)进行了刷坡整形治理和种草复绿, 复绿面积达 2104.53hm², 并对所有种草复绿渣山中长势差、出苗率低的区块进行了补植补种。各矿井具体植被恢复情况如下。

江仓矿区 1 号井厂区、渣山复绿总面积为 41.8hm²。

江仓矿区 2 号井应复绿面积 145hm², 实际累计复绿面积近 160hm²(除主要复绿区域外, 还包括道路两侧复绿及部分修整区域复绿), 平整自然修复区 4.4689hm²。

江仓矿区 3 号、4 号井累计完成渣山刷坡整形覆土 128.65hm²; 渣山种草复绿面积 70.6hm²。

江仓矿区 5 号井 2015 年复绿面积 59.7hm², 2016 年复绿面积 52.2hm², 累计复绿面积 111.9hm², 剩余的 12hm² 作为自然恢复区。

聚乎更矿区 5 号井累计复绿面积 310.8hm², 其中排土场面积 295.5hm², 其他面积 15.3hm²。

聚乎更矿区 3 号井共复绿渣山和矿区道路两侧边坡 225hm²(2015 年复绿面积 113hm²、2016 年复绿面积 112hm²)。

聚乎更矿区 4 号井共复绿面积 493.42hm²(2015 年复绿面积 293.63hm²、2016 年复绿面积 199.79hm²), 自然恢复区 83.65hm²。

聚乎更矿区 7 号井共复绿种草 144hm², 其中渣山复绿面积 63.5hm², 西储煤场复绿面积 14.6hm², 矿区主干道路两侧复绿面积 17.7hm², 矿区裸露区域复绿面积 48.2hm²。

聚乎更矿区 8 号、9 号井计划治理总面积为 178.29hm², 实际完成渣山刷坡整形覆土及种草复绿总面积为 179.5hm²(2015 年复绿面积 116hm²、2016 年复绿面积 63.5hm²)。

哆嗦贡玛矿区应复绿面积 86.09hm², 实际累计复绿面积 88.79hm²(2015 年复绿面积 59.66hm²、2016 年复绿面积 29.13hm²), 自然恢复区 9.86hm²。

从监测情况看, 复绿植被出现退化, 植被覆盖度仅 40% 左右。

3) 草原经济价值损失测算

截至 2020 年 8 月, 矿区采矿后受损草地面积为 5348hm², 比 2014 年受损面积增加 470.4hm²，按平均牧草产量 3330kg/hm² 计算，煤矿开采地区牧草损失量增加 16 051.27t，以每千克鲜草 0.3 元计算，草地经济损失增加 481.54 万元/年，2014～2020 年 8 月，6 年内草地经济损失增加 2889.23 万元。草地一经破坏，至少需要 50 年才可恢复到正常生产水平，因此，草地经济损失达 24 077.0 万元。

矿区再度开采和冻融剥离后受损草地面积增加 470.4hm²，按 0～40cm 深度平均地下生物量 22.81kg/m² 计算，地下生物量损失量增加 1.073×10^5t。

4）草地生态功能损失分析

a）牧草产量变化

矿区再次开采后，矿区草地受到严重破坏，植被盖度明显降低。矿区渣山复绿后，大量种植了禾本科草本植物，如垂穗披碱草（*Elymus nutans*）、老芒麦（*Elymus sibiricus*）、青海中华羊茅（*Festuca sinensis* cv. Qinghai）、同德小花碱茅（星星草）（*Puccinellia tenuiflora* cv. Tongde）、青海冷地早熟禾（*Poa crymophila* cv. Qinghai）等，形成人工+自然复合的生态系统结构，使群落覆盖度和生物量有所提高。由于矿区开采，草原生态系统再度遭到破坏，草原植被明显减少，复绿植被生长状况较差。

b）土壤特征变化

矿区山地土壤土层厚度为 20cm 左右，土层较薄，土壤肥力低，矿区的再次开采使得尚未恢复好的草原自然植被和土地资源遭受二次破坏，土壤肥力显著下降，水土流失程度显著增强。

i. 土壤中有机质含量变化

土壤有机质经短时间恢复后有所提升，为 133.7g/kg，而再度开采后，土壤有机质含量相较天然草地有机质含量（252.1g/kg）尚有较大差距，损失量为 118.4g/kg。

ii. 土壤损失量变化

矿区再度开采后受损草地面积增加 470.4hm²，按平均土壤深度 40cm、平均土壤容重 0.75g/cm³ 计算，矿区土壤损失量增加 1.4112×10^6t，将显著影响高寒草地生态系统的稳定性和功能。

iii. 土壤水分变化

植被再次破坏使土壤表层含水量减少，主要是由于土壤根系对土壤水分吸附力减弱，土壤涵养水源功能降低。

iv. 对土壤 pH 影响的分析

土壤第一次破坏后地下水水位下降，土壤碱化，pH 升高，而土壤再次破坏后，土壤 pH 变化不大，土壤持续呈碱性。

2.4.3 采煤对草原生态系统完整性的影响

1. 矿区建设前生态系统

矿区建设前的草地生态系统主要为高寒草甸、高寒湿地等生态系统，主要有矮生嵩草草甸、西藏嵩草草甸、矮蔍草（*Scirpus pumilus*）草甸群落，建群植物明显，群落稳定性强，属于高覆盖度（85%～98%）草地。

2. 矿区建设后对原有草地生态系统完整性与稳定性影响分析

矿区建设后原来的地貌形态发生了大的变化，随着煤矿的开采将形成中间低四周高的采坑。但是，矿区建设后，原来草原生态系统发生较大变化，大量种植了禾本科草本植物，如垂穗披碱草、老芒麦、青海中华羊茅、同德小花碱茅（星星草）、青海冷地早熟禾等，草地生态系统群落结构组成变得多样，区域内人工+自然复合的生态系统结构使群落覆盖度和生物量有所提高。

矿区建设后在排土场和其他废弃地区域开展生态重建工程形成新的人工生态系统，代替了原来的草甸生态系统，使生态系统的组成和结构发生了根本变化。原来处于相对稳定的系统结构，被人工生态系统和自然恢复的生态系统代替，生态系统控制土壤侵蚀的功能得到部分提高，使生态系统的景观多样性增加，人工生态系统的稳定性还有待进一步监测，并进行后期管理。

2.4.4 采煤对水文地质及水循环的影响

煤炭地下开采对土壤水的影响可概括为：改变土壤水贮存条件和减少对土壤水补给。当煤层开采后，采空区顶板岩层变形和塌陷，从而破坏上部土壤水贮存条件，随着塌陷区内上覆含水层水位下降范围扩大，降低了地下水对土壤水的补给能力，导致区域地表水、土壤水的枯竭，水资源短缺问题加重。

木里、江仓矿区周边沼泽、河流湿地水体 pH 平均值偏高（pH＞8.0），呈弱碱性。钙镁总量平均值为 95.45mg/L，按硬度分级标准属于微硬水。溶解氧含量为 7.1mg/L，含量偏低。但以上指标含量均在国家地表水环境质量标准范围内。重金属元素仅检测出砷元素（As），其含量为 0.042mg/L，低于国家地表水环境质量标准规定的一类标准（标准限值≤0.05mg/L）。

木里矿区对下垫面的扰动面积为 11.6km^2，江仓矿区为 7.95km^2，扰动面积相对于大通河全流域，仅占 0.1%；大通河开发利用多在尕日得断面以下，以尕日得断面进行判断，矿区面积也仅占该断面的 0.4%，木里矿区和江仓矿区因下垫面变化所影响的水量分别为 1.856×10^{6}m^3 和 1.352×10^{6}m^3。

在尕日得、尕大滩站 1956～2009 年年径流量过程分析中发现，径流未见明显下降趋势，2004～2009 年两站径流量较多年平均分别偏多 1.0%和 7.4%。根据青海省水环境监测中心 2013 年、2014 年河流水质监测和调查资料，大通河矿区下游河段水质为Ⅱ类，水质达标。监测结果表明，木里、江仓矿区多年的采矿活动仅对土壤地表植被产生了破坏和不良影响，但对周边河流和沼泽湿地水环境未造成严重污染，水环境质量符合国家相关标准和要求。

因此，相对于大通河流域而言，木里煤田开发对大通河产水量和水质的影响轻微。

2.4.5　采煤对农牧民生产生活及健康状况的影响

采用问卷（表 2-1）调查形式进行公众参与调查（2017 年发放问卷 100 份，刘杨），公开征求公众意见，评价了煤矿开采对矿区工作人员及农牧民生产生活及健康状况的影响。调查对象包括矿址周围牧民群众、矿区和木里镇政府工作人员等。在发放公众意见调查表时，工作人员如实地向被调查对象介绍了近几年木里地区煤矿开采项目概况、环境影响情况、拟采取的环保措施等，使公众对项目清楚了解后填写了"公众调查表"，以便和矿区开采前后进行对比。问卷调查以逐户（单位）发放的形式进行调查。发放问卷调查表格式及其调查因素如下，涉及生产（3 小类）、生活（6 小类）和健康（6 小类）三方面的调查。

表 2-1　矿区开采对矿区工作人员及农牧民生产生活及健康状况影响评价调查表

因子	影响程度			备注
	轻微	中等	强烈	
放牧活动			√	
牛羊销售			√	生产
虫草采集		√		
生活方式多样化			√	指放牧、做生意或运输等
畜牧业收入影响	√			
草场占用补偿收入			√	
治安状况	√			生活
交通状况		√		
服务设施		√		指商店、招待所、网络、电视等
空气污染			√	
噪声污染			√	
水质污染		√		健康
牛羊疾病		√		
人类疾病	√			
医疗条件	√			

注：调查对象包括矿址周围牧民群众、矿区和木里镇政府工作人员，请在选择栏目中打"√"

调查问卷收集齐全后，经过统计分析，在生产方面，矿区开采对矿区农牧民的放牧活动和牛羊销售影响为很强烈（分别占 46%和 35%），对虫草采集影响属于中等程度（19%），影响程度排序依次为放牧活动、牛羊销售和虫草采集，这与问卷调查对象所处的环境有一定关系，矿区和木里镇政府工作人员不太关注矿址周围牧民群众的放牧等生产活动，更多关注矿区的生活质量和矿区的生产经济效益。

生活方面，矿区开采对生活方式多样化和草场占用补偿收入影响较为强烈（分别占 30%和 25%），由于外来人口和运输车辆剧增，对交通状况和服务设施影响中等（分别占 18%和 13%），对评价区的治安状况和畜牧业收入影响轻微（分别占 8%和 6%）。

健康方面，矿区开采对噪声和空气的污染影响相对较为强烈（分别占 28%和 22%），对水质污染和牛羊疾病的影响程度居中（分别占 18%和 15%），对人类疾病和医疗条件的影响轻微（分别占 9%和 8%）。

由以上可以看出，矿区开采对矿区工作人员及矿区周围农牧民的生产、生活及健康状况产生了一定影响，对矿区周围农牧民生计产生了较为明显的影响，且方式多元、程度各异。

2.4.6　采煤对矿区草地生态系统的综合影响

采用定性与定量结合的评价方法，经过实地调查资料收集后，采用类比法、专家打分法、景观生态学方法建立研究区生态环境综合评价指标体系，用层次分析法对各项指标进行权重确定，综合指数法和系统分析法相结合，进行生态环境影响综合评价方法的研究。

1. 评价方法

1）专家打分法

筛选所需指标，将待定指标构造出判断矩阵并编制调查表，选择本专业领域内有经验的专家发放调查表，由专家对判断矩阵进行赋值，回收结果并计算各指标权重。

2）层次分析法

层次分析法是一种定性与定量相结合的分析和评价方法，它能够反复统一处理决策中的定量与定性问题，直到接近客观要求，在处理复杂系统的评价中有独特的优点。此方法可以检验并减少主观因素的影响，使分析评价工作更加客观和科学。本部分层次分析法可借助软件 yaahp10.5 实现。

3）数据标准化处理

由于各个指标量纲存在明显差异，研究应对各个指标进行无量纲化，通过系统转换使各个指标的指数数值均落在 0～1。根据各指标对研究区生态影响的

作用方向，采用百分比标准化法，将指标可分为正指标和负指标。其计算公式
分别为

$$F_+=Ci/Si$$

$$F_-=Si/Ci \text{ 或 } F_-=1-Ci/Si$$

式中，F_+ 表示正指标评价值；F_- 表示负指标评价值；Ci 表示指标实际值（现状值）；
Si 表示指标参照值。

4）线性加权综合法

线性加权综合法具有适用于各指标间相互独立的场合、可以进行线性补偿、
权重系数作用更明显、对备选方案间的差异不敏感、对指标数据无特定要求和容
易计算等特性。

5）生态环境影响综合评价指数线性加权综合法

计算方法见下式：

$$EI=\sum_{i=1}^{n}\omega_i \times x_i$$

式中，EI 为生态环境影响综合评价指数；n 为指标个数；ω_i 为各指标权重值；x_i
为各指标标准化值。

2. 评价指标体系的建立

矿山生态环境系统是一个复杂的系统，评价指标的合理性直接影响评价结果。
本研究中指标体系的建立以国内外研究成果和研究区内的生态环境特征为基础，
采用层次分析法确定指标权重。

1）评价指标体系选取的原则

指标的选取应具有代表性，能够切实反映研究区内生态环境质量现状且
能体现出露天采矿对生态环境的典型影响，并确定相应的评价层次，将评价
指标体系按系统论的观点进行排序和分类，构成一套较为完整的指标体系，
最终指标能客观反映研究区内生态环境质量现状和露天采矿对生态影响的发
展趋势。

2）评价指标的选取

评价指标分为目标层、准则层和指标层。目标层为生态环境影响评价指标，
准则层由自然禀赋、生态环境和人文状况三大类组成，自然禀赋指数主要从地
质、地理条件出发，考虑矿山所在区域自然禀赋状态，如矿床剥采比、年开采
量、水文条件等，生态环境指数主要从矿区的环境污染和生态破坏程度大小的
角度考虑，如矿区植被覆盖度、生物多样性指数、水土流失强度、土地占用面
积、矿山治理恢复率等。人文状况（区域人文指数）主要是考查矿区经济社会
发展水平和人文状况等，如移民人口比例、环境治理投入资金比、矿业经济贡
献率等。本研究区域内，生态环境质量评价中的指标共分为三级指标，具体情

况详见表2-2。

表2-2 草地生态环境质量评价指标

目标层	准则层	指标层
生态功能质量	土壤	土壤含水率
		土壤养分
	草地	植被覆盖度
		物种多样性
		草地生物量
环境质量	地质环境	土地损毁
		地质灾害
		冻土破坏
	水气环境	大气污染
		水土流失
		污水排放
		水系破坏
	废弃物	煤矸石堆积
		生活垃圾
生态环境治理	环境治理	植被复绿
		土壤修复
	治理强度	复绿面积
		治理费用
社会经济	社会发展	人口密度
		社区条件
		生活质量
	经济发展	工业产值
		畜牧业产值
		服务业产值

3) 评价指标权重与数据处理

权重针对某一项具体指标而言，是一个相对的概念。某一指标的权重是指该指标在整体评价中的相对重要程度。权重是被评价对象不同侧面重要程度的定量分配，对各评价因子在整体评价中的作用进行区别对待，权重确定的合理性直接关系到评价结果的可靠性。本次研究根据专家打分法并借助层次分析法软件yaahp10.5计算各指标权重。yaahp已经应用于很多行业的评估/评价问题处理，在中国知网以"yaahp"为关键词进行全文检索，能够查到5000多篇引用yaahp的论文（5105篇，截至2017年2月8日）。

3. 木里矿区开发对草地生态环境影响的综合评价

本部分内容对木里矿区生态环境质量进行综合评估（图 2-3）。

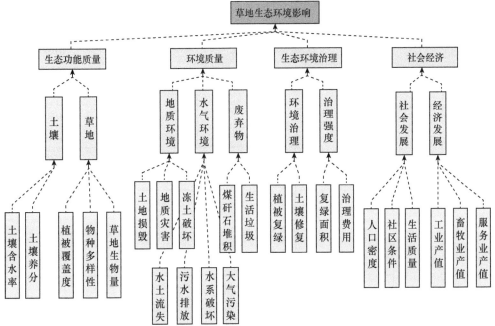

图 2-3　木里矿区开发对草地生态环境影响的综合评价指标体系

1）生态环境质量分级

根据生态环境影响综合评价指数（EI），将生态环境状况分为 5 级，即优、良、一般、较差和差（表 2-3）。

表 2-3　生态环境状况分级

		优	良	一般	较差	差
EI		0.75	0.55～0.75	0.35～0.55	0.20～0.35	0.2
状态	植被覆盖度	高	较高	一般	较低	恶劣
	生物多样性	高	较高	一般	较低	恶劣
	生态景观	高	较高	一般	较低	恶劣
	环境质量	高	较高	一般	较低	恶劣

2）生态环境质量评价指标权重计算

2017 年，向青海省林业厅、环保厅、农牧厅、国土资源厅和水利厅等部门发放调查表 50 份以确定各评价指标权重，共收回专家调查表 28 份，经分析确定各指标权重，如表 2-4 所示。

表 2-4　生态环境质量评价指标权重

内容	一级指标	二级指标	三级指标	权重
草地生态环境影响	生态功能质量	土壤	土壤含水率	0.1166
			土壤养分	0.0965
		草地	植被覆盖度	0.0465
			物种多样性	0.0548
			草地生物量	0.0437
	环境质量	地质环境	土地损毁	0.0296
			地质灾害	0.0206
			冻土破坏	0.0306
		水气环境	大气污染	0.0277
			水土流失	0.0198
			污水排放	0.0242
			水系破坏	0.0372
		废弃物	煤矸石堆积	0.0297
			生活垃圾	0.0251
	生态环境治理	环境治理	植被复绿	0.0313
			土壤修复	0.0357
		治理强度	复绿面积	0.071
			治理费用	0.0398
	社会经济	社会发展	人口密度	0.0233
			社区条件	0.0283
			生活质量	0.0465
		经济发展	工业产值	0.0313
			畜牧业产值	0.0315
			服务业产值	0.0311

　　矿区草地生态系统各指标标准化过程如表 2-5 所示，结合表 2-4 中各指标权重，经加权即可获得木里矿区草地生态系统综合评价指数 $EI=0.59$。对照表 2-3 对生态环境的分级标准，可知木里矿区目前的草地生态环境质量属于良好偏差的水平。植被覆盖度较高，生物多样性较丰富，生态景观较好，环境质量较优。

表 2-5　生态环境质量评价指标数值及标准化过程

内容	类型	指标	评价因子	单位	数值标准化			
					参照值（Si）	现状值（Ci）	标准化过程	结果
草地生态环境影响	生态功能质量	土壤	土壤含水率	相对含水量（%）	30	30	=30/30	1.00
			土壤养分	碱解氮（mg/kg）	50	15	=15/50	0.30
		草地	植被覆盖度	绝对值（%）	80	69	=69/80	0.86
			物种多样性	物种丰富度，用单位面积的植物种数表示（种/m²）	30	20	=20/30	0.67
			草地生物量	干重（g/m²）	400	300	=300/400	0.75
	环境质量	地质环境	土地损毁	相对比率	2	5	=2/5	0.40
			地质灾害	相对比率	1	3	=1/3	0.33
			冻土破坏	相对面积比率	0.5	2	=0.5/2	0.25
		水气环境	大气污染	相对天数比率/年	10	80	=10/80	0.13
			水土流失	相对面积比率	5	10	=5/10	0.50
			污水排放	相对面积比率	1	2	=1/2	0.50
			水系破坏	相对面积比率	2	4	=2/4	0.50
		废弃物	煤矸石堆积	相对占地面积比率	8	10	=8/10	0.80
			生活垃圾	相对占地面积比率	2	3	=2/3	0.67
	生态环境治理	环境治理	植被复绿	相对面积比率	80	70	=70/80	0.88
			土壤修复	相对面积比率	20	17	=17/20	0.85
		治理强度	复绿面积	相对面积比率	80	70	=70/80	0.88
			治理费用	绝对值	10 000	30 000	=10 000/30 000	0.33
	社会经济	社会发展	人口密度	绝对值	5	10	=5/10	0.50
			社区条件	相对重要值	8	10	=8/10	0.80
			生活质量	相对重要值	8	10	=8/10	0.80
		经济发展	工业产值	相对重要值	5	10	=5/10	0.50
			畜牧业产值	相对重要值	8	10	=8/10	0.80
			服务业产值	相对重要值	5	10	=5/10	0.50

第3章 高寒矿区种草复绿探索

国内外对高寒矿区植被恢复开展过一些研究，但在高寒矿区大面积开展植被恢复尚未形成可借鉴、可复制的成熟经验。木里矿区是典型的高原、高寒、高海拔矿区，气候严酷，立地条件差，植被恢复难度大。2014~2016年，青海省做了大量的试验研究，在此基础上开展高寒矿区种草复绿探索和实践，形成了生态修复多样的种草复绿模式以及植被恢复较为成功的技术方案。本章总结了客土改良植被恢复、渣山种草复绿及矿坑边坡治理、渣山边坡稳定技术与种草复绿、防排水与灌溉种草复绿、覆膜增温保湿复绿、雪线下缘种草复绿、采坑回填种草复绿、原位直播种草复绿、有机肥代土种草复绿、客土覆盖湿地植被修复等10项种草复绿技术，以期达到植被恢复的目的。

3.1 客土改良植被恢复（聚乎更3号井）

3.1.1 基本原则

坚持"在保护中开发，在开发中保护"的总原则，正确处理矿产资源开发利用与自然生态环境保护的关系；坚持生态保护与生态建设并举的原则；坚持谁开发谁保护、谁破坏谁恢复、谁受益谁补偿的原则；坚持因地制宜、切实可行的原则。

3.1.2 治理目标

（1）对生态环境综合治理。清理道路，对排土场刷坡，排土场外围修建挡土围堰，利用腐殖土，种草绿化，采区设置防护围栏。

（2）对环境污染综合治理。整治工业场地，整治矿部生活区，清理草甸上的垃圾。

3.1.3 矿区生态环境治理

1. 道路清理

1）工程内容

清理矿山道路两侧开挖的土方，使其用于垫方道路段或区域，减少对草地的破坏，恢复地貌景观。

2）治理地点

干线、半干线、辅助线。

3）工程量

21km长路段。

4）治理标准

道路两侧无虚渣、浮石，减少碾压草皮面积。

5）人员设备投入

设备投入共计 75 台次，人员投入 62 人次，共计投入资金 937.8 万元。

2. 防护围栏

1）工程内容

为防止扩大人为扰动，减少草皮破坏面积，修建防护围栏。

2）工程位置

矿区、南北排土场和道路两侧外围。

3）工程量

10km。

4）人员设备投入

共计投入资金 120 万元。

3. 排土场刷坡

1）工程内容

挖掘机将边坡角设置为≤40°；排土场设置截排水系统；修建挡土围堰；多余的岩土运至别处排弃。

2）工程位置

南排土场南帮。

3）工程量

25hm^2。

4）人员设备投入

设备投入共计 44 台次，人员投入 48 人次，共计投入资金 408.6 万元。

4. 挡土围堰

为防止土壤流失，防止排土场的大型渣石滚落到周围草皮上，对周围环境造成破坏，现需要在排土场外围用排弃的渣围绕着排土场堆起挡土墙。

1）治理地点

南、北排土场外围。

2）治理标准

围堰高度 2m、宽度 3m、平台宽度 3m。

3）工程量

3km。

4）人员设备投入

设备投入共计 28 台次，人员投入 40 人次，共计投入资金 149.64 万元。

5. 排土场边坡整治

1）工程内容

治理排土场帮不齐、底不平、裂缝及下陷等现象。

2）工程位置

南、北排土场。

3）工程量

60 万 m³。

4）人员设备投入

设备投入共计 64 台次，人员投入 160 人次，共计投入资金 2497.26 万元。

6. 腐殖土的利用

1）工程内容

从采场剥离腐殖土，南排土场绿化时使用。

2）地点

从首采区剥离后，覆盖于排土场边坡。

3）治理标准

排土场边坡覆盖 20～40cm 厚的腐殖土。

4）工程量

12.5 万 m³。

5）人员设备投入

设备投入共计 9 台次，人员投入 12 人次，共计投入资金 369.63 万元。

7. 刷帮及复垦绿化

1）工程内容

为了给后期复垦绿化做准备，挖掘机对排土场边坡进行刷坡，边坡角为≤40°；排土场设置截排水系统；修建挡土围堰；多余的岩土运至别处排弃。

2）治理地点

南排土场。

3）工程量

25hm²。

4）种草治理标准

平整边坡后平盘帮齐底平，边坡角 30°～40°，并挖掘边坡排水渠，建立疏干水系统。边坡排水渠宽 1.5m，深 0.3m，每 50m 间隔做排水沟。平盘排水沟（高

1.5m，下宽 1.2m，上宽 1.5m）详见图 3-1、图 3-2。

图 3-1　边坡横断面图

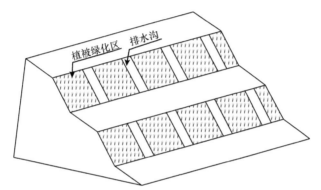

图 3-2　环保绿化工程区域立体图

5）人员设备投入

共计投入资金 978.75 万元。

8. 环境污染综合治理

1）工程内容

对工业场地和矿部生活区进行整治，对草甸垃圾进行清理。

2）治理地点

工业场地整治：矿坑涌水处理站、油库、锅炉房、生活污水处理站、变电所和机修车间等设施周边。

矿部生活区整治：矿部生活区。

草甸垃圾清理：采区周边草甸。

3）工程量

100hm²。

4）治理标准

工业场地的整治标准：平整场地、清理周边垃圾、疏干排水。

矿部生活区的整治标准：清理建筑垃圾、码放建筑材料、码放废品、打扫卫生。

草甸垃圾清理：清理采区周边的白色垃圾。

5）人员设备投入

设备投入共计 45 台次，人员投入 150 人次，共计投入资金 513.1 万元。

9. 采区降尘

1）工程内容

干线、半干线、辅助线进行洒水降尘工作。

2）治理地点

采区干线、半干线、辅助线。

3）工程量

81hm^2。

4）治理标准

保证道路不扬尘。

5）人员设备投入

设备投入共计 63 台次，人员投入 63 人次，共计投入资金 334.6 万元。

10. 投入合计

2014 年 8 月 21 日至 2015 年底，共计投入设备 328 台次，投入人员 535 人次，预计投入资金 6309.38 万元。

3.2 渣山种草复绿及矿坑边坡治理（聚乎更 4 号井）

3.2.1 渣山种草复绿

1. 复绿任务

2015 年矿区排岩场种草复绿面积为 213.39hm^2。

2. 施工计划

（1）2015 年 4 月前完成施工单位招标工作，签订施工合同。

（2）4 月底 5 月初施工人员、设备、材料进场。

（3）种植期：5 月 1 日至 7 月 30 日。

3. 施工技术

1）地面处理

为便于种植施工，减少水土流失和雨水冲刷对植被恢复效果的影响，进行渣山刷坡，坡度控制在 35°以下，对生活区和道路有凹凸的地面进行整平。

2）草种选择及质量

（1）种子品种。选用青海当地生产、适宜青藏高原生长的多年生禾本科牧草品种，以市场供种相对充足的垂穗披碱草（*Elymus nutans*）、青海冷地早熟禾（*Poa crymophila* cv. Qinghai）、同德小花碱茅（星星草）（*Puccinellia tenuiflora* cv. Tongde）等草种为主。

（2）种子质量。种子质量达到国家规定的三级标准以上（以 GB/T 2930—2001 为检验标准和以 GB 6142—2008 为判定标准），即种子净度不低于 85%，发芽率不低于 75%，其他植物种子不多于 3000 粒/kg，具体等级情况要以相关部门出具的种子质量检验报告为准。

3）农艺措施

采取人工播种，人工播种一定要保证种子的播种深度。其工艺流程如下。

a）覆土（石块较大的区域）

地面平整→覆土→浸泡晾晒草种→施肥→播种→铺设草帘或薄膜→围栏封育。

b）不覆土（含土量较高的区域）

地面平整→浸泡晾晒草种→施肥→播种→铺设草帘或薄膜→围栏封育。

——浸泡晾晒草种：播种前一天将牧草种子用温水（45～55℃）浸泡 8～12h 后，浸种晾晒，以做播前准备。

——肥料及晾晒的草种播种：将肥料、晾晒的草种均匀地播撒在需要种植的区域内。播种量遵循适量播种、合理密植的原则，混播草地总播种量 20kg/亩，混播比例 1∶1∶2 为宜[青海冷地早熟禾 5kg/亩，同德小花碱茅（星星草）5kg/亩，垂穗披碱草 10kg/亩]；肥料（磷酸二铵）50kg/亩。

——人工耙平：种子播撒后，将草种和肥料用耙子进行搂耙，耙入土壤 0.5～1cm。

——薄膜（草帘）铺设：用薄膜（草帘）对种植区域进行全面覆盖，以提高地温和保墒。

4）播种量

由于治理区域位于高寒高海拔地区，土壤地质条件差、坡度大，蓄水保墒能力弱，且年降雨量大，水蚀风蚀现象严重，为保证出苗率和保苗率，必须合理搭配多种草种以及加大播种量，故采用 3 种草种混播，播种量为 20kg/亩，分别为青海冷地早熟禾 5kg/亩、同德小花碱茅（星星草）5kg/亩、垂穗披碱草 10kg/亩。

5）播种深度

播种深度控制在 0.5～1cm，不宜过深，一定要保证种子合理播种和覆土深度。

6）施底肥

选用的底肥为磷酸二铵（国产，总养分含量≥64%），施入量为 50kg/亩，随播种施入。

7）补植

播种后，要注意观察当年出苗，对未达到建设指标的秃斑地及受到水蚀、地表沉降等自然灾害损毁的草地在第二年进行补植；第二年返青时要观察越冬情况，由于治理区地质不稳、土层较薄、干旱、受冻等出苗率下降的，对达不到建设指标的地块进行连续补植补种。

8）牧草养护

种植结束后，设定管护员认真管理，根据天气情况，不定时对牧草出苗情况进行观察，检查薄膜（草帘）是否被风吹或雹打，保证牧草发芽率和成活率。同时，对植被恢复治理区要配套封育围栏设施，禁止任何形式的放牧采食和人为毁坏，确保植被恢复长期发挥效益。

4. 质量要求

（1）采用种子必须为新种子，种子质量达到国家规定的三级标准以上（以 GB/T 2930—2001 为检验标准和以 GB 6142—2008 为判定标准）。

（2）覆土种植时，必须覆盖 10cm 以上的腐殖土或营养土。

（3）必须去除直径 5cm 以上石块。

（4）必须施肥，以促生长。

（5）播种前种子必须按规定浸泡、晾晒。

（6）当年平均每平方米出苗数大于 500 株，有苗面积率达到 95% 以上，第二年植被盖度达到 80% 以上。

（7）薄膜或草帘覆盖率 100%。

3.2.2 渣山治理

1. 原则

（1）始终贯彻"安全第一、预防为主、综合治理"的安全生产方针。

（2）以最小的工程量和投入，达到安全稳定和便于种草的目的。

（3）排岩场治理工程设计要做到安全可靠、技术可行、经济合理。

2. 施工计划

1）工程量及施工进度

根据《木里煤田综合整治工作实施方案》的要求，计划 2015 年将完成剩余排土场治理，具备种草条件，计划工程量为 99.8 万 m^3，预计投入 1297.4 万元，工期为 5 个月（2015 年 8～12 月）。

2）施工方式

采用木里煤矿内部治理或外承包单位施工的方式进行治理。

3. 施工技术参数

结合排土场实际现状及岩石自然安息角,得出如下技术参数:台阶边坡角 ≤35°,台阶垂直高度为 10～15m,平台宽度为 10m。

4. 施工技术要求

(1)对于坡度较低和较缓的台阶:第一步,从上到下清理浮石,挖、甩、刷各一次,平整边坡;第二步,挖、埋处理边坡底角大石头,平整坡底角。

(2)对于坡度较高和较长的台阶,首先从顶部挖、甩、刷各一次,然后分台阶进行挖、甩、刷各一次,依次进行,最后挖、埋处理边坡底角大石头,平整坡底角。

(3)有挡土墙的台阶、道路,应将挡土墙推平;将台阶整理成形后,做到无浮石、无杂物,整齐划一,台阶坡面角 ≤35°;边坡之间圆滑对接,满足抗滑稳定要求。

(4)治理工程布置要因地制宜,在满足相关规范规定、保证斜坡稳定的同时,尽量结合目前实际情况、减少工程量,降低工程成本,加快施工速度。

(5)治理工作完成之后,每个最终边坡与平台交接处挖一道排水沟,将雨水、雪水径流排至排水渠道中,以防止或减少流水大面积冲刷坡面和道路。

3.2.3 采坑回填及边坡治理

1. 设计原则

(1)始终贯彻"安全第一,预防为主,综合治理"的原则。

(2)依照"分区治理、整体部署、切合实际、安全实效"及"综合整治不形成新的生态环境破坏"的原则。

(3)以最低的工程量、最少的投资获得最佳整治效果为原则。

2. 采坑回填及边坡治理技术

总体施工思路是首先对采坑边坡进行处理,以满足采坑回填的安全要求,然后进行采坑回填,再结合实际回填高度,按设计技术要求对边坡进行彻底治理,采坑回填及边坡治理施工结束的次年(要有一个自然沉降稳定期)再进行种草复绿,回填物料尽可能选用就近矿坑和排土场石料,边坡治理尽可能少挖方少填方,最终达到边坡稳定、恢复植被、便于排水、有利于井工安全开采的目的。

1)采坑回填前期准备和基底整治

因东采区北矿坑存有一定量的积水,在施工前必须将积水进行抽排。利用原四、六区北矿坑设置的泵站,抽排采坑内积水。

2)采坑回填

在基底已形成的防水复合凝固层以上,回填前期采坑露天开采时清出的混合渣料,填埋高度为方案设计的标高,最终填埋渣石层面与采坑四周的山体斜夹角

（边坡角）要小于 30°。

3）回填方式

分段回填，按设计的渣石回填厚度 45m（30m），划分为 3 个台阶，每个台阶段高 10m，最后一个台阶段高 15m。采用边缘排土方式，其最小回填工作平盘宽度由落石滚落安全距离宽度、卸载宽度、汽车长度、调车宽度、道路通行宽度、卸载边缘安全距离等构成，最小平盘宽度为 33m，平盘沿采坑呈圈形布置。

结合设计推荐的回填工艺，回填物采用卡车-推土机分段（台阶）排弃方式。剥离物由 32t 自卸汽车运至回填台阶平盘上的水平施工作业面后，靠近每个回填台阶坡顶线安全线以内翻卸，由于季节气候及排弃土岩种类的不同，春、秋、冬季大约有 70%剥离物由汽车自动翻卸到台阶坡顶线以下，剩余 30%由装载机推下坡面。夏季由于降雨影响，排土台阶土质松软，自卸汽车在距台阶坡顶线 2m 线以内翻卸，预计有 50%剥离物卸载到台阶坡面以下，剩余 50%由装载机推下坡面。

每个台阶（平盘）上的施工作业面采用前进式移动。每个台阶按实际水平分成若干区段（作业面），区段（作业面）的作业循环方式为：台阶（平盘）初始宽度为 33m，随着填埋工程的推进，当本台阶（平盘）前下方的填充物达到台阶（平盘）等高且增加宽度达到 5～10m 时，先由专人视察平台下方充填物的堆积情况，然后再安排挖掘机、铲车、推土机等进行调高调宽、推平压实工作，检验台阶基础，台基密实承受程度达到可进入下一循环装载渣石车辆时，再进行下一个循环的进车、卸料作业。

台阶（平盘）不断推进，当本台阶的回填物充满台阶下方的空间且最终达到设计的台阶水平标高时，方可确定本台阶回填结束，转入下一台阶的回填。

3. 种草复绿

种草复绿面积为 151.68hm^2。

4. 防排水

1）施工期排水

采坑内的汇水主要为采坑汇水区的降雨径流量及地下水流入量。考虑采坑整治后还需要继续排水，坑内排水拟采用坑底储水、固定泵站排水方式。

2）地面防排水

充分利用现有的排水沟，防止地表水直接流入采坑内。

3）采坑水综合利用

采坑水引至坑底排水泵站，将水排入地面水处理站，经处理后用于矿区绿化用水、土地复垦用水、道路洒水等，实现水资源的综合利用。

4）施工期后防排水

a）地面防排水

地面防排水工程在施工期间使用，保证地面水患不对采坑产生威胁。同时要进行日常巡查，及时发现地面防排水设施的安全隐患并消除。

b）后期水患治理

后期水患治理主要在施工期后进行，其中未填满的采坑部分因大气降水会形成积水，进而对矿井下一步井工开采产生不利的安全影响。解决方法就是继续保留施工期间各个采坑的排水设施，结合矿井生产，经常性地进行抽排，消除采坑内的存水。

5. 施工进度

2014 年采坑回填及边坡治理，时间为 6 月 1 日至 9 月 30 日；2015 年牧草种植，时间为 5 月 31 日至 7 月 30 日。

6. 整治工程施工安全措施

整治工程施工安全措施主要包括劳动安全组织、劳动安全技术、机械设备作业安全技术、边坡稳定安全、运输安全、供电安全、劳动工业卫生、安全急救等施工过程中的安全措施。

7. 估算投资

2015 年东采区采坑回填及边坡治理工程总估算 25 872.28 万元，估算投资详见表 3-1。

表 3-1 木里煤矿东采区采坑整治总费用一览表

序号	项目	单位	数量	单价（元）	总价（万元）	备注
一	出煤量	t	25 200	7	17.64	
二	土石方工程				9 160.62	
1	防水复合凝固层回填量	m³	1 523 500	12.17	1 854.1	不包含材料
2	回填量	m³	5 697 600	10	5 697.6	
3	边坡治理	m³	1 094 500	14.7	1 608.92	
三	材料购置、加工、铺设				12 143.62	
1	①钢筋网排购置	m²	133 600	21.6	288.58	
	②钢筋网排加工铺设	m²	133 600	2.16	28.86	
2	①土工布购置	m²	133 600	20	267.2	
	②土工布加工铺设	m²	133 600	2	26.72	
3	①防水膜购置	m²	133 600	7.2	96.19	
	②防水膜加工铺设	m²	133 600	0.72	9.62	
4	小配件（钢钎）等	个	200		0.05	
5	水泥	t	228 528	500	11 426.4	
四	牧草种植	m²	1 516 800	30	4 550.4	包含所有材料
五	防排水					

续表

顺序	项目	单位	数量	单价（元）	总价（万元）	备注
1	正常排水（设备型号 D155-30×5-132kW）	台	4			现有的矿山排水设备
2	暴雨时期排水（设备型号 MD280-43×8-400kW）	台	2			
	合计				25 872.28	

3.3 渣山边坡稳定技术与种草复绿（聚乎更5号井）

为使聚乎更5号井改善矿区自然环境、避免造成环境污染，防止诱发山体滑坡及水土流失等地质灾害，根据《关于木里各相关企业进行地质环境治理及恢复矿山安全等整改工作的通知》精神，采矿企业结合5号井矿区实际环境状况，对矿山地质环境、矿山道路、矿山排土场等进行科学合理长远的治理规划。根据规划就矿区遗留的环境治理，进行"三位一体"（环境植被保护、生态绿地恢复、水土流失治理）的生态工程治理，从而体现资源综合有效利用与环境效益、经济效益、社会效益的统一协调发展，真正使企业在取得经济利益的同时，重视周边社会和谐与环境保护同步发展。聚乎更矿区5号井历史上形成6座渣山，总面积为284.3万 m^2。截至2014年7月底，采矿企业累计实施矿区渣山边坡整治及植被恢复面积110hm^2，累计投入资金2.9亿元，机械设备1.2万余台次、人工1.5万余人次。

3.3.1 矿区边坡稳定治理

1. 治理程序

抽取污水→填坑→排土场修整→稳定边坡及整形→在排土场上面覆盖种植用土→按照特定方法种植。

2. 填坑及排土场移位堆置

根据采矿区的生产开采规划以及综合治理方案，需要将历史遗留的水坑问题，进行抽水、填坑、排土场修整等工作，以达到规范安全的要求。

3. 稳定边坡及整形

排土场（矸石山）一般堆成圆锥形，坡度较大且不稳定。对富水地区边坡实施疏干排水工程，坡底均修建完整的排水系统。对容易造成滑坡或小范围岩层滑动的岩体、地势较高的山体，须检查排土场有无可能形成泥石流和坍塌，对不符合安全要求的须进行清理或建拦渣坝拦挡；为了满足排土场（矸石山）植被恢复的栽植工程和水土保持的要求，需要对排土场（矸石山）进行整形，包括平整山顶、重塑地貌景观、建排水系统。对坡度不符合要求的，进行削坡减载。对于高度不大的边坡，也可填方压坡脚。

4. 护坡台阶成形

针对边坡相对较高及坡度大的实际情况，需放缓边坡，把废料堆坡面开挖成 10m 高、5m 宽的 5 层防护坡台阶。前期采用挖掘机整修坡面工程，坡面总面积 57 万 m²，砌筑挡石墙 1260m³。工程搬运土石方总量约 43.5 万 m³。

5. 框格式护坡

第一阶段护坡长度为 1200m，含土很少或完全没有土，加之坡面坡度又偏大（倾角约 45°），需经过削坡处理后，用水泥框格构件在坡面上先构筑框架网格，然后将土填入其中，再种植草。此法绿化速度快，草本植物有较好的水土保持效果。但该法工程量大，造价高，投资大。铺设水泥构件网格 12hm²，共需水泥构件 12.5 万条。

6. 种植与覆土

土壤是植物赖以生存的物质基础，土壤母质、结构、pH、肥力等与植物生长密切相关。根据煤矸石山表面风化程度的不同，在种植之前，应采取适当的酸性改造，使 pH、肥力等适合植物生长，主要通过调整覆土薄厚程度及与其他肥料混合比例来实现。按覆土的厚度不同及表层温度，采用厚覆土方式种植，用自卸车拉运覆盖土作业。

7. 绿化种植

选择适宜的植物种类是生态恢复的关键技术之一。由于矿区条件极端恶劣，因此耐干旱、耐低温、耐贫瘠、速生、高产的草本植物是首选种类，这类植物可以迅速生长，强有力地改变遭破坏的生态环境，为其他植物的迁移、定居创造条件。在种植过程中，根据煤矸石的元素组成，辅以一定的水肥，尤其是微生物肥，这些措施有利于植物的快速生长和立地条件的改善。

8. 污水处理

对矿区污水治理，采取修筑明沟排水及玻璃钢化沉淀池 3 个。生活污水处理规划情况：修一眼直径为 6m 的沉淀井，生活污水经自然沉淀和人工消毒后，再清除污物与生活垃圾，进行最后清污和处理，保障生活区的卫生状况达到规范要求。

作业和施工现场地表水处理规划情况：修建 3 个沉淀池。按照相关要求，将施工作业现场的地表水（雨水、雪水等）通过渠道引流到沉淀池内，消除作业施工现场的地表水影响。

9. 道路工程

1）道路现状

矿山道路主要是从天木公路通往各治理区域的主干线及各支线，道路状况较差，路面弯度较大，平整度差，不能满足矿山治理施工的要求。

2）道路改（扩）建

针对道路较差的状况，采矿企业对矿山主干线重新设计修建，主路全长 3.56km，工程土石方量约 15 万 m³，路面行车设计宽度 15m，人行道宽度 1.5m，并在路面两边设计 1.5m 明沟排水设施。

10. 环境景观综合整治

为使整个矿区彰显整治环境特色，对矿山进行环境特色整治。

（1）排土场（矸石山）景观效果体现：为使排土场（矸石山）符合生态要求及视觉要求，特将山体进行体态优化设计及整治，使整体视觉效果与周围自然环境相协调，达到恢复原生态的面貌。

（2）排土场（矸石山）坡体上用水泥制品铺设"保护环境、恢复植被、和谐文明、发展治理"和"成就绿色、成就未来"特大立体字，以表达治理矿区的决心。

（3）进场道路均设置人行道及现代式路灯，使进场公路具有现代气息，并有利于全天候矿区作业的安全性。

3.3.2　矿区边坡稳定治理效果

由于煤矸石山堆积物的高含碳量和高自燃风险，其是一类巨大的碳排放源，温室气体排放亟须有效控制。煤矸石堆存带来潜在的碳排放量及其导致的陆地生态系统碳储存发生变化。有研究结果表明，煤矸石山堆存碳密度超过了其覆盖的当地原本自然生态系统碳储存密度的数倍，二氧化碳排放风险很高。煤矸石山的生态修复能够防止自燃，固定煤矸石中的大量碳，还可以增加煤矸石山自然生态系统的碳储量，有着很好的碳减排效益。

图 3-3　原污水排放沉淀池（青海省柴达木循环经济试验区管理委员会木里煤田管理局，2014 年拍摄）

该项目的治理能够提高该区域的环境质量和自然景观，避免造成污染环境、诱发山体滑坡及水土流失等地质灾害，使环境保护、生态绿化、水土保持相协调发展，从而体现资源效益与环境、经济、社会效益的统一和协调发展，做到"保护环境、恢复植被、和谐文明、发展治理"的统一实施，为木里地区的生态保护、循环经济发展做出应有贡献，实例见图 3-3～图 3-8。

图 3-4　治理中的煤矸废石山坡面（青海省柴达木循环经济试验区管理委员会木里煤田管理局，2014 年拍摄）

图 3-5　砌筑挡土石墙（青海省柴达木循环经济试验区管理委员会木里煤田管理局，2014 年拍摄）

图 3-6　排水系统建设（青海省柴达木循环经济试验区管理委员会木里煤田管理局，2014 年拍摄）

图 3-7　框格网建设（青海省柴达木循环经济试验区管理委员会木里煤田管理局，2014 年拍摄）

图 3-8　治理后的废石山景观（青海省柴达木循环经济试验区管理委员会木里煤田管理局，2015 年拍摄）

3.3.3 渣山复绿养护

按照《木里煤田综合整治工作实施方案》要求，结合以往治理经验和工作实际，制定聚乎更矿区 5 号井渣山复绿养护方案。

1. 方案编制原则

坚持生态环境建设并举，预防为主、防治结合、过程控制、综合治理的指导方针。矿产资源的开发应推行安全生产和环境综合治理并重的原则。

2. 2014～2015 年渣山治理情况

2014 年 8～11 月，投入资金 800 余万元，机械设备 1261 台次，人工 5545 人次，完成渣山边坡整治（含 1 号、5 号渣山部分边坡重新修整面积）面积 175.3hm^2、植被恢复面积 1.68hm^2。

2015 年 5～7 月，累计投入资金 3400 余万元，机械设备 4800 余台次，人工 6900 余人次，矿区渣山植被恢复面积 113.5hm^2。

3. 渣山植被恢复后的维护和管理

1）建设网围栏管护

为了使已完成复绿的渣山达到更好的效果，采矿企业对矿区渣山已完成复绿的部分进行网围栏隔离管护和管理，从根本上解决了因牛羊践踏啃食等造成已完成复绿的渣山遭到再次破坏的问题。根据刷坡形成的实际地形地貌完成排水系统的建设方案。

2）建设渣山边坡排水系统

在渣山边坡治理初期，对渣山边坡设计排水设施，即设计边坡排水沟，雨季自然形成的冲刷沟为排水主线，让其自然排出。此设计是为了在雨季使渣山边坡雨水科学合理地排出，避免因排水不及时造成边坡滑坡等现象，从而破坏渣山边坡表面已恢复的植被。

3）实行渣山复绿目标责任制

为使渣山复绿工程取得实实在在的效果，对矿区渣山实行承包责任制。目标责任人由矿属各部门负责人组成，其中部门正副职均为目标责任人，采矿企业对目标责任人进行责任分工及执行情况考核。责任人必须认真履行与公司签订的目标责任书，对植被恢复工程的进度、质量、成效、安全管理等全面负责。责任人必须做好对所负责项目渣山的日常巡查管理、种植情况、补种、洒水等工作。

责任人所负责的项目渣山成活率与其月绩效工资挂钩，必须保证复绿一片成活一片，如无法保证成活率，达不到预期目标，公司将按照公司制定的员工考核办法对相应的责任人进行严格考核。

3.4　防排水与灌溉种草复绿（聚乎更 7 号井）

煤炭资源的开发在给人类带来巨大物质财富的同时，也不断改变和破坏矿区周围的自然环境，进而产生众多的环境问题，如破坏和占用大量耕地；破坏地下水均衡系统，造成井泉干枯，周围群众饮水困难；引发地面塌陷、山体开裂、崩塌和滑坡、泥石流等地质灾害；产生了大量废渣、废水、废气，污染了周围环境；破坏了自然景观和地貌景观，严重影响生物多样性的发展，造成区域生态环境的极度脆弱，而且严重影响我国经济社会的全面协调、可持续发展。

木里矿区因露天开采影响了该地区的区域地貌、生态环境，表现在露天矿对地表的开挖和土岩等剥离物的堆存，造成排渣场排弃量多、部分草地被占用，影响了地表植被及高原永冻层生态系统，并使微地貌发生变化。聚乎更 7 号井 2014 年停止了正在进行的开采行为，全面进行矿区环境治理，并在 2015 年底全面完成采坑边坡整治和植被恢复及 50% 的渣山复绿工作，2016 年全面完成矿区渣山治理工程。

3.4.1　治理原则

1. 坚持"谁开发、谁保护，谁破坏、谁恢复，谁受益、谁补偿，谁排污、谁付费"的原则

确定聚乎更 7 号井生态治理责任范围和整治目标，严格实施青海省政府关于矿区的环境整治意见，迅速开展矿区综合整治工作。

2. 坚持"依靠科技进步，发展循环经济，建设绿色矿业"的原则

广泛收集资料，充分利用已有的生态综合治理经验和科技成果，针对矿区现状生态特点，分析露天矿开发对矿区原有生态的影响状况，选择合理的整治工艺和方法，减少矿区整治过程中造成的二次污染，提高矿区生态恢复率。

3. 坚持经济可行性的原则

坚持投资省、效益好的原则，既要依据矿山现状和自然条件确定合理的整治技术路线和方法，尽量采用适合该地区的矿山环境整治新技术、新工艺；又要具有经济合理性，做到因地制宜、经济合理。

4. 突出重点和综合治理相结合的原则

结合矿区的实际情况，遵循全面治理和重点治理相结合、治理与监督相结合的设计思路，合理布置各项整治措施，建立选项正确、结构合理、功能齐全、效果显著的综合治理体系。

5. 坚持"立足长远，综合整治，和谐统一"的原则

一是现有露天场地及设施对后期井工建设要物尽其用，减少井工土地占用及环境治理成本；二是矿山环境整治要与土地利用规划相结合，避免重复建设；三是在改善生态环境、突出生态效益和社会效益的同时，兼顾资源效益和经济效益，尽可能地增加土地有效利用面积，充分利用余量资源，促进经济社会的可持续发展；四是在保护生态环境、尽量不影响现有植被的条件下，最大限度地整合地形地貌，形成新的境界，使最终整治境界与周边境界相协调、自然形成一个整体。

3.4.2 技术要求

1. 技术指标

采坑治理即将采坑四周边坡略微修整，保证台阶坡面角小于等于 60°。坑底局部水平作少量回填。其中一采区由东至西呈阶梯状逐渐降低，需保证每个阶梯水平平整且由东至西保持1°的坡度，以保证采坑汇水向一采区东侧汇集自流排出。三采区将坑底标高平整至+4130m 水平，坑底整体向西倾斜，保持1%的坡度，在坑底西侧留设集水坑，坑内积水靠自然蒸发排出。

渣山治理主要包括渣山整形、修建排水沟及马道等。

2. 经济指标

聚乎更 7 号井采区治理方案包括采坑整治、渣山削坡整形、修筑马道及其他道路、开挖排水沟、覆土种草、养护、防水等工艺，总投资为 4885 万元。

3. 矿山现状

1）露天采场基本情况

a）采场现状

采坑内剥离台阶与采煤台阶高度均为 10m，台阶坡面角 65°，由于采坑四周各边帮处于生产时期，整体边坡角均较小，基本在 30°以下，且开采深度有限，边坡整体较为稳定，只在局部边坡角达到 40°，需做缓坡处理。

b）露天采坑对环境的影响

聚乎更 7 号井已开挖的露天采坑占地面积约 130hm²。露天采坑的开挖揭露了部分地表植被，同时对冻土层形成一定程度的扰动，对采坑范围内的原始环境造成了一定程度的影响，见图 3-9。

图 3-9　聚乎更 7 号井露天采坑（青海省柴达木循环经济试验区管理委员会木里煤田管理局，
2015 年拍摄）

2）渣山基本情况

a）渣山现状

截至 2014 年，聚乎更 7 号井露天开采分别在一采区北部和三采区南部形成了两座渣山，矿渣总量 3270 万 m^3，总占地面积 123.3 万 m^2。

渣山中的土石由剥离的煤层上覆第四系堆积物、煤层顶底板岩石、煤层间矸石构成，岩性主要有泥岩、粉砂岩、砂岩；粒度极不均匀，从微细的风化土到 0.5m 大的块石。

聚乎更 7 号井矿渣的堆放占压了部分土地及地表植被，而且在雨水和哆嗦河河水作用下会对地表水产生污染。一采区渣山距哆嗦河的河道较近，产生的渗滤液进入哆嗦河会对水体产生一定的污染。此外，矿渣的简单堆放容易引起山体滑坡、塌陷等地质灾害。

b）渣山对环境的影响

露天开采存在"一片开采，双倍破坏"的情况，即露天开挖造成地表植被被剥离，剥离的岩土就近堆放占压草地，造成对地表的双倍破坏，不但影响地表植被、湿地、景观，而且易形成扬尘、水土流失等二次污染。矿区内露天开采形成的渣山总量约为 3270 万 m^3，占地面积约 123.3 万 m^2。

4. 场区设施基本情况

该项目场区设施主要包括露天煤矿采、运、排及地面配套工程等，主要项目构成有：露天煤矿采掘场、露天煤矿渣山、储煤场、工业场地、外包场地、变电站、给排水工程、地面运输工程、爆破材料库、油库及加油站等。

5. 矿区生态环境综合整治

1）采坑治理

a）露天采坑治理

采坑内边坡角度为 18°～32°，台阶坡面角为 65°～70°。采坑内边坡高度均不高于 30m，边坡角度均在安全稳定范围内，所以仅需对采坑各水平台阶进行削坡处理，使最终台阶坡面角度控制在 60°左右，避免在单台阶坡面发生碎石滚落的现象，削坡剥离掉的渣石直接用于铺于坑底，使采坑内台阶坡面及水平平盘达到"帮齐""底平"的要求。

b）露天采坑防排水措施

ⅰ. 防水措施

就目前开采现状而言，采坑底部仍存在 45m 左右的永冻层，冻土层常年冰冻，是天然的隔水层，具有良好的隔水防渗作用。

ⅱ. 排水措施

考虑一采区坑底整体趋势西高东低，可采取直流方式，让坑内水自然排至东部井田境界以外，在个别地势较高处需开挖排水沟道引流；而三采区坑底形态高低不平，需在坑底最低处开挖集水坑，其他地势较高处开挖排水沟道将坑内水引流至集水坑，7 号井雨水年蒸发量较大。

2）渣山治理

矿区地处青藏高原腹地，区域生态环境具有独特性、原始性和脆弱性等特点，渣山的复垦和植被恢复难度较大。为了保证渣山的复垦绿化工程收到较好成效，应根据渣山不同处理方案进行合理的设计及施工。

对渣山进行治理的施工过程，首先是对渣山进行整治，修理坡面、控制坡度；然后修筑挡土墙、排水渠、道路，并对其抗滑稳定、抗倾覆稳定、地基承载能力进行分析验算，对排水断面进行水文计算分析，以上措施保证了渣山山体的稳定，在上述工程措施的基础上，采用生物措施，对渣山进行植被恢复。

a）渣山削坡整形

对渣山进行种草绿化，首先要将渣山削坡整形，原排土台阶高度为 30m，整体边坡角度为土岩自然安息角 35°，需进行分段处理，使边坡总体坡度控制在 30°左右，每段坡面高度 10m，台阶坡面角仍为土岩自然安息角 35°，分段后各水平平盘宽度不低于 4.5m。本绿化方案对渣山削坡整形要求并不严格，但要保证人员、物料能上去。削坡整形剖面设计示意图见图 3-10。

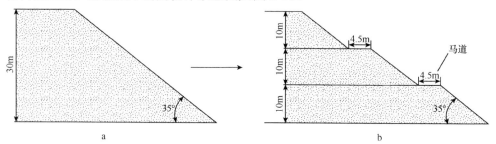

图 3-10　削坡整形剖面设计示意图

a 为边坡整形前，b 为边坡整形后

b）修筑挡土墙

排渣场削坡整形后，对于部分边坡不稳定或者底边缘靠近河边、道边的排渣场，为防止排渣场土石的滑动滚落，避免较大的洪水浸泡排渣场后造成水土流失，在排渣场的外边缘应构筑挡土墙，高度以 1m 左右为宜。构筑挡土墙就地使用排渣场山脚下滑落的石块，这样还解决了排渣场四周底边的大石块不好处理的问题。

c）修建排水沟、马道

由于渣山斜坡高度较大，削坡分级后必然留出平台，也称为马道，马道宽以约 4.5m 为宜。为了确保坡体稳定，在对坡体进行削坡分级的基础上，还要做好整个坡体的排水系统，加快对径流的排导，减少冲刷、下渗，减轻对坡体的危害。坡体的排水系统包括：坡顶平台四周截水沟、坡面急流槽、马道及道路内侧排水沟、马道、坡脚底部排水沟。

3）植被恢复工程

7 号井露天矿闭坑后，地下的资源将采用井工开采，故露天矿的治理应结合井工矿的建设来进行，最大限度地利用现有地形条件和井工施工时为露天矿治理创造的有利条件，如可以利用露天矿的采掘场作为矿井的排矸场，利用渣山的矸石作为矿井基建期间工业场地平整填方土方，露天矿的环境综合治理所需植被也可以利用矿井工业场地占压的草皮和植被。为了最大限度地保障环境综合治理的效果和合理性，节约投资，设计将露天矿的环境综合治理和以后井工的开采建设结合起来，充分利用现有设施为以后的井工建设和生产服务，同时也充分利用井工开采带来的对环境综合治理的有利条件。

该项目环境综合治理主要对象为渣山和各种工业场地，有大量的绿化工程量，所需绿化面积约 150hm²，根据现场实际场地情况，主要采用覆土草种直播方式绿化。

a）建设灌溉系统

喷灌是把由水泵加压或自然落差形成的有压水通过压力管道送到田间，再经喷头喷射到空中，形成细小水滴，均匀地洒落在农田，达到灌溉的目的。喷灌技术是一种经济有效、技术成熟的先进灌溉技术，与其他灌溉技术相比极具优越性，在国内外得到了广泛应用，一般来说，适用于大面积灌溉，与传统的地面漫灌相比具有明显的优点，首先是节约用水，一般可节水 35%～43%；其次是提高农作物的产量和品质，可适时适量地满足植物对水分的要求，对于控制水分、保持土壤肥力、减少肥料流失是极为有利的；再次是节省劳力，可极大地减轻劳动强度，提高作业效率，免去田间渠道，少占耕地；最后还具有适应性强等优点，不受地形条件影响，坡地也能灌溉。鉴于排渣场和采掘场绿化面积大、地形复杂、坡度大、灌溉频繁、灌溉量大等现实情况，建设喷灌系统是必要的。由于矿区地处高原严寒区，冬季地面全部冻结冰封，为防止冻裂水管，喷灌系统设计建设时，必须考虑系统不用时排空水管中水的问题，或者使用移动喷灌系统。

本设计考虑到所种植植物从种植到植物能够自然生长需要 2～3 年时间，且所处高寒地区，地形较复杂，如敷设喷灌系统管道不仅成本高，使用时间短，管理也较困难，故采用灵活性较好的移动喷灌系统，设备为 2 套。

b）植物选择

矿区地处青藏高原腹地，区域生态环境具有独特性、原始性和脆弱性等特点，渣山的治理和植被恢复宜采用当地植物种群，促进自然演替。高原严寒缺氧的恶劣环境造就了高原独特的动植物种群，其生存演替已形成自己的规律和条件，绿化物种的选择应尽可能采用当地生长态势良好的强势品种。

根据青藏铁路取弃土场于 2001 年开展的植被再造工程试验，两处试验场在海拔、气候特点等方面与矿区具有较强的可类比性。两处试验场土壤有机质含量几乎为零，这些土壤条件与矿区排渣场也基本相似，因此，试验场的综合条件与矿区排渣场有很强的可类比性。在植被选择上可以借鉴其试验成果。结果表明，垂穗披碱草、达乌里披碱草（*Elymus dahuricus*）、老芒麦（*E. sibiricus*）等 3 种植物的植被再造试验基本取得了成功。

根据中国科学院西北高原生物研究所及青海省畜牧兽医科学院草原研究所考察、中国矿业大学等专家在刚察县泉吉乡的试验，选定当家草种为披碱草、老芒麦、青海冷地早熟禾、同德小花碱茅（星星草）。

c）渣山覆土取土

土壤是植物赖以生存的基础，需要一定量的腐殖土。没有良好的土壤母质，植被的构建就很难达到良好的效果，特别是在高原寒冷的地区根本无从谈起。整个矿区渣山表面积 149.27hm^2，绿化面积较大，覆土厚度约 20cm，需要取土 29.85万 m^3。该露天矿开采时，单独剥离地表草皮及覆土进行单独堆放，可作为该环境整治的土源。采矿时地表覆土厚度为 0.3～1.5m，共存放剥离土量为 31hm^2，满足该环境治理所需覆土量。

渣山绿化使用的取土和渣山自身的风化土都需要进行改良，使其具有植物生长所需的营养成分。矿区地处牧区，土壤改良最简单、经济、适用的方法是添加牛羊粪，也可添加土壤改良剂，提高有机质、腐殖质和氮、磷、钾的含量，改变土壤酸碱度，调节土壤适应度。

对渣山进行治理的施工过程，首先是对排渣场进行整治，修理坡面、控制坡度；然后修筑排水渠、道路，并对其抗滑稳定、抗倾覆稳定、地基承载能力进行分析验算，对排水断面进行水文计算分析，以上措施保证了排渣场山体的稳定，在上述工程措施的基础上，采用生物措施，对排渣场进行植被恢复。

d）植物栽植

植物的栽植主要在于前期的准备和后期的管理。在播种前先将基层渣石平整出来，下面为粗渣，上面为细渣，并进行适当碾压，再进行覆土、施肥、播种草种、浇水、覆膜，然后要平时加强管理，确保草苗的成活率。

e）植被抚育管理

抚育管理是植物栽培工作中非常重要的技术环节，俗语有"三分栽植、七分管理"之说。渣山植被抚育管理的目的是通过对植物的管理与保护，为植物的成活、生长、繁殖、更新创造良好的环境条件，促进植物的成活、生长、越冬。

种植后的管理，一般在第一年度需要较高强度的管理，如追肥、植被的抚育等。以后管理强度可以逐年降低，第三、第四年度则应该让其自然生长，以促进其建立稳定的自维持的生态系统。

4）环境管理、监测

为掌握矿山地质环境问题发展和变化趋势，为矿山安全生产和矿山地质环境保护与治理提供基础资料，必须开展矿山地质环境监测工作。在矿山开采过程中应切实加强矿山环境保护，建立健全矿山环境监测机制和地质灾害预警机制，建立专职矿山环境监测机构，设专职管理人员，负责企业矿山环境监测工作，对环境监测统一管理。

6. 施工组织与安全措施

1）施工组织

施工组织包括编制依据、原则，总体施工组织布置及规划，施工方案及技术措施，以及质量目标、质量管理体系及措施。

2）安全措施

安全措施包括安全管理体系、安全管理制度、安全生产管理和安全技术等措施。

7. 整治工程投资估算

治理方案总投资估算见表 3-2。

表 3-2　治理方案总投资估算

工程名称		单位	数量	单价（元）	合计（万元）
采坑治理工程	一采区坑底削坡、平整	m³	123 700	13.45	166.38
	三采区坑底削坡、平整	m³	84 700	13.45	113.92
	小计	m³	208 400		280.30
渣山治理工程	削坡整形　初步削坡	m³	760 550	13.45	1 022.94
	削坡整形　坡面整理	m³	38 028	18.47	70.24
	马道	m²	63 565	29.46	187.26
	盘山道	m²	32 465	45.83	148.79
	排水渠　马道排水渠	m³	1 192	30.17	3.60
	排水渠　坡面排水渠	m³	2 426	30.17	7.32
	小计	m³	898 226		1 440.15

续表

工程名称		单位	数量	单价（元）	合计（万元）
渣山绿化工程	一号渣山覆土	m²	854 000	13.23	1 129.84
	一号渣山草种直播	m²	854 000	0.53	45.26
	三号渣山覆土	m²	638 700	13.23	845.00
	三号渣山草种直播	m²	638 700	0.53	33.85
	小计	m²	2 985 400		2 053.95
临时储煤厂及道路绿化工程	临时储煤厂及道路覆土	m²	170 000	13.23	224.91
	临时储煤厂及道路草种直播	m²	170 000	0.53	9.01
	小计	m²	340 000		233.92
灌溉工程		套	2	340 000	68.00
养护工程		m²	1 662 700	1.00	166.27
管理评审设计费					636.05
宿舍等临时工程					6.36
合计					4 885.00

3.5 覆膜增温保湿复绿（聚乎更 8 号、9 号井）

自 2014 年 8 月后，青海省委省政府及相关部门提出环境治理要求，下发了关于做好木里煤田环境治理工作的紧急通知，成立了木里煤田环境治理联合督察组并进驻矿区进行现场督导。根据青海省有关文件要求和兰州煤矿设计研究院编制的木里矿区聚乎更 8 号井、9 号井综合整治工程方案设计，采矿企业结合实际情况编制了 2015 年矿区环境综合治理方案。

3.5.1 矿井现状

1. 聚乎更 8 号井

聚乎更 8 号井原为露天开采，露天开采所产生的土岩渣石经近几年排弃，在地表已经引发了严重的环境问题，在地表形成了北排土场和储煤场等堆渣场地。

北排土场位于矿坑东北面，堆场长约 1.2km，宽约 0.86km，总高度约 95m，最低标高为 4.045km，最高标高为 4.14km，形状不规整，呈西北-东南方向延伸。

储煤场位于东矿坑西南面，堆场长约 0.38km，宽约 0.19km，总高度约 19m，最低标高为 4.098km，最高标高为 4.117km，形似枕状，呈西-东方向延伸。

2. 聚乎更 9 号井

聚乎更 9 号井原为露天开采，露天开采所产生的土岩渣石经多年排弃，在地表已经引发了严重的环境问题。目前在地表形成 2 个规模较大的外排土场和一些零散的小排土场，分别为西采坑北排土场、南采坑东排土场及环南采区周边零散小规模排土场。

3.5.2　治理目标

结合聚乎更 8 号、9 号井实际露天开采的现状，整治工程生态恢复治理总体目标为：到 2016 年末，地表扰动区生态环境质量明显改善，景观得以修复，与项目区景观环境相协调。主要表现在如下几个方面：地面排土场全部恢复治理，绿化面积显著增加，生物多样性减少趋势和物种遗传资源的流失得到有效遏制；生态环境质量大幅度提高；矿区生态环境的管理能力得到提高，公众生态保护意识得到提高。

2015 年底前完成 53.7%渣山复绿任务，2016 年全面完成渣山复绿任务。尽最大努力恢复湿地生态系统，争取在 2016 年底前取得阶段性成果，实现矿区生态环境根本改善、矿区生产秩序明显好转的目标。

3.5.3　治理内容和规模

渣山治理及植被恢复，预计共治理渣山 178.29hm^2（其中东采区北排土场 99.59hm^2，西采区排土场 36.37hm^2，南采区排土场 24.33hm^2，储煤场 18hm^2）。恢复植被 178.29hm^2，预计渣山治理的削坡量为 97.5hm^3，其中东采区渣山治理的削坡量为 31.9 万 m^3（含坡面角＜30°但坡面及平台上块石多需整理的工程量），西采区渣山治理的削坡量为 36.3 万 m^3（含坡面角＜30°但坡面及平台上块石多需整理的工程量），南采区渣山治理的削坡量为 25.3 万 m^3（含坡面角＜30°但坡面及平台上块石多需整理的工程量），南采区储煤场及其他位置削坡量 4 万 m^3。

2015 年治理目标争取完成 53.7%渣山复绿，计划完成渣山治理及植被恢复 95.74hm^2，主要包括：东采区渣山、南采区渣山、停用储煤场、路边取料场、地表水沟堤及卡子边施工队临建场地。2015 年治理时首先对靠天木公路一侧的渣山进行治理和植被恢复。2016 年完成渣山治理及植被恢复 82.55hm^2，主要包括东采区剩余渣山及西采区渣山。

3.5.4　治理方法

1. 整治区复垦标准

（1）覆土厚度 0.10～0.15m，土体中没有大的砾石（＞7cm）。

（2）草种宜选择当地适生植物。

（3）多草种混播。

（4）企业加强后期管护，有防治病虫害措施，有防治退化措施。

（5）草地雨季前每年补种草种，确保一定量的灌溉，三年后牧草覆盖率70%以上，单位面积产草量不低于当地水平。

（6）具有生态稳定性和自我维持力。

（7）排水设施满足场地要求，防洪满足当地标准。

（8）有控制水土流失措施，边坡宜进行植被保护。

2. 植被重建标准

1）植被选择

选择青海当地生产、适宜青藏高原生长的多年生禾本科牧草，以市场供种相对充足的披碱草、早熟禾等乡土草种，要求种子的质量达到国家规定的三级标准以上。

2）植被优化配置模式

根据当地条件及邻近煤矿的实践经验，尽量选择多草种混播，少选择单一草种播种，选择的配置模式为早熟禾+同德小花碱茅（星星草）+披碱草，每亩播种量为20kg，其中早熟禾5kg，同德小花碱茅（星星草）5kg，披碱草10kg。

3. 排（截）水沟标准

有足够的流水承载能力，断面积不小于0.2m^2；有足够的抗冲刷能力、抗冻胀能力。根据排土场实际地形情况，每隔50m留设一条边坡导流槽。从地面开始每个台阶均设置一条马道，马道最小宽5m，用于治理期间的施工通行以及治理后对渣山的维护作业。同时马道内侧设置一条排水沟，用于排除渣山上的雨水，马道排水沟之间由边坡导流渠串联起来，最终雨水汇集到地面，顺地面排至低洼地带。

4. 生态恢复的主要农艺措施

地表生态恢复的主要农艺措施包括：采取人工撒播或机械条播，人工撒播一定要保证种子的播种深度，机械条播行距应采取15cm的小行距，保证种子出苗后及时覆盖地表。其工艺流程为：客土→人工地面平整→大小粒草种及肥料撒播→人工耙平→人工镇压→薄膜铺设、洒水→围栏封育。

（1）客土：在地表平整工作完成后，要清除地表砾石，然后拉填10~15cm厚的种植土（种植土有机质含量要达到3%以上，土壤全氮含量0.3%以上），种植土拉填后要进行一次镇压，以创造良好的苗床和适宜植物生长发育的立地条件。

（2）人工地面平整：去除7cm以上的石块，随地形耙平地面，耙地深度7~8cm。

（3）草种及肥料撒播：播种量遵循适量播种、合理密植的原则。根据选定的草种类型和数量，每亩播种量为 20kg，其中，早熟禾 5kg，同德小花碱茅（星星草）5kg，披碱草 10kg；把磷酸二铵底肥（50kg/亩）混合后人工均匀撒播。种子质量要求达到国家规定的三级标准以上（以 GB/T 2930—2001 为检验标准和以 GB 6142—2008 为判定标准），即种子净度不低于 85%，发芽率不低于 75%，其他植物种子不多于 3000 粒/kg，具体等级情况要以相关部门出具的种子质量检验报告为准。

（4）人工耙平：将草种和肥料耙入土壤 0.5～1cm，不宜过深，一定要保证种子合理播种和覆土深度。

（5）人工镇压：人工使用器械均匀地将地面适度镇压，使草种与土壤充分结合。

（6）薄膜铺设、洒水：薄膜铺设后，适度洒水，使薄膜与地面充分贴合。安排专人根据天气情况适时适度进行洒水、追肥工作，保证植物的后期生长。

（7）建设指标：每平方米苗数大于 500 株，有苗面积率达到 95%以上，建设第二年植被覆盖度达到 70%以上。

（8）播种期：适宜播种期为 5 月下旬至 7 月底。

（9）补植及管护：播种后，要注意观察当年出苗情况，对未达到建设指标的秃斑地及受到水蚀、地面沉降等自然毁损的草地要在第二年进行补植；第二年返青时要观察越冬情况，对越冬达不到建设指标的地块要进行补植补种。

植被恢复治理区要配套封育围栏设施，并设定管护人员认真管理，禁止任何形式的放牧采食和人为毁坏，确保植被恢复长期发挥效益。

5. 渣山治理方法

根据实际情况，提出采用"分区治理、阶段推进、全面达标"的方案。

（1）储煤场位于东矿坑西南面，总高度约 19m，现有的边坡全部小于排土场的最终边坡角（22°），由此可见，储煤场的边坡是稳定的、安全的。在其坡面上按农艺措施进行植草、植被恢复。根据当地草种的适宜种植季节，要求 2015 年 6 月底前完成储煤场的绿化工作。

（2）对排土场各个坡面采用岩土混排，为达到排土场边坡稳定，按照边坡角 30°进行平整；对局部地段渣山的坡面坡度大于 30°的坡面进行削减工作，由上至下推散渣石，将现状的台阶坡度削减为 30°以下，稳定坡面，修建马道，便于机械施工，防止渣石塌方。

6. 工程量

主要工程量包括：坡面刷坡量、绿化、排水沟 M7.5 浆砌片石及导流槽干砌片石。

3.6　雪线下缘种草复绿（哆嗦贡玛矿区）

　　哆嗦贡玛矿区坚持"直面问题、解决问题"的原则，扎实推进矿区的环境综合整治工作，按照要建立一个正规的、有序的、环保的绿色矿山的治理思路，开展了矿区生态环境综合整治和种草复绿。

3.6.1　基本情况

　　矿区位于青海省海西州天峻县木里镇木里矿区西部；哆嗦贡玛矿区地形总体呈南高北低。矿区内次级水系较发育，流量随季节的变化而变化，主要由大气降水及冰雪融化补给，水量随季节变化，7月、8月、9月雨季水量最大。冬春季节10月地表水冻结至翌年4月解冻而干涸。

　　矿区内存在 4 条需回填道路（堆渣坝）和 4 个综合整治区域。如图 3-11、图 3-12 所示，图中自东向西依次将需要治理的道路命名为 L1、L2、L3 和 L4；自西向东依次将需要治理的区域划分为 S1、S2、S3 和 S4。

沿湖道路

L1道路

L2道路

L3道路

L4道路

图 3-11　渣山治理工作开展前道路示意图（青海省柴达木循环经济试验区管理委员会木里煤田
管理局，2015 年拍摄）

S1治理区

S2治理区

S3道路

S4道路

图 3-12　渣山治理工作开展前治理区示意图（青海省柴达木循环经济试验区管理委员会木里煤
田管理局，2015 年拍摄）

3.6.2　治理措施

1. 第一阶段：综合治理回填工程

（1）前期主要开展了地质补充勘探、道路修建和临时生活区场地平整等工作。铺设进场主干道 21.5km，矿区内运输道路（4 条）共计 4.3km。

（2）综合治理工程机械设备数量：挖掘机 12 台，工程车 50 辆，装载机 3 台，推土机 3 台，洒水车 3 台，加油车 2 台。治理工程为 12 小时双班制作业，所需施工人员、现场管理人员和其他人员共计 160 人。

（3）清除矿区内运输道路，将路基垫层回填至各剥离面。清除路基总长 3.9km，完成回填工程量共 120 余万 m³，回填工程总费用约 2600 万元。

2. 第二阶段：植被恢复

1）综合治理原则

（1）因地制宜，科学设计。根据项目目前剥离区的地形、地质、土壤等基本情况，选择适宜的土源，科学设计客土厚度、播种量和施肥量，为矿区植被恢复治理创造较好的条件，确保植被恢复治理效果。

（2）试验示范、全面治理。高寒地区大面积开展植被恢复尚无成熟的经验，需要开展相关技术的试验示范工作，本项目的实施需要不断总结好的经验和技术要点，为大规模治理提供技术支撑和科学依据。

（3）加强管护、巩固成效。项目区植被恢复完成后，项目区县乡政府要加强宣传，引导牧户自觉维护好治理成果，严禁在治理区放牧，企业自身要加强管护，做好围栏封育工作，保证植被恢复区的建设效果。

2）综合治理目标

通过植被恢复治理，最大限度地减轻因采矿引起的生态灾害，减少对草地资源的影响，减轻对地形地貌景观破坏的影响，有效保护和恢复项目区自然生态环境。

植被恢复建设当年每平方米的出苗数大于 500 株，幼苗面积率达到 95%以上，建设第二年植被盖度达到 70%以上。

3）综合治理分区治理

a）地面处理

（1）地表整治。5 个综合治理区进行回填后，对基地及边坡进行耕犁，使之形成 10～15cm 的疏松土层，提高其保水性使之利于种子安全萌发与种苗根系生长。

（2）表土覆盖。地表平整后，清除地表砾石，在生土层上均匀铺上厚 10～20cm 的表土，表土选用堆放在表土堆存区的原剥离的表土，然后撒播或开沟条播。

（3）肥料（或有机肥）改土。在表土覆盖后的场地进行，用肥料拌种与种子同时均匀撒入种植沟。

（4）农家肥改土。在表土覆盖后的场地进行，用当地发酵的羊粪，有条件的

搂耙一遍，然后散播或开沟条播。

　　b）草种的选择

　　由于当地高寒气候特征，天然草原以高寒沼泽化草甸亚类的西藏嵩草型和典型的高寒草甸亚类的高山嵩草型草地为主。优势种有莎草科的西藏嵩草、高山嵩草、粗喙苔草、华扁穗草。常见的伴生种有线叶龙胆（*Gentiana farreri*）、驴蹄草（*Caltha palustris*）、星状风毛菊（*Saussurea stella*）、珠芽蓼（*Bistorta vivipara*）、三裂碱毛茛（*Halerpestes tricuspis*）、海韭菜（*Triglochin maritima*）、杉叶藻（*Hippuris vulgaris*）等。本次设计主要选用青海当地生产的、适宜青藏高原生长的多年生禾本科牧草品种，以市场供种相对充足的垂穗披碱草、青海草地早熟禾（*Poa pratensis* cv. Qinghai）、青海冷地早熟禾、麦薲草（*Elymus tangutorum*）以及青海中华羊茅（*Festuca sinensis* cv. Qinghai）等。

　　c）草籽撒播

　　草籽的播种量遵循适量播种、合理密植的原则。拟在 6 月中旬进行播种，采用条播，播种深度 0.5～1.0cm，播种前土壤保持良好墒情，如墒情不好需人工灌溉。

　　5 个综合治理区均采用混种的方式，混播草地总播种量约 375kg/hm²，其中披碱草 152.25kg/hm²、麦薲草 81.75kg/hm²、青海草地早熟禾 46.875kg/hm²、青海冷地早熟禾 46.875kg/hm²、青海中华羊茅 46.875kg/hm²，再加上磷酸二铵肥料 450kg/hm² 混合后人工均匀播撒。

　　播种后将沟边土搂平，人工使用器械均匀地将地面适度镇压，使草种与土壤充分结合，有利于保持土壤水分，促进草种萌发。

　　d）后期养护

　　（1）灌溉。再造植被生长在缺少团粒结构和腐殖质的生土上，土体在夏季强烈太阳辐射作用下极易失水，因而造成幼苗死亡和发育不良。因此，草籽播种后需要适时浇水，干土层在 1cm 以上，则立即灌溉，直至土壤浇透为止。

　　（2）施肥。在植物生长过程中追肥两次，第一次在幼苗生长 1 个月后开始分蘖拔节时，第二次在幼苗根系迅速生长时。第一次施肥选用尿素，第二次施肥选用过磷酸钙。

　　（3）无纺布覆盖。植物播种后，用无纺布覆盖可以提高地温和减少蒸发，保持土壤湿度，在幼苗出土后无纺布覆盖可以改善地表水热条件，促进植物生长。

　　（4）播种后，观察当年出苗，对未达到建设指标的秃斑地的草地及受到水蚀、地面沉降等自然灾害毁损的草地第二年进行补植，第二年返青时观察越冬情况，对于出苗率达不到建设指标的地块进行连续补植补种。

　　e）管护

　　在综合治理区配套封育围栏设施，设定一名管护人员管理，禁止任何形式的放牧采食和人为毁坏，确保植被恢复长期发挥效益。

3. 第三阶段：路基分区治理

1）地面处理

（1）地表整治：首先对 5 个路基治理区土石及表土进行清运，土石运往综合治理区，表土存放于表土堆存区。对基地及边坡进行耕犁，使之形成 10～15cm 的疏松土层，提高其保水性使之利于种子安全萌发与种苗根系生长。

（2）表土覆盖：地表平整后，清除地表砾石，在生土层上均匀铺上厚 10～20cm 的表土（若原有表土已破坏），表土选用表土堆存区的原剥离的表土，然后撒播或开沟条播。

（3）肥料（或有机肥）改土：在表土覆盖后的场地进行，用肥料拌种与种子同时均匀撒入种植沟。

（4）农家肥改土：在表土覆盖后的场地进行，用当地发酵的羊粪，有条件的搂耙一遍，然后散播或开沟条播。

2）草种的选择

草种的选择与综合治理区相同。

3）草籽撒播

草籽的播种量遵循适量播种、合理密植的原则。拟在 6 月中旬进行播种，采用条播，播种深度 0.5～1.0cm，播种前土壤保持良好墒情，如墒情不好需人工灌溉。

5 个路基治理区均采用混种的方式，路基治理区地势较平坦，混播草地总播种量 300kg/hm²，其中披碱草 127.5kg/hm²、麦薲草 75kg/hm²、青海草地早熟禾 52.5kg/hm²、青海冷地早熟禾 22.5kg/hm²、青海中华羊茅 22.5kg/hm²，再加上磷酸二铵肥料 375kg/hm² 混合后人工均匀播撒。

播种后将沟边土搂平，人工使用器械均匀地将地面适度镇压，使草种与土壤充分结合，有利于保持土壤水分，促进草种萌发。

4）后期养护

路基治理区的后期养护措施与综合治理区相同。

4. 第四阶段：综合治理工程概算

工程费用具体见表 3-3。

表 3-3　工程费用汇总表

序号	单位工程名称及简要说明	单位	数量	单价（元）	估算价值（元）
一	路基清除及回填工程				26 291 346
1	路基清除及回填工程	km³	1 458.2	18 030	26 291 346
二	治理区地表清理				11 612 000
1	路基基底清理	hm²	28.31	100 000	2 831 000
2	综合治理区地表清理	hm²	58.54	150 000	8 781 000

续表

序号	单位工程名称及简要说明	单位	数量	单价（元）	估算价值（元）
三	复植绿化				9 865 147
（一）	人工作业	工、日	13 027.5	300	3 908 250
（二）	种子	kg			
1	垂穗披碱草	kg	12 523	30	375 690
2	麦薲草	kg	6 909	90	621 810
3	青海冷地早熟禾	kg	4 230	55	232 650
4	青海草地早熟禾	kg	3 381	120	405 720
5	青海中华羊茅	kg	3 381	55	185 955
（三）	肥料	kg	36 959	8	295 672
（四）	无纺布	m²	1 042 200	2	2 084 400
（五）	围栏	km	19.5	90 000	1 755 000
四	后期养护	项	按复植绿化费用 50%计	1	4 932 574
五	截水沟	m	4 750	500	2 375 000
	合计				55 076 067

路段治理情况及治理区治理情况见图 3-13、图 3-14。

L1路段治理情况

L2路段治理情况

L3路段治理情况

L4路段治理情况

沿湖主干道治理情况

图 3-13　渣山治理工作开展后道路示意图（青海省柴达木循环经济试验区管理委员会木里煤田管理局，2015 年拍摄）

S1治理区治理情况

S2治理区治理情况

S3治理区治理情况

S4治理区治理情况

图 3-14　渣山治理工作开展后治理区示意图（青海省柴达木循环经济试验区管理委员会木里煤田管理局，2015 年拍摄）

1) 路基清除及回填工程

本次综合治理工程中清除及回填工程量以实测路基填方量为准，填方量共计 1458.20km³。根据哆嗦贡玛矿区综合治理工程概算，工程单价 18.03 元/m³。按实际工程量计算，路基清理及回填工程费用共计 2629.13 万元。

2) 治理区地表清理

（1）路基基底清理：路基垫层清除完毕后，基底部分仍残留大量碎石和泥土，为达到治理要求，保证绿化面积和草种成活率，需人工配合机械进行清理。该项工程人工费及机械费暂估 10 元/m²，道路占压总面积 28.31hm²，基底清理费用共计约 283.10 万元。

（2）综合治理区地表清理：综合治理区回填完毕后，应对地表进行碎石清理，以达到复植绿化要求，保证草种成活率，需人工配合机械进行清理。该项工程人工费及机械费暂估 15 元/m²，综合治理区总面积 58.54hm²，地表清理费用共计 878.10 万元。

3) 复植绿化

治理区及路基治理区绿化总面积 86.85hm²，采用混种的方式，绿化面积内种植青海中华羊茅、麦薲草、青海冷地早熟禾、青海草地早熟禾、垂穗披碱草，再加上肥料、围栏。按照绿化面积、草种数量及单价计算得出复植绿化费用共计约 986.51 万元。

4) 后期养护

采矿后，雨水冲刷、天气干旱等异常气候条件可能造成复植草地破坏，为保证草地成活率，使治理区生态环境尽快恢复至原有水平，其后期养护暂按复植绿化费用的 50%计，共计 493.26 万元。

3.7 采坑回填种草复绿（江仓1号井）

3.7.1 治理目的

江仓 1 号井位于托莱山和大通山的宽谷中，分布有大面积的高寒沼泽和高寒草甸，生态环境极其敏感和脆弱。《青海省生态功能区划》中明确该区主要生态功能为水源涵养，是大通河的源头区和主要产流区。露天采坑与排土场现状见图 3-15。露天采坑的回填可以大量减少固体废弃物（矸石、粉煤灰等）的排放，有效改善江仓矿区水土流失现状，最大限度地恢复植被。

3.7.2 露天采坑回填技术措施

本回填方案主要分为以下几个阶段：露天采坑排水阶段、堵水阶段、坑底找平和边坡治理阶段、回填阶段、绿化阶段。

图 3-15　露天采坑与排土场现状（青海省柴达木循环经济试验区管理委员会木里煤田管理局，2013 年拍摄）

（1）采用机械排水方式，对采坑积水进行排除，彻底消除矿井深部井工开采安全隐患，同时对坑内 4 处涌水点通过注浆堵水的方式予以治理。

（2）为确保采坑底部施工期间的安全，采用人工、机械配合方式，首先对采坑周边危岩进行削方处理，使采坑上沿形成圆弧状，边帮形成稳定角度。

（3）采用人工、机械配合方式，对采坑底部进行平整、夯实。

（4）煤层顶底板多以泥岩、粉砂岩为主，回填时分层（分层厚度 50cm）洒水，并配合碾压。

（5）在煤层第一区段回采时，在支架顶部铺一层钢丝网，钢丝网与钢丝网之间用 22 号铁丝连接，要求每两个网孔连一道，连接时"三转三扭"，使整个坑底铺设的钢丝网成为一个整体，以保证顶板不出现漏顶现象。

（6）为防止地表水渗入井下，在回填层上部距地表 2m 时铺垫层 0.5m，垫层上铺设一层防渗膜，膜上再铺垫层 0.5m，然后覆土，防渗膜铺设时，膜与膜之间要进行叠加，叠加宽度不少于 20cm，要求每平方米防渗膜质量不低于 0.2kg，1 号坑共需铺设防渗膜 42.93hm^2，3 号坑共需铺设防渗膜 7.656hm^2，2 号坑共需铺设防渗膜 16.72hm^2。

（7）充填工作完成后，地面恢复为原有地形地貌，对 4 个排土场所在位置进行绿化，当地气候所致无适宜生长的乔木，主要种植适宜当地生长的披碱草、羊茅（*Festuca ovina*）等牧草进行绿化。

3.7.3　露天采坑回填

1. 治理目标

通过方案的实施，树立科学发展观，彻底破除"先破坏、后恢复，先污染、后治理"的旧观念，实施"预防为主、防治结合、全程控制，综合治理"环保新战略，建立煤炭开采生态环境恢复治理补偿长效机制。结合本矿井特点，整治工程生态恢复治理总体目标为：到 2017 年末，地表扰动区生态环境质量明显改善，景观得以修复，与项目区景观环境相协调。主要表现在如下几方面：排土场、露天矿坑全部恢复治理，绿化面积显著增加，生物多样性减少趋势和物种遗传资源的流失得到有效遏制；生态环境质量大幅度提高；矿区生态环境的管理能力得到提高，公众生态保护意识得到提高。

2015～2016 年，主要目标为：建立生态环境恢复治理的监督管理机制，进一步对前期生态环境恢复区进行巩固，利用渣石填充露天矿坑，分区进行植被恢复，矿山生态环境恶化得到控制，生态环境得到初步改善。

2017 年，主要目标为：深化生态环境恢复治理，逐步改善矿山生态环境，扰动区生态环境全部得到恢复治理，植被覆盖率达到周边天然草地平均水平，生态环境达到良好水平，实现生态环境保护与矿产资源开发利用的可持续协调发展。

2. 露天采坑回填，恢复植被

由于该地区为高海拔寒冷地区，植物群落单一，以及植物成活率低、生长速度慢等特点，通过改良土壤、适量施肥、加强管理等措施来加快植被生态恢复速度。

1）露天矿坑底抗压防渗工程

露天矿坑是低于周边原地貌几十米至百余米的巨大凹坑，为防止大气降水在处理后的坑内渗漏、汇集，进而对下一步井工开采造成水患威胁，需要对坑满前 2m 时进行防渗处理，以防地表水渗入井下，防渗处理方法采用黄土加防渗土工布。

2）露天矿坑边坡灾害防治

矿坑回填处理前后，对容易造成滑坡或小范围岩层滑动的岩体、地势较高的山体，须检查有无可能形成滑坡和坍塌，对不符合安全要求的须进行清理或建拦渣坝拦挡。

3）修筑护坡台阶

回填过程中，须对矿坑进行生态修复处理。依据矿区治理排土场的成功案例，对露天矿坑回填后仍存在较大高差的坡面，采用框格式护坡，进行覆土绿化。根据整治工程时留下的梯级平台，对边坡较陡的地方进行削坡减载，对于高度不大的边坡，也可填方压坡脚。采用挖掘机整修坡面，再用水泥框格构件在坡面上先构筑框架网格，然后将土填入其中，再种植草。此法绿化速度快，在草本植物长成前有较好的水土保持效果。但该法工程量大，造价高，投资大。

4）种植与覆土

土壤是植物赖以生存的物质基础，土壤母质、结构、pH、肥力等与植物生长密切相关。根据露天矿边坡表面风化程度的不同，在种植之前，应适当地改良土壤的 pH、肥力等，通过调整覆土薄厚程度及土与其他肥料混合比例使植物适合生长，按覆土的厚度不同及表层温度，采用厚覆土进行种植，主要用自卸车拉运覆盖土作业。

5）绿化种植

选择适宜的植物种类是生态恢复的关键技术之一。由于矿区条件极端恶劣，因此耐干旱、耐高低温、耐贫瘠、速生、高产的草本是首选种类，这类植物可以迅速生长，强有力地改变遭破坏的生态环境，为其他植物的迁移、定居创造条件。在种植过程中，根据边坡土壤的元素组成，辅以一定的水肥，尤其是微生物肥，这些措施有利于植物的快速生长和立地条件的改善。同时矿山绿化后，空气质量将改善。植物有吸滞烟灰、粉尘的功能，也能有效地吸收有害气体，释放氧气，从而净化环境。某些特殊的植物能吸收、分解或固定有毒物质，净化有害废弃物或防止有毒物质扩散污染，还可吸收噪声，起到消声器的作用。

6）其他措施

整治工程完成后，向填过渣石的露采矿坑覆土，对排土场进行平整，规范堆放、及时封场，封场后对上述场地进行覆土、撒播草种。封场后，仍需继续维护和管理，直到其稳定。防止覆土层下沉、开裂；应设置标志物，注明关闭或封场时间，以及使用该土地时的注意事项。

3. 投资估算

排土场、露天采坑生态恢复工程总投资预计需要 1983.1 万元，其中排土场、露天采坑 1969.6 万元，矿区生态环境监控系统建设工程投资 6.5 万元，生态安全应急处理系统建设 7 万元，如表 3-4 所示。

表 3-4　地表生态环境恢复治理投资估算表

序号	项目单位工程及简要说明	单位	数量	单价（元）	总价（万元）
1	生态工程面积	hm²	316.7		
2	牧草	kg	95 010	30	285.0
3	肥料	kg	237 525	2.49	59.1
4	地膜	kg	20 585	2	4.1
5	人工费	m²	3 167 000	1.8	570.1
6	覆土	10⁴m³	43.86	200 000	877.2
7	后期维护费用（按表中顺序 2～4 合计 50%计）				174.1
8	合计				1 969.6

3.7.4　渣山治理方案

1. 渣山治理工程

对排渣场进行治理的施工过程，首先是对排渣场进行整治，修理坡面、控制坡度；然后修筑挡土墙、排水渠、道路，并对其抗滑稳定、抗倾覆稳定、地基承载能力进行分析验算，对排水断面进行水文计算分析，以上措施保证了排渣场山体的稳定，在上述工程措施的基础上，对排渣场进行植被恢复，示意图见图3-16。

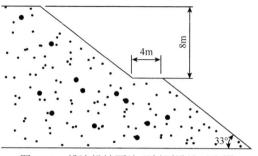

图 3-16　排渣场坡面治理剖面设计示意图

2. 排渣场削坡整形

要对排渣场进行种草绿化，首先要将排渣场削坡整形，总体坡度控制在 30° 左右，每段坡面长度 8m 左右。与骨架式护坡覆土绿化和直接播撒草种绿化比较，本绿化方案对渣山削坡整形要求并不严格，但人员、物料要能上去。

3. 绿化取土与土壤改良

土壤是植物赖以生存的基础，无论是采用喷播、生态袋、直接播种，还是草皮移植都需要一定量的腐殖土。没有良好的土壤母质，植被的构建就很难达到良好的效果，特别是在此高原寒冷的地区根本无从谈起。整个矿区渣山占地面积 1200hm^2，绿化面积近 2000hm^2，覆土厚度 10～20cm，按 15cm 计算，需要取土 300 万 m^3。由于矿区所处的特殊地理位置，周围没有合适的取土场所，只能在 400km 外的西宁市附近寻找取土场。为了矿区运输而修建的柴木铁路已通车，考虑到运输成本，取土场最好设在铁路沿线。

在刚察县泉吉乡制砖厂东有一个土山，长约 0.3km，宽约 20m，高约 10m，土质以黄土为主，是砖厂的主要取土场。砖厂能在此地找到理想的取土场，为采矿企业提供了思路，有可能在刚察县附近再找到更大、土质更好一些的类似土山，用作矿区渣山绿化的取土场。

取土过程中破坏了取土场地内原地貌的水土保持设施，使取土区域面临水土流失的威胁，并且取土使原有的山坡变陡，增加了滑坡、塌陷等地质灾害现象，因此必须对其进行综合治理。取土场的防护措施根据取土场所处地形、地貌、水文地质等情况进行确定。

渣山绿化使用的外部取土和渣山自身的风化土都需要进行改良，使其具有植物生长所需要的营养成分。矿区地处牧区，土壤改良最简单、经济、适用的方法是添加牛羊粪，也可添加土壤改良剂，提高有机质、腐殖质和氮、磷、钾的含量，改变土壤酸碱度，调节土壤适应度。

4. 草种及其组合

1）牧草品种

选用青海当地生产、适宜青藏高原生长的多年生禾本科牧草品种，以市场供种相对充足的披碱草、青海草地早熟禾、青海冷地早熟禾、青海中华羊茅、同德小花碱茅（星星草）等品种为主。自然恢复区小粒草籽比例适当加大。

2）种子质量要求

种子质量要求达到国家规定的三级标准以上（以相关部门出具的种子质量检验报告为依据）。

3.8　原位直播种草复绿（江仓 4 号井）

3.8.1　矿区生态修复目标

结合江仓矿区 4 号井田露天开采的特点，整治工程生态恢复治理总体目标为：到 2016 年末，地表扰动区生态环境质量明显改善，景观得以修复，与项目区景观环境相协调。主要表现在如下几方面：地面排土场全部恢复治理，绿化面积显著增加，生物多样性减少趋势和物种遗传资源的流失得到有效遏制；生态环境质量大幅度提高；矿区生态环境的管理能力得到提高，公众生态保护意识得到提高。

3.8.2　生态修复区面积

江仓矿区 4 号井田原为露天开采，露天开采所产生的土岩渣石经多年排弃，在地表形成了两个外排土场，分别为南排土场、北排土场。

南排土场位于矿坑南面，与矿坑间一路相隔，排土场东西长约 1.58km，宽约 0.3km，总高度约 55m，最低标高为 3.818km，最高标高为 3.873km，形似枕状，呈西-东向延伸。土岩渣石由汽车运输，顺坡堆放方法堆积，分为 3 个台阶，占地面积约 39.15hm²。

北排土场位于矿坑北面，排土场东西长约 1700m，最宽处约 560m，总高度约 81m，最低标高为 3.84km，最高标高为 3.921km，形状不规整，呈近西-东向延伸。土岩渣石由汽车运输，顺坡堆放方法堆积，分为 5 个台阶，占地面积约 76.08hm²。

3.8.3　生态恢复原则

1. 整治区地面处理原则

（1）覆土厚度 0.2m 以上，土体中没有大的砾石（直径小于 7cm）。

（2）草种宜选择当地适生植物。

（3）多草种混播。

（4）企业加强后期管护，有防治病虫害措施，有防治退化措施。

（5）草地雨季前每年补种草种，确保一定量的灌溉，三年后牧草覆盖率70%以上，单位面积产草量不低于当地水平。

（6）具有生态稳定性和自我维持力。

（7）排水设施满足场地要求，防洪满足当地标准。

（8）有控制水土流失措施，边坡宜进行植被保护。

2. 排（截）水沟修建原则

有足够的流水承载能力，断面积不小于 0.2m²；有足够的抗冲刷能力、抗冻胀能力；现浇钢筋混凝土厚度不小 10cm。

3. 草种选择原则

1）草种选择

选择青海当地生产、适宜青藏高原生长的多年生禾本科牧草，市场供种相对充足的披碱草、早熟禾等乡土草种，要求种子的质量达到国家规定的三级标准以上。

2）草种优化配置

根据立地条件及庆华煤矿的实践经验，尽量选择混合草种播种，少选择单一草种播种，选择的配置模式为早熟禾+同德小花碱茅（星星草）+披碱草，每公顷播种量为300kg，其中早熟禾75kg，同德小花碱茅（星星草）75kg，披碱草150kg。

3.8.4 矿坑回填方案

1. 要求

在基底已形成的防水复合凝固层以上，回填前期矿坑露天开采时清出的混合渣料至方案设计标高下 1m 处时，设置防渗土工布和防水膜各一层，其上用砂砾土回填并压实，最终填埋渣石层面与矿坑四周的山体斜夹角（边坡角）要小于 35°。

2. 施工方法

该项目需要挖装运输渣石，并对原露天开采所形成的矿坑进行回填。回填物为矿井露天开采时的排弃渣石及削减边坡形成的渣石，主要来自矿坑附近的渣石场及矿坑削减边坡形成的渣石，采用单斗卡车工艺进行施工，挖掘机取土，32t 自卸卡车运输，运至坑底充填。

按排土场台阶水平分层，台阶高度 10m。台阶采用端工作面取土法，挖取带宽 12m。渣石由液压挖掘机采装，自卸卡车运输，推土机完成平整、清扫工作面和运输通路等辅助作业。

施工流程为：自卸卡车自取渣作业面取土装车→经排土场台阶运输通路运行→下降至地面矿区公路→下降至矿坑内道路→至矿坑回填施工作业面→卸料排弃回填。

3.8.5　南北渣山坡面治理方案

根据实际情况，提出采用"分区治理、阶段推进、全面达标"的方案。

1. 南排土场

目前土岩渣石堆放坡度为 19°～36°，南排土场的治理首先是对渣山的坡面坡度进行削减工作，由上至下推散渣石，将现状的坡度削减为 18°，稳定坡面，修建马道，便于机械施工，防止渣石塌方。南排土场需挖方 252.47 万 m^3，填方 2.5 万 m^3。治理后外排土场堆场呈梯田状，最终边坡角 18°，台阶角 30°左右，从地面开始每个台阶均设置一条马道，用以治理期间的施工通行以及治理后对渣山的维护作业。同时马道内侧设置一条排水沟，用以排除渣山上的雨水，马道排水沟之间由边坡导流渠串联起来，最终雨水汇集到地面，顺地面排至低洼地带。南排土场 2015 年全部完成边坡整治及地表植被恢复。南排土场在进行削坡整治后，按照农艺措施进行地表植被恢复工作。

2. 北排土场

目前土岩渣石堆放坡度为 20°～35°，北排土场的治理首先是对渣山的坡面坡度进行削减工作，由上至下推散渣石，将现状的坡度削减为 18°，稳定坡面，修建马道，便于机械施工，防止渣石塌方。北排土场需挖方 412.08 万 m^3，填方 31.2 万 m^3。治理后外排土场堆场呈梯田状，最终边坡角 18°，台阶角 30°左右，从地面开始每个台阶均设置一条马道，用以治理期间的施工通行以及治理后对渣山的维护作业。同时马道内侧设置一条排水沟，用以排除渣山上的雨水，马道排水沟之间由边坡导流渠串联起来，最终雨水汇集到地面，顺地面排至低洼地带。北排土场 2015 年底完成 30%边坡整治及 25%地表植被恢复，2016 年全部完成剩余的边坡整治及地表植被恢复。北排土场在进行削坡整治后，按照农艺措施进行地表植被恢复工作。

3.8.6　种草复绿技术

种草复绿治理方案：采取人工撒播或机械条播，人工撒播一定要保证种子的播种深度，机械条播应采取 15cm 的小行距，保证种子出苗后及时覆盖地表。其工艺流程为：客土→人工地面平整→大小粒草种及肥料撒播→人工耙平→人工镇压→薄膜铺设、洒水→围栏封育。

1. 客土

在地表平整工作完成后，要清除地表砾石，然后拉填 20cm 厚的种植土（种植土有机质含量要达到 3%以上，土壤全氮含量 0.3%以上），种植土拉填后要进行一次镇压，以创造良好的苗床和适宜植物生长发育的立地条件。

2. 人工地面平整

去除直径 5cm 以上的石块，随地形耙平地面，耙地深度 7～8cm。

3. 草种及肥料撒播

播种量遵循适量播种、合理密植的原则。根据选定的草种类型和数量，每公顷播种量为 300kg，其中早熟禾 75kg，同德小花碱茅（星星草）75kg，披碱草 150kg；把磷酸二铵底肥（750kg/hm²）混合后人工均匀撒播。

4. 人工耙平

将草种和肥料耙入土壤 0.5～1cm。

5. 人工镇压

人工使用器械均匀地将地面适度镇压，使草种与土壤充分结合。

6. 薄膜铺设、洒水

薄膜铺设后，适度洒水，使薄膜与地面充分贴合。

3.8.7　生态修复后续管护

（1）对 2015 年种植的牧草不合格的区域督促施工单位进行二次补种，对 2016 年种植的牧草不合格的区域督促施工单位在 2017 年进行二次补种，达到合同约定要求。

（2）对已种植的牧草进行保养维护，设置配套封育围栏设施，禁止任何形式的放牧采食和人为毁坏，不定期进行巡查，确保植被恢复率。

（3）派专人对植被恢复治理区不定时进行巡查，加强围栏设施、恢复植被的管理。

（4）依据合同标准要求进行验收。

3.8.8　整治工程资金投入

经计算，4 号井田综合治理共需投入资金 13 772.72 万元，详见表 3-5，矿坑整治工程投资估算见表 3-6，排土场整治工程投资估算见表 3-7。

表 3-5　整治工程投资估算汇总表

序号	项目单位工程	单位	数量	总价（万元）
一	矿坑整治			10 528.59
（一）	土石方工程			9 836.48
（二）	材料购置、加工、铺设			667.11
（三）	其他工程			25.00

续表

序号	项目单位工程	单位	数量	总价（万元）
二	地面排土场整治			3 244.13
（一）	南排土场			1 155.92
（二）	北排土场			2 088.21
	合计			13 772.72

表 3-6　矿坑整治工程投资估算表

序号	项目单位工程及简要说明	单位	数量	单价（元）	总价（万元）
	矿坑整治				10 528.59
（一）	土石方工程				9 836.48
1	土石方取土采装	10^4m^3	525.38	25 028	1 314.92
2	土石方运输，运距 2.5km	10^4m^3	525.38	110 425	5 801.51
3	防水复合凝固层回填	10^4m^3	38.66	408 200	1 578.10
4	矿坑回填	10^4m^3	486.72	13 746	669.05
5	平整基底（含削坡、修路）	$100m^3$	20 038	236	472.90
（二）	材料购置、加工、铺设				667.11
1	①钢筋网排购置	$100m^2$	139	2 160	30.02
	②钢筋网排加工铺设	$100m^2$	139	216	3.00
2	①土工布购置	$100m^2$	2 053	2 000	410.60
	②土工布加工铺设	$100m^2$	2 053	200	41.06
3	①防水膜购置	$100m^2$	2 303	720	165.82
	②防水膜加工铺设	$100m^2$	2 303	72	16.58
4	小配件（钢钎）等	个	100		0.03
（三）	其他工程				25.00
	$200m^3$ 蓄水池	座	1	250 000	25.00

表 3-7　排土场整治工程投资估算表

序号	项目单位工程及简要说明	单位	数量	单价（元）	总价（万元）
	地面排土场整治				3 244.13
（一）	南排土场				1 155.92
1	土石方工程				795.96
（1）	挖方	10^4m^3	252.47	22 600	570.58
（2）	填方	10^4m^3	2.5	13 746	3.44
2	生态工程面积	hm^2	43.53		221.94
（1）	牧草	kg	13 059	30	39.18
（2）	肥料	kg	32 648	2.49	8.13
（3）	地膜	kg	2 155	2	0.43
（4）	覆土	10^4m^3	8.71	200 000	174.20

序号	项目单位工程及简要说明	单位	数量	单价（元）	总价（万元）
3	排水工程（排水沟）	m	9 202	150	138.03
（二）	北排土场				2 088.21
1	土石方工程				1 417.11
（1）	挖方	$10^4 m^3$	412.08	22 600	931.30
（2）	填方	$10^4 m^3$	31.2	13 746	42.89
2	生态工程面积	hm^2	86.92		442.92
（1）	牧草	kg	26 076	30	78.23
（2）	肥料	kg	65 190	2.49	16.23
（3）	地膜	kg	4 303	2	0.86
（4）	覆土	$10^4 m^3$	17.38	200 000	347.60
3	排水工程（排水沟）	m	15 212	150	228.18

1. 整治工程投资中矿坑整治部分

矿坑整治部分投资合计为 10 528.59 万元。

（1）土石方工程费用 9836.48 万元，其中取土采装工程费用 1314.92 万元，运输费用 5801.51 万元，防水复合凝固层回填 1578.10 万元，矿坑回填工程费用 669.05 万元，其他矿坑内及周边处理坡角、平整道路等费用 472.90 万元。

（2）材料购置、加工、铺设费用 667.11 万元。

（3）其他工程费用为 25.00 万元。

2. 整治工程投资中地面服务设施部分

由于 4 号井田已经建设了较完备的地面服务设施，且该部分设施在今后的井工生产中将继续使用，故整治工程总费用中不计入该部分投资。

3. 整治工程投资中环境恢复治理部分

环境恢复治理部分合计投资 3244.13 万元，其中南排土场治理投入 1155.92 万元，北排土场治理投入 2088.21 万元。

3.9 有机肥代土种草复绿（江仓 5 号井）

江仓 5 号井渣山治理及植被恢复总计划工程量 135hm²，其中南、北渣山计划治理工程量 120hm²；运输道路两侧及闲置场地治理工程量 15hm²。根据省政府及木里煤田管理局的相关要求，到 2015 年底要全面完成计划治理工程量，植被恢复要完成计划量的 50% 以上，到 2016 年底植被恢复工作全部完成，具体方案如下。

3.9.1　渣山边坡整形

采用刷坡减压，对渣山边坡及时刷坡整形，覆盖非冻土岩石。对渣山边坡进行放坡、刷坡整形，将边坡表面岩石进行填埋，并将渣山内排弃的第四系冻土翻出地表覆盖于渣山表面，再进行人工植草复绿。

（1）边坡角设置为≤30°，坡面要求刷平，严禁出现大块浮石，整治坡度要相对一致。

（2）台阶平面及排渣形成凹槽部位设置排水沟，排水沟宽 1.5m，深 0.3m。

（3）沿坡顶线修建挡水坝，在垂直方向排水沟连接处设置排水口，挡水坝上宽 0.5m 左右、下宽 1m 左右，高 0.3m。

（4）渣山刷坡后多余量渣土运至别处排弃。

3.9.2　地表整治

为减少矿区恢复地水土流失和雨水冲刷对恢复效果的影响，首先，将地面坡度平整到 15°以下，对凹凸不平的地面进行平整，要求填平水沟、小坑等不平整地面，便于耕作。地表平整工作完成后，清除地表砾石，以客土回填的方式填 15cm 的种植土（有机物含量≥3%以上，土壤含氮量≥0.3%），并进行 1 次镇压，以创造良好的苗床和适应植物生长发育的立地条件。青海大学在 2015～2016 年进行了有机肥代土种草复绿试验示范研究。

3.9.3　草种选择

草种以当地生产、适合高寒地区生境条件及气候特征、抗逆和抗病虫害方面优良的多年生禾本科牧草品种垂穗披碱草、青海草地早熟禾、青海冷地早熟禾、青海中华羊茅、同德小花碱茅（星星草）等乡土草种为先锋建群种。草种质量需达到国家规定的三级标准以上（检验标准为 GB/T 2930—2001 和 GB 6142—2008），种子经发芽实验后净度不低于 80%，其他植物种子不多于 3000 粒/kg。具体等级状况要以相关部门出具的种子质量检验报告为准。

3.9.4　植被恢复技术措施

采取人工播种，播种流程为：客土→地面平整→草种及肥料混合撒播→耙平→镇压→无纺布铺设→灌溉→围栏封育。

1. 地面平整

去除直径 5cm 以上石块，随地形耙平，耙地深度 7～8cm。

2. 播种量

混播草地总播量每公顷 180kg，其中垂穗披碱草 75kg/hm²，青海中华羊茅

45kg/hm^2，青海冷地早熟禾 15kg/hm^2，青海草地早熟禾 30kg/hm^2，同德小花碱茅（星星草）15kg/hm^2。磷酸二铵 300kg/hm^2 混合后人工均匀撒播。播种期为 5 月下旬至 7 月下旬。

3. 耙平

将草种和肥料入土 0.5～1.0cm。

4. 镇压

人工使用器械均匀地将地面适度镇压，使草种与土壤充分结合。

5. 播种深度

播种深度控制在 0.5～1.0cm，保证种子合理播种和覆土深度。

6. 无纺布铺设、洒水

无纺布铺设后适度洒水，使无纺布与地面充分贴合。

7. 补植

播种后，对未到达建设指标的秃斑地及受到水蚀、地面沉降等自然灾害受损的草地第二年进行补植，第二年返青时要观察越冬情况，由于治理区为煤田矿区，地质不稳定、土层薄等，对达不到建设指标的地块按实际需求进行连续补植、补种。

8. 恢复管护

减少恢复区放牧等人为干扰活动，同时辅以围栏封育，并及时视出苗情况进行灌溉、施肥工作，确保修复成效。

3.10 客土覆盖湿地植被修复（矿井生活区）

3.10.1 修复目标

通过实施湿地保护与修复、基础设施建设，逐步恢复项目区的湿地生态功能，使湿地生态系统得到进一步恢复完善。通过保护工程建设，项目区湿地退化趋势得到遏制，湿地生态系统向良性循环和正向演替的方向发展，使沼泽湿地生物多样性得到有效保护，湿地植被盖度在现有基础上提高 5%～10%，项目区及周边地区生态环境逐步得到改善。

3.10.2 技术方案

1. 退化高寒沼泽湿地修复

建设地点：天峻县木里火车站天木公路南侧、木里镇义海能源有限责任公司三岔路口西侧。

1）地表整治

为减少水土流失和雨水冲刷影响植被恢复效果，将地面坡度平整到 15°以下，对凹凸不平的地面进行平整，要求填平水沟、小坑等不平整地面，便于耕作。

2）土壤要求

地表平整工作完成后，要清除地表砾石，然后拉运覆盖 15cm 的种植土（种植土有机质含量要达到 3%以上，土壤全氮含量 0.3%以上），种植土拉填后要进行一次镇压，以创造良好的苗床和适宜植物生长发育的立地条件。

3）草种选择及质量

种子品种：选用青海当地生产、适宜项目区生长的多年生禾本科牧草品种，市场供种相对充足的披碱草、早熟禾、青海中华羊茅、同德小花碱茅（星星草）等乡土草种。

4）技术方案

采取人工撒播或机械条播，人工撒播一定要保证种子的播种深度，机械条播应采取 15cm 的小行距，保证种子出苗后及时覆盖地表。其工艺流程为：客土→人工地面平整→大小粒草种及肥料撒播→人工耙平→人工镇压→无纺布铺设、洒水→围栏封育。

人工地面平整：去除直径 5cm 以上石块，随地形耙平地面，耙地深度 7～8cm。

草种及肥料撒播：播种量遵循适量播种、合理密植的原则。混播草地总播种量每公顷 120kg，其中披碱草 45kg/hm^2、青海草地早熟禾 30kg/hm^2、青海冷地早熟禾 15kg/hm^2、青海中华羊茅 15kg/hm^2、同德小花碱茅（星星草）15kg/hm^2；磷酸二铵 300kg/hm^2 混合后人工均匀撒播。

人工耙平：将草种和肥料耙入土壤 0.5～1cm。

人工镇压：人工使用器械均匀地将地面适度镇压，使草种与土壤充分结合。

适宜播种期：适宜播种期为 5 月下旬至 7 月下旬。

播种深度：播种深度控制在 0.5～1cm，不宜过深，一定要保证种子合理播种和覆土深度。

无纺布铺设、洒水：无纺布铺设后适度洒水，使无纺布与地面充分贴合。

补植：播种后，要注意观察当年出苗，对未到达建设指标的秃斑地及受到水蚀、地面沉降等自然灾害毁损的草地要在第二年进行补植；第二年返青时要观察越冬情况，由于治理区地表地质不稳定、土层薄等，预计保苗率要下降 50%左右，因此对达不到建设指标的地块要进行连续补植补种。

5）管护设施

植被恢复完成后，项目区县乡政府要加强宣传，引导牧户自觉维护好治理成果，不在修复区进行放牧、采挖药材等活动；要加强管护，做好围栏封育工作，如果需要及时进行追肥,保证植被修复区的建设效果。

围栏质量标准:严格按照行业标准 NY/T 1237—2006《草原围栏建设技术规程》的规格(网片为缠绕式)、基本参数、技术要求和检验规则执行。

编结网:本项目拟采用钢丝编结网。纬线根数 8 根,网宽 1100mm,经线间距 500mm,从而增大了编结网强度,可大大延长使用寿命。钢丝直径:边纬线 2.8mm,中纬线 2.5mm,经线 2.5mm。经纬线采用热镀锌钢丝编结网,每卷 200m。

支撑件:门柱、角柱长度大于等于 2000mm,规格热轧等边角钢 90mm×90mm×8mm;中间柱长度大于等于 2000mm,规格为热轧等边角钢 90mm×90mm×8mm;小立柱长度大于等于 2000mm,规格为热轧等边角钢 70mm×70mm×7mm;地锚、下立柱长度大于等于2000mm,规格为热轧等边角钢40mm×40mm×4mm;支撑杆长度大于等于 3000mm,规格为电焊钢管 50mm;小立柱横梁长度大于等于 200mm,规格为热轧等边角钢 40mm×40mm×4mm。

连接件:绑钩的材料应为抗拉强度不低于 350MPa、直径为 2.50mm 的镀锌钢丝,每根长度 200mm;挂钩的材料应为抗拉强度不低于 350MPa、直径为 2.50mm 的镀锌钢丝,每根长度 200mm。

围栏门:围栏门的框架采用 GB/T 13793 中的直缝电焊钢管;围栏门采用双扇结构,单扇高为 1300mm,宽为 1500mm;围栏门的扁铁间距为 150mm;围栏门应焊接牢固,焊缝平整,无烧伤和虚焊;围栏门应涂防锈漆和银粉,涂层均匀,无裸露和涂层堆积表面。

安装:所有零部件必须检验合格,外购件必须有合格证明方可安装。配套网围栏根据地形平均 10m 设 1 根小立柱,每 400m 应设 1 根中立柱;各种立柱应埋设牢固,与地面垂直,埋入地下部分不得少于 0.6m;网围栏形状应根据地形地貌和利用便利而定,一般以正方形和长方形为主;围栏门位置可根据牧户要求设置;编结网的每根纬线均应与立柱绑结牢固,所有的紧固件不得松动;大门应安装牢固,转动灵活。

日常维护:对于围栏草地要认真做好管护工作,经常检查,发现围栏松动或损失要及时维修。

2. 湿地生态修复水系连通

建设地点:天峻县木里镇义海能源有限责任公司三岔路口。

项目区生境类型多以高寒草甸为主。由于湿地分布区地形、植被和水文遭受到人为破坏,湿地生态系统退化严重。为尽快恢复当地湿地生态系统功能,采用湿地微地形改造、湿地水系连通、湿地生态补水和湿地植被补植等 4 项关键技术,对当地湿地生态系统进行抢救性恢复,主要技术方案如下。

1)湿地微地形改造

对起伏不平的开阔地段进行局部土地平整,削平过高的地势,营造适宜湿地植被生长和水鸟栖息的开阔环境，恢复湿地地形原貌；对核心区域进行局部深挖，增强与潜水层之间垂直方向的水分连通，增加湿地局部水量；在底层回填壤质土10～20cm，增强湿地基质储存水分和营养物质的能力。

2）湿地水系连通

通过工程措施对相邻的小水面进行连通，恢复被阻断的湿地水系联系，构筑阶梯形串式湿地系统（坡度＜0.5°），增强水体间自然渗透，建立水平方向的水分连通，增加水体稳定性，同时也可保证湿地生态系统营养物质的正常输入输出，调节湿地生物群落的水分和栖息地营养条件。

3）湿地生态补水

在湿地恢复关键期，通过湿地生态补水方式保证湿地正常运转所需的水量，所需水量应充分考虑湿地面积、深度、蒸散发等条件。同时，考虑气候和湿地生物的生长特征，在特定时期进行湿地生态补水。

4）湿地植被补植

在湿地恢复区补植当地原生湿地植物，构建优化的湿地植被群落结构，适度调控湿地植物群落演替方向，营造适宜湿地动物生存的环境，修复退化的湿地生态系统。同时，在湿地边坡种植本土植物，保证湿地边坡的稳定性和牢固性。

3.10.3　技术培训

技术培训和宣传教育是湿地保护与合理利用成功的关键，只有加强湿地有关知识的培训和宣传教育，增加人们对湿地重要性的认识，提高干部、群众的湿地保护意识和技术管理水平，才能使湿地保护工作落到实处，使人们在生产、生活过程中自觉参与到湿地保护之中。青海湖湿地为国家甚至国际重要湿地，地处高海拔地区，属于生境脆弱区，因而湿地保护的技术培训和宣教工作尤为重要。

为有效地完成湿地保护任务，对管理人员、专业技术人员进行湿地植被修复、管护等方面的科技培训。

1. 湿地植被修复牧民的科技培训

培训内容包括植被修复技术、湿地合理利用、修复后管理等方面，采用集中授课与实地操作演示相结合的方式进行。

2. 湿地管护培训

培训内容包括沼泽湿地保护重要性、保护内容、管护职责，结合监管工作中存在问题，在上岗前集中授课培训。

3.10.4　科技支撑

强化科技支撑，切实将科技保障贯穿于工程实施的全过程中。聘请省级相关部门组织科技人员实地指导，开展技术服务、培训、咨询和试验示范等，推广先进成熟的科技成果、实用技术，并不断总结推广湿地保护和治理的成功经验，提高工程建设科技含量。科技支撑应对工程实施起示范带动作用。

3.10.5 投资概算

项目总投资 1270 万元，其中青海木里江仓地区湿地保护与恢复项目天峻县项目区投资 990 万元，青海木里江仓地区湿地保护与恢复项目刚察县项目区投资 280 万元，分别占总投资的 77.9%和 22.1%。项目建设资金全部为中央财政湿地保护补助资金。

3.10.6 组织管理

技术服务单位制定项目实施的措施，组织协调项目建设工作，加强项目资金管理，解决项目执行中的重大问题，并对项目实施进行检查指导、监督。

积极引进工程建设现代管理制度，建立、健全各项规章制度。严格执行项目法人制、合同管理制、招投标制、工程监理制、报账制、信息报告制、公示制等，确保工程顺利实施，实现工程管理的科学化、规范化和制度化。

3.11 木里矿区生态修复成效与经验

3.11.1 矿区环境整治成效

2014～2016 年矿区开展生态环境综合整治，累计投入各类整治资金超过 20 亿元，对木里矿区 19 座大型渣山全部进行整治。其中，2014 年 8 月至 2016 年 9 月，共实施渣山治理 1702.67hm^2、公共裸露区域种草绿化 64.6hm^2、湿地植被恢复 108.52hm^2，同步安装复绿渣山和植被自然修复区封育网围栏 55.73hm^2，累计治理矿区河道总长 21.51km，规范收窄过宽道路 47.9km，实施采坑边坡治理 1954.47m^3、采坑回填 3018.4 万 m^3。

2017～2019 年，实施渣山补植补种 574.0hm^2、采坑边坡治理 4860.62 万 m^3、采坑回填 4695.95 万 m^3、垃圾清运 1066.36t；2020 年 8 月，完成渣山补植补种 59.57hm^2、采坑边坡治理 239.36 万 m^3、采坑回填 239.36 万 m^3。整体来看，渣山复绿及采坑回填取得一定积极成效，聚乎更 3 号井整体复绿效果显著，聚乎更 5 号和 8 号井部分区域植被恢复效果较好，木里矿区湿地、裸露区域、违章建筑及河道等公共区域环境得到改善。

对自然恢复和人工恢复不同恢复模式下典型区生态系统服务的变化进行评估发现，自然恢复模式下土壤保持量、生物多样性保护指数及水源涵养量均增加，但增加幅度较小。人工恢复模式下生态系统服务功能增加的幅度明显大于自然恢复模式。如果矿区以义海煤矿（聚乎更 3 号井）较高修复水平为目标加大修复投入力度，矿井地区的生态系统服务功能则会得到较好保护，如典型区 3（江仓矿区 5 号井）和典型区 4（江仓矿区 4 号井）的水源涵养、土壤保持与生物多样性保护功能将比 2017 年分别提升 24%、20%、70%以上。虽然无法达到原生植被的状态，但能够有效地改善井田及周边区域的生态环境。可以说，木里矿区生态环境综合整治工程收到了一定的生态修复效果。

受自然本底、气候变化、生态修复投入、技术手段适宜性、施工质量、后期管护力度等多种因素综合影响，还存在整治不到位、复绿退化及边坡失稳等问题，生态系统服务功能修复效果仍待时间检验。例如，木里区域植被恢复未采用植被移植回铺技术，而是将原有植被完全破坏后在矸石山上进行人工修复，相比于严酷的自然条件，渣山人工复绿成本过低，无法满足植被恢复需求；根据成都理工大学调查，江仓 4 号井、江仓 2 号井、聚乎更 4 号井、聚乎更 7 号井、聚乎更 9 号井采样点的植被覆盖度分别为 22.33%、6%、13.33%、21.67%、21%，远低于区域自然水平；矿区水源涵养、土壤保持及生物多样性保护功能仍分别比原生状态低 11.2%、14.47%和 9.78%；生物多样性指标因为原始植被完全破坏且短时期内难以重现，无法通过人类干预达到自然水平，人工复绿植被物种数一般在 5 种以下，未覆土区域部分样方仅有 1～2 个物种，远低于自然水平中 10 种以上物种数，也未出现嵩草属植物等自然优势种。应从加大矿山综合整治、提升生态系统服务功能、遏制生态系统退化、规范地形地貌、防范生态环境风险、加强技术支撑及创新生态环境保护管理机制等方面加强矿区生态环境的保护、治理、监督与管控。

3.11.2　矿区生态修复经验及存在的问题

木里矿区生态环境综合整治经验主要来自生态环境部环境规划院 2019 年 5 月完成的《青海省木里矿区生态环境问题评估研究报告》、成都理工大学 2020 年 8 月完成的《青海省木里矿区渣山生态修复效果评价、综合整治实施方案》《木里矿区渣山退化评估鉴定报告》，以及青海大学和青海圣雄矿业有限公司项目研究成果，综述如下。

1. 主要做法与经验

1）渣山复绿

通过大量的生态修复整治工作后，矿区渣山复绿工作取得了一定的成效。2014～2016 年，木里矿区各企业对露天开采形成的 19 座共 1703hm^2 渣山全部进行了整治和种草复绿，并安装 55.73hm^2 围栏进行了封育保护，划定自然修复区 32 554hm^2。2017～2018 年，木里矿区对已完成整治的区域进行了看护和管理，对长势差、出苗率低的区块进行了补植补种。具体成效包括以下方面。

（1）矿区受损草原生态系统在经过 1～2 年人工种草恢复治理后，植物种数、盖度、植株高度和生长状况均发生了显著变化。相对于未治理区，矿区人工种草恢复治理区植物种类数量增加 5～6 种。植被盖度平均为 63.18%，增加了 20%～42%。其中聚乎更矿区各井田渣山边坡 90%区域以 7～20cm 种植土覆盖形成优良的保墒、高养分牧草生长层，为草籽发芽生根提供优良的生长环境，能在较短时间内生根发芽，根系深入种植土层，确保养分充分供给。

（2）矿区 2015 年客土种草恢复治理区单位面积地下根系生物量为 433.44g/m^2。2016 年客土人工种草恢复治理区地下生物量为 434.56g/m^2，占总生物量的 78.74%。江仓矿区 2015 年人工撒播种草恢复治理区单位面积地下生物量为 442.08g/m^2，占总生物量的 64.16%。

（3）江仓矿区天然沼泽湿地 0～10cm 土壤全氮、全磷、全钾含量分别为 9.26g/kg、2.06g/kg、33.73g/kg。煤矿开采后江仓圣雄矿业有限公司的北渣山 0～10cm 土壤全氮、全磷、全钾含量分别为 0.87g/kg、1.62g/kg、42.91g/kg。种草后 0～10cm 土壤全氮、全磷、全钾含量分别为 3.67g/kg、1.39g/kg、22.54g/kg。结果表明，采矿活动导致土壤全氮含量降低，但在开展矿区人工种草恢复治理后，有效地提高了受损湿地生态系统的全氮含量，对改良矿区土壤肥力起到了积极的促进作用。

2）采坑治理

在全面推进渣山整治和种草复绿的同时，青海省确定 3 家采矿企业在露天开采形成的采坑进行边坡治理试点，确定 3 家企业进行采坑回填试点，消除地质灾害隐患，取得良好效果，积累了经验。由部门评价结果可知，矿区 2016 年底木里矿区共完成采坑边坡治理工程量 1545.18 万 m^3、采坑回填试点工程量 3625.5 万 m^3，其中，试点企业青海义海能源有限责任公司（聚乎更 3 号井）和青海庆华矿冶煤化集团有限公司（聚乎更 4 号井）完成 1473.68 万 m^3，中奥能源发展有限公司（江仓 1 号井）完成 946.4 万 m^3，其他露天开采企业均制定了采坑回填与井工建设（衔接）方案。截至 2018 年底，矿区采坑边坡治理量为 5099 万 m^3，采坑试点回填量为 5774 万 m^3。

3）公共区域治理

a）湿地区域整治

矿区共完成集中连片湿地植被恢复及抢救性保护 108.52hm^2，其中，2015 年青海省林业厅完成 52.61hm^2，矿区各企业完成 55.91hm^2，遭到破坏的湿地植被全部恢复。经现场取样实测，平均有苗数为 1774 株/m^2，平均有苗率达 86%，针对矿区因采矿受损但破坏不严重且能够自然恢复的地块，共埋设石质界桩 1645 块。其中 2015 年度天峻县环境保护和林业局实施完成规格 1.5m×0.12m×0.12m 石质材质界桩 1572 块，抢救性恢复湿地面积 1837.19hm^2。2015 年度刚察县环境保护和林业局完成规格 1.5m×0.1m×0.1m 石质界桩 73 块，抢救性恢复湿地面积

518.24hm^2，矿区湿地生态功能逐步恢复。

b）公共裸露区域绿化

2016 年底矿区共完成公共裸露区域种草绿化 64.6hm^2，2017～2018 年，木里矿区各企业组织施工队伍进场，对出苗率低、长势差的区块及时采取补植补种、保温保墒、追肥等措施进行补救，对未绿化的公共裸露区域继续进行植被恢复和草地绿化工作。

c）违章建筑拆除与道路整治

截至 2016 年底，天峻县、刚察县政府会同木里煤田管理局组织拆除矿区公共区域违章建筑 2170 余间（约 5.13hm^2），拆除企业矿区内临时建筑 1930 余间（约 4.57hm^2）；规范收窄整修矿区过宽道路 47.9km，对清理出的场地和道路两侧护坡全部进行了种草复绿。累计清理各类垃圾超过 6000t。

d）修建公共服务基础设施

截至 2016 年底前，青海省交通厅组织修建天木公路里程达 150.75km，保通整修了 54.1km（聚乎更至江仓矿区）的公路，完成 13.8km 主干道连接企业生活区道路建设工程。木里矿区 5 家企业建成生产生活污水处理设施、锅炉烟尘处理设施和储煤场挡风抑尘墙及封闭式储煤仓等环保设施。

e）河道综合整治

矿区河道治理主要是木里矿区对上哆嗦河、下哆嗦河、庆华支沟和江仓河等河道进行了综合整治，其中，扩挖河槽 2.85km，河道疏浚 7.54km，建设Ⅳ级防洪堤 26.78km，岸坡复绿 4.76hm^2，河道防洪能力达到 20 年一遇的标准。河道内弃置弃渣和垃圾、乱采乱挖和挤占河道的现象得到基本遏制，采砂造成的凹凸不平河段也通过治理而变平整了，矿区各单位和个人遵守水法规、保护水环境的意识增强不少，木里矿区的河道治理取得了初步成果。

4）研究凝练出矿区渣山复绿技术模式

四大模式分别为矿区削坡+有机肥+客土+无纺布覆盖、削坡+大量有机肥+混播+无纺布覆盖、削坡+施肥+大播量混播+无纺布覆盖+追肥，以及喷播模式。

2. 整治成效

2016 年 8 月 17 日卫星遥感监测显示，与 2014 年同期相比，矿区植被恢复好转面积达 3350hm^2，占矿区被破坏面积的 90.49%，其中明显好转面积达 1816hm^2，占矿区被破坏面积的 49.05%，矿区被破坏的植被得到有效修复，生态功能开始系统性恢复。

1）渣山复绿成效显著

渣山复绿取得了一定效果。截至 2020 年 8 月，19 座大型渣山均开展复绿工作，但周边仍存在一些受损区域。通过高分辨率光学影像所呈现的光谱信息和空间纹理特征的变化分析与现场样方调查可知，2014～2017年开展了复绿等生态恢复工作并取得了一定效果。其中，聚乎更3号井整体复绿效果较好，聚乎更5号和8号井部分区域复绿效果较好。

2）采坑治理取得一定成效

2017年木里矿区推进采坑边坡治理和采坑回填试点工作，为开展恢复植被和井工建设创造了条件，同时也积极开展了采坑边坡稳定性监测工作。通过对比2014年和2017年木里矿区遥感监测影像可发现，江仓1号井中的南侧采坑进行了回填治理。另外，聚乎更3号井首采区边坡已经治理，聚乎更5号井边坡也正在整治过程中，其他矿井对采坑边坡进行部分削坡整治。

3）河道综合整治取得效果

2017年，木里矿区解译范围内水域及湿地面积为13 241hm²，包括河道、湖泊坑塘、沼泽及永久性冰川雪地。其中，河道面积为6885hm²，占水域及湿地总面积的52%。2014～2017年，河道面积增加了91hm²。矿区的河道治理取得了初步成果。

3. 渣山生态修复评价

根据2020年成都理工大学的《木里矿区渣山退化评估鉴定报告》，选用坡度、坡高、坡形、坡向、土壤质地、植被覆盖、植被长势和植被退化系数等参数开展评估，结果显示木里矿区评价结果"好"的渣山有2座，为聚乎更矿区3号井的南渣山和北渣山；评价结果"较好"的渣山有1座，为聚乎更5号井的北渣山（西）；评价结果"一般"的渣山有1座，为聚乎更5号井的北渣山（东）；评价结果为"较差"的渣山有5座；评价结果"差"的渣山有10座。木里矿区渣山评价结果为"好"的面积有409hm²，约占总面积的18.2%；评价结果为"较好"的面积有43hm²，约占总面积的2.0%；评价结果为"一般"的面积有110hm²，约占总面积的4.9%；评价结果为"较差"的面积有643hm²，约占总面积的28.6%；评价结果为"差"的面积有1041hm²，约占总面积的46.3%。

建议对评价结果"好"和"较好"的渣山加强生态环境的巩固提升，局部进一步治理，地形地貌重塑。评价结果为"一般"的渣山重点整治，包括平整、地形地貌重塑、生态修复；对评价结果"差"和"较差"的渣山可结合矿坑治理，作为回填原料。

4. 存在不足

1）渣山治理土壤重构不足

青海省农牧厅依据青海省地方标准《天然草地改良技术规程》（DB 63/T 390—2018）、《人工草地建植技术规程》（DB 63/T 391—2018），借鉴多年来青海大学、青海省铁卜加草改站牧草种植试验成果和木里煤田煤矿企业植被恢复种植经验，木里矿区渣山需整治坡度到 25°以下，清除地表 10cm 以内直径 5cm 以上的砾石，然后拉填种植土，坡地覆土 15cm 以上，平坦地区覆土 10cm 以上，混播草种总播种量为每公顷 225kg，选用的底肥为磷酸二铵，施入量为 225kg/亩，并在播种后覆盖无纺布。但是由于采矿企业资金投入不足，江仓 2 号井、4 号井、5 号井大部分渣山未进行覆土，其他渣山均存在一定程度的未覆土或覆土厚度不达标的情况。

聚乎更矿区大部分矿井进行了整体覆土，修复效果优于江仓地区，但部分地区覆土厚度较薄，渣山坡度较高，植被恢复效果较差，需要进一步加大对矿区生态修复的投入力度；江仓矿区各井田渣山边坡 20%区域以 5～10cm 种植土覆盖，渣山边坡 80%未进行覆土，草籽直接播种在由煤矸石、砂砾石、泥岩等组成的边坡上，保墒效果差，牧草生长所需的养分少，不利于根系发展，整体复绿较差。

2）采坑治理削坡减载不到位

通过对比 2014 年和 2017 年木里矿区遥感监测影像，江仓和聚乎更矿区渣山坡度普遍高于 25°。江仓矿区、聚乎更矿区和哆嗦贡玛矿区等矿区采坑治理实施情况的遥感监测结果如下。

a）江仓矿区

针对江仓矿区中已开采的江仓 1 号井、江仓 2 号井、江仓 4 号井和江仓 5 号井等区域的采坑治理实施效果进行了监测。2017 年，江仓矿区共监测到采坑 5 处，总面积 230hm^2。比对 2014 年遥感监测影像，5 处采坑中只有江仓 1 号井中的南侧采坑进行了明显的回填治理，江仓 1 号井南侧采坑面积为 73hm^2。其余采坑均为底部积水状态。

b）聚乎更矿区

针对聚乎更矿区中已开采的聚乎更 3 号井、聚乎更 4 号井、聚乎更 5 号井和聚乎更 7 号井等区域的采坑治理实施效果进行了监测。2017 年，聚乎更矿区共监测到采坑 6 处，总面积 1114hm^2。综合分析发现，除聚乎更 3 号首采区、聚乎更 5 号采坑边坡进行削坡复绿以外，其他采坑削坡及复绿效果较差。

c）哆嗦贡玛矿区

针对哆嗦贡玛矿区主要采坑治理实施效果的监测结果表明：2017 年，哆嗦贡玛矿区共监测到剥离面 7 处，总面积 75hm^2；比对 2014 年遥感监测影像，采坑均未发现明显治理痕迹。

3）植被可持续恢复较差

由于木里矿区自然植被的形成需要 2000 年左右的时间，虽然开展了人工种草复绿工作，但生态恢复后续管护工作跟进不够，植被可持续恢复较差，需要长期大量的人力物力的投入来保障其生态恢复的效果。

4）科学研究基础薄弱

木里煤田露天煤矿开采时，周围堆起一座座渣山，渣山表面基质的冻土、岩石、煤矸石含量不同，导致其温度、风速、土壤水分等存在差异，造成不同渣山表层基质营养成分存在变异性，矿区植被恢复空间异质性变大，部分矿区植被恢复比较好，部分矿区还有一定差距，如何快速稳定人工植被是下一步需要解决的科学技术问题。

另外，矿区地貌重塑参数、冻土保护、区域水资源补给、高原湖泊潜在生态风险、矿坑积水环境问题等尚未开展相关研究，给后续开展矿区生态环境治理工程设计和施工带来困难。

5）生态恢复存在的主要问题

（1）草种配置上不合理，所选三种高寒高海拔草种配置不规范。

（2）种植区表层基质处理不科学，客土质量差，大部分修复区未采用客土覆土也未开展渣土改良，复绿植被面临退化；无纺布的厚度参差不齐，造成部分种植区的环境污染。

（3）矿坑和渣山边坡失稳，边坡固土措施不足，排水沟修建不全面不规范，未对弃渣边坡水土流失问题加以考虑，存在明显的弃渣水土流失问题，不利于植物生长。

（4）植被盖度缓坡好于陡坡，砂卵石层好于矿渣，细颗粒土好于粗颗粒土，并且从修复效果看，表现出"一年绿，两年黄，三年退化严重"的特征。

（5）政府的统一监管和指导不够，无统一规范的技术方案和实施标准，缺乏科技支撑和技术服务团队。生态修复技术措施呈现多样化，不规范不科学。

主要矿井生态恢复存在问题如下。

聚乎更5号井：①渣堆边坡植物覆盖率未超过60%，且长势不均匀；②渣山边坡存在较大的水土流失风险；③采坑边坡不稳定，存在坍塌和后退风险；④矿坑汇流现象严重，造成矿区周边高寒湿地退化。

聚乎更3号井：2014~2020年8月，整体上看，聚乎更3号井生态修复效果较好，仅少地方存在修复效果不明显和水土流失现象。但是，生态修复费用每亩为1.6万~6万元，治理费较高。

江仓矿区：生态修复整体效果不好，植被盖度平均40%左右，植物种类单一，未形成多样性较高的植物群落，植被固土护坡作用不强。

第4章 木里矿区土壤重构及植被恢复技术研究

木里矿区是青海省重要的煤炭产区，采煤过程中引起的地表塌陷、湿地资源破坏和煤矿废料堆积等生态环境问题，对当地高寒草甸生态系统造成了巨大破坏。近年来，采煤区生态环境恢复治理得到广泛关注。青海大学以木里矿区采煤过程中堆积的矿区渣山为研究对象，重点从土壤重构和植被恢复两方面探讨矿区渣山生态修复的效果，提出土壤重构的技术方法，明确合理的覆土厚度，以及适宜木里矿区种植的牧草品种和种植技术。主要研究结果如下。

（1）矿区渣山表层基质砂粒占 68.03%±1.98%，速效氮（AN）、速效磷（AP）含量偏少，重金属均未超标。矿区渣山坡面 4 个方位表层基质含水率、容重、养分含量、重金属含量差异均不显著。矿区渣山坡面速效氮含量（54.67±25.17mg/kg）与滩地路面（21.00±7.00mg/kg）差异显著（$P<0.05$）。

（2）木里 6 个矿区调查结果表明，覆土模式与不覆土模式植被盖度、幼苗高度存在极显著差异（$P<0.01$）。覆土矿区平均盖度达到 56.67%，不覆土矿区仅为 25.89%。覆土模式矿区植被盖度最高可达 89.00%±5.29%。覆土与不覆土模式矿区渣山基质含水量、全氮（TN）、全磷（TP）含量以及速效氮（AN）、速效钾（AK）、土壤有机质（SOM）含量均表现出极显著差异（$P<0.01$）。覆土矿区全氮含量是不覆土矿区的 3.19 倍。覆土模式与不覆土模式细菌、真菌、放线菌数量均差异极显著（$P<0.01$），覆土模式细菌数量平均值为 $12.96×10^6$cfu/g，是不覆土模式的 3.89 倍。覆土能够有效地提高植被盖度、幼苗高度、苔藓盖度，对于全氮、速效氮、速效钾、有机质含量的增加至关重要，为微生物数量维持提供了良好环境。随着建植植被年限的增加，覆土模式效果逐渐下降。

（3）江仓矿区不同覆土处理试验结果显示，植被恢复第 4 年，覆土试验小区速效氮含量下降明显。植被建植第 2 年所有覆土处理均达到速效养分最大值，第 4 年全量养分基本处于最低水平。覆土 15cm 蛋白酶含量仅为对照的 43.57%，随覆土厚度增加蛋白酶含量反而降低。覆土增加有利于脲酶含量的增加。牧草高度、密度与基质速效氮含量呈显著正相关（$r=0.578$ 和 $r=0.619$，$P<0.05$），速效氮对植被产量的影响达到极显著水平（$r=0.839$，$P<0.01$）。覆土有效促进植物生长，提高植被的高度、盖度和密度，垂穗披碱草是木里矿区植被恢复的优势草种。覆土 10cm 是高寒煤矿区植被恢复低成本的重构措施，覆土成本为 40 000 元/hm²。

（4）木里矿区牧草品种比较试验结果表明，2016 年 7 种牧草盖度最大的垂穗披碱草（37.00%±5.89%）是同德小花碱茅（星星草）盖度的 5.18 倍。除青海冷地早熟禾外，其他 6 种牧草均在 2017 年达到最大盖度。4 年中垂穗披碱草盖度始终保持优势，同德小花碱茅（星星草）表现弱势。2017～2019年所有牧草品种试验小区速效氮含量差异均不显著。老芒麦试验小区细菌运算分类单元（OTU）数量最多，达到1837.00±121.86个，麦薲草OTU数量、Chao1指数均为最小，同德小花碱茅（星星草）多样性相对较小。门水平上相对丰度超过1%的真菌属占总量的98.22%，其中酸杆菌门、变形菌门占有绝对优势，种植垂穗披碱草有利于细菌优势类群生长。

（5）不同播期播量和化肥用量处理研究表明，播种当年5种牧草均为播量5高度最高，盖度最大。除青海草地早熟禾外，其他4种牧草都是随着播期的推迟，牧草高度逐渐下降。增加播量有利于增加牧草盖度，肥料增加影响株数的增加。不同处理4年牧草盖度之间均呈现极显著差异（$P<0.01$）。最大的施肥水平不利于真菌丰富度和多样性的增加。

（6）通过江仓矿区圣雄（坡地）和奥凯（滩地）试验小区两种地形土壤重构与植被恢复对比试验可发现，奥凯煤矿不覆土、覆土5cm、覆土10cm、覆土15cm处理速效氮含量分别是圣雄煤矿的4.49倍、3.32倍、2.60倍和4.33倍，速效磷含量分别是圣雄煤矿的3.12倍、4.07倍、2.59倍和2.85倍。奥凯所有处理速效钾、有机质含量均高于圣雄煤矿对应处理，pH低于圣雄矿区。圣雄矿区垂穗披碱草、麦薲草、青海草地早熟禾、青海中华羊茅、青海冷地早熟禾、同德小花碱茅（星星草）、老芒麦高度分别是奥凯矿区的1.52倍、1.44倍、1.54倍、1.72倍、1.46倍、1.46倍和2.06倍。无论斜坡还是平地，垂穗披碱草盖度在所有牧草中均最大。施肥水平一致的情况下，滩地的植被盖度大于坡地。

4.1 研究综述

4.1.1 研究背景和意义

煤矿区是当今世界陆地生物圈最为典型、退化最为严重的生态系统，煤炭开采对高原生态系统的损坏具体表现为植被破坏、水体污染、大气污染、土壤污染、水土流失及自然景观破坏等诸多方面（范英宏等，2003），已成为制约区域经济发展、人类社会生存的根本问题（王笑峰等，2009）。

随着经济发展，青藏高原地区的资源开发力度也逐渐加大。露天煤矿是全球范围内采煤方式之一。青海煤炭资源主要分布在祁连山、柴北缘、昆仑山、唐古拉山、积石山五大含煤区（许长坤等，2006）。木里煤田煤炭资源储量3.3×10^9t，占全省总储量的66%，以焦煤为主，为青海最大的煤田。但采矿过程中带来的地表塌陷、湿地资源破坏和煤矿废料堆积等问题日趋突出，开采活动对高寒草甸生态系统造成了巨大破坏（Sheoran et al.，2010；Zhang et al.，2015）。“世界屋脊”高寒草甸上挖了不少深坑，开采过程中的矿渣、岩石等堆起一座座渣山，破坏和占用大量土地资源（Wang et al.，2013），截至 2016 年，因采矿导致的草地及部分湿地受损面积达 4571.03hm²。目前，仅青海省木里煤田就已形成了 19 座矿区渣山，总面积达 1.702×10^7m²。通常矿山自然演替过程非常缓慢（Ahirwal et al.，2017），尤其是在高寒环境下会对生态环境造成持久而严重的负面影响，依靠煤渣山自身演替的恢复需 100～1000 年（Ahirwal et al.，2016）。

根据文献报道（段中会，2001），矿区生态恢复的首要工作是土壤重构和植被恢复。土壤重构的目的是重构并快速培肥土壤，改善土壤环境质量，恢复提高土壤生产力。植被恢复除具有构建初始植物群落的作用外，还能促进土壤结构与肥力及微生物与动物的恢复，从而推动生态系统结构与功能恢复重建。因此，木里矿区土壤重构和植被恢复机制研究十分必要、迫切。

青海省人民政府于 2014 年 8 月出台《进一步加大祁连山省级自然保护区保护与治理工作方案》，责令企业停产整顿，加快生态环境恢复治理，尽快复绿。2017 年，青海省政府制定了《巩固提升木里矿区综合整治成果加强生态保护工作方案》，从矿坑回填、边坡治理、补植补种、围栏维护、湿地功能恢复等方面推进生态环境综合整治成果巩固提升（王少勇和王丽华，2019）。

本研究主要以木里矿为研究对象，以木里煤田江仓矿区圣雄煤矿作为土壤重构和植被恢复试验区域。由于木里矿区矿渣、煤矸石、岩石、冻土、草皮堆积的矿区渣山坡度大，不紧实，易滑坡垮坡，不保水，缺乏有效的土壤基质条件，营养匮乏。矿区周围为高寒草甸，无处取土改良矿区渣山表层基质，缺乏植物生长所需的立地条件，这些问题迫切需要解决。本试验将重点就圣雄煤矿（江仓 5 号井）土壤重构和植被恢复进行研究探讨，旨在为整个木里矿区生态恢复提供参考。

4.1.2　国内外研究进展

1. 煤矸石

煤矸石简称矸石，是煤炭开采、洗选及加工过程中产生的与煤层伴生的各种含碳量低、坚硬的黑色或黑灰色岩石。其排放率为原煤产量的 10%～30%，大量煤矿区渣山不断堆积形成渣山。矿区渣山组成变化范围大，成分复杂，以黏土矿物和石英为主（胡志鹏和杨燕，2004；宋秀杰和师宝忠，2004）。多数研究认为（张光灿等，2002；武冬梅等，1998），矿区渣山有机质含量普遍较高，全磷、全钾（TK）、速效氮、速效磷等养分贫乏，全氮、速效钾含量有较大差异。矿区渣山不仅直接占压土地，也会引发土壤污染（吴钢等，2014；Bradshaw，1997），其重金属污染的潜在危害已引起国内外学者广泛关注（邹晓锦等，2007）。煤矸石风化自燃淋滤过程中伴随释放有害烟尘和有毒液体，影响人们生产生活和身心健康。另有研究表明（冯启言和刘桂建，2002；葛银堂，1996；吴代赦等，2004），煤矸石中有害微量元素含量差异较大。孙贤斌和李玉成（2015）在淮南大通煤矿废弃地的研究发现，Hg 的单因子风险等级均在强以上，Cd 风险等级为极强或很强，调查发现煤矸石中所含的无机盐、硫化物等对周围环境影响最为严重。目前，木里矿区渣山表层基质的研究相对较为薄弱。

2. 渣山土壤重构的原理方法

1）矿区土地复垦研究进展

20 世纪 80 年代末 90 年代以来，矿区土地复垦理论研究处于高潮，较为活跃的领域包括：矿山开采对生态环境的影响机制与生态环境恢复研究；CAD 与地理信息系统（GIS）在土地复垦上的应用（Duglas et al.，1996；Bakr et al.，2010）；无覆土生物复垦及抗侵蚀复垦工艺（Pelkki，1995）；矿山复垦与水资源环境因子考虑工程；清洁采矿工艺与矿山生产的生态保护（Streltsov，1991）。近年国外土地复垦研究主要集中在：①复垦土壤侵蚀控制研究；②土壤熟化改良研究，主要采用人工加速风化、熟化法（Nadja et al.，1999）；③采煤区植被重建研究。此外，还利用遥感和计算机信息技术指导煤矿区土地复垦（杨淇清，2010）。现阶段，生物复垦技术研究与应用成为热点，一是促进复垦土壤熟化；二是控制重金属污染物。

2）矿区渣山土壤重构的方法及研究进展

土壤是植物生长的基质，决定植物群落类型分布，同时植物群落又反作用于土壤，改善其生境条件。矿区土地复垦研究逐渐成为世界各采矿大国的热点研究课题。露天煤矿土地复垦包括地貌重塑、土壤重构和植被重建。土地损毁和复垦过程中都会对土壤进行扰动，复垦后的土壤质量直接关系到复垦的成败和效益的高低，因此重构一个较高生产力的土壤结构是复垦技术的动力方向（孙伟光等，2010；龙健等，2003）。现代复垦技术研究的重点是土壤因素的重构而不仅仅是作物的建立，为使复垦土壤达到最优生产力，构造最优的土壤物理、化学和生物条件是最根本的（Mc Cormack and Carlson，1986）。

3. 矿区渣山植被恢复技术研究进展

矿区渣山植被恢复是一个复杂的问题，它与生态、土壤、地理等多个学科有关，总体来说，其恢复过程可分为自然恢复和人工恢复两种类型（彭少麟和陆宏芳，2003）。恢复（restoration）是指完全"恢复"或"复制"出被扰动或破坏前的土地状态。复垦（reclamation）指尽可能按照采矿前土地的地形、生物群体的组成和密度进行恢复。修复（rehabilitation）指恢复或建立一种持续稳定并与周边环境和人为景观价值相协调的相对永久用途。

4. 青海省矿区渣山土壤重构与植被恢复技术研究现状

按照国际通行的海拔划分标准，高海拔为 1500～3500m，超高海拔为 3500～

5500m。高海拔矿区建设面临的问题主要有：低压缺氧、寒冷、干燥、强风，无霜期短，昼夜温差大，气候垂直差异明显。冻土深，风速大、辐射强。

青海是矿产资源大省（宋顺昌，2009）。位于青海北部的木里矿区，地处高寒草甸湿地和多年冻土区，其开发引起了一些生态环境问题（韩瑾等，2017；曹伟等，2008；周波，2006），近来受到广泛关注。木里矿区矿山水文地质条件复杂，开发时必须对地下水进行强降深，甚至要疏干地下水。同时青海地处高海拔地区，干旱少雨，生态环境非常脆弱，自然恢复能力差，全部需要人工治理，且植物存活难。青海省 70%以上为露天开采。由于采掘中坡比选取不尽合理，边坡过陡过高易引发崩塌或滑坡（阮菊华和毕雯雯，2012）。露天开采大多采用推土机、挖掘机等重型机械设备，工艺相对粗放，草场植被破坏严重。露天开采在矿区形成众多大大小小的露天采坑，其中小者一般深几米至十几米不等，大者深可达数十米，长达数百米，这些露天采坑"坑中有坑，坑坑相连"，采坑开挖边坡高度 2.5～30m，坡度通常在 60°～85°，个别地段近直立状态，崩塌隐患严重。

少数研究集中于青海公路护坡及青藏铁路沿线植被技术方面。付咪咪（2014）对青海玉树 G214 公路护坡植被技术进行了研究，筛选出公路沿线各区域段适宜的坡面植被恢复物种种类及配比。梁霞（2011）运用综合指数法对高速公路生态恢复集成技术进行了研究，认为赖草（*Leymus secalinus*）、紫花苜蓿（*Medicago sativa*）、老芒麦、垂穗披碱草、青海中华羊茅等为适用牧草。关于青藏铁路建设工程扰动后高寒植被恢复机制的研究表明，受扰动后高寒植被的恢复主要取决于地表原始土壤受破坏的程度（刘兰华等，2007）。魏建方（2005）在青藏铁路沿线植被恢复试验中对垂穗披碱草、紫花针茅、青藏苔草（*Carex moorcroftii*）、同德小花碱茅（星星草）、赖草、达乌里披碱草（*Elymus dahuricus*）、老芒麦、无芒雀麦（*Bromus inermis*）、青海冷地早熟禾、西伯利亚冰草（*Agropyron sibiricum*）、紫羊茅（*Festuca rubra*）、高原荨麻（*Urtica hyperborea*）等 12 个草种进行了室内外抗寒性试验，选择抗寒性最强的垂穗披碱草、老芒麦、达乌里披碱草、赖草作为现场试验主打草种，抗寒性较强的同德小花碱茅（星星草）、无芒雀麦、高原荨麻、青海冷地早熟禾等作为辅助草种，并取得成功。在 5 月底和 6 月初季节性冻土刚融化、土壤墒情最好的早春季节播种，延长植被的生长期，并为缺苗补种留足空间。

虽然对于高寒地区的生态恢复进行了一些研究，但关于木里矿区尤其是矿区渣山的植被恢复文献很少。杨鑫光等（2019）认为，采取人工建植+覆土或人工建植+施肥的组合方式是恢复木里矿区渣山生态系统的有效途径。也有研究认为（金立群等，2019），在木里矿区渣山进行人工建植可促进土壤微生物群落恢复，有学者研究认为，矿区渣山植被恢复工作需要因地制宜，通过提高土壤厚度、肥力等方法来缩短土壤形成时间（安福元等，2019）。杨幼清等（2018）重点开展了木里矿区草本植物根系增强排土场边坡土体抗剪强度试验。郑元铭等（2019）研究认为播种后采取适当覆盖措施，既可以降低风吹影响，也可以达到保水保温的目的，有利于种子萌发和幼苗生长。近3年来，出现了几篇关于高寒矿区植被恢复的相关报道（王少勇和王丽华等，2019；段新伟等，2020；张江华等，2018；张卫红等，2017），其中2020年有文献报道了义海煤矿（聚乎更3号井）边开采边治理的系列生态恢复技术取得良好效果。义海煤矿在堆场设计、牧草选择、客土覆盖、种植技术、边坡治理等方面积累了宝贵经验，但研究还停留在技术操作层面，对土壤重构和植被恢复效果缺乏科学深入的研究，一些制约木里矿区植被恢复的系统性难题并未真正解决。

近年来，在木里矿区尤其是在矿区渣山土壤重构、植被恢复方面进行了一些研究，主要集中在高寒湿地腐殖质层形成过程、矿区渣山表层基质理化特性、不同年限及不同坡向土壤和植被恢复研究，植被恢复对矿区渣山表层基质的响应、短期恢复下木里矿区渣山基质特性变化研究，不同人工恢复措施对木里矿区植被土壤恢复影响、不同栽培草种对自然降温的响应、植被力学特性研究，以及排土场边坡抗剪性及稳定性研究等，但是对于如何系统性开展地形地貌整理重塑、土壤重构的技术研究，尤其是覆土的必要性及覆土厚度、木里矿区适宜牧草的选择、植被恢复的基本方法等，都需要深入系统研究。

在综合了解国内外矿区土壤重构和植被恢复科学研究的基础上，本研究重点关注目前尚未开展系统研究的木里矿区的生态恢复问题，开展木里矿区渣山的土壤重构和植被恢复试验研究，重点解决木里矿区渣山缺乏立地条件、缺乏适宜草种、缺乏种植技术的现实难题，在对矿区自然背景特征进行科学调查的基础上，从土壤环境、种子选用、种植技术三方面突破，为今后木里矿区生态恢复提供借鉴和参考。

4.2 木里矿区概况

4.2.1 地理位置与基本情况

木里煤田位于海西州天峻县东北部的木里镇、海北州刚察县西南部的吉尔孟乡，处于98°59'E～99°37'E，38°10'N～38°02'N，矿区由江仓区、聚乎更区、弧山区和哆嗦贡玛区4个区组成（图4-1）。木里煤田呈北西向条带状展布，矿区东起江仓区东端，西至哆嗦贡玛区西端，南北分别为聚乎更区和弧山区的最南北两端，东西长50km，南北宽8km，总面积约400km^2，资源储量33亿t。其中江仓区东西走向长25km，南北宽2～2.5km，面积55km^2；聚乎更区东西走向长19km，南北宽4km，面积76km^2。矿区地形相对较平坦，以丘陵平原为主，区内具中低山、谷地和山间小盆地相间分布的地貌特征。夏季沼泽遍布，由大小不等的鱼鳞状水坑和若干小湖泊所构成。在山间冲积平原中发育有大通河、江仓河、娘姆吞河、上哆嗦河、下哆嗦河和克克赛河。地势总体上呈东南低、西北高的趋势，整个矿区分布在高寒冻土区，平均海拔超过 4000m，年均气温、年降水量和年均蒸发量分别是−4.2℃、477.11mm 和 1049.9mm（Cao et al.，2010）。最高海拔在矿区西北部的聚乎更区，为 4000～4200m。最低海拔在矿区东南端的江仓区，为 3750～3950m。

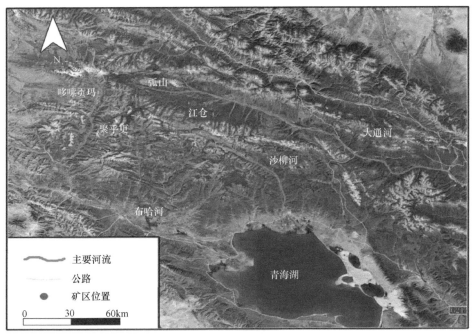

图 4-1   木里煤田位置示意图

4.2.2   植被土壤特征

木里矿区周边原生植被是典型的高寒沼泽化草甸和少部分的高寒草甸（郑元铭等，2019），以高山草甸土、沼泽草甸土为主（土壤具体性质见表 4-1、表 4-2）。高山草甸土由于海拔高，长年低温，土壤冻结时间长，常有永冻层，暖季表层土壤融化时，土壤水分增加，植被生长旺盛，有机质积累多，秋季很短，牧草还未全部枯黄，又进入冬季。冬季寒冷，土壤冻结，微生物活动受阻，有机质得不到充分分解。翌年气温升高时，土壤解冻，土壤内的湿度和水分也相应增加。但草甸土通气条件仍然不良，好氧细菌活动受到限制，有机质分解缓慢。旧的有机质没有充分分解，新的有机质又形成和补给，久而久之形成有机质含量很高的土壤。沼泽草甸土有机质丰富，呈中性反应。

表 4-1　高山草甸土主要化学性质

地点	海拔	土类	层次（cm）	有机质（g/kg）	CaCO$_3$（g/kg）	pH	全氮（g/kg）	全磷（g/kg）	全钾（g/kg）
木里	4065m	高山草甸土	0～10	174.5	0.2	6.96	8.34	0.78	17.7
			10～15	86.4	0.1	6.9	4.16	0.68	20.1

表 4-2　沼泽草甸土主要理化性质

土类	土层	物理性质						化学性质					
		质地（颗粒，g/kg）			含水量（g/kg）	容重（g/cm^3）	孔隙度（%）	pH	全磷（g/kg）	全氮（g/kg）	全钾（g/kg）	有机质（g/kg）
		>1mm	>0.01mm	<0.01mm								
沼泽草甸土	表土	0	928.4	71.6	1226.0	0.3	88.3					
	心土	0	885.7	114.3	740.0	0.4	84.1	6.8	1.9	11.5	18.5	300.8
	底土	36.5	603.1	396.9	205.0	1.6	37.3					

　　矿区草地植被有较明显的高寒地区的形态特征，植物以矮生垫状、莲座状形态出现，生草层密实。植被平均盖度 70%～90%，优势种平均高度 8～15cm，地表具有 20cm 厚的草皮层。植被类型以高山草甸亚类的高山嵩草-线叶嵩草草地型、高山嵩草-矮生嵩草草地型及沼泽化草甸亚类的蘑草草地型为主。沼泽化草甸建群种为西藏嵩草（*Kobresia tibetica*）、伴生黑褐苔草（*Carex atrofusca*）、华扁穗草（*Blysmus sinocompressus*）、水麦冬（*Triglochin maritimum*）和海韭菜（*Triglochin maritima*）等。高寒草甸建群种为矮生嵩草（*Kobresia humilis*）和高山嵩草（*Kobresia pygmaea*），伴生种有细叶苔草（*Carex rigescens*）、云生毛茛（*Ranunculus longicaulis*）、鹅绒委陵菜（*Potentilla anserina*）、青海冷地早熟禾等（郑元铭等，2019）。山坡草地景观呈暗绿色，草群低矮，无层次分异，层高仅为 3～10cm，盖度达 85%。植物类群以莎草科植物为主形成建群种，其中高山嵩草、矮生嵩草、线叶嵩草（*Kobresia capillifolia*）为主要优势种。在沼泽地具有相连或孤立的呈馒头状或蘑菇状的塔头中、上部，植物类群以盐地黄鹌菜（*Youngia japonica*）、紫果蔺（*Heleocharis atropurpurea*）、矮蘑草（*Scirpus pumilus*）、野葱（*Allium chrysanthum*）为优势种，下部的水分比较多时，以蘑草（*Scirpus triqueter*）为优势种，伴生种有水麦冬（*Triglochin maritimum*）、豹子花（*Nomocharis pardanthina*）、水葱（*Scirpus validus*）、野青茅（*Deyeuxia arundinacea*）、曲芒发草（*Deschampsia flexuosa*）、碱茅、鳞叶龙胆（*Gentiana squarrosa*）等植物，植物生长茂密，覆盖度可达 90%以上，并形成根系盘结的生草层。塔头之间的低凹部分，含盐量不太高的浅水中，则生长着水生植物群落，主要有篦齿眼子菜（*Potamogeton pectinatus*）、狸藻（*Utricularia vulgaris*）、轮藻（*Chara foetida*）等。

4.2.3　木里矿区渣山的地貌重塑

木里矿区由于多年冻土广布，冻土层上季节融化层及冻胀性影响，会产生不均匀沉降造成边坡不稳、地面建筑物不同程度损坏，容易产生工程地质问题。冻土对相应边坡稳定有很大影响。2016 年对木里煤田圣雄（江仓 5 号井）、义海（聚乎更 3 号井）、兴青（聚乎更 5 号井）、庆华（聚乎更 4 号井）、盐湖（聚乎更 7 号井）、奥凯（江仓 1 号井）、焦煤（江仓 4 号井）等 7 个煤矿进行地貌重塑调查，主要要点见表 4-3。

表 4-3　木里各矿区地貌重塑技术要点

煤矿名称	地貌重塑技术要点
兴青	采取削坡减压、稳定边坡、铺设石条网格等措施开展渣山治理，开展渣山混凝土网格化铺设工程，引进盆栽技术，降低渣山边坡坡度
义海	坡度严格控制在 35° 以内，对坡面刷平压实，科学设置排水沟、挡水坝及挡土围堰等设施
庆华	台阶边坡角最佳为≤35°，台阶垂直高度为 10～15m，平台宽度为 10m，有助于固坡及防止雨水对坡面播撒草籽的冲刷，有助于后期雨水浸透土壤和牧草生长。每道台阶低洼处挖排水沟
盐湖	削坡整形、边坡刷方分级放缓边坡坡度、修建排水沟、修筑马道、腐殖土覆盖，预防地质灾害发生，为复绿种草创造条件
奥凯	采用机械清理渣山表面的大石块，以人工清捡的方式将 10cm 以内直径 5cm 以上的砾石清理出复绿区域，坡度控制在 30° 以下
焦煤	摊铺、粗平、精平、人工捡石头及网围栏维护工作
圣雄	对场地和边坡进行整地、压实，形成不超过 25° 的基础坡面。形成多级台阶，形成绿化平台，把开采时剥离的原表土层进行二次倒运，覆于排土场的表层，修筑围堰

由于各个煤矿地形地貌存在一定差别，开采的时限、开采量、周围环境、矿区渣山废弃物堆积数量各不相同，因此在地貌重塑时应结合生态学理论，根据矿区渣山所在区域的基本特征来进行规划和设计，要重点考虑堆放选址、地面承重、施工技术、平台效果等，在高寒地区还应特别注意通过工程技术办法保持矿区渣山堆体的稳定性，同时要考虑经济成本。

4.3　江仓矿区渣山表层基质特征

由于青藏高原特殊的生态地位，尤其是木里矿区靠近祁连山国家公园，关系"三江源"生态安全，其本身生态环境十分脆弱，自我修复能力差，矿区渣山堆积势必会对该区域环境产生影响。2014 年以来，针对高寒地区矿区渣山生态恢复做了一些研究，有研究表明，土壤全磷、碱解氮、速效钾、有机质、含水量在不同坡向具有显著差异（金立群等，2020），也有研究认为，煤层上部土壤、岩石和冻土的厚度不均一，导致矿区渣山表层基质中组分有很大的异质性（郑元铭等，2019）。还有一些学者认为，矿区渣山表层基质虽出自同一个矿坑，但冻土、岩石、矿区渣山含量、温度、风速、水分等依然存在差异，造成不同矿区渣山上营养元素存在一定的空间变异性（张静雯等，2011）。本章以圣雄煤矿南北两座矿区渣山为研究对象，通过大量采样比较，研究不同高度、方位、地形区域的矿区渣山在物理、化学、生物以及重金属等基本特征上的差异性，为开展土壤重构和植被恢复提供基础数据。

矿区渣山表层基质的物理性质十分重要，直接关系到土壤重构和植被恢复效果。矿区渣山是人造景观，其表层基质不具备典型的疏松土壤结构。从表 4-4 可以看出，沼泽湿地以黏粒为主，占 61.88%±2.70%，而渣山表层基质黏粒仅占 2.94%±0.98%，不到沼泽土壤的 1/20，与沼泽土壤、草甸土壤差异均为极显著（$P<0.01$）。草甸土壤也以黏粒为主（40.34%±1.08%），其次是粉粒（35.63%±1.67%），粉粒含量与沼泽土壤、矿区渣山表层基质均表现出极显著差异（$P<0.01$），砂粒相对较少，占 24.03%±1.91%，相对来说，各种粒径比较均衡。而矿区渣山表层基质作为一种混合物，代表极端的土壤条件，其砂粒占 68.03%±1.98%，与沼泽土壤、高山草甸均差异极显著（$P<0.01$），分别是沼泽土壤、草甸土壤的 4.42 倍和 2.83 倍，储水能力相对较差。土壤重构对于改善矿区渣山表层基质尤为重要。

表 4-4   矿区渣山表层基质与天然沼泽土壤、草甸土壤质地比较

基质类型	砂粒（%）	粉粒（%）	黏粒（%）
沼泽土壤	15.38±2.18C	22.74±2.39C	61.88±2.70A
草甸土壤	24.03±1.91B	35.63±1.67A	40.34±1.08B
矿区渣山表层基质	68.03±1.98A	29.03±1.51B	2.94±0.98C

注：不同大写字母表示不同植被类型相同质地在 0.01 水平差异显著

4.3.1 矿区渣山不同高度坡面表层基质特征

1. 土壤含水率及容重变化

从表 4-5 可以看出，矿区渣山基质容重为 0.99～1.09g/cm³，对照表 4-6 可判断容重总体属于适宜范围。10～20cm 含水率和土壤容重明显高于 0～10cm。不同高度矿区渣山表层基质含水率和容重差异不显著，没有规律性。10～20cm 由于不接收太阳直射、保水好，容重更接近于自然土壤。

表 4-5   矿区渣山不同高度坡面基质含水率和容重变化

土层	指标	上部	中部	下部
0～10cm	含水率（%）	6.88±1.66a	7.21±1.87a	6.61±1.90a
	容重（g/cm³）	0.99±0.06a	1.09±0.13a	1.03±0.03a
10～20cm	含水率（%）	8.02±1.71a	7.98±1.59a	7.98±1.43a
	容重（g/cm³）	1.04±0.07a	1.12±0.02a	1.09±0.035a

注：不同高度坡面基质含水率和容重在 0.05 水平差异显著

表 4-6　土壤容重分析表

分级	过松	适宜	偏紧	紧实	过紧实	坚实
土壤容重（g/cm³）	<1.00	1.00~1.25	1.25~1.35	1.35~1.45	1.45~1.55	>1.55

2. 表层基质养分变化

从表 4-7 可以看出，无论哪种养分指标，不同高度矿区渣山基质样品在 $P<0.05$ 水平上差异都不显著。全氮和有机质均为越靠近矿区渣山下部含量越高，且下部含量远高于中上部，矿区渣山下部全氮含量分别为上部和中部的 1.43 倍和 1.32 倍，有机质则分别是上部和中部的 1.84 倍和 1.55 倍，在矿区渣山下部开展植被恢复相对更加有利。

表 4-7　矿区渣山不同高度坡面基质养分变化

类型	上部	中部	下部
全氮（g/kg）	1.19±0.38a	1.29±0.63a	1.70±0.73a
全磷（g/kg）	1.01±0.04a	0.93±0.07a	1.02±0.05a
全钾（g/kg）	23.84±1.42a	21.89±1.79a	21.16±3.73a
速效氮（mg/kg）	21.67±4.04a	26.33±8.08a	16.00±1.73a
速效磷（mg/kg）	5.27±5.15a	5.60±5.13a	3.27±0.35a
速效钾（mg/kg）	96.00±9.17a	96.00±13.86a	84.33±39.53a
有机质（g/kg）	83.92±42.49a	99.67±79.38a	154.80±108.08a

注：不同小写字母表示不同高度坡面相同养分含量在 0.05 水平差异显著

参照土壤养分分级标准可发现，矿区渣山表层基质全氮含量在 2 或 3 级标准，全磷含量在 4 级标准，全钾含量在 3 级标准，速效氮含量在 6 级标准以下，速效磷含量在 5 级标准，速效钾含量在 3 级标准，有机质在 1 级标准以上。总体来说，矿区渣山表层基质养分水平属于土壤养分中等水平，虽然表层基质有机质含量高，但速效氮、速效磷含量偏少，在植被恢复试验中要注意适时补充氮、磷等养分。

3. 表层基质重金属含量变化

从表 4-8 可以看出，除锌元素以外，所有重金属含量都是中部区域最高，矿区渣山下部样品的汞含量与上部、中部差异显著（$P<0.05$）。其余重金属含量差异均不显著。

表 4-8　矿区渣山不同高度坡面基质重金属含量变化

类型	上部	中部	下部
砷（mg/kg）	4.61±0.54a	5.17±0.21a	4.76±0.78a
铬（mg/kg）	72.59±22.69a	81.26±21.44a	73.45±8.58a
镍（mg/kg）	25.62±3.46a	32.16±5.22a	24.98±3.86a
铜（mg/kg）	20.61±4.02a	20.98±4.05a	19.71±5.95a
锌（mg/kg）	90.51±23.96a	108.89±17.34a	114.30±64.36a

续表

类型	上部	中部	下部
汞（mg/kg）	0.08±0.00a	0.08±0.01a	0.07±0.00b
铅（mg/kg）	22.94±3.41a	24.61±3.65a	21.77±2.60a
镉（mg/kg）	0.14±0.03a	0.17±0.02a	0.15±0.03a

注：不同小写字母表示不同高度坡面基质同一重金属含量在 0.05 水平差异显著

4. 表层基质微生物数量变化

从表 4-9 可以看出，下部真菌数目较少，且与中部、上部差异均显著（$P<0.05$），不同高度矿区渣山基质细菌和放线菌差异不显著。

表 4-9　矿区渣山不同高度坡面基质微生物数量情况

类型	上部	中部	下部
真菌（$\times10^3$cfu/g）	31.67±14.01a	31.67±7.62a	22.78±8.06b
细菌（$\times10^6$cfu/g）	3.44±3.37a	13.67±9.17a	14.22±10.06a
放线菌（$\times10^5$cfu/g）	16.67±9.33a	13.89±7.90a	23.44±16.92a

注：不同小写字母表示不同高度坡面基质同一微生物数量在 0.05 水平差异显著

总体来说，不同高度矿区渣山基质在含水率及容重、养分含量、重金属含量、微生物数目绝大部分指标差异不显著，矿区渣山下部区域可能全氮和有机质占有优势，其他条件相同情况下，下部区域有利于植被恢复，这可能与中上部水土流失严重有关。

4.3.2　矿区渣山不同方位坡面表层基质特征

1. 表层基质含水率和容重变化

从表 4-10 可以看出，4 个方位含水率和容重差异均不显著。东部区域 0～10cm 含水率最高，10～20cm 则为北部含水量最高，南部区域 0～10cm 容重最大，接近于土壤容重水平。

表 4-10　矿区渣山不同方位坡面表层基质含水率和容重情况

土层	类型	东	西	南	北
0～10cm	含水率（%）	9.03±0.88a	7.51±0.78a	8.09±2.53a	7.57±1.14a
	容重（g/cm³）	0.99±0.09a	1.12±0.11a	1.18±0.24a	1.04±0.12a
10～20cm	含水率（%）	9.08±0.85a	8.82±0.12a	9.34±1.50a	9.74±0.74a
	容重（g/cm³）	1.01±0.05a	1.09±0.08a	1.09±0.28a	1.04±0.09a

注：不同小写字母表示不同方位坡面表层基质含水率和容重在 0.05 水平差异显著

2. 表层基质养分变化

如表 4-11 所示，所有方位养分含量之间差异并不显著，东部区域全氮、速效钾、有机质含量最高，南部区域全磷、速效氮含量最高，西部区域全钾含量最高，北部区域速效磷含量最高。

表 4-11　矿区渣山不同方位坡面基质养分含量

类型	东	西	南	北
全氮（g/kg）	1.42±0.30a	0.85±0.08a	1.36±0.82a	1.32±0.90a
全磷（g/kg）	1.04±0.11a	1.03±0.04a	1.15±0.24a	0.97±0.08a a
全钾（g/kg）	22.74±1.77a	23.05±1.34a	22.36±3.69a	22.97±1.87a
速效氮（mg/kg）	24.00±0.00a	25.33±7.37a	27.00±7.21a	20.67±3.51a
速效磷（mg/kg）	5.83±3.32a	4.77±1.99a	4.53±1.94a	9.33±9.55a
速效钾（mg/kg）	94.00±3.46a	82.33±17.79a	85.00±12.12a	82.00±15.10a
有机质（g/kg）	103.05±17.09a	31.75±5.60a	31.75±93.65a	93.27±70.33a

注：不同小写字母表示不同方位坡面基质同一养分含量在 0.05 水平差异显著

3. 表层基质重金属含量变化

从表 4-12 可以看出，东部区域砷、铜、汞、铅含量最高，西部区域铬、镍含量最高，北部区域锌含量最高，所有重金属元素不同方位差异均不显著。

表 4-12　矿区渣山不同方位坡面基质重金属含量

类型	东	西	南	北
砷（mg/kg）	5.36±0.50a	5.16±0.99a	4.81±0.77a	4.99±0.53a
铬（mg/kg）	64.64±19.99a	64.87±22.89a	53.37±6.98a	55.25±19.48a
镍（mg/kg）	29.54±1.45a	30.82±3.56a	27.34±1.35a	26.99±2.22a
铜（mg/kg）	23.86±8.95a	22.71±3.94a	20.47±2.31a	18.31±2.22a
锌（mg/kg）	99.81±8.94a	132.47±54.00a	85.28±15.10a	132.49±53.96a
汞（mg/kg）	0.08±0.01a	0.07±0.01a	0.07±0.01a	0.07±0.01a
铅（mg/kg）	23.95±2.44a	23.38±2.37a	22.89±1.51a	21.75±1.63a
镉（mg/kg）	0.17±0.03a	0.17±0.03a	0.14±0.02a	0.14±0.03a

注：不同小写字母表示不同方位坡面基质同一重金属含量在 0.05 水平差异显著

4. 表层基质微生物数量变化

从表 4-13 看出，细菌和真菌差异均不显著，西部区域、北部区域分别与东部区域、南部区域放线菌数目差异显著（$P<0.05$）。东部区域真菌数量最少，仅为 $1.78×10^3±0.51×10^3$ cfu/g，放线菌数量最多，达到 $27.11×10^5±11.11×10^5$ cfu/g。东部区域放线菌数量分别是西部（$8.22×10^5±5.05×10^5$ cfu/g）、北部区域（$7.78×10^5±2.34×10^5$ cfu/g）的 3.30 倍、3.48 倍，南部区域放线菌数量为 $18.33×10^5±4.91×10^5$ cfu/g，分别是西部、北部区域的 2.23 倍和 2.36 倍。

表 4-13　矿区渣山不同方位基质微生物数量

类型	东	西	南	北
真菌（×10^3cfu/g）	1.78±0.51a	2.67±4.06a	8.33±8.54a	3.89±5.58a
细菌（×10^6cfu/g）	3.00±4.06a	8.22±8.18a	3.78±3.69a	0.89±0.84a
放线菌（×10^5cfu/g）	27.11±11.11a	8.22±5.05b	18.33±4.91a	7.78±2.34b

注：不同小写字母表示不同方位基质同一微生物数量在 0.05 水平差异显著

总体来说，不同方位表层基质在含水率及容重、养分、重金属、微生物数量方面数值各不相同，但从统计结果来看绝大部分指标均差异不显著，没有明显规律可循。因此在植被恢复试验中方位并不是关键的影响因素。

4.3.3　不同立地条件矿区渣山表层基质特征

1. 表层基质含水率和容重变化

在矿区渣山堆积体中，无论是平地还是斜坡、路面都是植被恢复的场所，平地经过了机械平整和碾压，表层基质更加紧实，而斜坡表层基质更容易遭受水土侵蚀，相对松散，且容易风化。矿区路面经过车辆和机械反复压实，土壤紧实度比平地和斜坡更高，植被生根难度相对更大。

从表 4-14 可以看出，0～10cm 和 10～20cm 土层都是斜坡的含水率最高，土壤容重最大，10～20cm 土层含水率平地与斜坡差异显著（$P<0.05$），较高的含水率和容重使斜坡更有利于植被恢复的开展。

表 4-14　不同立地条件矿区渣山基质含水率和容重变化

土层	类型	平地	斜坡	路面
0～10cm	含水率（%）	6.26±2.47a	7.58±1.29a	7.28±0.46a
	容重（g/cm³）	1.04±0.12a	1.10±0.18a	0.95±0.08a
10～20cm	含水率（%）	6.25±0.55b	8.45±1.18a	7.73±0.58ab
	容重（g/cm³）	0.94±0.17a	1.12±0.10a	0.99±0.06a

注：不同小写字母表示不同立地条件矿区渣山基质含水率和容重在 0.05 水平差异显著

2. 表层基质养分变化

从表 4-15 可以看出，3 种立地条件全量养分和有机质含量差异均不显著，速效氮、速效磷和速效钾均为斜坡含量最高，斜坡速效磷（24.90±12.68mg/kg）、速效钾（134.00±21.63mg/kg）含量与路面、平地差异显著（$P<0.05$），分别是路面的 6.86 倍和 1.80 倍，而路面和平地之间均差异不显著。斜坡与路面速效氮含量差异显著（$P<0.05$）。因此斜坡地形速效养分供应更加有优势。

表 4-15　不同立地条件矿区渣山表层基质养分含量变化

类型	平地	斜坡	路面
全氮（g/kg）	1.24±0.84a	1.23±0.94a	1.61±0.77a
全磷（g/kg）	0.98±0.10a	0.99±0.09a	1.00±0.07a
全钾（g/kg）	22.94±2.87a	24.81±0.92a	21.13±2.87a
速效氮（mg/kg）	24.33±9.07ab	54.67±25.17a	21.00±7.00b
速效磷（mg/kg）	3.60±1.51b	24.90±12.68a	3.63±1.02b
速效钾（mg/kg）	80.33±26.95b	134.00±21.63a	74.33±20.21b
有机质（g/kg）	80.68±87.83a	75.06±87.62a	104.56±63.20a

注：不同小写字母表示不同立地条件矿区渣山表层基质同一养分含量在 0.05 水平差异显著

3. 表层基质重金属含量变化

从表 4-16 看出，不同立地条件 8 种重金属元素含量差异均不显著，斜坡和路面的汞元素含量差异显著（$P<0.05$），斜坡是路面汞含量的 1.33 倍，但对照重金属含量背景值均在合理范围内。因此地形对重金属含量影响并不明显。

表 4-16　不同立地条件矿区渣山表层基质重金属含量变化

类型	平地	斜坡	路面
砷（mg/kg）	5.16±0.49a	5.54±0.28a	5.22±0.17a
铬（mg/kg）	65.79±22.36a	58.87±11.06a	59.67±9.72a
镍（mg/kg）	23.99±4.85a	31.37±5.81a	24.66±7.32a
铜（mg/kg）	22.51±8.44a	21.81±5.76a	18.64±5.43a
锌（mg/kg）	81.85±22.97a	123.24±19.49a	98.18±30.88a
汞（mg/kg）	0.07±0.01ab	0.08±0.01a	0.06±0.00b
铅（mg/kg）	23.38±4.07a	24.69±1.55a	20.65±6.56a
镉（mg/kg）	0.13±0.02a	0.17±0.06a	0.14±0.02a

注：不同小写字母表示不同立地条件矿区渣山表层基质同一重金属含量在 0.05 水平差异显著

4. 表层基质微生物数量变化

从表 4-17 可以看出，不同立地条件真菌、细菌、放线菌数目差异均不显著，且斜坡微生物（真菌、细菌）数目最少。

表 4-17　不同立地条件矿区渣山表层基质微生物数量变化

类型	平地	斜坡	路面
真菌（×10³cfu/g）	13.33±20.28a	10.00±13.86a	27.89±35.05a
细菌（×10⁶cfu/g）	10.56±12.31a	4.56±5.88a	15.11±25.31a
放线菌（×10⁵cfu/g）	20.22±10.96a	16.78±1.35a	14.33±11.47a

注：不同小写字母表示不同立地条件矿区渣山表层基质同一微生物数量在 0.05 水平差异显著

总体来说，斜坡在水分和养分含量方面占据优势，在微生物数量方面虽不存在显著性差异，但在真菌、细菌数量方面还是明显少于路面，具体原因还有待进一步研究。

4.3.4 讨论

矿区渣山表层基质不是典型意义上的"土壤"，容重有自身特点。从实际情况来看，矿区渣山基质表层由于碎石多，十分干燥，颗粒度很差。但是当从斜坡上往下挖 20cm 范围，会看到有明显的湿层，干湿分层明显，且基质颗粒化程度高。相关试验结果也表明，矿区渣山表层基质能够满足植被根系的生长需要（杨鑫光等，2019）。有研究认为，矿区渣山水分条件较差，山顶矿区渣山含水量为 4.53%，山腰为 5.07%，山脚为 6.32%（吴莎，2014），而本研究中矿区渣山水分都保持在 10%左右，这也说明高寒地区矿区渣山水分并没有极度匮乏，总体可以满足植被基本生长的需要，这也是木里矿区渣山的一个特点。

有研究认为，矿区渣山基质总孔隙度平均值在 28%~32%，且变异系数较大。因此，在植被恢复中要跟踪养分变化，适时补充速效养分，尤其是氮和磷。也有研究认为，矿区渣山基质机械组成状况很差，大粒径较多。山顶、山腰、山脚矿区渣山表层石砾和石块所占比例分别为 58.14%、62.85%、70.49%（吴莎，2014）。本试验矿区渣山基质砂粒接近 70%，粉粒 30%，黏粒含量极低，也同该研究相似。

矿区渣山在自然堆置一段时间后，其表层可形成 5~10cm 的细碎风化壳，其颗粒含量随风化时间延长而提高（张轩等，2015），本试验小区也有风化壳的存在，而且青藏高原风力大，风化程度更为剧烈，关于矿区渣山风化对土壤重构和植被恢复的影响还有待进一步深入研究。

从肥力指标来看，各种矿区渣山都可作为植物生长基质，限制植物生长的主要是高温和矿区渣山风化程度。有研究表明，矿区渣山中全磷和全钾含量与对照土壤差距不明显，全氮的含量均小于对照土壤（王丽艳等，2015）。而在青藏高原，限制因素显然不是高温，也不是风化程度，最重要的还是通过速效养分补充为植被恢复提供持续营养。

细菌变化的趋势与微生物总数的变化趋势是一致的，细菌数量通常占三大类群总数的 95%以上，放线菌所占比例大于真菌（樊文华等，2011），研究结果也与本试验一致。有研究表明，高寒草地土壤中细菌和放线菌占绝对优势，比例在 99.96%~99.99%，反映出细菌、放线菌在该区域适应性强。随着土层加深，微生物数量逐渐减少，上层土壤微生物总数是下层的 1.83~10.20 倍（南志强等，2009）。本研究矿区渣山基质微生物细菌占据绝对优势，其次为放线菌，总体与研究结果是一致的，本研究并没有对表层、深层的微生物数量进行比较，相关规律是否适合木里矿区，需要进一步研究验证。

金立群等（2019）研究认为，应加大东坡与北坡（阴坡）的种子播量，适时追施氮肥，并选择加厚无纺布（>50g/m²）覆盖，植被生长差异明显，与本研究结果不完全一致，可能由于 2013 年圣雄煤矿还未大面积开展矿区生态整治，矿区渣山简单堆积，没有开展科学的地貌重塑、土壤重构、植被恢复等工作，矿区渣山表层未经清理平整、肥料施入不均匀、种子大面积简单散播，一定程度上对试验结果造成影响，矿区渣山表层基质空间异质性会表现得更加突出。近年来义海在生态恢复实践中通过各种技术措施，减少矿区渣山表层基质异质性，突出整体恢复效果，植被恢复整齐高效（段新伟等，2020）。

4.3.5　小结

（1）从土壤质地来看，矿区渣山表层基质砂粒占 68.03%±1.98%，与沼泽土壤、高山草甸均差异极显著（$P<0.01$），分别是沼泽土壤、草甸土壤的 4.42 倍和 2.83 倍，砂粒占比高，储水能力相对较差。但从含水率试验结果以及田间生长情况来看，矿区渣山表层基质有明显的干湿分层，总体可以满足植被生长需要。

（2）矿区渣山基质容重总体处于适宜范围，就矿区渣山坡面不同高度而言，不同高度矿区渣山表层基质含水率、容重、养分含量差异均不显著。矿区渣山下部全氮、有机质含量分别是上部的 1.43 倍和 1.84 倍。总体来看，矿区渣山表层基质速效氮、速效磷含量偏少，在植被恢复试验中要注意适时补充氮、磷等养分。除锌元素以外，所有重金属含量都是中部区域最高，矿区渣山下部样品的汞含量与上部、中部差异显著（$P<0.05$）。下部真菌数目较少，且与中部、上部差异均显著（$P<0.05$）。

（3）就矿区渣山坡面不同方位而言，4 个方位含水率、容重、养分含量、重金属含量差异均不显著，东部区域全氮、有机质含量最高，真菌数量最少，仅为 $1.78×10^3±0.51×10^3$cfu/g，放线菌数量最多，分别是西部（$8.22×10^5±5.05×10^5$cfu/g）、北部区域（$7.78×10^5±2.34×10^5$cfu/g）的 3.30 倍、3.48 倍，相对更具有优势。

（4）从立地条件来看，斜坡的含水率最高，土壤容重最大。速效氮、速效磷、速效钾含量均为斜坡最高，斜坡（$54.67±25.17$mg/kg）与路面（$21.00±7.00$mg/kg）速效氮含量差异显著（$P<0.05$），斜坡速效磷（$24.90±12.68$mg/kg）、速效钾（$134.00±21.63$mg/kg）含量分别是路面的 6.86 倍、1.80 倍。斜坡和路面的汞含量差异显著（$P<0.05$）。但斜坡真菌、细菌数量明显少于滩地路面。

4.4　不同矿井渣山覆土效果评价

2014～2016 年，木里矿区多个矿井同时开展植被复绿工作，聚乎更绝大部分矿区采用覆土技术开展植被恢复（表 4-18～表 4-20）。木里大多矿区采用露天开采，开采时并未做好表土的收集和储存工作，土源相当匮乏，采挖草地势必会造成新的破坏，外运客土运输成本高，大量土源也无从保证。因此，关于木里矿区植被恢复是否需要覆土这个问题，一直是争论的热点。杨鑫光等（2019）研究认为，从减少经济投入的角度出发，可考虑通过施肥替代人工覆土，实现矿区渣山人工草地生态系统稳定发展。也有研究认为，从高寒地区普遍缺土源情况考虑，不覆土不利于木里矿区的土壤重构，但能够通过机械平整、施肥和种植等措施满足不覆土条件下植被的生长需要（王锐等，2019）。还有研究认为，矿区渣山表层基质速效氮和速效磷含量能满足建植初期幼苗生长的养分需要，但由于有机碳和全氮含量低，建议施用无机肥和有机肥实现有效快速重建（郑元铭等，2019）。但在植被恢复实践中，木里聚乎更矿区的不少煤矿尤其是义海煤矿采用覆土处理，取得了较好的效果。

表 4-18　木里 6 个采样矿区种草复绿情况

区域	矿区	复绿措施	草种
聚乎更 5 号井	兴青	混凝土网格化铺设工程；削坡减压、盆栽技术	同德小花碱茅（星星草）、垂穗披碱草、青海冷地早熟禾
聚乎更 3 号井	义海	坡度小于 35°，有机肥、腐殖土 1∶4 配比，喷灌，无纺布覆盖	老芒麦、同德小花碱茅（星星草）、垂穗披碱草等草种混合
聚乎更 4 号井	庆华	缓坡、混种、覆土、早种、施肥、覆膜	早熟禾、同德小花碱茅（星星草）、青海中华羊茅、垂穗披碱草
江仓 1 号井	奥凯	清理石块，坡度小于 30°，地面整治、播种、施肥、无纺布覆盖	老芒麦、同德小花碱茅（星星草）、垂穗披碱草、早熟禾
江仓 4 号井	西钢	人工地面平整→大小粒草种及肥料撒播→人工耙平→人工镇压→薄膜铺设、洒水→围栏封育	青海草地早熟禾、同德小花碱茅（星星草）、垂穗披碱草
江仓 5 号井	圣雄	整地→调节酸碱度→施肥→播种→覆盖→坡角小于 25°	垂穗披碱草、青海冷地早熟禾、青海草地早熟禾、青海中华羊茅、同德小花碱茅（星星草）、老芒麦

表 4-19　未覆土前矿区渣山表层基质基本理化性质

样品名称	全氮（g/kg）	全磷（g/kg）	全钾（g/kg）	速效氮（mg/kg）	速效磷（mg/kg）	速效钾（mg/kg）	有机质（g/kg）
西钢	2.09	1.18	25.28	29.00	6.10	122	132.86
奥凯	1.65	1.11	28.80	25.00	5.30	122	111.00
庆华	1.79	1.11	22.65	31.00	5.10	140	117.50
兴青	2.33	1.18	20.89	25.00	7.30	112	142.51
义海	2.45	1.09	23.52	31.00	5.20	134	126.45
圣雄	1.76	1.02	22.94	26.00	5.80	107	125.31

表 4-20　覆盖客土基本理化性质

含水率 （%）	pH	全氮 （g/kg）	全磷 （g/kg）	全钾 （g/kg）	速效氮 （mg/kg）	速效磷 （mg/kg）	速效钾 （mg/kg）	有机质 （g/kg）
11.20	6.82	7.34	0.73	18.93	561.00	5.20	194.00	129.51

4.4.1　不同覆土模式对植被生长的影响

1. 盖度

从图 4-2 可以看出，覆土模式与不覆土模式植被盖度之间存在极显著差异（$P<0.01$）。聚乎更矿区的兴青、义海、庆华煤矿均与不覆土 3 个煤矿存在极显著差异（$P<0.01$），经计算，覆土矿区平均盖度达到 56.67%，而不覆土区域平均盖度仅为 25.89%。义海煤矿植被盖度最大，达到 89.00%±5.29%，是不覆土区域西钢煤矿的 4.31 倍。由此推断，覆土能够有效提高植被盖度。

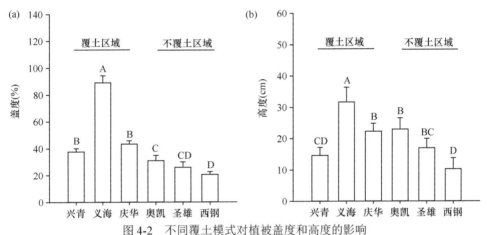

图 4-2　不同覆土模式对植被盖度和高度的影响

不同大写字母表示不同覆土模式植被盖度和高度在 0.01 水平差异显著

2. 高度

覆土与不覆土两种模式部分煤矿存在极显著差异（$P<0.01$），与盖度相似的是，覆土区域的义海（31.67±4.72cm）、不覆土区域的西钢煤矿（10.33±3.51cm）分别为最大的平均高度、最小的平均高度，义海、西钢均与其他煤矿存在极显著差异（$P<0.01$）。庆华、奥凯、圣雄三个煤矿之间差异并不显著，可以推断，不覆土模式也可以具备相对高的植株高度，奥凯煤矿（23.00±3.61cm）植被均高于覆土区域的兴青和庆华矿区，可能与种植牧草的类型、种植方式以及矿区渣山基质的水分、养分等有关。

3. 幼苗盖度

从图 4-3 可以看出，覆土区域义海煤矿（9.67%±2.52%）幼苗盖度与不覆土区域 3 个煤矿均存在极显著差异（$P<0.01$），除义海外的 5 个煤矿之间均差异不

显著。可以认为，覆土对于植被幼苗的盖度影响并不显著，义海之所以幼苗盖度偏高，是因为喷灌技术增加基质水分含量，在幼苗生长关键时期发挥了重要作用。

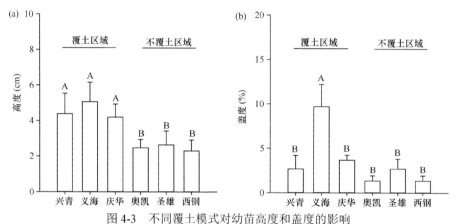

图 4-3　不同覆土模式对幼苗高度和盖度的影响

不同大写字母表示不同覆土模式幼苗高度和盖度在 0.01 水平差异显著

4. 幼苗高度

覆土模式与不覆土模式之间存在极显著差异（$P<0.01$）。覆土模式幼苗平均高度为 4.54cm，是不覆土模式平均高度的 1.84 倍。可见幼苗生长初期，覆土至关重要。

5. 苔藓盖度

从图 4-4 可以看出，覆土区域的义海（61.67%±23.63%）、庆华（46.67%±9.00%）两个煤矿苔藓盖度远高于其他 4 个煤矿，与其他 4 个煤矿存在极显著差异，而最小苔藓盖度西钢煤矿只有 1.67%±2.08%，仅为义海煤矿苔藓盖度的 2.71%。可以推断，覆土有助于苔藓盖度增加，但要结合其他种植措施一起发挥作用。

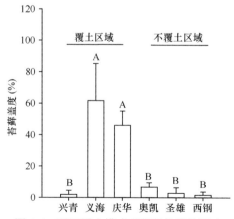

图 4-4　不同覆土模式对苔藓盖度的影响

不同大写字母表示不同覆土模式苔藓盖度在 0.01 水平差异显著

4.4.2　不同覆土模式对土壤理化性质的影响

1. 容重与含水率

覆土与不覆土模式矿区渣山基质含水率存在极显著差异（$P<0.01$）。兴青矿区渣山表层基质含水率最高，达到 29.18%±8.22%（图 4-5），最低的为不覆土区域的圣雄煤矿（9.16%±0.62%），覆土区域平均基质含水率为 22.50%，是不覆土区域的 2.18 倍。因为土壤为矿区渣山表层基质提供了良好的通气条件和黏粒结构，有助于水分维持。

进行土壤重构和植被恢复的目标是使矿区渣山表层基质的容重更加接近于天然土壤容重，从图 4-5 来看，覆土与不覆土模式容重没有表现出整体性的差异。覆土区域平均容重为 1.45g/cm³，不覆土区域平均容重为 1.20g/cm³，仅庆华煤矿（1.59±0.20g/cm³）与圣雄煤矿（1.06±0.04g/cm³）差异极显著（$P<0.01$）。覆土并没有显著利于土壤容重的改善。

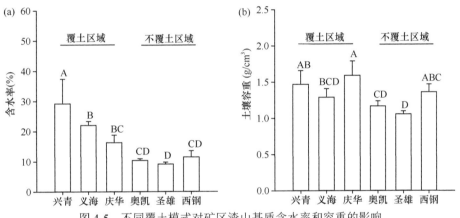

图 4-5　不同覆土模式对矿区渣山基质含水率和容重的影响

不同大写字母表示不同覆土模式渣山基质含水率和容重在 0.01 水平差异显著

2. 营养成分

从图 4-6 可以看出，覆土模式和不覆土模式全氮、全磷含量表现出极显著差异（$P<0.01$）。全氮含量由高到低分别是义海（5.75±0.34g/kg）、庆华（4.34±0.61g/kg）、兴青（3.32±0.56g/kg）、西钢（1.58±0.16g/kg）、圣雄（1.36±0.06g/kg）、奥凯（1.27±0.12g/kg），覆土区域全氮含量平均值为 4.47g/kg，是不覆土区域的 3.19 倍，覆土区域 3 个煤矿之间差异极显著（$P<0.01$），而不覆土区域 3 个煤矿之间差异不显著，说明覆土对于全氮含量至关重要。义海煤矿全磷含量最高，为 1.85±0.11g/kg，与其他 5 个煤矿之间差异均极显著（$P<0.01$），奥凯煤矿全磷含量最低，仅为 0.79±0.05g/kg，且不覆土区域全磷含量也是西钢最高、奥凯最低。奥凯煤矿全钾含量为 30.67±2.40g/kg，达最高，其他 5 个煤矿之间全钾

含量差异不显著，可认为覆土对于全钾的含量影响并不显著。

覆土模式和不覆土模式速效氮含量表现出极显著差异（$P<0.01$）（图 4-7），且覆土模式 3 种煤矿之间差异均显著，义海煤矿速效氮含量最高，达到 297.33±23.54mg/kg，覆土区域速效氮平均含量为 215.22mg/kg，而不覆土区域仅为28.89mg/kg，仅为覆土区域的 13.4%，覆土区域对速效氮含量的影响程度超过全氮。义海、兴青与不覆土模式 3 个处理速效磷差异均为极显著（$P<0.01$），速效磷含量最高的还是义海煤矿（33.37±4.29mg/kg），是奥凯煤矿速效磷含量（5.30±0.70mg/kg）的 6 倍多，3 个不覆土区域煤矿差异均不显著，同全磷大小顺序一致，为西钢速效磷含量最高（6.30±0.52mg/kg），奥凯最低。与全钾含量不同的是，覆土模式和不覆土模式速效钾含量整体表现出极显著差异，且覆土区域 3 个煤矿速效钾含量依然差异显著，最高的为义海煤矿（360.33±17.04mg/kg），是同样覆土区域庆华煤矿速效钾含量（141.33±5.51mg/kg）的 2.55 倍。覆土对于速效钾含量有关键影响，同时植被恢复措施对于速效钾含量十分重要。

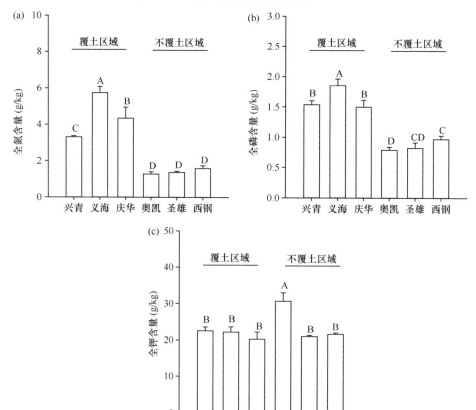

图 4-6　不同覆土模式对矿区渣山基质全量养分的影响

不同大写字母表示不同覆土模式渣山基质同一养分含量在 0.01 水平差异显著

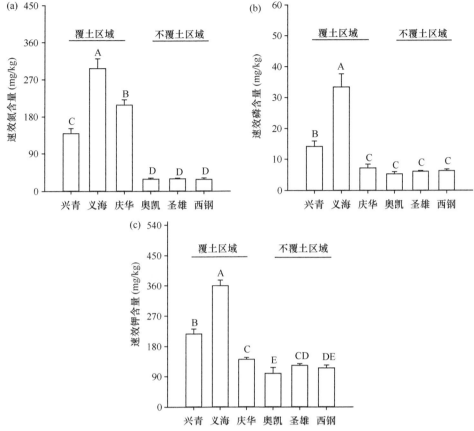

图 4-7　不同覆土模式对矿区渣山基质速效养分的影响

不同大写字母表示不同覆土模式渣山基质同一速效养分含量在 0.01 水平差异显著

从图 4-8 可以看出，覆土模式和不覆土模式有机质含量表现出极显著差异（$P<0.01$）。兴青煤矿有机质含量最高，达到 146.40±8.36g/kg，其次为义海煤矿（132.25±11.50g/kg），有机质含量最低的西钢煤矿（47.89±4.89g/kg）不到兴青煤矿的 1/3。覆土对于有机质的含量影响十分明显，且不同覆土模式配合农艺措施才能达到理想效果。

从木里整个区域来看，矿区渣山表层基质偏碱性，覆土模式和不覆土模式 pH 未表现出整体性差异，但覆土区域 3 个煤矿之间、不覆土区域 3 个煤矿之间差异均极显著，圣雄煤矿 pH 8.73±0.04，达最高，最低的为庆华煤矿（7.65±0.19），但覆土模式平均 pH（7.99）低于不覆土模式（8.43），覆土可能有助于降低 pH。

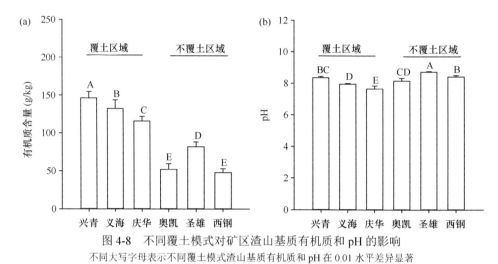

图 4-8　不同覆土模式对矿区渣山基质有机质和 pH 的影响

不同大写字母表示不同覆土模式渣山基质有机质和 pH 在 0.01 水平差异显著

3. 重金属含量

从表 4-21 可以看出，整个木里矿区渣山一个显著的特点就是重金属含量普遍低于污染背景值，矿区渣山重金属污染情况并不明显，从表中我们还可以看出，覆土区域和不覆土区域 6 个煤矿整体重金属含量比较并无规律可循，可以明确的是，覆土区域与不覆土区域砷含量差异极显著（$P<0.01$），但覆土区域以及不覆土区域各煤矿之间差异不显著。覆土区域砷含量平均值为 6.31mg/kg，大于不覆土区域（4.70mg/kg），说明覆土增加了矿区渣山基质砷含量，这可能与所用土壤中的砷含量有关。庆华煤矿铬含量最高（86.38±1.25mg/kg），义海煤矿铬含量最低（63.83±2.82mg/kg），二者差异极显著（$P<0.01$）。与铬含量相似，庆华煤矿镍含量 34.91±2.86mg/kg，达最高，义海镍含量最低，差异极显著（$P<0.01$）。西钢煤矿铜含量最高，达到 32.39±3.11mg/kg，而义海煤矿铜含量最低，为 19.86±1.46mg/kg。兴青煤矿锌和铅含量为所有煤矿中最高，分别为 173.35±5.59mg/kg 和 30.81±1.01mg/kg，奥凯煤矿汞含量最高，达到 0.09±0.01mg/kg，西钢镉含量最高（0.23±0.02mg/kg），是义海煤矿的 1.77 倍。总体来看，在覆土区域，义海煤矿所有重金属含量均在 3 个覆土煤矿中为最低，且除砷和锌以外，均在 6 个煤矿中重金属含量最小，可以推测，义海通过喷灌等措施加速了重金属的淋失，降低了基质中的重金属含量。

表 4-21　不同煤矿重金属含量

矿井	砷 （mg/kg）	铬 （mg/kg）	镍 （mg/kg）	铜 （mg/kg）	锌 （mg/kg）	汞 （mg/kg）	铅 （mg/kg）	镉 （mg/kg）
兴青	6.30± 0.21A	73.03± 2.65BC	33.28± 1.75ABC	24.79± 1.49CD	173.35± 5.59A	0.08± 0.00B	30.81± 1.01A	0.20± 0.04AB

续表

矿井	砷 (mg/kg)	铬 (mg/kg)	镍 (mg/kg)	铜 (mg/kg)	锌 (mg/kg)	汞 (mg/kg)	铅 (mg/kg)	镉 (mg/kg)
义海	6.19± 0.53A	63.83± 2.82C	27.99± 2.33D	19.86± 1.46E	112.26± 3.57D	0.07± 0.00C	19.90± 1.01D	0.13± 0.03C
庆华	6.43± 0.09A	86.38± 1.25A	34.91± 2.86A	30.59± 0.87AB	137.61± 12.90C	0.08± 0.00B	23.50± 0.82C	0.16± 0.02BC
奥凯	4.54± 0.11B	84.75± 2.28AB	32.17± 1.68AB	27.17± 1.43BC	103.37± 3.57D	0.09± 0.01A	28.87± 0.55B	0.14± 0.04C
圣雄	4.90± 0.09B	79.86± 14.22AB	29.09± 0.34CD	23.18± 2.85DE	104.06± 6.08D	0.07± 0.00C	23.05± 1.31C	0.16± 0.03BC
西钢	4.65± 0.13B	76.50± 2.51AB	30.01± 2.14BCD	32.39± 3.11A	152.34± 2.31B	0.07± 0.00C	30.33± 0.56AB	0.23± 0.02A

注：不同大写字母表示不同煤矿相同重金属含量在 0.01 水平差异显著

4. 微生物数量

从图 4-9 可以看出，覆土处理与不覆土处理细菌含量差异极显著（$P<0.01$），细菌含量从多到少依次为兴青（$15.05×10^6±2.875×10^6$cfu/g）、义海（$12.63×10^6±2.06×10^6$cfu/g）、庆华（$11.20×10^6±2.52×10^6$cfu/g）、西钢（$3.67×10^6±0.24×10^6$cfu/g）、奥凯（$3.39×10^6±0.17×10^6$cfu/g）、圣雄（$2.94×10^6±0.21×10^6$cfu/g），覆土区域 3 个煤矿差异极显著（$P<0.01$）（兴青、义海差异不显著），而不覆土区域的煤矿差异均不显著。覆土区域细菌数量平均值为 $12.96×10^6$cfu/g，是不覆土区域细菌数量平均值的 3.89 倍。可以推断，覆土为细菌生长繁殖提供了土壤结构和基本营养，对于细菌数量的增长起着决定性作用，且不同煤矿植被措施不同，对细菌数量也产生影响。

覆土区域真菌数量与不覆土区域差异极显著（$P<0.01$）。覆土区域 3 个煤矿真菌数量均差异极显著，兴青煤矿最高，真菌数量达到 $23.50×10^3±1.44×10^3$cfu/g，其次为义海（$15.63×10^3±1.41×10^3$cfu/g）、庆华（$11.40×10^3±0.75×10^3$cfu/g），三个不覆土煤矿之间真菌数量差异均不显著，平均值为 $4.24×10^3$cfu/g，明显低于覆土区域。覆土对于真菌生长繁殖的影响也十分明显。覆土区域放线菌数量与不覆土区域差异极显著（$P<0.01$），同细菌、真菌一样，覆土区域放线菌数量依然为兴青（$9.67×10^5±1.34×10^5$cfu/g）＞义海（$6.57×10^5±1.26×10^5$cfu/g）＞庆华（$5.47×10^5±0.85×10^5$cfu/g），但义海与庆华放线菌数量差异不显著。3 个不覆土区域放线菌数量平均值为 $2.76×10^5$cfu/g，虽明显低于覆土区域，但 3 个煤矿之间差异均不显著。覆土对于放线菌数量的增长维持十分重要。

无论是细菌、真菌还是放线菌，覆土模式和不覆土模式有机质含量表现出极显著差异，因为土壤提供了微生物能够持续生长的环境，这些都是矿区渣山基质短期难以通过土壤重构方法具备和改善的，同时覆土的类型、厚度以及种植措施的不同也会影响覆土的效果，最终对微生物生长繁殖产生影响，但没有基本的土壤环境，单单通过施肥、翻地等其他措施难以让微生物数量接近覆土区域，从而影响整个植被恢复的进程。

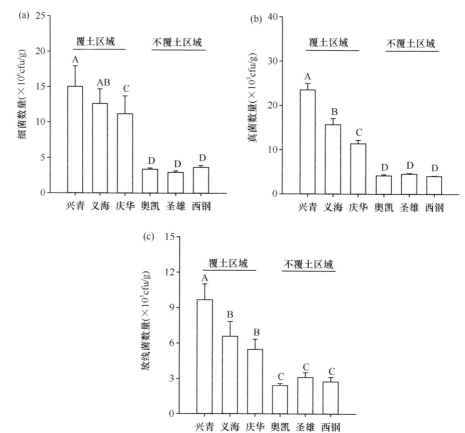

图 4-9　不同覆土模式对矿区渣山基质微生物数量的影响

不同大写字母表示不同覆土模式渣山基质同一微生物数量在 0.01 水平差异显著

4.4.3　讨论

土壤良好的物理性质是植物生长的先决条件，覆土是改良矿区渣山表层基质的一种有效方法。洪坚平等（2011）研究表明，矿区渣山覆土可显著改善土壤有机质及养分含量，客土覆盖是确保煤矸石堆植被成活和抑制水土污染最有效的方法。覆土是确保矿区渣山植被成活和抑制水土流失的有效方法。土壤可作为植物生长的基质和物质基础，提供必要支撑及水分养分（Rival et al.，2016；单贵莲等，2012）。表土回填或客土覆盖等可促进植物生长及群落演替（Bowcn et al.，2005；夏汉平和蔡锡安，2002）。如美国的林地恢复方法（forestry reclamation approach，FRA），其覆土厚度不小于 1.2m，由表层壤土、风化砂岩或者其他可用物质组成（Zipper et al.，2011）。德国东图林根地区通过 3 层覆土结构控制矿区渣山等固体废弃物的酸性水排放和放射性污染,即 0.4m 的基底隔离层、0.8~1.0m 的保水层和 0.2m 的表土层(Gatzweiler et al.,2001)。

目前看到的国内外绝大多数矿区生态恢复的文献都报道需要客土覆盖,但大区域大面积开展覆土模式比较的文献相对少见,在木里矿区大面积多煤矿开展覆土比较应属首次。有研究认为,青藏高原海拔高、年积温低,生长季短(金立群等,2019),木里矿区由于没有客土来源,运土成本较大,只能采用浅层覆土,甚至不少矿区直接采取不覆土直接建植植被的修复方式(金立群等,2018;Li et al.,2019;王锐等,2019)。Li 等(2017)认为,覆土可用于快速建立本地微生物群落,有助于恢复建立本地植物,本研究结果与他们的研究结果基本一致。在研究中,多次提到义海表层矿区渣山基质的特征极具优势,根据文献报道,义海平均每平方米复绿成本高达 100 元以上,尽管成本高,但出苗率没有达到预期效果。义海通过降低覆土厚度,优化流程工艺,使复绿成本每平方米降低 23.5 元,这也为木里矿区植被恢复提供了有益探索。总之,覆土还要配合科学的机械、农艺措施等才能更好发挥作用,而不覆土模式还需通过增施肥料、保温覆盖、表层整地等方法来达到理想的土壤重构效果。

4.4.4 小结

(1)在植被长势方面,覆土矿区植被平均盖度达到 56.7%,而不覆土区域平均盖度仅为 25.9%。覆土模式幼苗平均高度为 4.5cm,是不覆土模式平均高度的 1.84 倍,两项指标均差异极显著($P<0.01$)。义海煤矿植被盖度最大可达 89.0% ±5.3%。西钢煤矿苔藓盖度仅为义海的 2.71%。

(2)在基质理化性质方面,覆土与不覆土模式矿区渣山基质含水率存在极显著差异($P<0.01$),覆土并没有显著改善土壤容重。两种模式全氮和全磷含量表现出极显著差异($P<0.01$)。覆土区域全氮含量平均值为 4.47g/kg,是不覆土区域的 3.19 倍,义海煤矿全磷含量(1.85±0.11g/kg)最高,覆土对于全钾的含量影响不显著。覆土模式和不覆土模式速效氮、速效钾、有机质含量表现出极显著差异($P<0.01$),不覆土区域平均速效氮含量为 28.89mg/kg,仅为覆土区域的 13.4%。义海、兴青与不覆土模式 3 个处理速效磷差异均为极显著($P<0.01$)。覆土模式和不覆土模式 pH 未表现出整体性差异。

(3)在微生物数量方面,覆土模式与不覆土模式细菌、真菌、放线菌数量均差异极显著($P<0.01$),覆土区域细菌数量平均值为 12.96×10^6cfu/g,是不覆土区域的 3.89 倍。三个不覆土煤矿之间真菌和放线菌数量平均值分别为 4.24×10^3cfu/g 和 2.76×10^5cfu/g,明显低于覆土区域。

总体来说,覆土能够有效提高植被盖度、幼苗高度、苔藓盖度,且对于全氮、速效氮、速效钾、有机质含量的增加至关重要,覆土可为微生物数量维持提供良好环境，木里矿区土壤重构应优先选择覆土方式。但在综合考虑土源和成本的情况下，不覆土模式结合拌入羊板粪和颗粒有机肥等其他工艺及种植技术也可作为植被恢复的一种选择。

4.5　覆土处理对江仓 5 号井矿区渣山土壤和植被特征的影响

多年来，煤矿复垦和土壤恢复研究大部分集中于低海拔平原地区（王金满等，2012；Zhao et al.，2013；Li et al.，2008），对于高寒地区煤矿排土场渣山土壤重构研究鲜见报道（Li et al.，2019）。低海拔作物种植地区土源丰富，较厚覆土（>50cm）是煤矿区复垦普遍采用的措施。有研究在江仓矿区采取 40～45cm 覆土措施（杨鑫光等，2019），义海煤矿（聚乎更 3 号井）的做法是覆盖种植土厚度需达到植草长期生长条件，厚度达到 20cm。有研究认为，"乡土"土壤处理的植被建植速度最快，最大盖度最高。在青藏高原木里矿区缺乏植被恢复的合适土源，木里矿区客土主要来源于矿山开采时堆积的高山草甸土和多年冻土，本研究在圣雄矿区北渣山半阳半阴坡面，采用 4 种不同覆土处理进行土壤重构，研究土壤重构效果（图 4-10～图 4-12，表 4-22），确定覆土厚度，结合覆土成本分析矿区土壤重构效果，为高寒煤矿区植被恢复提供理论依据。

图 4-10　覆土试验

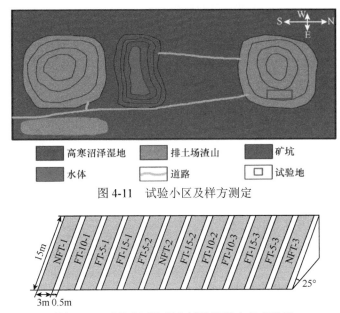

图 4-11 试验小区及样方测定

图 4-12 试验小区位置和试验地覆土处理设计

覆土试验区分为 4 个处理，即不覆土（NFT，对照）、覆土 5cm（处理 1，FT-5）、覆土 10cm（处理 2，FT-10）以及覆土 15cm（处理 3，FT-15），每个处理三次重复，共 12 个小区组成，按照随机区组设计，每个小区面积 15m×3m，总面积 540m²

表 4-22 客土土壤养分基本情况

含水率（%）	pH	全氮（g/kg）	全磷（g/kg）	全钾（g/kg）	速效氮（mg/kg）	速效磷（mg/kg）	速效钾（mg/kg）	有机质（g/kg）
14.6	6.30	7.28	1.64	14.36	465.69	5.23	128.60	139.73

4.5.1 矿区渣山气象条件

从图 4-13 可以看出，试验区域 5～9 月风速较小，10 月到次年 4 月风速大，2016 年 9 月风速最低，为 0.96m/s，11 月平均风速最高，2016 年 11 月风速最高，每小时测定的平均数值接近 2.1m/s。2017 年 1 月和 3 月阵风速度大，最大为 3 月（18.12m/s），2016 年 7 月和 8 月阵风速度小，最小为 8 月（13.59m/s）。11 月到次年 2 月光合有效辐射数值比较低，2017 年 5 月光合有效辐射最高，为 585.8860W/m²，2016 年 12 月光合有效辐射最低，为 215.5077W/m²。年度降雨分布极不均衡，5～9 月普遍有降雨，7～8 月为雨季，2016 年 8 月最高每小时降雨 0.19mm。2016 年 11 月至 2017 年 2 月降水基本接近 0mm。

从图 4-14 可以看出，区域土壤湿度随季节变化，受降雨、光照、风速等气候条件影响，冬春季节土壤湿度处于低值，7～9 月土壤湿度高。9 月土壤湿度可接近 30%。土壤温度年度走势呈山峰状，1 月平均土温最低（−13.3℃），8 月土温最高，平均土温可达 16℃，1～8 月平均土温直线上升，8～12 月直线下降。土壤电导率是反映土壤可溶盐的重要指标，盐分、水分、温度、有机质含量和质地结构都不同程度影响着土壤电导率，1 月土壤电导率最低（10.98μS/m），7～9 月处于高值，9 月土壤电导率可达 278.82μS/m。

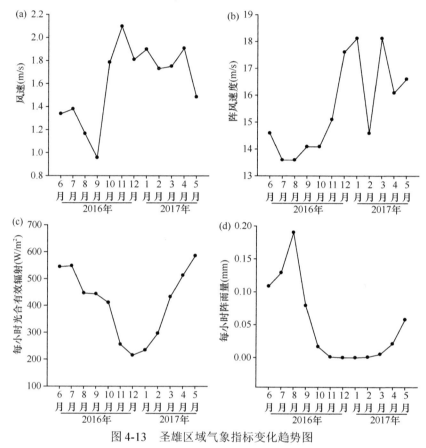

图 4-13　圣雄区域气象指标变化趋势图

　　从图 4-15 可以看出，从不同矿区渣山层温度监测结果来看，5m 深渣山层和 6m 深渣山层温度十分接近，从 10 月到次年 6 月的低温季节，6m 深矿区渣山层温度低于 5m 深矿区渣山层。温度高的季节则相反，堆体不同深度季节性温度变化规律还有待进一步研究。从 11 月到次年 5 月，3m 矿区渣山层温度要明显高于 4m 矿区渣山层，其他季节则刚好相反。从 10 月到次年 3 月，1m 处温度高于 2m，其他月份则相反。5～10 月温暖季节上层（1～2m）温度高于中层（3～4m）温度，其他季节则相反。从 10 月到次年 3 月寒冷季节深层（5～6m）温度最低，而其他季节温度反而最高。这些都与热量在矿区渣山堆体内部的传导有关。温度也是植被恢复的关键因素，影响矿区渣山堆体的冻融循环和堆体稳定性，从数值结果来看，堆体内部季节性冻土存在是必然的，进一步研究清楚热量传递的规律也有助于更好地开展土壤重构和植被恢复试验。

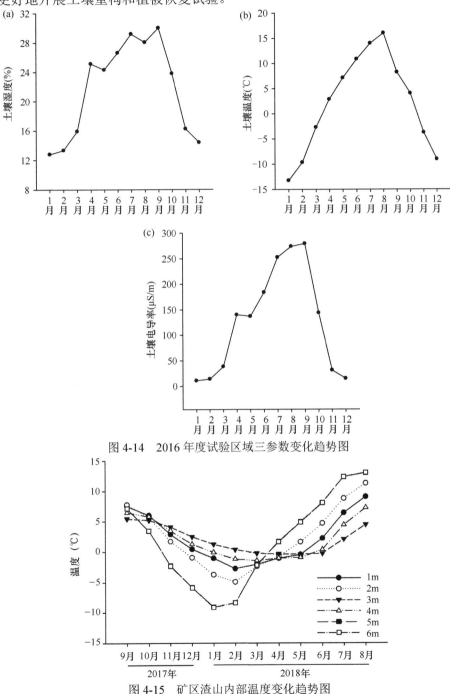

图 4-14 2016 年度试验区域三参数变化趋势图

图 4-15 矿区渣山内部温度变化趋势图

4.5.2 土壤重构对渣山表层基质性质的影响

1. 土壤重构对容重的影响

木里矿区渣山表层基质物理结构的改善是植被恢复的难点。容重大小受土壤结构、质地和有机质含量影响(黄昌勇,2014)。土壤容重一般保持在 $1.0 \sim 1.7g/cm^3$,平均值为 $1.32 \pm 0.21g/cm^3$(柴华和何念鹏,2016),高寒湿地的土壤容重往往小于 $1g/cm^3$。从图 4-16 可以看出,经过 4 年覆土处理,2019 年对照样区的容重为 $1.92 \pm 0.07g/cm^3$,显著高于其他 2 个样区(对照与覆土 15cm 之间不显著)。覆土 5cm 容重为 $1.12 \pm 0.06g/cm^3$,覆土 15cm 容重为 $1.66 \pm 0.20g/cm^3$,覆土 10cm 容重为 $1.47 \pm 0.22g/cm^3$,最接近自然土壤容重数值。容重能通过影响土壤的水、肥、气、热来改变植物根系在土壤中的生长(李娟等,2013a,2013b)。因此,通过覆土措施可以有效改善土壤容重以促进牧草生长,覆土 10cm 是相对理想的选择。

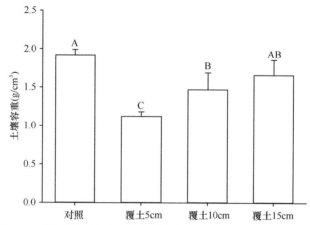

图 4-16　不同覆土处理对排土场渣山表层土壤基质容重的影响

不同大写字母表示不同覆土处理渣山表层土壤基质容重在 0.01 水平差异显著

2. 土壤重构对养分的影响

1)不同覆土处理对土壤全量养分的影响

全氮含量是衡量土壤营养水平的重要指标。有研究表明,植被恢复可增加矿区渣山表层土壤有机质和全氮含量,且恢复年限越长,含量增加越明显(Zhao et al.,2013)。

从图 4-17 可以看出,2016 年试验区域不同处理之间的土壤全氮含量存在极显著差异($P<0.01$),覆土 10cm 全氮含量最高,达到 $1.77 \pm 0.26g/kg$,而对照处理全氮含量仅有 $0.86 \pm 0.05g/kg$,3 个覆土处理均与对照存在极显著差异($P<0.01$),说明在试验初期覆土处理能有效提高表层土壤全氮含量。表层土壤基质全磷、全钾均不存在显著差异。2017 年覆土 10cm、覆土 15cm 的全氮含量分别为 $3.03 \pm 0.16g/kg$、$3.08 \pm 0.52g/kg$,与对照小区($1.5 \pm 0.16g/kg$)、覆土 5cm($2.26 \pm 0.28g/kg$)

存在极显著差异（$P<0.01$），对照小区的全磷含量（1.02 ± 0.05g/kg）与 3 个覆土处理均存在极显著差异（$P<0.01$）。2018 年所有全量养分指标均存在显著差异（$P<0.05$），覆土 15cm 全氮和全磷含量最高，分别达到 2.66 ± 0.17g/kg 和 1.02 ± 0.05g/kg，对照区的全钾含量最高，达到 27.18 ± 1.06g/kg，且从 2016 年开始便逐年递增。2019 年，随着覆土厚度的增加，全氮和全磷含量随覆土厚度增加而逐渐增加，但全磷各处理间差异不显著，全氮从不覆土的 0.68 ± 0.09g/kg 到覆土 5cm 的 0.84 ± 0.01g/kg，再到覆土 10cm 的 1.13 ± 0.12g/kg，最后到覆土 15cm 的 1.29 ± 0.14g/kg，且 2016 年、2017 年全氮含量与 2018 年、2019 年差异极显著（$P<0.01$）。全磷含量随覆土厚度增加而逐渐增加，但各处理间差异不显著。

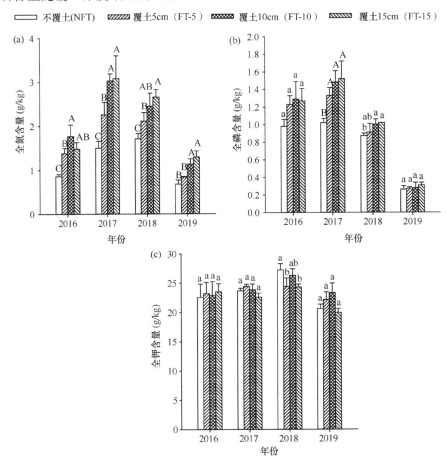

图 4-17　不同处理对排土场渣山土壤基质全量氮磷钾影响

不同大写字母表示相同年份不同处理养分含量在 0.01 水平差异极显著；不同小写字母表示相同年份不同处理养分含量在 0.05 水平差异显著

2）不同覆土处理对速效养分的影响

速效氮含量的高低反映短期土壤氮素供应水平（王艳杰和付桦，2005）。从

图 4-18 可分析得到，2016 年覆土 10cm 速效氮含量与其他 3 个处理均存在极显著差异（$P<0.01$），最小的对照处理速效氮含量为 17±3.46mg/kg，仅为覆土 10cm 的 20%。各处理间速效磷、速效钾均不存在显著差异。2017 年覆土 10cm（192±33.6mg/kg）、覆土 15cm（168.7±17mg/kg）分别与覆土 5cm（101±8.54mg/kg）、对照（62±7mg/kg）速效氮含量存在极显著差异（$P<0.01$）。覆土 10cm 的速效磷含量（17.9±2.46mg/kg）与其他 3 个处理均存在极显著差异（$P<0.01$），对照的速效钾含量（133±9.85mg/kg）与覆土 10cm（206.7±18.15mg/kg）、覆土 15cm（173.7±14.01mg/kg）样区均存在极显著差异（$P<0.01$）。2018 年所有速效养分指标均存在显著差异，覆土 15cm 速效氮含量最高，达到 105.5±5.50mg/kg，与其他 3 个处理均存

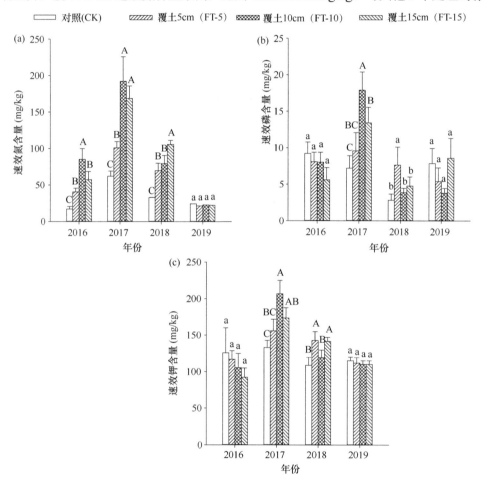

图 4-18　不同处理对排土场渣山土壤表层基质速效氮、速效磷、速效钾的影响

不同大写字母表示相同年份不同处理养分含量在 0.01 水平差异极显著；不同小写字母表示相同年份不同处理养分含量在 0.05 水平差异显著

在极显著差异（$P<0.01$），但含量明显低于 2017 年同期含量。覆土 5cm 速效磷（7.63 ± 2.48mg/kg）含量远高于其他 3 个处理，覆土 5cm（142.7 ± 12.10mg/kg）、覆土 15cm（141.5 ± 5.50mg/kg）的速效钾含量与其他两个处理存在极显著差异（$P<0.01$）。

从图 4-18 可以看出，2016～2019 年覆土 10cm 的速效氮平均含量最高，2017 年度最高值可达 192mg/kg，2018 年覆土 15cm 的速效氮含量最高。对照处理的速效氮含量从 17mg/kg 增加到 62mg/kg，下降到 32.67mg/kg，再到 24.08mg/kg，且年际差异均为极显著（$P<0.01$），除 2019 年以外，速效氮含量一直在所有处理中最低。速效磷含量的年际变化没有呈现一定规律，覆土 15cm 处理均出现先上升后下降再上升的过程，覆土 10cm 处理 2016～2018 年上升和下降幅度最大，从 2016 年的 8mg/kg 上升到 2017 年的 17.9mg/kg，再下降到 2018 年的 3.83mg/kg，2019 年趋向平稳，速效磷对覆土处理的响应变化还需要进一步深入研究。速效钾含量的高低用于判定土壤中钾元素丰缺，对植物的营养状况有直接影响，除对照处理 2019 年速效钾含量略有回升外，所有覆土处理速效钾含量均出现先上升后下降的趋势，变化幅度最大的是覆土 10cm，2017 年达到最大值（206.7mg/kg），2017 年、2018 年对照处理的速效钾含量在各处理中最低。2019 年，各处理间速效钾含量十分接近。2019 年，随着覆土厚度增加，各处理间速效养分含量差异均不显著，且不覆土处理速效氮含量最高，与 2016 年、2017 年、2018 年均表现出不同规律，可能与植被养分吸收有关。

3）不同覆土处理对土壤有机质的影响

土壤有机质增加通常被认为是肥力增加的重要依据（樊文华等，2006）。从图 4-19 可以看出，2016 年 4 个处理的有机质含量分别为 60.89 ± 8.20g/kg、75.89 ± 11.25g/kg、67.59 ± 5.51g/kg 和 60.36 ± 9.15g/kg，覆土 5cm 含量最高，覆土 15cm 含量最低，单个处理间差异未达到显著水平。2017 年对照小区的有机质含量仅为 39.6 ± 6.00g/kg，与覆土的 3 个处理差异均为极显著（$P<0.01$）。2018 年对照有机质含量最低（45.13 ± 8.92g/kg），与覆土 10cm（57.77 ± 3.06g/kg）、覆土 15cm（59.13 ± 4.14g/kg）均存在极显著差异（$P<0.01$）。2019 年对照小区（48.00 ± 3.32g/kg）、覆土 5cm（48.82 ± 3.72g/kg）与覆土 10cm（37.24 ± 3.51g/kg）、覆土 15cm（37.51 ± 3.73g/kg）有机质含量出现极显著差异（$P<0.01$）。

各处理年际有机质含量变化情况不一致，覆土 10cm、覆土 15cm 变化趋势是先上升后下降，覆土 5cm 的变化趋势是直线下降再上升，对照样区却是先下降后上升的趋势。除 2019 年以外，2016～2018 年对照有机质含量在各处理中含量均最低，因此，需要一定覆土厚度才能维持植物生长对有机质的需求。有机质含量最高值出现在 2017 年，覆土 10cm 的有机质含量达到 82.9g/kg，覆土效果比较好，但植被建植第三年后仍需补充有机质。

结合 2016～2019 年牧草生长情况来分析，不同覆土处理 4 年来的平均总盖度为覆土 15cm（72.6%）＞覆土 10cm（68.8%）＞覆土 5cm（62.0%）＞对照（56.6%）。

结合植被产量来分析，产量最高的是覆土 10cm 小区，达到每小区 20.41kg±
1.73kg，分别比覆土 15cm 和覆土 5cm 高 0.16kg 和 3.38kg，是对照的 1.94 倍。因
此，覆土对于提高牧草的盖度和产量十分关键，总体上覆土 10cm 和覆土 15cm 两
个覆土措施更加有效，这也与矿区渣山表层基质养分含量情况总体保持了一致性。

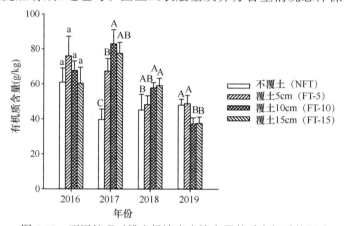

图 4-19　不同处理对排土场渣山土壤表层基质有机质的影响

不同大写字母表示相同年份不同处理有机质含量在 0.01 水平差异极显著；不同小写字母表示相同年份不同处理有
机质含量在 0.05 水平差异显著

4）不同覆土处理对土壤 pH 的影响

土壤 pH 能够调节植物营养有效性，影响土壤微生物活性，改变土壤可溶性养
分含量（Liu et al.，2017；郭楠，2016）。从图 4-20 可以看出，由于排土场渣山表
层基质呈碱性，2016 年对照处理的 pH 达到 8.41，与其他 3 个处理均存在显著差异
（$P<0.05$），在植被生长初期对照处理的 pH 维持在较高值，pH 过高会影响土壤水、
气、热，导致养分有效性降低，破坏土壤结构（郑永红等，2013）。对照处理 2017
年 pH 降低到 7.53±1.16，低于覆土 5cm（7.89±0.10）和覆土 10cm（7.58±0.35）。
2018 年对照 pH 反而升高。从年际变化来看，对照和覆土 10cm 年际差异不显著，
2018 年覆土 5cm 的 pH 与 2016 年呈现显著差异（$P<0.05$），2016 年覆土 15cm 的
pH 与 2017 年、2018 年存在显著差异（$P<0.05$），年际变化没有呈现一定规律。2017
年、2018 年覆土 15cm pH 分别为 7.38±0.34 和 7.49±0.04，均为 4 个处理中的最低
值。2019 年，各处理间差异不显著，对照 pH 最高（7.92±0.12）。pH 对覆土的变
化响应机制不是很明确，但从 2019 年的试验结果来看，pH 总体趋于接近。

5）不同覆土处理对土壤微生物数量的影响

土壤养分含量是地形、气候及生物因素相互作用的结果（陶治等，2016）。如表
4-23 所示，无论是细菌、真菌还是放线菌，同一年份不同处理大多数存在极显著差
异（$P<0.01$）。2016 年覆土 5cm 细菌数量相对最多，达到 9.44×10^6cfu/g，对照的细
菌数量最少，仅为 2.00×10^6cfu/g。2017 年覆土 5cm 细菌数量达到 17.89×10^6cfu/g，
覆土 10cm 细菌数量相对最低，仅为 4.33×10^6cfu/g。2018 年覆土 15cm 细菌数量达

到 18.11×10⁶cfu/g，对照处理细菌数量相对最少，为 5.67×10⁶cfu/g，为覆土 15cm 的 31.3%。覆土 10cm 的细菌数量一直维持在较低水平，平均值仅为 4.92×10⁶cfu/g。

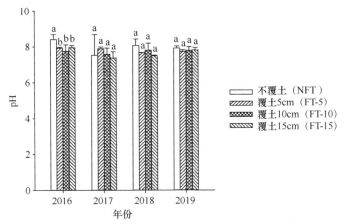

图 4-20　不同处理对排土场渣山土壤表层基质 pH 的影响

不同小写字母表示相同年份不同覆土处理 pH 在 0.05 水平差异显著

表 4-23　不同处理对矿区渣山土壤基质微生物数量的影响

	细菌（×10⁶cfu/g）			真菌（×10³cfu/g）			放线菌（×10⁵cfu/g）		
	2016 年	2017 年	2018 年	2016 年	2017 年	2018 年	2016 年	2017 年	2018 年
对照（NFT）	2.00± 0.24C	7.78± 0.26C	5.67± 0.15C	7.89± 0.2D	4.11± 0.21D	25.11± 2.86B	6.78± 0.41B	13.11± 0.56C	8.44± 0.52C
覆土 5cm （FT-5）	9.44± 0.5A	17.89± 0.24A	9.89± 0.37B	9.22± 0.22C	6.44± 0.38B	18.44± 2.7C	6.78± 0.23B	25.89± 0.71A	13.00± 0.52A
覆土 10cm （FT-10）	4.11± 0.19B	4.33± 0.29D	6.33± 0.1C	12.78± 0.1A	5.78± 0.24C	30.89± 1.86A	12.00± 2.13A	7.78± 0.11D	5.56± 0.13D
覆土 15cm （FT-15）	3.78± 0.41B	9.72± 0.34B	18.11± 1.07A	12.22± 0.12B	7.44± 0.34A	23.00± 1.73B	6.89± 0.35B	20.78± 0.58B	11.22± 0.14B

注：不同大写字母表示不同处理渣山土壤基质同一微生物数量在 0.01 水平差异显著

2016 年、2017 年对照处理的真菌数量均最低，分别为 7.89×10³cfu/g 和 4.11×10³cfu/g，覆土 10cm 在 2016 年和 2018 年真菌数量均为最多，2018 年达到 30.89×10³cfu/g，2017 年覆土 15cm 真菌数量最多。但 2018 年对照处理真菌数量达到 25.11×10³cfu/g，高于覆土 5cm 和覆土 15cm。

2016 年，对照、覆土 5cm 和覆土 15cm 的放线菌数量较为接近，覆土 10cm 的放线菌数量最多，达到 12.00×10⁵cfu/g。2017 年覆土 5cm 的放线菌数量最多，达到 25.89×10⁵cfu/g。覆土 10cm 的放线菌数量最少，仅为 7.78×10⁵cfu/g。2018 年覆土 10cm 的放线菌数量依然最少，仅为 5.56×10⁵cfu/g，低于对照（8.44×10⁵cfu/g）。覆土 10cm 不能有效维持放线菌的数量。

6）不同覆土处理对土壤酶活性的影响

a）酸性蛋白酶

从图 4-21 可以看出，蛋白酶参与土壤中氨基酸蛋白质及其他含蛋白质氮的有

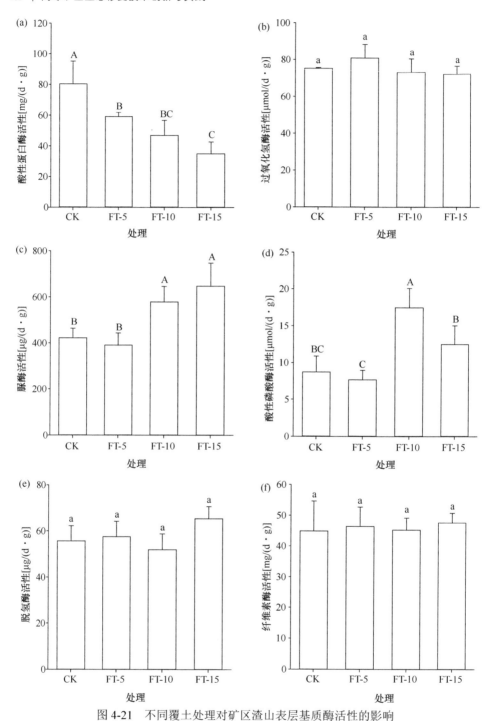

图 4-21　不同覆土处理对矿区渣山表层基质酶活性的影响

不同大写字母表示不同处理同一酶活性在 0.01 水平差异极显著；不同小写字母表示不同处理下同一酶活性在 0.05
水平差异显著

机化合物的转化，它们的水解产物是高等植物的氮源，对土壤 pH 调控有一定作用。不覆土处理（CK）蛋白酶含量最高，达到 80.30 ± 14.82mg/（d·g），且同所有覆土处理差异均为极显著（$P<0.01$）。随着覆土厚度增加，蛋白酶含量反而降低，从 59.08 ± 2.72mg/（d·g）降低到 $46.\pm9.82$mg/（d·g），再降到 34.99 ± 7.75mg/（d·g），说明覆土影响了蛋白酶含量，覆土越厚，蛋白酶含量越低。FT-15 蛋白酶含量仅为对照的 43.57%。

b）过氧化氢酶

过氧化氢酶促进过氧化氢的分解，有利于防止它对生物体的毒害作用，其酶活性与土壤有机质含量有关。FT-5 过氧化氢酶含量最高，达到 80.82 ± 7.59μmol/（d·g），其次为不覆土处理，达到 75.22 ± 0.42μmol/（d·g），FT-15 过氧化氢酶含量最低[72.27 ± 4.31μmol/（d·g）]。所有处理间过氧化氢酶差异均不显著。覆土对该酶影响不明显。

c）脲酶

脲酶和土壤氮关系密切，参与氮的转化，对土壤 pH 调控起到一定作用。FT-15 处理脲酶含量最高，达到 646.66 ± 101.09μg/（d·g），其次为 FT-10 处理，脲酶含量为 578.06 ± 67.72μg/（d·g），FT-15、FT-10 处理分别与 FT-5、CK 处理差异极显著（$P<0.01$），但覆土 5cm 处理[390.37 ± 52.45μg/（d·g）]略低于对照处理[421.66 ± 41.32μg/（d·g）]。总体来说，覆土增加有利于脲酶含量的增加。

d）酸性磷酸酶

磷酸酶活性是土壤磷循环的关键酶，能够将磷酸基团从有机复合物中水解出来。磷酸酶与土壤碳、氮含量呈正相关，与有效磷含量及 pH 也有关。从图 4-21 可以看出，FT-10 处理磷酸酶含量最高，达到 17.48 ± 2.62μmol/（d·g），且与其他所有处理均差异极显著（$P<0.01$），其次为 FT-15 处理，达到 12.49 ± 2.56μmol/（d·g），FT-5 处理含量最低，与其他两个覆土处理差异极显著（$P<0.01$）。

e）脱氢酶

脱氢酶是土壤生物细胞的一部分，脱氢酶活性实际上代表微生物的瞬时代谢活动。从图 4-21 可以看出，脱氢酶的含量与覆土厚度的关系并无明显规律，各处理间的差异并不显著。脱氢酶含量最高的是 FT-15 处理，达到 65.39 ± 3.31μg/（d·g），其次为 FT-5 处理[57.50 ± 6.70μg/（d·g）]，覆土 10cm 含量最低，为 51.85 ± 6.91μg/（d·g），覆土对脱氢酶含量的影响规律尚不明确，还需要进一步深入研究。

f）纤维素酶

纤维素酶与土壤 pH 呈正相关，是碳循环的重要酶。从图 4-21 可以看出，各处理间差异均不显著，最大值 FT-15 处理[47.59 ± 3.15mg/（d·g）]与最小值[44.91 ± 9.72mg/（d·g）]仅相差 2.68mg/（d·g），纤维素酶含量也未随覆土厚度增长呈现一定的规律性，总体来说，覆土对纤维素酶含量的影响并不大。

从图4-22可以看出，土壤有机质、硝态氮、全氮聚合度较好，且与脲酶呈正相关，覆土15cm的3个重复均在此区域内，说明覆土越多对脲酶活性越有利，这与图4-21的结论一致。而酸性蛋白酶与之呈负相关，不覆土以及覆土5cm的样品在右上区域，说明覆土越少越有利于提高酸性蛋白酶活性。酸性磷酸酶与全磷含量呈显著正相关，纤维素酶与速效钾呈正相关，与pH呈负相关，脱氢酶与速效磷含量呈正相关。要想增加矿区渣山基质有关酶的活性，可从增加覆土厚度、施入有关养分肥料和调节pH入手。

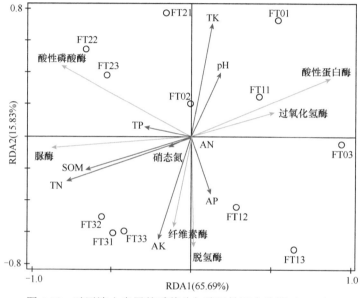

图4-22 矿区渣山表层基质养分与酶活性冗余分析（RDA）

4.5.3 土壤重构对牧草生长的影响

1. 不同覆土处理对牧草高度的影响

从2016年8月测定结果来看，除同德小花碱茅（星星草）外，其余4个牧草高度没有呈现显著差异（图4-23）。处理2（FT-10）同德小花碱茅（星星草）高度为11.23±2.20cm，与对照（6.23±1.96cm）和处理1（FT-5）（6.1±1.25cm）差异显著（$P<0.05$），反映出在小区建立初期，同德小花碱茅（星星草）对覆土响应比较敏感。2017年青海冷地早熟禾高度出现显著差异，处理2（29.17±2.94cm）样区分别与对照（17.50±4.23cm）、处理3（FT-15）（21.6±3.21cm）样区高度差异显著（$P<0.05$），对照小区的牧草高度接近处理2的60%。高度最高的为处理1样区的垂穗披碱草，平均高度已达42.6±7.04cm，而高度最小的为对照样区的

青海冷地早熟禾，平均高度仅 17.6±6.3cm。2018 年对照小区垂穗披碱草高度与覆土 3 个小区均出现显著差异，对照小区青海草地早熟禾高度（20.4±1.3cm）与处理 1（25.5±1.7cm）、处理 2（27.1±2.1cm）小区差异极显著（$P<0.01$）。对照小区青海中华羊茅和同德小花碱茅（星星草）的高度反而高于覆土小区。这也反映出不同牧草对覆土处理的响应存在差异，对覆土厚度的响应也存在差异。2019年，所有牧草不覆土处理均不存在显著差异，覆土的效果影响越来越有限。

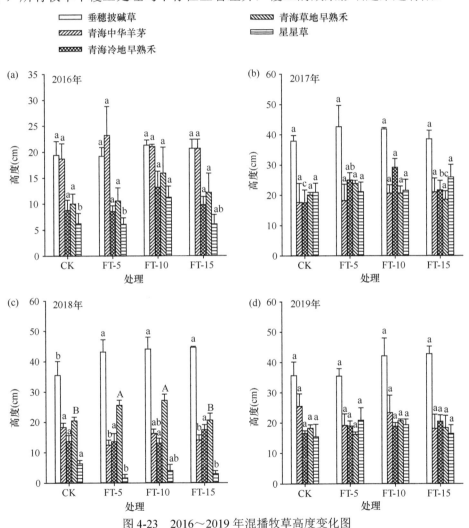

图 4-23　2016～2019 年混播牧草高度变化图

不同大写字母表示不同处理同一草种植株高度在 0.01 水平差异极显著；不同小写字母表示不同处理同一草种植株高度在 0.05 水平差异显著

从图 4-23 可以分析得到，不同牧草品种高度变化趋势不同，垂穗披碱草、青海草地早熟禾高度增加 3 年后下降，垂穗披碱草平均高度从 20.14cm 增加到 41.84cm 再下降到 40.00cm，青海草地早熟禾则由 12.17cm 增加到 23.41cm 再下降到 18.35cm，青海中华羊茅高度逐渐减小后上升，从 20.90cm 减少到 15.24cm 再增加到 21.52cm。青海冷地早熟禾和同德小花碱茅（星星草）高度则出现先增加后减小再增加的变化趋势，所有试验处理垂穗披碱草的高度均优势明显，4 年内平均高度为 35.93cm。

2. 不同覆土处理对牧草盖度的影响

1）牧草总盖度的变化

从图 4-24 可以看出，所有试验处理小区总盖度均出现先上升后下降的趋势，2017 年盖度最大，平均总盖度达到 81.1%，其次是 2018 年，平均总盖度为 66.5%，2016 年总盖度最小，仅 54.5%。2018 年总盖度之所以低于 2017 年，可能是因为植被生长吸收造成土壤肥力降低，而对照处理所有年份总盖度均为最小。除 2016 年总盖度略低于处理 2 以外，处理 3 盖度均最大。3 年不同处理平均总盖度也差别很大，处理 3（74.6%）＞处理 2（70.8%）＞处理 1（64.3%）＞对照（59.8%），覆土对牧草总盖度影响显著，一定范围内，覆土越厚，总盖度越大。

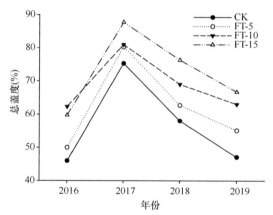

图 4-24　2016～2019 年不同处理小区总盖度变化趋势图

2）牧草盖度的变化

从图 4-25 可看出，2016 年，青海草地早熟禾、青海冷地早熟禾和同德小花碱茅（星星草）各处理间盖度已出现显著差异，处理 2 盖度最大，分别为 9.73%±3.11%、7.57%±2.58% 和 6.53%±2.8%，处理 1 盖度最小，同德小花碱茅（星星草）处理 1 盖度仅为 1.07%。2017 年处理 1（7.53%±2.66%）和处理 2（7.53%±1.04%）青海冷地早熟禾盖度与处理 3（5.57%±1.8%）无显著差异，与对照（9.43%±1.86%）也无显著差异，对照处理盖度反而最大，覆土并没有明显增加青海冷地早熟禾盖度。2018 年，垂穗披碱草、青海中华羊茅和青海草地早熟禾大多数处理间盖度存在极显著差异（$P<0.01$），处理 2 盖度最大，分别达到 31.53%、3.53%和 9.07%。2019 年，青海中华羊茅、青海冷地早熟禾覆土 15cm 处理分别与对照处理差异显著（$P<0.05$），分别是对照处理的 3.02 倍和 1.64 倍，且所有处理均为垂穗披碱草盖度最大。

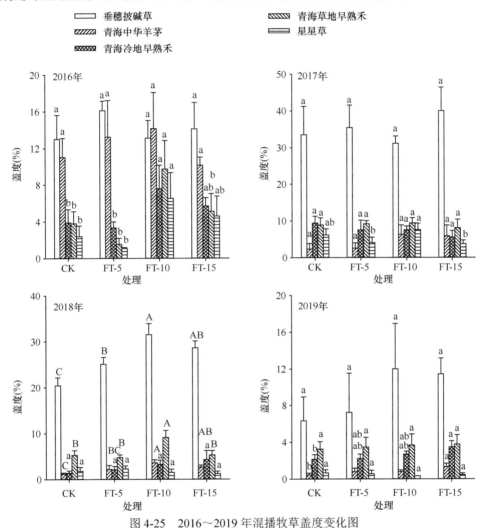

图 4-25　2016～2019 年混播牧草盖度变化图

不同大写字母表示不同处理同一牧草盖度在 0.01 水平差异极显著；不同小写字母表示不同处理同一牧草盖度在 0.05 水平差异显著

进一步分析可以得到，除青海中华羊茅盖度逐年减小外，其他牧草均出现先上升后下降的趋势，2017 年盖度最大，2019 年盖度最小。所有年度、所有处理垂穗披碱草盖度均大于其他牧草，且优势明显。2017 年，垂穗披碱草平均盖度为 35%，是 2016 年的 2.49 倍，明显高于其他 4 种牧草。2018 年，垂穗披碱草的盖度虽低于 2017 年，但相对于其他牧草优势越来越明显，分别是青海中华羊茅、青海冷地早熟禾、青海草地早熟禾、同德小花碱茅（星星草）平均盖度的 11.1 倍、9.71 倍、4.37 倍和 15.36 倍。2019 年，所有牧草盖度普遍下降，垂穗披碱草平均盖度才仅仅 9.25%，反映出植被生长水平下降，也与矿区渣山表层基质养分下降有关。从植被盖度恢复的角度来看，垂穗披碱草是混播品种中的优势牧草，比较适合在矿区植被恢复中推广应用。

3. 不同覆土处理对牧草密度的影响

从图 4-26 可以看出，2016 年 8 月，青海冷地早熟禾、青海草地早熟禾和星星

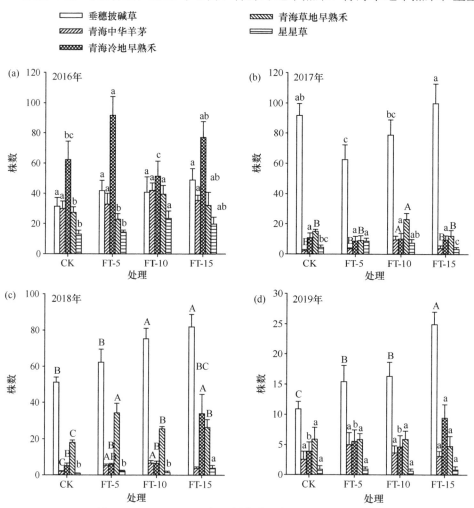

图 4-26 2016～2019 年混播牧草密度（株数）变化图

不同大写字母表示不同覆土处理同一牧草株数在 0.01 水平差异极显著；不同小写字母表示不同覆土处理同一牧草株数在 0.05 水平差异显著

草各处理间密度已出现显著差异，处理 2 青海冷地早熟禾密度最小，为每样区 51.43±9.97 株，而处理 1 则达到了 91.77±12.4 株。处理 2 青海草地早熟禾和同德小花碱茅（星星草）的密度均为最大，分别为 39.53±5.85 株和 23.57±4.87 株，与对照和处理 1 均存在显著差异（$P<0.05$），说明植被恢复初期，不同牧草品种对覆土措施的响应不同。2017 年，垂穗披碱草、同德小花碱茅（星星草）各处理间密度出现显著差异（$P<0.05$），青海中华羊茅和青海草地早熟禾密度出现极显著差异（$P<0.01$），处理 2 即覆土 10cm 小区密度最大，分别达到每样区 9.57±2.38 株和 22.97±4.04 株。2018 年，除同德小花碱茅（星星草）密度差异显著外，其余 4 种牧草品种密度差异均为极显著（$P<0.01$）。以 0.25m^2 为单位面积，覆土 15cm 小区垂穗披碱草、青海冷地早熟禾单位面积密度平均可达 82 株和 34 株，而对照处理仅为 51.3 株和 5.2 株。处理 2 青海中华羊茅密度最大，达 6.67±1.53 株。2019 年，覆土 15cm 处理垂穗披碱草密度（24.93±2.06 株）与其他 3 个处理均差异极显著（$P<0.01$），是对照的 2.29 倍，青海冷地早熟禾也为覆土 15cm 处理密度最大，达到 9.43±2.21 株，与其他 3 个处理差异显著（$P<0.05$）。

垂穗披碱草密度先上升后下降，2018 年单位面积密度（67.73 株）仍明显高于 2016 年（40.75 株），2019 年仅为 16.89±2.06 株，仅相当于 2016 年的 41.44%。青海中华羊茅和同德小花碱茅（星星草）密度逐年急剧下降，从 2016 年的 35.05 株和 17.72 株分别下降到 2018 年的 4.45 株和 2.11 株再到 2019 年的 3.58 株和 0.87 株，分株能力逐渐下降。青海冷地早熟禾和青海草地早熟禾则出现先下降后升高再下降的趋势，青海冷地早熟禾 2019 年单位面积密度（5.88 株）远小于 2016 年的密度（70.67 株）。尤其是除垂穗披碱草外其余 4 种牧草从 2016 年到 2017 年密度均出现大幅度下降，2017 年青海中华羊茅、青海冷地早熟禾、青海草地早熟禾、同德小花碱茅（星星草）的密度仅分别为 2016 年的 13.6%、13.7%、48.5% 和 33.7%。密度快速下降的原因可能与表层土壤基质的肥力下降有关，还有待进一步研究。

4. 不同覆土处理对牧草产量的影响

从图 4-27 可以看出，通过计算 2016～2019 年 4 个处理小区的平均产量，发现对照小区的牧草产量同覆土小区存在极显著差异（$P<0.01$）。产量最高的是覆土 10cm 小区，达到 402.50±32.33g/m^2，比覆土 15cm 和覆土 5cm 分别高 9.25g/m^2 和 129.50g/m^2，是对照区域的 2.26 倍。因此，覆土对提高牧草产量十分关键，且本试验中覆土 10cm 更有利于牧草产量的形成。

5. 相关分析

由于 2018 年在植被恢复中具有代表性，相对更加能够接近反映土壤重构和植被恢复的真实水平。本试验分析了 2018 年矿区渣山表层土壤基质速效养分情况，如表 4-24 所示，4 种覆土处理速效氮、速效磷、速效钾、有机质均存在显著差异，对照处理与 3 个覆土处理速效氮含量差异均为极显著（$P<0.01$）。

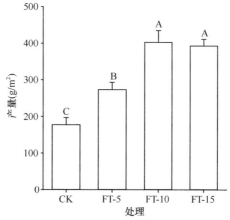

图 4-27　不同覆土处理小区产量比较

不同大写字母表示不同覆土处理小区产量在 0.01 水平差异显著

表 4-24　2018 年不同覆土处理矿区渣山表层土壤基质速效养分表

处理	速效氮（mg/kg）	速效磷（mg/kg）	速效钾（mg/kg）	有机质（g/kg）	pH
CK	32.67±9.29C	2.8±0.85b	108.7±11.02B	45.13±8.92B	8.06±0.37a
FT-5	69.67±10.07B	7.63±2.48a	142.7±12.10A	48.22±5.07AB	7.67±0.01a
FT-10	79.33±11.02B	3.83±0.61b	119.3±10.50B	57.77±3.06A	7.8±0.4a
FT-15	105.5±5.50A	4.75±1.25b	141.5±5.50A	59.13±4.14A	7.49±0.04a

注：不同大写字母表示不同覆土渣山表层土壤基质速效养分在 0.01 水平差异显著；不同小写字母表示不同覆土处理渣山表层土壤基质速效养分在 0.05 水平差异显著

从表 4-25 可以看出，无论是植物长势指标还是土壤养分指标，均与 pH 呈负相关，其中速效氮、速效钾与 pH 相关性最为显著（r 值分别为 0.702 和 0.759）。高度、盖度、密度、株丛数、产量 5 个指标中，高度与盖度、密度、产量分别呈显著性正相关，相关系数分别为 0.674、0.585 和 0.662。产量还同盖度和密度呈显著正相关。高度、密度与速效氮含量呈显著正相关，相关系数分别为 0.578 和 0.619，产量与速效氮呈极显著正相关（$r=0.839$），速效氮对植被盖度以及株丛数影响较小。5 个产量指标与速效磷、速效钾均无显著相关性，有机质与小区产量显著相关（$r=0.592$）。各养分指标中，速效钾与速效氮、速效磷显著相关，相关系数分别为 0.658 和 0.706，有机质与速效氮呈极显著正相关（$r=0.768$）。

从表 4-25 分析得出，速效氮对植被产量的影响达到极显著差异（$r=0.839$，$P<0.01$），植被的高度、盖度、密度直接影响小区的产量。株丛数与其他指标相关性均不显著。由于 pH 与速效氮呈显著负相关（$r=-0.702$，$P<0.05$），在植被恢复中需要注意调节种植小区的 pH。

表 4-25　相关分析

指标项	高度	盖度	密度	株丛数	产量	速效氮	速效磷	速效钾	有机质	pH
高度	1									
盖度	0.674*	1								
密度	0.585*	0.215	1							
株丛数	0.508	0.492	0.543	1						
产量	0.662*	0.583*	0.616*	0.488	1					
速效氮	0.578*	0.28	0.619*	0.313	0.839**	1				
速效磷	0.307	0.174	−0.037	0.328	0.231	0.326	1			
速效钾	0.27	0.261	0.117	0.156	0.516	0.658*	0.706*	1		
有机质	0.316	0.019	0.407	0.283	0.592*	0.768**	0.188	0.313	1	
pH	−0.255	−0.107	−0.345	−0.198	−0.319	−0.702*	−0.444	−0.759**	−0.537	1

**表示 $P<0.01$ 水平上显著相关，*表示 $P<0.05$ 水平上显著相关，$n=11$

4.5.4　不同立地条件下覆土养分比较分析

1. 不同立地条件下覆土对速效氮的影响

奥凯煤矿（滩地）试验区不在矿区渣山上，而是在矿坑周边的一片空旷水平地面上，地面也是由煤矿区渣山、岩土、冻土等混合物堆积平整而成的。从图 4-28 可以看出，无论是不覆土处理还是覆土处理，奥凯煤矿速效氮含量均高于圣雄煤矿（坡地），不覆土（CK）、覆土 1（FT-5）、覆土 2（FT-10）、覆土 3（FT-15）处理分别是圣雄煤矿的 4.49 倍、3.32 倍、2.60 倍和 4.33 倍，奥凯煤矿速效氮含量之所以高于圣雄煤矿，可能与矿区渣山表层基质本身养分含量差异有关，也可能与覆盖土壤的养分差异有关，同时受到植被生长养分运转的影响。

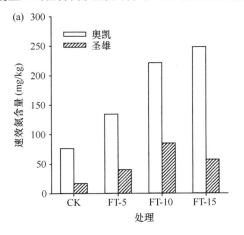
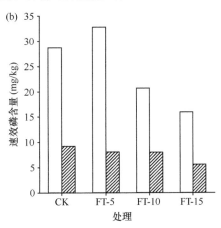

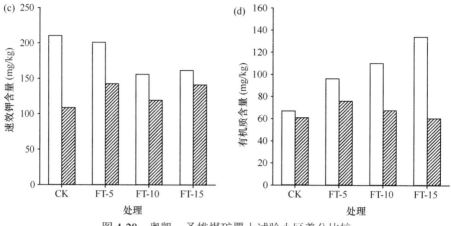

图 4-28　奥凯、圣雄煤矿覆土试验小区养分比较

2. 不同立地条件下覆土对速效磷的影响

从图 4-28 可以看出，与速效氮含量相似的是，奥凯煤矿速效磷含量远高于圣雄煤矿，不覆土、覆土 1、覆土 2、覆土 3 处理分别是圣雄煤矿的 3.12 倍、4.07 倍、2.59 倍和 2.85 倍。随着覆土厚度增加，圣雄煤矿的速效磷含量不断减少，而奥凯煤矿却呈现出先增加后下降的趋势，且覆土 2、覆土 3 处理均低于不覆土处理。

3. 不同立地条件下覆土对速效钾的影响

同速效氮、速效磷含量相似，奥凯煤矿所有处理速效钾含量均高于圣雄煤矿，但差异幅度不大，差异最大的不覆土处理，奥凯煤矿速效钾含量为圣雄煤矿的 1.94 倍，而差异最小的覆土 3 仅为 1.14 倍，奥凯煤矿速效钾含量表现出先下降后上升的趋势，不覆土处理速效钾含量为 210.33mg/kg，为最大值，最小的覆土 2 处理，速效钾含量为 156.00mg/kg。而圣雄煤矿速效钾含量表现出先上升后下降再上升的趋势，数值最小的不覆土处理为 108.67mg/kg，数值最大的覆土 1 处理为 142.67mg/kg，都同奥凯表现出不一样的规律，因此，地形对速效钾的含量有一定影响。

4. 不同立地条件下覆土对有机质的影响

从图 4-28 可以看出，不同覆土处理奥凯煤矿有机质含量均高于圣雄煤矿，不覆土、覆土 1、覆土 2、覆土 3 处理分别是圣雄煤矿的 1.10 倍、1.27 倍、1.63 倍和 2.22 倍，且奥凯煤矿有机质含量随覆土厚度增加呈现不断增加的趋势，从 66.93g/kg 到 96.19g/kg，再上升到 110.19g/kg 最后上升到 134.00g/kg，而圣雄煤矿则出现先上升后下降的趋势，覆土 3 处理有机质含量仅为 60.36g/kg，比不覆土处理的有机质含量低。因此试验地地形对有机质的变化有一定影响。

5. 不同立地条件下覆土对 pH 的影响

从图 4-29 可以看出，无论哪个处理，圣雄矿区的 pH 均高于奥凯矿区，圣雄煤矿整体更加偏向碱性，两个煤矿均为不覆土处理 pH 最高。pH 并没有随覆土厚度增加呈现一定变化规律。

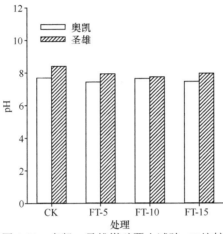

图 4-29　奥凯、圣雄煤矿覆土试验 pH 比较

4.5.5　矿区试验小区效益分析

覆盖土壤达到一定厚度时，植物产量不再显著增加，但覆土费用与覆土厚度有直接关系，因此，根据覆土厚度并结合植物生长情况、植物产量、土壤改良情况等来确定恢复成本是有实际意义的。

根据肖武等（2010）构建的土地复垦成本评价指标体系，参照其方法构建了本研究的覆土成本，根据种植区和土壤理化性质的改善建立了修正系数 Ri，M 为复垦区面积，以每亩为单位计算，S 为当地覆土费用，Ri 暂且以 4 类草地标准（0.8）估算，我们参照本地覆土费用 50 元/m³ 为例计算，比较 4 种覆土处理所需要的成本，见表 4-26。

表 4-26　不同处理覆土成本比较分析

覆土厚度	土壤厚度（m）	土壤体积（m³）	覆土费用（元/hm²）	修正系数	成本估算（元/hm²）
FT-5	0.05	500	25 000	0.8	20 000
FT-10	0.1	1 000	50 000	0.8	40 000
FT-15	0.15	1 500	75 000	0.8	60 000

通过计算可以得出，在木里矿区覆土 5cm、10cm、15cm 成本分别为 20 000 元/hm²、40 000 元/hm² 和 60 000 元/hm²。按照木里矿区渣山 1702hm² 的面积来计算，覆土

15cm则成本超亿元，覆土投资巨大，还应结合施肥及其他机械、修复措施来综合评估覆土成本。

4.5.6 讨论

1. 矿区渣山覆土厚度对表层基质养分的影响

刘会平（2010）研究表明覆土厚度对复垦土壤的持水性、养分的淋溶、作物和根系生长及作物品质和产量形成都有影响。李娟等（2013a）研究表明合理的覆土厚度有利于土壤养分利用。从我国矿山生态恢复的实践看，没有客土覆盖的统一标准，因此，有必要根据矿山的实际，提出经济、行之有效的客土覆盖结构，为矿区渣山的生态恢复提供依据（刘爽等，2015）。

世界上绝大多数煤矿分布在低海拔地区，往往采取客土来改良土壤（Kumar et al.，2017）。一些土地复垦后还可以继续种植粮食和经济作物，还有一些矿区采用乔木、灌木进行植被恢复，由于植物根系对土层厚度要求高，低海拔地区覆土普遍较厚，有些甚至超过1m。本试验通过研究比较4种覆土处理下的植被恢复效果，明确高寒地区矿山覆土厚度，结合覆土成本，综合分析评价覆土效果，为高寒地区植被恢复提供科学参考。

植物与土壤的相互作用是生态恢复学的热点（付标等，2015）。露天煤矿开采使土壤自然状况遭到破坏，土壤质量的提高和恢复是矿山生态系统功能恢复的重要方面（Swab et al.，2017），影响土壤形成的因素主要有母质、气候、生物、地形和时间。就生态恢复过程中土壤和植被组分的改变而言，恢复年限大小往往是主要驱动因素。有研究表明，随着植被恢复时间延长，土壤有机质、氮、含水量等均增加，pH减少，土壤性质得到逐步改良（Kumar et al.，2015）。王丽丽等（2018）认为，不同改良模式下土壤有机碳、速效磷均已超过原地貌土壤养分含量，总体上本研究覆土前3年也是有利于有机质和速效磷维持的，到第4年则出现了变化。也有研究表明，不同恢复时间下地上植被、土壤养分含量、微生物功能多样性以及物理结构均有显著变化（胡雷等，2015；王瑞宏等，2018）。本文连续观测了4年排土场渣山表层土壤基质的变化，发现即使是同一处理，不同养分指标的变化规律也不相同，这说明恢复后的第2年表层土壤基质养分水平比较高，到第3年绝大部分养分会出现下降趋势，第4年下降程度十分明显，需要及时调整土壤重构策略。由于缺乏长期研究观测，且高寒环境下腐殖质层形成缓慢，因此，必须通过机械、化学、生物措施等综合措施来加快土壤重构进程。

2. 矿区渣山覆土厚度对植被长势的影响

在高寒地区人工建植的初期，植被盖度、高度、密度及地上生物量均很低，如果不采取施肥、覆土等土壤重构措施，增加土壤营养和改善生态条件，仅依靠植物自我生长及繁衍很难达到生态恢复的良好效果（杨鑫光等，2019）。一般来说，矿区渣山表层土壤形成是一个复杂的过程，改善土壤的物理、化学和生物特性（Frouz et al.，2006）需要很长的演替时间。

对于高寒地区人工植被的建植，施肥可增加土壤肥力，改善人工植被营养，覆土可提供植物生长的土壤环境，有利于植物根系生长，吸收更多的养分和水分，促进植物生长。有机肥与无机肥配施，比单施一种肥及不施肥更能有效改善土壤容重、含水量和紧实度（孙建等，2010）。Zvomuya 等（2006）研究发现适宜的一定厚度的表层土壤覆盖和有机肥料组合为复垦地植物提供了充足的速效氮、磷养分，有助于建立一个可以自我维持的土壤植被系统，这可以进一步确保复垦的成功。杨鑫光等（2019）研究认为采取人工建植+覆土或人工建植+施肥的组合方式，是恢复木里矿区渣山的有效途径，他还认为木里矿区植被恢复过程中土壤物理性质的恢复滞后于化学性质的恢复，在植被恢复初期，需施入足够牛羊颗粒有机肥，并在恢复后期适时进行补播和追肥。本研究试验小区建立当年，覆土措施对牧草高度、盖度、密度影响均不大，覆土处理 4 年后已经对牧草生长产生了不同程度的显著影响。

从垂穗披碱草 4 年的生长情况可以看出，覆土小区垂穗披碱草的高度、盖度和密度不能持续增加，因此覆土并不能长期维持植被的长势，需要根据实际情况施入化肥。对于植被盖度下降的趋势，杨鑫光等（2018）研究认为，木里矿区人工植被自然更新过程困难，植被种子不能够完全成熟，应从植被恢复翌年开始进行补播、施肥及覆盖无纺布等处理，改善土壤、温度等环境条件，以加快植被自我更新及恢复进程。

自然生长形成的高寒草甸和高寒湿地的腐殖质层在经历了近两千年的时间才发育到目前的成熟度（安福元等，2019）。有研究（刘德梅，2013）对青海湖沼泽湿地的年代测定为 2.1～1.1ka，进一步佐证了这种长期形成历史，要形成厚度 40cm 左右的腐殖质层，其年平均沉积速率为 0.2mm，过程十分缓慢。因为青藏高原恶劣的气候环境和短暂的春夏季节，植被的生长短暂缓慢。由于矿区开采出来的矿渣基本由粗砂、砾石、块石以及多年冻土组成，含土量和肥力极低，目前青海木里矿区的矿山植被恢复时间短（2016～2018 年），加之矿渣山体滑坡、坍塌等影响，其人工种草后植被恢复状况不如天然草原湿地植被盖度和群落组成，主要表现为人工种植形成的土壤层很薄，植被单一且稀疏，植物类型并不是区域草原的优势种，其土壤稳定性、植被的抗寒性和生态环境相当脆弱。由于植被重建过程当中采取覆土方式，经济投入相对更高，因此需要基于受损矿区的经济投入和所产生的生态效益两个方面来考虑（Dornbush and Wilscy，2010）。覆土能够明显提高牧草的产量，但是覆土处理需要结合生产实际综合考虑。从植被恢复角度来讲，牧草产量并不是植被恢复的首要目标，恢复的目的还要着重从生态效果和生态价值来考虑。就本试验来看，覆土 10cm 是相对比较理想的覆土重构措施。但高寒地区土源缺乏，随意取土势必会造成新的生态破坏，开展植被恢复试验，要综合考虑覆土可行性以及覆土的经济性。

分析研究结果可发现，覆土措施对土壤养分含量的影响随时间推移表现得越来越明显，2018 年几乎所有养分指标均受覆土影响。从 2016 年起，全氮和速效氮两个指标连续 3 年各个处理都出现了极显著差异（$P<0.01$），且含量最低的均为对照处理，覆土 15cm 的全氮和速效氮含量更加明显，因此覆土 15cm 更加有利于氮含量的维持，利于牧草持续生长。2019 年全氮也随覆土增加而增加，各处理间差异极显著（$P<0.01$）。但速效氮含量 2019 年各处理间差异不显著，对照处理速效氮含量最高，覆土处理速效氮含量相比 2018 年下降剧烈，覆土 15cm 速效氮含量仅为 2018 年的 20.9%，2019 年覆土 10cm 速效氮含量仅为 2017 年的 11.7%，说明在植被恢复第 4 年速效氮供应出现困难，在生产实践中要引起重视。另外有研究发现矿区复垦土壤改良最主要的限制因子是磷元素（常勃，2013）。基质速效磷含量主要来自渣山有机质，在受基质特性、植被特征与净矿化作用以及有机质含量影响的同时，植被覆盖物能够提高速效磷的利用率（唐庄生等，2015）。Richards 等（1993）研究表明，植物在生长过程中缺磷将会导致幼苗不能正常生长而死亡。从研究结果看，本试验各小区速效磷含量高于或接近于原始湿地的速效磷含量，磷元素不是矿区渣山牧草生长的限制因子。

土壤有机质包括土壤微生物和土壤动物及其分泌物，以及土体中植物残体和植物分泌物（Mukhopadhyay et al.，2016），是土壤养分的储备库和微生物能量的来源（Verma and Sharma，2007；田小明等，2012），在植物生长中扮演重要角色（Jing et al.，2018），可间接地视为植被盖度和生物量的指示指标（田应兵等，2004）。许多研究表明，随着植被重建时间的延长，土壤有机质含量能够显著增加（Ahirwal et al.，2017；Tripathi et al.，2016；Zhao et al.，2013；樊文华等，2006）。从理论层面推断，由于气候严寒，地上枯落物不断积累，土壤有机质分解缓慢，会引起有机质增加。在本试验中，各试验处理有机质含量并没有表现出相同的变化规律。总体来看，覆土处理有机质含量高于对照处理，覆土对于有机质提升具有重大意义，但有机质含量是动态变化的，3 个覆土处理在建植后第 3 年有机质含量都处于低水平，到了第 4 年有机质含量继续下降，覆土厚度较高的处理反而有机质含量明显低于对照处理，在高寒环境植被恢复条件下，覆土并没有显著增加有机质储量，仍需要补充有机质。

土壤 pH 通过调节植物营养有效性，改变土壤微生物活性大小和速效养分含量（郭楠，2016），对表层有机质变化产生影响（汪俊珺等，2015）。矿区植被恢复过程中，土壤 pH 呈现上升（Jing et al.，2018）、下降（Huang et al.，2016）、没有显著变化（韦莉莉等，2016）和无规律变化（李鹏飞等，2015）等趋势，有研究认为，土壤 pH 随植被恢复年限增加而增加，由酸性逐渐向中性过渡。也有研究认为，土壤 pH 随复垦时间延长而降低（Yuan et al., 2018）。虽然不同类型的植被恢复 pH 变化差别很大（韦莉莉等，2016），但总体向有利于植被生长的趋势变化。本试验中，pH 并没有表现出一定变化规律，4 年后对照、覆土 5cm 和覆土 15cm 的 pH 都明显低于恢复初期，矿区渣山表层的碱性在减弱，但覆土 10cm 表现出先下降后上升再下降的趋势，有关机制还需进一步研究探讨。

有研究发现覆土对提高各类微生物数量及活性强度有深远影响（张轩，2016）。微生物数量均为覆土区大于未覆土区（谢英荷等，1995；洪坚平等，2011），而且随年限增长呈增加—降低—增加的趋势（南丽丽等，2016）。金立群（2019）发现，土壤微生物数量随恢复时间增长而增加，但细菌数量在 5 年恢复中差异不明显。从试验结果可以推断，不覆土情况下植被恢复有利于细菌数量增加，覆土厚的区域细菌数量能够保持长时间稳定。总体来说，覆土厚的处理真菌数量方面体现了优势。矿区渣山表层土壤稀少、结构性差且气候严寒，短时期植被恢复对渣山表层土壤质量的改良缓慢，土壤团聚体胶结及碱性 pH 环境没有明显改善，都会影响微生物数量。

土壤微生物与土壤养分含量之间有密切关系，其分布与其相应土层养分含量相关（杨瑞吉等，2004）。在露天煤矿土地复垦和生态重建时，不仅要恢复地上植被，还要恢复地下微生物群落。研究表明，细菌数量和微生物总数与土壤有机质、全氮、全磷、碱解氮、速效磷呈正相关，与全钾、速效钾呈负相关。三大类微生物与磷素的相关系数均未达到 5% 的显著水平。复垦土壤微生物与养分之间的相关性也表明了复垦土壤的特殊性（樊文华等，2011）。

土壤酶是土壤生物化学反应的催化剂，它参与土壤物质循环与能量转化。土壤酶绝大多数来自微生物，土壤微生物数量与酶活性有较好的相关关系（薛立等，2003；李跃林等，2002）。酶活性能反映土壤生物的改变，是土壤生物指标研究中优先考虑的指标之一（王海英等，2008；赵汝东等，2011）。有部分研究探究复垦后土壤酶活性（磷酸酶、蔗糖酶、过氧化氢酶、蛋白酶、脱氢酶以及脲酶）以及土壤肥力因子（有机质、全氮、全磷、速效钾）和 pH 等土壤理化性质的相关性（Nie et al., 2015），研究表明，未见过氧化氢酶与土壤肥力有显著的相关性，是由于试验地常年受到放牧等人为因素的干扰（Liang et al., 2009），土壤肥力因子影响分泌土壤酶的土壤微生物和植物根系的活动（Dooley and Treseder, 2012）。对露天矿排土场复垦土壤的研究主要集中在复垦模式对土壤酶活性（闫晗等，2011）、土壤理化性质、微生物群落及养分评价体系的建立（丁宏宇，2012；闫晗等，2014）等方面。闫晗等（2011）研究了海州露天矿排土场 6 种土地利用方式对土壤养分及土壤酶活性的影响，发现人工修复地可以显著提高土壤养分和土壤酶活性，还有研究把酶作为土壤质量特征体系的一个指标来研究，确定酶活性的权重。目前还发现有学者对高寒矿区渣山表层基质酶活性与土壤重构的关系进行研究，本研究通过试验阐释矿区渣山基质土壤酶活性与覆土厚度的关系。

容重是矿区渣山土地复垦中最具判断力的土壤质量动态指标。研究表明，高容重、低渗透、物理结构差是矿区渣山表层土壤基质的显著特征（Reynolds and Reddy，2012；Shrestha and Lal，2006，2008；Palumbo et al.，2004）。张轩（2016）研究发现，撂荒区土壤容重值在 1.11～1.62g/cm^3，种植区的土壤容重在 1.10～1.59g/cm^3 波动，增加覆土厚度能有效降低撂荒区的土壤容重。本试验对照处理的容重明显超出正常范围，说明高寒矿区渣山表层基质的物理结构较差，覆土虽然不能使表层基质达到土壤容重水平，但有效改善了物理结构，减低了土壤容重，使其更加接近理想范围。容重下降可能是根穿透、土壤破裂和孔隙数量增加造成的（Asensio et al.，2013），本试验结果与多数文献一致。有研究认为，运用铲运机复垦土壤的容重值大于普通农田（戚家忠等，2005）。本试验采用铲车进行覆土处理，一定程度上增加了表层基质容重。因此，机械措施对容重的影响也应当考虑。

由于成矿母质不同，不同矿区渣山表层基质从堆积初始它们的物理结构、化学性质、微生物活性及养分有效性均有差异（张建彪，2011）。矿区渣山植物根部微生物分泌有机酸也会影响表层土壤基质植被生长，与土壤全氮、土壤有机质特别是土壤全磷之间相互促进。植物生长有利于改良土壤，而土壤有机质、全氮、全磷含量提高促进了植物生长。有学者（刘世全等，2004）对西藏地区土壤全氮与有机质的研究表明两者呈非常明显的线性正相关，而碱解氮与有机质则呈非线性正相关，与本试验存在不一致。杨鑫光等（2018）对于短期恢复土壤性质指标相关性的研究也与本研究存在一些不一致的地方，这说明不同木里矿区渣山养分变化的个体差异很大，需要具体分析。

3. 矿区渣山覆土厚度和效果分析

木里矿区江仓矿剖面的腐殖质层形成于 1.7ka±0.1ka 以来，青藏高原东北部成熟的高寒草甸、高寒湿地形成时间在 2000 年以上，形成过程十分缓慢，沉积速率非常低。从天然高寒湿地腐殖质层形成的年代和过程看，煤矿区排土场渣山人工种草恢复还需要增加表层土壤基质的覆土厚度，有效补充肥力，从而加快矿区土壤结构和植被多样性的恢复进程。

目前，在复垦地土壤质量方面，主要是在土壤的物理、化学、生物活性方面有一些研究，多集中于土壤的某个特性方面（刘会平，2010）。郑福祥和王电龙（2011）研究认为，随覆土厚度的增大，更多的土壤细颗粒填满煤矿区渣山风化物中的大孔隙，改善了煤矿区渣山原来的孔隙结构使混合基质土壤的孔隙度增大。当土壤条件相同时，覆土厚度的多少决定了其保水保肥的能力。郭友红等（2008）认为，覆土厚度更多地要考虑植物生长的要求，70cm 左右覆土厚度经济合理。杨鑫光（2019）认为冻融造成堆体不稳定，在覆土的 25cm 基础上由于水土流失形成新的覆土厚度，从有利于植物生长的角度出发，木里矿区植被恢复土壤厚度需保持在 40～45cm，这与本研究结果不一致。由于种植牧草的根系长度一般小于15cm，本试验在设计覆土厚度上没有超过 15cm。现实中排土场渣山覆土不但需要满足植被生长要求，还应考虑经济性和施工难度。研究区在植被恢复过程中采用客土覆盖，因此土壤养分的变化与原始营养元素含量密切相关。在复垦过程中应充分考虑复垦容重、紧实度问题以免阻碍植物根系生长。

对于木里矿区植被恢复，覆土＞30cm 不必要且不现实，从本试验可以分析得到覆土 10cm 和 15cm 是具有优势的覆土方案，但从土壤来源和覆土成本来考虑，覆土 10cm 最具优势，能够满足植被恢复需要。从高寒地区缺土源的现实来考虑，虽然不覆土不能加速土壤重构剖面的形成，但通过优化机械措施、施肥措施、种植措施等，仍然可以满足不覆土条件下植被的生长需求，本试验的对照区能够证实这一结果。

一般认为，回填表土是一种常用且最有效的措施。表土是重要的种子库，包含有较多的微生物与微小动物群落（Bell，2001）。但回填表土存在较大的局限性，涉及表土的采集、存放、二次倒土等大量工程，所需费用很高、管理不便，且土源较少，多年采矿后取土越来越困难，不少矿区已无土可取，一些矿山企业甚至花费巨资进行异地熟土覆盖。这种做法既解决不了矿山长期使用土源问题，又破坏了宝贵的耕地资源。因此，回填表土和异地熟土覆盖只能在条件允许的矿区适用，在土源短缺的矿区，应该选择其他行之有效的基质改良措施。

Holmes 和 Richardson（1999）研究表明，覆盖 10cm 厚的表土能使植物的盖度从 20%上升到 75%，覆盖 30cm 土层植物盖度上升到 90%，但这两种深度的表土对提高植物密度方面没有明显差异，甚至在播种 18 个月后，浅表土（10cm）上的植物密度要高于深表土（30cm）。Redente 等（1997）在一个煤矿地比较了 4个厚度（15cm、30cm、45cm、60cm）的表土后，发现覆盖 15cm 即可以取得较好的恢复效果。因此，表土的覆盖可以选择 10～15cm 厚度，而且应该依据种植的植物类型进行调整。

4.5.7　小结

（1）覆土可以调节土壤酸碱度，调节表层基质土壤的容重，有利于形成适宜植被生长的土壤物理结构。

（2）覆土对木里矿区排土场渣山基质土壤养分的影响十分显著，尤其是增加了基质土壤中的全氮和速效氮含量，且随着时间推移水土流失加剧，覆土效果越来越明显，但到了第 4 年，覆土处理速效氮含量水平明显下降，需要及时补充。

（3）不覆土处理蛋白酶含量与所有覆土处理差异均为极显著（$P<0.01$），随

覆土厚度增加蛋白酶含量反而降低，覆土 15cm 蛋白酶含量仅为对照的 43.57%。覆土 15cm 脲酶含量最高，达到 $646.66 \pm 101.09 \mu g/ (d \cdot g)$，覆土 15cm、10cm 分别与覆土 5cm、对照差异极显著（$P < 0.01$），覆土增加有利于脲酶含量的增加。覆土对过氧化氢酶、纤维素酶影响均不明显，覆土对脱氢酶、磷酸酶含量的影响规律尚不明确。RDA 分析表明，土壤有机质、硝态氮、全氮聚合度较好，且与脲酶呈正相关，与酸性蛋白酶呈负相关。

（4）分析覆土对土壤养分的影响至关重要，覆土处理的速效养分出现先上升后下降的总体趋势，植被建植第 2 年达到速效养分最大值，覆土第 4 年全量养分基本处于最低水平。覆土能够为土壤表层基质提供良好的有机质条件，改善表层土壤基质的微生物环境。覆土 10cm 是高寒煤矿区植被恢复相对比较理想的覆土重构措施，覆土成本为 40 000 元/hm²。但覆土 4 年后需要补充有机质及其他养分。

（5）采用覆土措施可以有效促进植物生长，提高植被的高度、盖度和密度，但覆土第 4 年效果逐渐减弱或低于对照处理，垂穗披碱草是木里矿区植被恢复的优势草种。

（6）相关分析结果表明，牧草高度、密度与土壤表层速效氮含量呈显著正相关（$r=0.578$ 和 $r=0.619$，$P < 0.05$），速效氮对植被产量的影响达到极显著水平（$r=0.839$，$P < 0.01$），说明追施氮肥对木里矿区植被恢复有明显作用。无论是植物生长指标还是土壤养分指标，都与 pH 呈负相关，生产实践中需要注意调节种植小区的 pH。

4.6 不同恢复措施对渣山表层基质特征的影响

长期以来，高寒地区形成了符合其自身特点的特殊的植被群落类型和结构，群落物种普遍表现为生长周期短、生长缓慢，一旦受到人为因素如煤矿开采活动等破坏后很难恢复。在受损煤矿区开展植被重建是恢复生态的有效措施（Yuan et al.，2018），特别对于高寒受损煤矿区的生态恢复，首要条件需选择适合当地低温环境下生长的植物种。

本试验牧草单播品种参照了木里煤田各煤矿广泛采用的品种，以及近年来在青藏高原植被护坡、青藏铁路沿线植被恢复常用的品种，选用青海当地生产、适宜青藏高原生长、抗逆、抗病虫害方面优良的多年生禾本科牧草品种，以市场供种相对充足的垂穗披碱草、青海冷地早熟禾、同德小花碱茅（星星草）、青海草地早熟禾、老芒麦、麦薲草（*Elymus tangutorum*）、青海中华羊茅等乡土草种为先锋建群种。草种质量需达到国家规定的三级标准以上（检验标准为 GB/T 2930.4—2001 和 GB 6142—2008），种子经发芽实验后净度不低于 80%，其他植物种子不多于 3000 粒/kg。具体等级状况要以相关部门出具的种子质量检验报告为准。具体试验方法同第 5 节。

4.6.1 牧草生长情况

1. 牧草高度

从图 4-30 可以看出，2016 年所有牧草高度均为 4 年中最小值，7 种牧草中高度最高的是老芒麦，达到 15.57±3.96cm，高度最小的是青海草地早熟禾，为 10.40±0.59cm。2017 年，所有 7 种牧草高度相对于 2016 年均有不同程度增加，增加幅度最大的是同德小花碱茅（星星草），2017 年度高度 42.40±5.33cm，是 2016 年（10.89±1.43cm）的 3.89 倍，青海草地早熟禾、青海冷地早熟禾、青海中华羊茅高度小于其他 4 种牧草，且差异极显著（$P<0.01$）。2018 年，垂穗披碱草高度最高，达到 45.95±6.53cm，为 2016～2019 年牧草高度最高值，高度最小的是青海草地早熟禾（19.00±2.92cm），与其他 6 个品种差异均为极显著（$P<0.01$）。2019 年所有 7 种牧草均不是最大值，也不是最小值，垂穗披碱草高度最高，为 42.30±3.01cm，与其他 5 个品种均差异极显著（$P<0.01$），高度最小的为青海中华羊茅，为 19.50±1.70cm，可以判断，2019 年所有牧草的长势在逐步减弱，需要结合养分变化来分析。总的来说，垂穗披碱草表现稳定，高度最具优势，其次为老芒麦，高度在各个年份均保持在第 1、第 2 位，而青海草地早熟禾和青海中华羊茅长势偏弱。

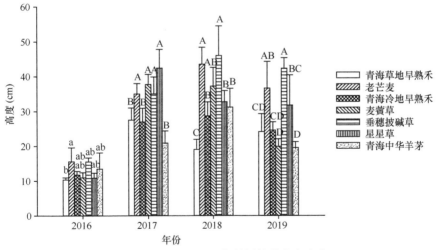

图 4-30　2016～2019 年单播牧草高度变化

不同大写字母表示相同年份不同草种高度在 0.01 水平差异极显著；不同小写字母表示相同年份不同草种高度在 0.05 水平差异显著

2. 牧草盖度

盖度是矿区渣山植被恢复的核心指标，只有盖度稳定增加，矿区渣山复绿效果才能显现。从图 4-31 可以看出，和牧草高度有点相似的是，2016 年所有 7 种牧草的盖度均为 2016~2019 年 4 年中的最低值，2016 年是小区建立当年，在经过近 70 天的生长后，各牧草盖度之间已经表现出极显著差异（$P<0.01$），盖度最大的垂穗披碱草（37.00%±5.89%）是同德小花碱茅（星星草）（7.14%±2.22%）盖度的 5.18 倍。除青海冷地早熟禾外，其他 6 种牧草均在 2017 年达到最大盖度，7 种牧草 2017 年盖度无显著差异（$P=0.067$，$P>0.05$），盖度最大的依然是垂穗披碱草，达到 65.00%±10.00%，盖度最小的则是麦薲草（45.00%±5.00%）。2018 年，垂穗披碱草盖度（60.67%±8.50%）与麦薲草（39.00%±7.00%）、同德小花碱茅（星星草）（35.04%±5.22%）及青海中华羊茅（39.67%±10.02%）盖度差异均为极显著（$P<0.01$），同德小花碱茅（星星草）盖度在 7 种牧草中最小。2019 年所有牧草的盖度均高于 2016 年盖度，且麦薲草和青海中华羊茅的盖度比 2018 年略有增加，垂穗披碱草（53.67%±11.72%）连续 4 年盖度最大，与青海冷地早熟禾（39.67%±3.51%）、麦薲草（40.67%±5.03%）、同德小花碱茅（星星草）（31.00%±4.58%）差异显著（$P<0.05$）。4 年中，垂穗披碱草盖度始终保持优势，是盖度最具优势的牧草品种，青海草地早熟禾 2017~2019 年盖度位居 7 种牧草中第 2 位，表现稳定，其次则为老芒麦，同德小花碱茅（星星草）除 2017 年外盖度处于第 4 位外，其余年份盖度均为最小，整体表现最弱势。

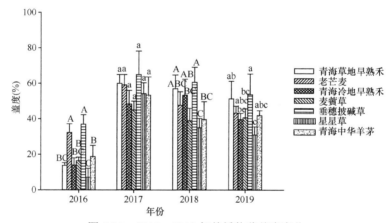

图 4-31 2016~2019 年单播牧草盖度变化

不同大写字母表示相同年份不同牧草盖度在 0.01 水平差异显著；不同小写字母表示相同年份不同牧草盖度在 0.05 水平差异显著

3. 分株密度

分株密度在一定程度上体现了牧草的生长繁殖能力，从图 4-32 可以看出，总体上各牧草品种分株密度没有明显规律可循。除同德小花碱茅（星星草）外，其他 6 种牧草均为 2016 年分株密度最高，其中最高的为垂穗披碱草，每个采样区（0.25m²）可达 308 株，与青海草地早熟禾（226±45 株）、麦薲草（148±8 株）、同德小花碱茅（星星草）（56±13 株）差异极显著（$P<0.01$）。2017 年，垂穗披

碱草每样区急剧减少为 82 株，仅为 2016 年的 27%，青海冷地早熟禾分株密度最大，达到每样区 191 株，与其他 6 种牧草差异极显著（$P<0.01$）。2018 年，除了青海中华羊茅，其他牧草分株密度差异均不显著。2019 年，同德小花碱茅（星星草）的分株密度最低，每样区 69 株，与青海草地早熟禾（212±45 株）、青海冷地早熟禾（220±18 株）、老芒麦（137±22 株）、垂穗披碱草（205±45 株）均差异极显著（$P<0.01$）。总体来说，青海冷地早熟禾分株密度表现稳定，2017～2019 年始终保持最高分株密度，其次为青海草地早熟禾，表现比较稳定，这可能与早熟禾类的生长特点有关。2016 年、2019 年同德小花碱茅（星星草）分株密度最小，2017～2018 年青海中华羊茅分株密度最小，整体表现偏弱。

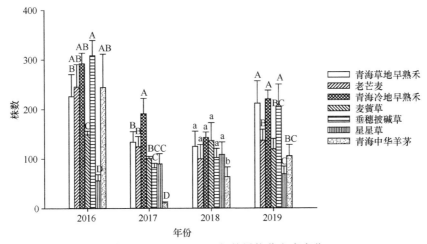

图 4-32　2016～2019 年单播牧草密度变化

不同大写字母表示相同年份不同草种株数在 0.01 水平差异极显著；不同小写字母表示相同年份不同草种株数在
0.05 水平差异显著

4.6.2　牧草种植区表层基质速效养分年际变化

1. 速效氮

从图 4-33 可以看出，除 2017 年以外，青海草地早熟禾样地的速效氮含量在所有牧草中是最高的，而且仅有青海草地早熟禾 4 年速效氮含量连续下降。这说明青海草地早熟禾对于速效氮的吸收机制不同于其他牧草品种。种植第一年也就是 2016 年青海草地早熟禾（37.00±9.85mg/kg）与垂穗披碱草（26.00±13.89mg/kg）、青海中华羊茅（11.33±2.31mg/kg）速效氮含量呈极显著差异（$P<0.01$），且青海中华羊茅与其他 6 种牧草速效氮含量均呈现极显著差异（$P<0.01$）。2017～2019 年所有牧草品种速效氮含量均差异不显著，说明各种牧草对速效氮的需求量总体比较接近，无论种何种牧草，对样地的速效氮含量影响有限。

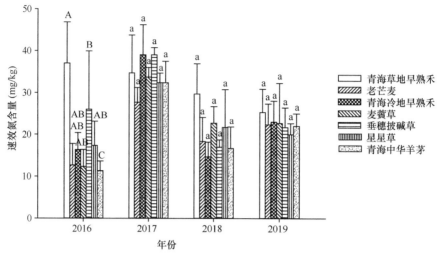

图 4-33 2016～2019 年单播牧草小区速效氮含量变化

不同大写字母表示相同年份不同牧草补播样地速效氮含量在 0.01 水平差异显著；不同小写字母表示相同年份不同牧草补播样地速效氮含量在 0.05 水平差异显著

2. 速效磷

从图 4-34 可以看出，除 2019 年以外，青海草地早熟禾样地速效磷含量均为最高，2016 年青海草地早熟禾速效磷含量 13.00±9.85mg/kg，与其他 6 种牧草速效磷含量呈极显著差异（P＜0.01）。2017 年 7 种牧草速效磷含量均差异不显著。2018 年青海草地早熟禾速效磷含量（10.13±2.34mg/kg）与青海冷地早熟禾（4.33±1.33mg/kg）、麦薲草（6.2±1.05mg/kg）、垂穗披碱草（6.33±1.88mg/kg）、青海中华羊茅（5.5±0.85mg/kg）差异均为极显著（P＜0.01）。2019 年，同德小花碱茅（星星草）样地的速效磷含量为 30.00±7.40mg/kg，与其他 6 种牧草样地速效磷含量均差异极显著（P＜0.01），且为 2018 年的 3.18 倍，增加的机制尚不明确，需要进一步研究。

3. 速效钾

从图 4-35 可以看出，所有 7 种牧草样区在 2016～2019 年速效钾含量差异均不显著，且除老芒麦外，其他 6 种牧草均为 2017 年速效钾含量最高，且除老芒麦外，6 种牧草均为 2018 年速效钾含量最低，其中原因需要进一步深入研究。种植不同牧草对样区速效钾含量的影响不明显。

4. 有机质

从图 4-36 可以得出，除 2019 年以外，其他年份 7 种牧草有机质含量差异均不显著，除青海冷地早熟禾外，6 种牧草均为 2016 年有机质含量最高，单播处理有机质含量没有一定变化规律，虽然不是持续下降，但总体呈下降趋势，这可能与混播牧草的变化规律不一致，单播不利于保持有机质含量。2019 年，青海中华羊茅有机质含量（60.89±19.08g/kg）与同德小花碱茅（星星草）（50.52±4.39g/kg）、麦薲草（49.79±2.59g/kg）、青海冷地早熟禾（48.33±4.07g/kg）、老芒麦（43.09±5.21g/kg）有机质含量分别差异显著（$P<0.05$）。

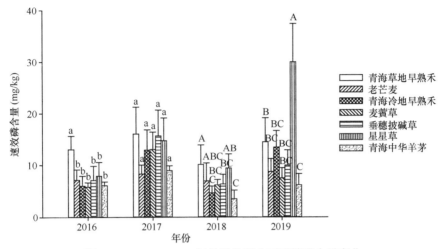

图 4-34　2016~2019 年单播牧草小区速效磷含量变化

不同大写字母表示相同年份不同牧草补播样地速效磷含量在 0.01 水平差异显著；不同小写字母表示相同年份不同牧草补播样地速效磷含量在 0.05 水平差异显著

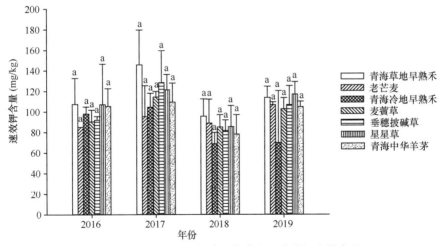

图 4-35　2016~2019 年单播牧草小区速效钾含量变化

不同小写字母表示相同年份不同牧草补播样地速效钾含量在 0.05 水平差异显著

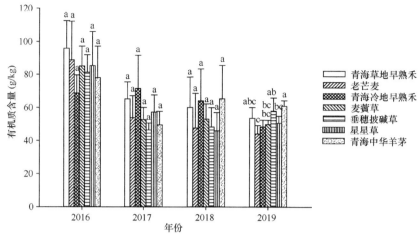

图 4-36　2016～2019 年单播牧草小区有机质含量

不同小写字母表示相同年份不同牧草补播样地有机质含量在 0.05 水平差异显著

4.6.3　不同牧草种植区微生物多样性和丰富度变化

1. 细菌

从表 4-27 可以看出，老芒麦细菌 OTU 数量最多，达到 1837.00±121.86，麦蕡草最少，为 1504.33±170.57，两者存在显著差异（$P<0.05$）。麦蕡草 Chao1 指数同样最小，仅为 1960±221，与 6 种牧草存在显著差异（$P<0.05$），说明麦蕡草细菌相对丰度较低。同德小花碱茅（星星草）香农-维纳多样性指数（Shannon-Wiener's diversity index，Shannon 指数）（7.40±0.68）、辛普森多样性指数（Simpson 指数）（0.94±0.04）与其他 6 种牧草存在显著差异（$P<0.05$）[同德小花碱茅（星星草）Shannon 指数与青海中华羊茅差异不显著]，说明同德小花碱茅（星星草）菌类的多样性相对较小。

表 4-27　不同单播牧草小区细菌微生物特征

牧草品种	OTU 数量	Chao1 指数	Shannon 指数	Simpson 指数
垂穗披碱草	1826.00±68.61a	2377±122a	8.30±0.33a	0.99±0.01a
麦蕡草	1504.33±170.57b	1960±221b	8.19±0.06a	0.99±0.00a
青海草地早熟禾	1696.33±57.74ab	2254.77±155.67a	8.26±0.13a	0.99±0.00a
青海中华羊茅	1644.00±95.82ab	2241.04±51.06a	7.85±0.35ab	0.98±0.01a
青海冷地早熟禾	1689.00±89.02ab	2248.50±93.05a	8.24±0.23a	0.99±0.01a
同德小花碱茅（星星草）	1701.33±142.83ab	2264.72±136.25a	7.40±0.68b	0.94±0.04b
老芒麦	1837.00±121.86a	2376.15±142.75a	8.53±0.28a	0.99±0a

不同小写字母表示不同单播牧草小区细菌微生物特征在 0.05 水平差异显著

7 种不同牧草的试验地共 30 门 353 属。从图 4-37 可以看出，在门水平上，有样品相对丰度超过 1% 的门共 9 个，分别是酸杆菌门（Acidobacteria，33.66%）、变形菌门（Proteobacteria，31.18%）、绿弯菌门（Chloroflexi，11.17%）、蓝细菌门（Cyanobacteria，8.66%）、拟杆菌门（Bacteroidetes，5.44%）、芽单胞菌门（Gemmatimonadetes，3.73%），放线菌门（Actinobacteria，2.77%）、疣微菌门（Verrucomicrobia，0.84%）、Saccharibacteria 门（0.77%），占总量的 98.22%。其中酸杆菌门、变形菌门占有绝对优势，二者相对丰度之和接近总量的 2/3。垂穗披碱草种植区酸杆菌门相对丰度最高，达到 38.93%，其次为青海中华羊茅（38.41%）。垂穗披碱草种植区域变形菌门相对丰度 32.18%，略微少于麦薲草（32.40%）和青海冷地早熟禾（32.22%）。

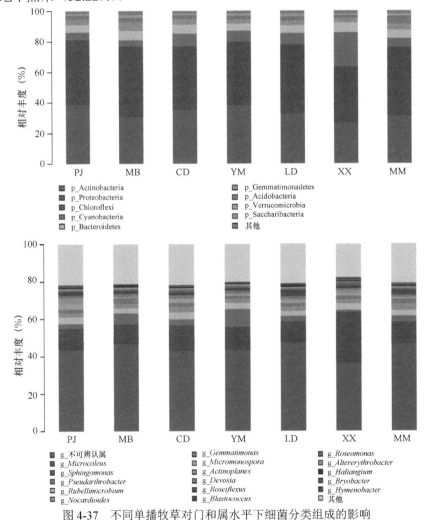

图 4-37　不同单播牧草对门和属水平下细菌分类组成的影响

横轴表示不同的牧草名称，PJ、MB、CD、YM、LD、XX、MM 分别表示垂穗披碱草、麦薲草、青海草地早熟禾、青海中华羊茅、青海冷地早熟禾、同德小花碱茅（星星草）、老芒麦，下同

在属水平上，具备相对丰度超过 1% 的属有 17 个，其中绝大部分为不可辨认属，占总量的 43.95%，相对丰度大于 3% 的属还有鞘藻属（*Microcoleus*，8.31%）、鞘氨醇单胞菌属（*Sphingomonas*，5.57%）、假节杆菌属（*Pseudarthrobacter*，4.00%）、微红微球菌属（*Rubellimicrobium*，3.31%）。种植不同牧草对不同细菌属的影响不同。青海冷地早熟禾不可辨认属的相对丰度最大，达到 47.27%，同德小花碱茅（星星草）鞘藻属的相对丰度则达到 22.01%，接近相对丰度平均值的 4 倍，麦薲草鞘氨醇单胞菌属相对丰度最高，达到 6.51%，青海中华羊茅、青海草地早熟禾则假节杆菌属相对丰度分别最高，分别为 9.61% 和 3.89%。种植垂穗披碱草的区域小单孢菌属（*Micromonospora*）、游动放线菌属（*Actinoplanes*）、芽生球菌属（*Blastococcus*）较多，分别为 3.11%、2.93% 和 1.29%，尤其是小单孢菌属、游动放线菌分别是相对丰度平均值的 2.47 倍、2.34 倍。在考虑种植牧草对微生物的影响时，既要考虑微生物的相对丰度，同时又要考虑该微生物在土壤重构和植被恢复中的作用，才能更有针对性地开展植被恢复。

2. 真菌

从表 4-28 可以看出，各牧草品种之间无论 OTU 数量还是 Chao1 指数、Shannon 指数、Simpson 指数都不存在显著差异，说明种植不同牧草对真菌的丰度和多样性影响不明显。

表 4-28　不同牧草品种真菌微生物特征

牧草品种	OTU 数量	Chao1 指数	Shannon 指数	Simpson 指数
垂穗披碱草	632.33±83.94a	823.04±74.47a	5.70±0.76a	0.94±0.04a
麦薲草	599.33±300.68a	786.44±377.61a	5.37±1.23a	0.92±0.05a
青海草地早熟禾	670.00±130.78a	901.56±97.21a	5.72±0.85a	0.93±0.04a
青海中华羊茅	631.00±78.10a	883.15±121.25a	4.88±0.83a	0.86±0.10a
青海冷地早熟禾	599.67±185.24a	791.01±277.74a	4.55±0.14a	0.84±0.06a
同德小花碱茅（星星草）	583.00±135.24a	808.18±172.91a	5.16±0.43a	0.91±0.03a
老芒麦	585.67±151.14a	771.25±201.85a	5.41±0.45a	0.94±0.02a

注：不同小写字母表示不同单播牧草小区真菌微生物特征在 0.05 水平差异显著

从图 4-38 可以看出，在门水平上，子囊菌门（Ascomycota，84.95%）在真菌类群中占有绝对优势，其中青海中华羊茅相对丰度最高，达到 89.96%，垂穗披碱草则为 89.56%，略低于青海中华羊茅。平均值超过 1% 的还有担子菌门（Basidiomycota，5.38%）、被孢霉门（Mortierellomycota，3.49%）、壶菌门（Chytridiomycota，1.69%），未命名门（unidentified，3.27%），不同牧草相对丰度差别并无规律性，种植不同牧草对真菌门类水平相对丰富影响不大。

从图 4-38 还可以看出，不可辨认属（unidentified，35.51%）相对丰度最大，最大的牧草品种是青海草地早熟禾，达到 41.80%，属水平上相对丰度超过 5% 的还有赤霉属（*Gibberella*，10.00%）、节枝孢属（*Articulospora*，5.94%）、小毛盘菌属（*Cistella*，5.87%）、假散囊菌属（*Pseudeurotium*，5.12%）和 *Myrmecridium* 属（5.05%），各牧草品种相对丰度并没有呈现出一定的规律性，同门的水平一样，种植不同牧草对真菌属水平的影响并不明显。总而言之，种植不同牧草对真菌的影响规律不明显，没有对细菌的影响显著。

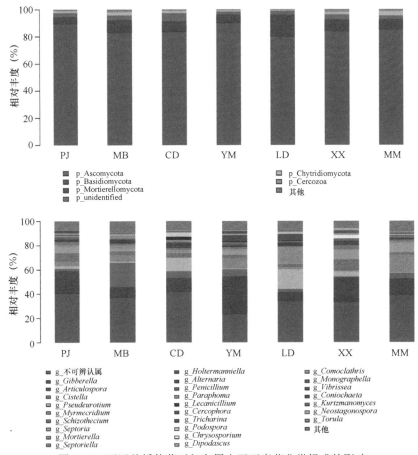

图 4-38　不同单播牧草对门和属水平下真菌分类组成的影响

4.6.4　讨论

国内外针对矿区适宜植被筛选有许多有益的探索，有研究表明，用刺槐对山西平朔煤矿进行土壤复垦，30 年演替后矿区渣山表层基质理化性质明显改善（Yuan et al.，2017）。也有研究在美国草原采用包括本地植物在内的混合植物种植两年后达到了地面覆盖的复垦标准（Swab et al.，2017）。还有研究认为植被恢复21年后一些土壤养分仍未完全恢复（Barliza et al.，2018）。Sangeeta 和 Maitia（2013）在印度切里亚煤田使用矿区复垦土壤指数来开展煤矿复垦树种的筛选，认为印度黄檀是最合适的植被恢复树种。

针对高寒地区的植被恢复，有研究认为，人工建植+覆土措施下，演替形成以垂穗披碱草为主的单优势种群落，与青海中华羊茅、青海冷地早熟禾相比，垂穗披碱草具有更大的种间竞争优势（董全民等，2007；顾梦鹤等，2008），本研究与其结果相似。还有研究认为在厚覆土条件下利于垂穗披碱草根系发育，吸收营养，使其逐步在群落中占据优势（杨鑫光等，2019）。然而关于木里矿区植被恢复的报道不多，青藏高原地区"黑土滩"治理（王彦龙等，2010）、青藏铁路沿线植被恢复（魏建方，2005）、公路植被护坡（段晓明等，2007）、西藏铜矿植被恢复（张涪平，2012）的相关文献报道垂穗披碱草在高寒地区应用十分广泛。在周边原生西藏嵩草等本地草种无法应用于植被恢复的情况下，垂穗披碱草是木里矿区植被恢复的最佳牧草选择，解决了长期以来由于气候寒冷种子难以越冬、矿区渣山表层基质立地条件差、养分供应不足的现实难题，多个试验证明，垂穗披碱草是青藏高原地区植被恢复的首要选择。

杨鑫光等（2018）认为，木里矿区短期内植被恢复对土壤速效氮含量会产生较大影响，本试验所有处理速效氮含量均出现先上升后下降的趋势，与其研究结果保持一致。有研究认为，速效氮含量减少与土壤侵蚀造成养分流失、植被生长吸收养分及土壤生物化学过程有关，本研究也发现土壤侵蚀较重的试验区域植被明显长势不理想。刘双等（2012）研究发现土壤中磷元素含量变化与季节变化、粒径分布等因素有关。但本研究到了植被恢复第3年，各处理土壤全磷含量反而不如植被恢复初期的水平，速效磷含量也有一样的变化趋势，因此，在植被恢复的第 3 年需要对表层土壤基质进行磷素补充。速效钾的含量往往占全钾含量的1%~2%，从本试验来看，绝大多数处理速效钾含量还不到全钾含量的 0.5%水平。矿山表层土壤基质提供速效钾的能力不及一般土壤，全钾含量在第 3 年仍保持在较高水平，而速效钾含量却在第三年出现下降，说明植被恢复进程中速效钾的供应能力明显不足。有研究认为，植物生长过程中对钾的需求量较大（巩杰等，2005），短期内植被生长状况改善并没有促进土壤中全钾含量增加，全钾含量有所降低。这与本研究结果不一致，还需要深入探讨。木里矿区义海煤矿通过覆盖秸秆的形式提升了速效钾水平，可结合实际借鉴使用。植物根系吸收利用造成速效氮、速效磷、速效钾含量下降，由于木里矿区常年冰雪覆盖、气温低，有机质分解缓慢，速效养分得不到及时补充，因此在建植后第 3 年开始，需适时补充氮、磷、钾等速效养分，以满足地上植被生长需要。

植被覆盖度高可有效减少雨水对地表土壤的直接冲刷，通过枝叶拦截有效地减少到达地面的降雨量和雨滴势能。另有研究表明，当地表植被覆盖度为85%以上时，能较大程度地保护地表土壤，防止土壤侵蚀（张光辉和梁一民，1996）。植物根系通过改善土壤的孔隙状况和质地结构增强土壤渗透率及稳定性，同时植物根系可通过对土体的缠绕、串联和固结作用增强土壤抗冲蚀性（张光辉和梁一民，1996；Uhidcy and Alberts，1997）。枯枝落叶覆盖可以延缓地表径流形成，其腐殖质层也可通过改善土壤质地结构来增强水土保持作用（戴全厚等，2008）。因此，通过人工措施可有效减小土壤流失量，改善土壤质地，增强水源涵养功能。由于木里矿区栽种禾本科牧草，盖度很难达到 80%，但植被根系生长还是增强了根土复合体对土壤侵蚀的抵御能力，可有效减少土壤侵蚀和水分流失。

根系是植物吸收土壤水分和养分的重要器官，也是营养物质的贮存器官，根系还是向土壤归还氮素、灰分元素的重要形式。披碱草为疏丛型根系，通常根系主要集于 0～20cm 土层中，占总地下生物量的 89.4%，披碱草大量的根系紧贴于土壤表层，更好地发挥植被恢复作用，对木里矿区植被恢复具有重要作用。

4.6.5　小结

（1）从 4 年各单播牧草长势变化趋势来看，2016 年所有牧草高度均为 4 年中最小值，2017 年 7 种牧草高度均有不同程度增加，同德小花碱茅（星星草）2017年高度（42.40±5.33cm）是 2016 年的 3.89 倍。2018 年，垂穗披碱草高度达到45.95±6.53cm。2019 年垂穗披碱草高度与其他 5 个品种均差异极显著（$P<0.01$）。2016 年盖度最大的垂穗披碱草（37.00%±5.89%）是同德小花碱茅（星星草）盖度的 5.18 倍。除青海冷地早熟禾外，其他 6 种牧草均在 2017 年达到最大盖度。2018 年，同德小花碱茅（星星草）盖度（35.04%±5.22%）在 7 种牧草中最小。2019 年所有牧草的盖度均高于 2016 年盖度。除同德小花碱茅（星星草）外，其他 6 种牧草均为 2016 年分株密度最高。青海冷地早熟禾分株密度表现稳定。总体来看，垂穗披碱草长势优势明显，同德小花碱茅（星星草）相对弱势，但在混播草种中也是一种必要搭配。

（2）从各单播地养分变化趋势来看，青海草地早熟禾 4 年速效氮含量连续下降。2017～2019 年所有牧草品种速效氮含量差异均不显著，种不同牧草对样地的速效氮含量影响有限。除 2019 年以外，青海草地早熟禾样地速效磷含量均为最高，2019 年，同德小花碱茅（星星草）样地的速效磷含量为 30.00±7.40mg/kg，与其他 6 种牧草样地速效磷含量均差异极显著（$P<0.01$）。

（3）在各单播品种中，老芒麦细菌 OTU 数量最多，达到 1837.00±121.86，麦薲草细菌 OTU 数、麦薲草 Chao1 指数均为最小，细菌相对丰度较低。同德小花碱茅（星星草）Shannon 指数（7.40±0.68）、Simpson 指数（0.94±0.04）与其他 6 种牧草存在显著差异（$P<0.05$）[同德小花碱茅（星星草）Shannon 指数与青海中华羊茅差异不显著]，多样性相对较小。门水平上相对丰度超过 1%的真菌属

占总量的 98.22%。其中酸杆菌门、变形菌门占有绝对优势，种植披碱草有利于优势门微生物的生长繁殖。种植不同牧草对不同细菌属的影响不同。但是，种植不同牧草对真菌的丰度和多样性影响无明显规律。

4.7 播期播量与施肥对渣山表层基质和植被特征的影响

本研究在圣雄矿渣山坡面种植试验区分别开展了播期试验、播量试验、肥控试验，旨在寻找最佳的种植方式，同时还在奥凯矿区平地参照圣雄试验区设置了对照，试验方法同第 5 节。本试验对于木里矿区大面积植被恢复具有参考和借鉴意义。

播量 1、2、3、4、5 分别为混播实际播量的 25%、50%、100%、150%、200%，即垂穗披碱草（每 45 平方米小区 141g、282g、563g、845g、1126g）、青海中华羊茅（每 45 平方米小区 85g、169g、338g、507g、676g）、青海冷地早熟禾（每小区 28g、57g、113g、170g、226g）、青海草地早熟禾（每 45 平方米小区 56g、113g、225g、338g、450g）、同德小花碱茅（星星草）（每 45 平方米小区 28g、57g、113g、170g、226g）。播期 1 为 5 月 25 日，播期 2 为 6 月 5 日，播期 3 为 6 月 15 日。肥控 1、2、3、4 分别为每亩施入牧草专用化肥 0kg、15kg、30kg、45kg，每小区 0kg、1.01kg、2.02kg、3.03kg，其他小区每亩施 25kg（每 45 平方米小区 1.69kg）。颗粒有机肥使用量为每 45 平方米小区 40kg，圣雄试验区硫酸亚铁施入总量为 100kg。样品采集和观测时间：2016 年、2017 年、2018 年、2019 年每年的 8 月上旬。

4.7.1 不同播量对植被生长的影响

从图 4-39 可以看出，5 种牧草均为播量 5 高度最高，且青海中华羊茅高度随着播量的增加而增加，播量 5（23.29±2.53cm）与其他 4 个处理均呈现极显著差异（$P<0.01$）。5 种牧草均为播量 5 盖度最大，除垂穗披碱草播量 5（17.22%±2.46%）与播量 4（16.33%±2.91%）差异不显著外，其余牧草品种播量 5 的盖度与其他 4 个播量均呈现极显著差异（$P<0.01$），播量 5（13.44%±2.69%）青海草地早熟禾的盖度分别是播量 1（3.89%±0.88%）、播量 2（2.53%±0.87%）、播量 3（5.89%±0.59%）、播量 4（3.50%±0.83%）的 3.46 倍、5.31 倍、2.28 倍和 3.84 倍，因此要增加每种牧草的盖度，首先增加混播播量。除同德小花碱茅（星星草）差异不显著外，其他 4 种牧草株数之间存在极显著差异（$P<0.01$），且播量 1 与播量 5 差异均为极显著（$P<0.01$），青海草地早熟禾播量 5（62.00±8.17 株）是播量 1（23.78±3.01 株）的 2.61 倍。

4.7.2 不同播期对植被生长的影响

从图 4-40 可以看出，除青海草地早熟禾外，其他 4 种牧草随着播期的推迟，牧草高度逐渐下降，但仅有垂穗披碱草各处理的高度差异极显著（$P<0.01$），播

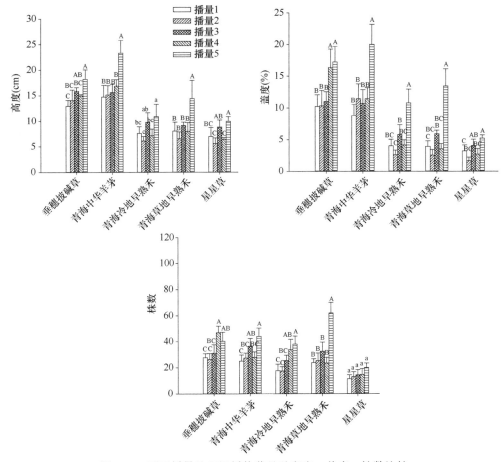

图 4-39　不同播量处理混播牧草品种高度、盖度、株数比较

不同大写字母表示相同草种不同播量处理下高度、盖度和密度在 0.01 水平差异显著；不同小写字母表示相同草种不同播量处理下高度、盖度和密度在 0.05 水平差异显著

期 1 高度为 17.66±1.78cm，分别是播期 2（13.97±1.58cm）和播期 3（10.90±1.11cm）的 1.26 倍和 1.62 倍。垂穗披碱草、青海中华羊茅、青海草地早熟禾 3 种牧草盖度随播期延迟而下降，青海冷地早熟禾（4.78%±0.51%）、同德小花碱茅（星星草）（3.67%±0.88%）则是播期 2 盖度最大，且垂穗披碱草（12.44%±2.17%）、青海中华羊茅（13.41%±1.55%）播期 1 盖度与播期 2、播期 3 均存在极显著差异（P＜0.01），垂穗披碱草播期 1 盖度为播期 3（4.90%±0.67%）的 2.54 倍。垂穗披碱草（37.00±2.00 株）和青海冷地早熟禾（33.00±2.00 株）播期 1 株数最多，其他 3 种牧草是播期 2 处理株数最多，混播中所有牧草均为播期 3 株数最少，除青海草地早熟禾差异不显著外，其他 4 种牧草播期 3 均与播期 1、播期 2 株数差异极显著（P＜0.01），垂穗披碱草播期 3 含量不到播期 1 的 50%。播期越晚，株数越少。

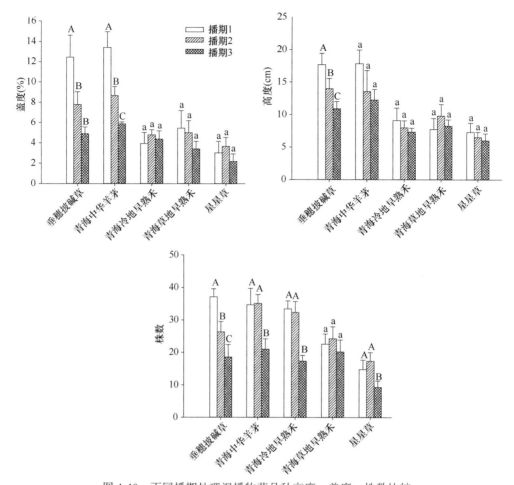

图 4-40 不同播期处理混播牧草品种高度、盖度、株数比较

不同大写字母表示相同草种不同播期处理下高度、盖度和密度在 0.01 水平差异显著；不同小写字母表示相同草种
不同播期处理下高度、盖度和密度在 0.05 水平差异显著

4.7.3 不同肥控处理对植被生长的影响

从图 4-41 可以看出，垂穗披碱草和青海中华羊茅的高度随着施入肥料的增加
而逐步增加，且青海中华羊茅肥控 4 处理牧草高度（20.23±2.14cm）与肥控
1（13.85±2.79cm）差异显著（$P<0.05$），青海草地早熟禾（15.82±1.38cm）、青
海冷地早熟禾（11.54±2.23cm）、同德小花碱茅（星星草）（10.78±1.73cm）均为
肥控 3 处理牧草高度最大，且各处理间差异不显著。随着施肥量的增加，垂穗披
碱草和青海中华羊茅的盖度逐步增加，且肥控 1（分别为 5.66%±1.04% 和 6.44%
±1.67%）与肥控 4（10.67%±1.77% 和 11.22%±2.34%）差异均显著（$P<0.05$），
青海冷地早熟禾、青海草地早熟禾、同德小花碱茅（星星草）则均为肥控 2 盖度

最大，且肥控 2、肥控 3、肥控 4 处理中盖度连续下降，青海冷地早熟禾肥控 2
盖度（7.00%±0.33%）与其他 3 个肥控处理差异均为极显著（$P<0.01$），为肥控
1 盖度的 1.66 倍。5 种牧草的株数并没有随着施肥量的增加表现出一定规律，但
所有牧草肥控 4 均不是最多株数，说明肥料的增加一定程度上会影响株数的增加。
青海中华羊茅肥控 1 的株数（24±4 株）分别与肥控 2（38±6 株）、肥控 3（40
±5 株）、肥控 4（35±1 株）差异极显著（$P<0.01$）。同德小花碱茅（星星草）
肥控 2 的株数（22±3 株）与肥控 1（13±4 株）、肥控 3（17±2 株）、肥控 4（9
±2 株）差异极显著（$P<0.01$），垂穗披碱草、青海冷地早熟禾、青海草地早熟
禾 3 类牧草各处理间均不存在显著性差异。

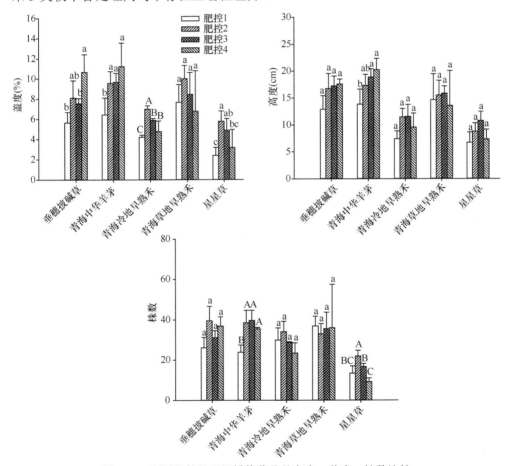

图 4-41　不同肥控处理混播牧草品种高度、盖度、株数比较

不同大写字母表示相同草种不同肥控处理下高度、盖度和密度在 0.01 水平差异显著；不同小写字母表示相同草种
不同肥控处理下高度、盖度和密度在 0.05 水平差异显著

4.7.4 不同处理植被盖度年际变化

从图 4-42 可以看出，所有播量处理 2016～2019 年盖度均出现先上升后下降再上升的趋势，不同播量各年份之间均呈现极显著差异（$P<0.01$），且 2017 年各播量均达到最大盖度。最大的盖度出现在播量 2，为 72.67%±3.51%，最小的盖度则为 2016 年播量 2 处理，为 22.00%±4.36%。总的来说，各播量处理之间盖度并无明显规律可循，除对照外，其他 4 个播量处理出现过年度最大盖度。播期 1、播期 2 的盖度变化趋势为先上升后下降再上升，播期 3 则为先上升后下降，各播期年际盖度之间均呈现极显著差异（$P<0.01$），所有播期处理均为 2016 年盖度最小，2017～2019 年播期 1 的盖度变化最为剧烈，从 63.3%±0.6%到 38.7%±7.2%再到 50.0%±6.0%。植被建植当年，播期 1 的盖度最大，而 2017 年、2018 年分别是播期 3 的盖度最大，2019 则为播期 2 的盖度最大，因此播期对植被盖度的影响主要局限于种植当年。所有肥控处理均出现先上升后下降再上升的趋势，2016 年盖度最小，2017 年盖度最大，2017 年盖度与其他年份均呈现极显著差异（$P<0.01$）。除 2016 年外，所有年份均呈现肥控 4＞肥控 3＞肥控 2＞肥控 1 的规律。总体上可以说，施肥越多，种植小区的盖度越大。

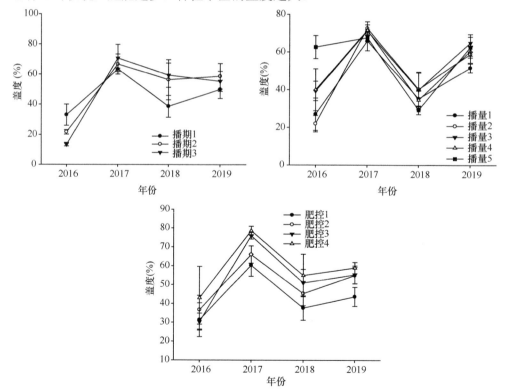

图 4-42　不同植被恢复处理 2016～2019 年盖度变化趋势图

4.7.5 不同处理渣山表层基质速效氮年际变化

从图 4-43 可以看出，播量处理中所有年份都为 2017 年速效氮含量最高，2016 年含量最低，2017 年播量 5（38.3±3.00mg/kg）和播量 1（33.3±4.04mg/kg）速效氮含量分别为 2016 年（10.33±1.53mg/kg、9.00±1.72mg/kg）的 3.71 倍和 3.7 倍，2016 年播量 3（14.67±3.06mg/kg）与播量 1（9.00±1.73mg/kg）、播量 5（10.33±1.53mg/kg）存在显著差异（$P<0.05$），其他年份各播量处理之间均不存在显著差异，总体来说，播种量对矿区渣山表层基质速效氮含量影响并不大。播期处理中，除 2018 年以外，播期 3 速效氮含量最高，且 2017～2018 年播期 3 速效氮含量下降幅度最大，从 44.67±5.69mg/kg 下降到 13.7±1.53mg/kg。仅有 2018 年播期 1（40.33±8.74mg/kg）与播期 2（19.33±3.22mg/kg）、播期 3 存在极显著差异（$P<0.01$），其他各播期之间不存在显著差异，播期对速效氮的含量影响并无一定规律。在肥控处理中，所有处理均呈现先上升后下降再上升的变化趋势，2016 年，肥控 1（7.00±0.00mg/kg）速效氮含量与肥控 2（20.30±7.57mg/kg）、

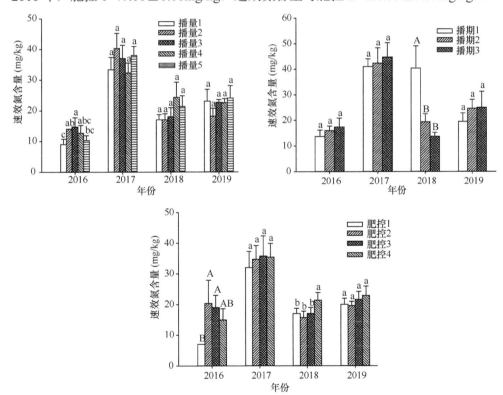

图 4-43　不同植被恢复处理速效氮含量比较

不同大写字母表示相同年份不同处理下土壤速效氮含量在 0.01 水平差异显著。不同小写字母表示相同年份不同处理下土壤速效氮含量在 0.05 水平差异显著

肥控 3（19.00±4.00mg/kg）差异极显著（P<0.01），2018 年肥控 4（21.30±2.52mg/kg）与其他 3 个处理差异显著（P<0.05），2017 年、2019 年各处理之间差异不显著。总体来说，施肥对小区的影响主要还是在施肥当年，从次年起施肥对矿区渣山基质中速效氮含量的影响不明显，但是在合理范围内适当增加肥料使用量会有利于速效氮的维持。

4.7.6 不同处理渣山表层基质速效磷年际变化

从图 4-44 可以看出，在播量处理中，同一年度各播量以及同一播量年度间变化趋势规律均不明显，仅 2016 年各播量处理间不存在显著差异，2018 年播量 1（6.50±0.66mg/kg）、播量 2（4.03±0.70mg/kg）分别与播量 4（12.90±4.51mg/kg）、播量 5（12.00±2.49mg/kg）速效磷含量呈极显著差异（P<0.01）。在播期处理中，播期 3 速效磷含量的变化最大，从 6.53±0.92mg/kg（2016 年）、33.00±4.946mg/kg

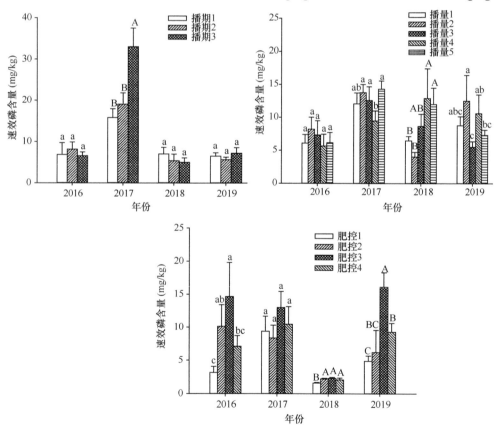

图 4-44 不同植被恢复处理速效磷含量比较

不同大写字母表示相同年份不同处理下土壤速效磷含量在 0.01 水平差异显著；不同小写字母表示相同年份不同处理下土壤速效磷含量在 0.05 水平差异显著

（2017 年）到 4.97±1.07mg/kg（2018 年）再到 7.17±1.36mg/kg（2019 年），2017
年播期 3 与播期 1（15.80±2.14mg/kg）、播期 2（19.03±2.75mg/kg）速效磷含量
存在极显著差异（$P<0.01$），其他年份各播期处理速效磷含量不存在显著差异，
总体来说播期对速效磷含量影响只是偶然局部性的，没有明显规律性影响。所有
肥控处理均在肥控 3 速效磷含量最高，且所有肥控处理 2017～2018 年速效磷含量
都呈下降趋势，2018～2019 年速效磷含量呈上升趋势。仅 2017 年所有肥控处理
不存在显著差异，2018 年肥控 1（1.60±0.09mg/kg）与所有肥控处理均存在极显
著差异（$P<0.01$），施肥量少导致速效磷含量少且不易维持。2019 年肥控 3
（16.1±2.19mg/kg）与其他处理均存在极显著差异（$P<0.01$），肥控 3 的肥料用
量能够有益于速效磷含量的维持，肥控 1 不利于矿区渣山基质速效磷的持续供应。

4.7.7　不同处理渣山表层基质速效钾变化

从图 4-45 可以看出，4 年间，速效钾含量对不同播量处理的响应不敏感，无
论是 2016 年、2017 年、2018 年还是 2019 年，5 种播量处理之间差异均不显著。

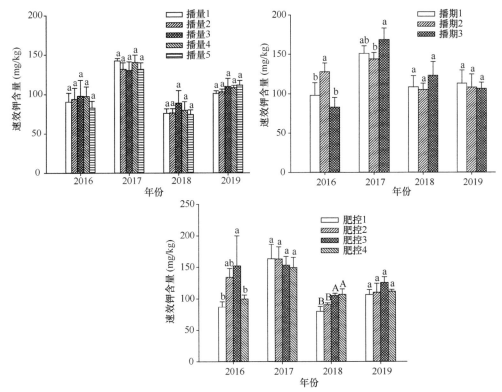

图 4-45　不同植被恢复处理速效钾含量比较

不同大写字母表示相同年份不同处理下土壤速效钾含量在 0.01 水平差异显著；不同小写字母表示相同年份不同处
理下土壤速效钾含量在 0.05 水平差异显著

2016 年，播期 2 处理速效钾含量为 127.67±11.24mg/kg，分别与播期 1（98.00±16.09mg/kg）和播期 3（82.67±12.70mg/kg）差异显著（$P<0.05$），而 2017 年，播期 2（144.00±8.19mg/kg）速效钾含量最低，与播期 3（168.33±15.01mg/kg）差异显著（$P<0.05$）。速效钾含量对播期的响应也没有一定的规律。2016 年，肥控 3（134.00±14.11mg/kg）处理速效钾含量最高，分别与肥控 1（86.67±8.62mg/kg）和肥控 4（99.67±6.35mg/kg）差异显著（$P<0.05$），2017 年，所有处理速效钾含量均为最高值，随着肥料施入增多，速效钾反而逐渐减小，2018 年，肥控 3（105.00±3.46mg/kg）和肥控 4（106.67±8.74mg/kg）分别与肥控 1（79.67±8.08mg/kg）、肥控 2（90.33±2.89mg/kg）差异极显著（$P<0.01$），但总的来看，速效钾含量对肥控的响应没有一定规律。

4.7.8 不同施肥处理对微生物丰富度和多样性的影响

1. 细菌

从表 4-29 可以看出，所有肥控处理间细菌 OTU 数量、Chao1 指数、Shannon 指数、Simpson 指数均不存在显著差异，FK-2 处理细菌 OTU 数量最大，为 1195.67±121.66，其次为 FK-1（1176.33±118.01）。随着肥料施入增多，Chao1 和 Shannon 指数逐渐降低，Simpson 指数也呈下降趋势，说明随着肥料的施入，细菌丰富度和多样性都在降低。

表 4-29　不同施肥处理细菌微生物特征

肥控处理	OTU 数量	Chao1 指数	Shannon 指数	Simpson 指数
FK-1	1176.33±118.01a	1508.66±113.79a	8.06±0.15a	0.99±0.00a
FK-2	1195.67±121.66a	1449.17±163.02a	7.99±0.33a	0.99±0.00a
FK-3	1167.33±75.45a	1440.93±72.73a	7.45±0.84a	0.96±0.04a
FK-4	1038.67±142.74a	1327.73±175.09a	7.20±0.34a	0.96±0.02a

注：不同小写字母表示不同施肥处理细菌微生物特征在 0.05 水平差异显著

从图 4-46 可以看出，在门水平上，相对丰度平均值超过 1% 的细菌门类共 7 种，其中变形菌门（34.89%）、放线菌门（30.93%）占有绝对优势，二者之和接近总量的 2/3，FK-1 处理变形菌门相对丰度数值最高，达到 37.95%，FK-3 最少，仅为 30.19%，放线菌门则为 FK-4 最高，达到 37.86%，为 FK-3 的 1.37 倍。肥控处理 3 不利于优势细菌门类。绿弯菌门（11.44%）、蓝细菌门（6.70%）、拟杆菌门（5.52%）、芽单胞菌门（4.03%）、酸杆菌门（2.73%）是相对丰度平均值排位在第 3 到第 5 位的细菌门类，绿弯菌门、拟杆菌门、酸杆菌门都为肥控 2 处理相对丰度最大，肥控 4 处理最小，芽单胞菌门、蓝细菌门则为肥控 4、肥控 3 最大，不同施肥量有利于不同细菌门类相对丰度的增加，简单增加施肥量并不利于细菌门水平上相对丰度的增加。

　　在属水平上，相对丰度平均值超过 1% 的细菌属仅有 9 种，其中不可辨认细菌属（43.58%）占绝对优势，且随着施肥量增加，不可辨认属逐渐下降，肥控 1（48.60%）是肥控 4（38.60%）的 1.26 倍，施肥增加不利于优势细菌属相对丰度的增加。相对丰度平均值超过 3% 的还有假节杆菌属（7.22%）、鞘藻属（6.15%）、鞘氨醇单胞菌属（5.69%）、微红微球菌属（4.12%），假节杆菌属、鞘氨醇单胞菌属均为肥控 4 相对丰度最大，分别为 14.65%、8.19%，分别为最小相对丰度肥控 3、肥控 2 的 3.79 倍、2.07 倍。鞘藻属、微红微球菌属则分别为肥控 3（12.93%）和肥控 2（5.33%）最大，没有一类细菌属水平上的相对丰度随着施肥量的增加而持续增大。

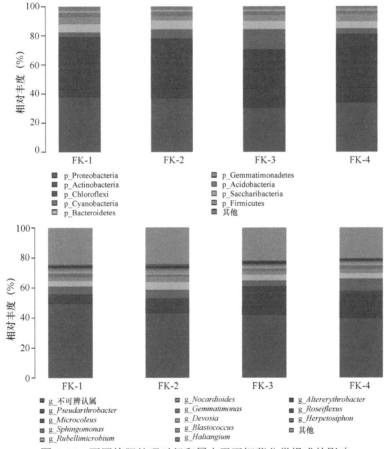

图 4-46　不同施肥处理对门和属水平下细菌分类组成的影响

2. 真菌

　　从表 4-30 可以看出，所有肥控处理 OTU 数量、Chao1 指数、Shannon 指数、Simpson 指数差异均不显著。FK-2 处理 OTU 数量、Shannon 指数、Simpson 指数均为 4 个处理最大，Chao1 指数（621.07±77.22）仅次于 FK-3（639.52±114.19），总体上 FK-2 处理真菌的丰富度和多样性都具备优势，其次为 FK-3 处理，FK-4 处理 OTU 数量、Shannon 指数、Simpson 指数均为 4 个处理最小，最大的施肥水平不利于真菌丰富度和多样性的增加。

表 4-30　不同施肥处理真菌微生物特征

覆土处理	OTU 数量	Chao1 指数	Shannon 指数	Simpson 指数
FK-1	381.67±246.22a	470.39±288.92a	5.31±1.12ab	0.93±0.04ab
FK-2	525.00±35.17a	621.07±77.22a	6.06±0.59a	0.96±0.02a
FK-3	453.00±85.86a	639.52±114.19a	5.24±0.34ab	0.94±0.02ab
FK-4	392.33±129.42a	500.96±192.39a	4.46±0.69b	0.88±0.05b

注：不同小写字母表示不同施肥处理真菌微生物特征在 0.05 水平差异显著

从图 4-47 可以看出，在真菌门的水平上，相对丰度平均值超过 1%的真菌门

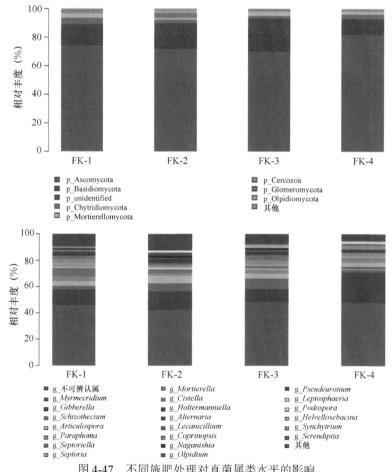

图 4-47　不同施肥处理对真菌属类水平的影响

类有 6 种，其中子囊菌门（74.80%）为优势真菌门，且肥控 4 相对丰度最高，达到 82%，其次为担子菌门（9.76%）、未命名（6.80%）、壶菌门（2.90%）、被孢霉门（2.27%）、丝足虫门（1.19%）。担子菌门在肥控 3 处理中的相对丰度最大，达到 12.01%。壶菌门、被孢霉门、丝足虫门均为肥控 1 相对丰度最大，分别为 4.42%、3.07% 和 1.87%。球囊菌门（Glomeromycota，0.9%）、油壶菌门（Olpidiomycota，0.67%）则为肥控 2 相对丰度最大，分别为 2.68%、2.15%。总体来看，不同肥控处理有利于不同的真菌生长，随着肥料施入量的增加，真菌门类并没有表现出增加或者减少的趋势。

从图 4-47 可以看出，属水平上有相对丰度大于 1% 的属 22 个，相对丰度平均值超过 1% 的有 14 个，不可辨认属（unidentified，46.40%）为绝对优势属。相对丰度平均值超过 3% 的还有 5 种，分别为 Myrmecridium 属（8.62%）、赤霉属（Gibberella，6.03%）、裂壳菌属（Schizothecium，5.15%）、节枝孢属（Articulospora，4.01%）、异茎点霉属（Paraphoma，3.12%），这五类真菌属中每个肥控处理都有最大、最小值，真菌属相对丰度随肥料施入变化规律不明显。相对丰度 2%～3% 的属有 3 种，分别是 Septoriella（2.87%）、壳针孢属（Septoria，2.43%）、被孢霉属（Mortierella，2.26%），均为肥控 1 相对丰度最大，分别为 6.42%、3.83% 和 3.04%。相对丰度 1%～2% 的属有小毛盘菌属（Cistella）、霍特曼尼菌属（Holtermanniella）、链格孢属（Alternaria）、蜡蚧菌属（Lecanicillium）、拟鬼伞属（Coprinopsis），这五类细菌属均为肥控 4 相对丰度平均值最小，且 Coprinopsis 随施肥增加，相对丰度逐渐下降。总体来看，施肥对绝对优势种群的相对丰度影响不明显，对其他不同真菌属的影响要具体分析，没有一定规律，要结合植被恢复实际进行施肥。

4.7.9　不同种植地形对牧草生长的影响

1. 不同种植地形对牧草高度的影响

通过不同种植地形斜坡地（圣雄煤矿江仓 5 号井）和平地（奥凯煤矿江仓 1 号井）牧草试验结果观测，从图 4-48 可以看出，无论何种牧草，圣雄煤矿牧草高度均高于奥凯煤矿，圣雄煤矿垂穗披碱草、麦薲草、青海草地早熟禾、青海中华羊茅、青海冷地早熟禾、同德小花碱茅（星星草）、老芒麦高度分别是奥凯煤矿的 1.52 倍、1.44 倍、1.54 倍、1.72 倍、1.46 倍、1.46 倍和 2.06 倍。总体来说，垂穗披碱草高度最高，不同牧草对地形差异响应不同，老芒麦比较敏感，而麦薲草相对来说敏感度较低。

2. 不同种植地形对牧草盖度的影响

从图 4-48 还可以看出，奥凯煤矿除垂穗披碱草盖度略低于圣雄煤矿外，其余

6 种牧草奥凯煤矿牧草盖度均高于圣雄煤矿，麦薲草、青海草地早熟禾、青海中华羊茅、青海冷地早熟禾、同德小花碱茅（星星草）、老芒麦分别是圣雄煤矿的1.67 倍、1.10 倍、1.73 倍、2.26 倍、1.63 倍和1.16 倍，青海冷地早熟禾差异最大，青海草地早熟禾差异最小。总的来说，平地牧草的盖度大于斜坡，平地更有利于牧草盖度增加。无论是斜坡还是平地，垂穗披碱草盖度在所有牧草中均为最大，垂穗披碱草适应能力强。

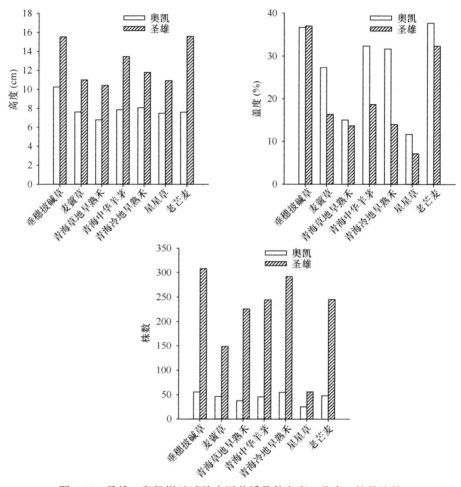

图 4-48　圣雄、奥凯煤矿试验小区单播品种高度、盖度、株数比较

3. 不同种植地形对牧草分株密度的影响

从图 4-48 可以看出，奥凯煤矿分株密度最大的为垂穗披碱草，达到 55.33 株，圣雄煤矿垂穗披碱草、麦薲草、青海草地早熟禾、青海中华羊茅、青海冷地早熟禾、同德小花碱茅（星星草）、老芒麦 7 种牧草分株密度均大于奥凯煤矿，分别为

奥凯煤矿的 5.57 倍、3.20 倍、6.03 倍、5.33 倍、5.33 倍、2.20 倍和 5.11 倍，垂穗披碱草分株密度差距最大，同德小花碱茅（星星草）差距最小。奥凯煤矿之所以分株密度小，可能与奥凯煤矿牧草土壤盐碱化和板结程度高有关，而圣雄牧草斜坡的表层基质相对疏松。

4.7.10　不同种植地形对不同处理下植被生长的影响

1. 不同种植地形对播量处理下植被生长的影响

从图 4-49 可以看出，播量小的处理奥凯煤矿的盖度较大，尤其是播量 2，奥凯煤矿的盖度为 33.33%，而圣雄煤矿仅为 22%，是圣雄煤矿的 1.5 倍。播量大的处理如播量 3、播量 4、播量 5 圣雄煤矿的盖度均高于奥凯煤矿，差异幅度越来越大，圣雄煤矿播量 5 的盖度为 62.67%，而奥凯煤矿仅为 30%。可见不同地形对播量的敏感度不同，播量大的处理在斜坡上更具备优势。

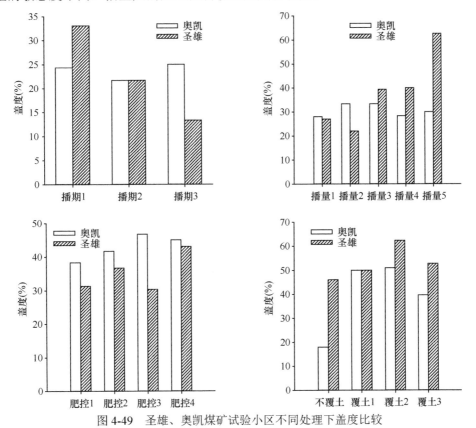

图 4-49　圣雄、奥凯煤矿试验小区不同处理下盖度比较

2. 不同种植地形对播期处理下植被生长的影响

从图 4-49 可以看出，不同地形对播期的响应不同，圣雄煤矿播期 1 的盖度较大，达到 33%，奥凯煤矿盖度仅有 24%，播期 2 圣雄和奥凯煤矿的盖度相同，达到 21.67%，播期 3 奥凯煤矿的盖度为 25%，圣雄煤矿的盖度为 13.33%。播期越晚，盖度越小，且播期对平地影响较小，对于斜坡影响较大。

3. 不同种植地形对肥控处理植被生长的影响

从图 4-49 可以看出，同样的肥控处理，平地的盖度大于斜坡，平地有利于养分的保持。肥控 1 奥凯煤矿的盖度为 38.33%，圣雄煤矿的盖度为 31.33%，奥凯煤矿肥控 2 增加到 41.67%，肥控 3 增加到 46.67% 后，肥控 4 降低到 45%，可以看出，随着肥料施入增加，平地盖度会出现下降的趋势，因此在平地，肥控 3 是最佳处理。圣雄煤矿肥控处理中盖度没有呈现一定的规律性，从肥控 1 的 30.33%增加到肥控 2 的 36.67%再到肥控 3 的 30.33%最后到肥控 4 的 43%，施肥越多，盖度越大，这可能与斜坡雨水冲刷影响施肥效果有关。

4. 不同种植地形对覆土处理下植被生长的影响

从图 4-49 可以看出，所有覆土处理均为圣雄煤矿盖度高。差异最大的不覆土处理，奥凯煤矿盖度为 18%，圣雄煤矿为 46%，圣雄煤矿盖度为奥凯煤矿的 2.55 倍。覆土 1 处理奥凯和圣雄煤矿的盖度均为 50%，覆土 3 处理圣雄和奥凯的盖度也比较接近，仅相差 0.67%，奥凯煤矿覆土 2 的盖度为 51%，圣雄煤矿为 62%，不同覆土厚度，斜坡和平地的差异不同，但总体仍比较接近，斜坡更具有优势。

4.7.11 讨论

矿区渣山表层基质养分状况是度量退化生态系统生态功能恢复的关键指标（Augusto et al.，2002；于君宝等，2002）。加速土壤熟化过程，改良土壤结构，增加有机质和营养物质含量，是矿区渣山植被恢复与生态重建的关键（张信宝等，1998；孙海运等，2008；周连碧，2007）。近年来，对于恢复退化草地开展了不少研究（李雅琼等，2016；张燕堃等，2014；周瑶等，2017；Li et al.，2015；陈孝杨等，2016），其中人工建植可以增加有机质和营养物质含量，提高保水固土保肥能力（杨翠霞等，2017），改善渣山表层土壤质量，有利于土壤环境稳定（贾倩民等，2014；秦川等，2016）。

研究矿区渣山人工植被恢复土壤养分特征，对于了解植被恢复质量有重要意义。有研究表明，植被恢复可减少土壤侵蚀和改善土壤条件从而为物种提供栖息地。Daniel 等（2013）采用种植乡土树种、施肥以及应用除草剂等措施成功加速了对弗吉尼亚州西南的 35hm^2 露天矿废弃地的复垦速度。Singh AN 和 Singh JS（2006）研究发现 17 种乡土树种均能在矿区废弃地生长，通过施用氮磷钾肥改善矿区土地利用。

土壤养分是影响植被分布和植被生长的主要因素。结果发现，速效钾（AK）对植被恢复的影响最为显著（$P<0.01$），其次是全氮（TN）和容重（BD）（$P<0.05$）。其他研究者同样发现植被和土壤变量之间存在显著相关性（Wang et al.，2016）。

国内外关于矿区渣山植被恢复技术也有一些介绍，但是大尺度、大区域、系统化地开展矿区渣山植被恢复的集成技术还不多，尤其是能够在植被选择、播量数量、播种时间、施肥控制做到精细化、可量化的并不多见。从木里矿区植被恢复时间来看，木里各煤矿植被恢复实践很大程度上还是靠经验来实施，虽然义海在矿区渣山植被恢复方面有了不少新的探索，但是对于土壤和植被对生态恢复的响应机制研究得还不深入，且是在相对特定的区域地貌中来实施的，整体恢复成本也偏高。由于极少查阅到文献关于植被、播期、播量对植被恢复和土壤性质影响有关的报道，因此本试验在木里矿区开展不同处理植被恢复措施具有探索性，并具有十分重要的意义，尤其是对田间实践具有指导作用。

4.7.12　小结

（1）通过分析比较不同种植技术各处理对混播牧草长势的影响可发现，5 种牧草均为播量 5 高度最高，盖度最大，播量 5（13.44%±2.69%）青海草地早熟禾的盖度分别是播量 1、播量 2、播量 3、播量 4 的 3.46 倍、5.31 倍、2.28 倍和 3.84 倍。除青海草地早熟禾外，其他 4 种牧草均随着播期的推迟，牧草高度逐渐下降。垂穗披碱草和青海中华羊茅的高度、盖度随着施入肥料的增加而逐步增加。总的来说，增加播量有利于增加牧草盖度，随着播期推迟牧草高度逐渐下降，肥料增加影响株数的增加。播量大小影响盖度大小，播期偏晚对植被恢复不利。

（2）分析比较不同种植技术年际的盖度变化可得出，不同播量各年份盖度之间均呈现极显著差异（$P<0.01$），且 2017 年各播量均达到最大盖度。各播期年际盖度之间均呈现极显著差异（$P<0.01$），所有播期处理均为 2016 年盖度最小，播期对植被盖度的影响主要局限于种植当年。所有肥控处理均为 2016 年盖度最小，2017 年盖度最大，除 2016 年外，所有年份均呈现肥控 4＞肥控 3＞肥控 2＞肥控 1 的规律。总体来说，施肥越多，种植小区的盖度越大。

（3）通过分析不同种植技术对矿区渣山基质速效养分的影响得出，播量处理均为 2017 年速效氮含量最高，2016 年含量最低，2017 年播量 5 和播量 1 速效氮含量分别为 2016 年的 3.69 倍和 3.7 倍。仅 2018 年播期 1（40.33±8.74mg/kg）与播期 2（19.33±3.22mg/kg）、播期 3 存在极显著差异（$P<0.01$）。在肥控处理中，所有处理均呈现先上升后下降再上升的变化趋势，施肥对小区的影响主要还是在

施肥当年。

（4）通过比较肥控处理对细菌与真菌丰度和多样性的影响可得，FK-2 处理细菌 OTU 数量最大，为 1195.67±121.66，肥料施入不利于细菌丰度及多样性的持续增加。变形菌门（Proteobacteria，34.89%）、放线菌门（Actinobacteria，30.93%）占有绝对优势。最高的施肥水平不利于真菌丰富度和多样性的增加。在真菌门水平上，子囊菌门（Ascomycota，74.80%）占绝对优势。真菌属水平上相对丰度随肥料施入变化规律不明显。

（5）圣雄煤矿渣山斜坡地垂穗披碱草、麦薲草、青海草地早熟禾、青海中华羊茅、青海冷地早熟禾、同德小花碱茅（星星草）、老芒麦高度分别是奥凯煤矿生活区平滩地的 1.52 倍、1.44 倍、1.54 倍、1.72 倍、1.46 倍、1.46 倍和 2.06 倍。奥凯煤矿麦薲草、青海草地早熟禾、青海中华羊茅、青海冷地早熟禾、同德小花碱茅（星星草）、老芒麦盖度分别是圣雄煤矿的 1.67 倍、1.10 倍、1.73 倍、2.26 倍、1.63 倍和 1.16 倍。无论是斜坡还是平地，垂穗披碱草盖度在所有牧草中均为最大。圣雄煤矿 7 种牧草分株密度均远大于奥凯煤矿。

（6）播量大的处理在斜坡上更具备优势。不同地形对播期的响应不同，播期对于斜坡影响较大。同样的肥控处理，平地的盖度大于斜坡。在平地，肥控 3 是最佳处理。

4.8　木里矿区植被恢复技术研究

4.8.1　聚乎更矿区植被恢复技术试验研究

1. 试验处理

2021 年 6 月 4～8 日，在聚乎更 5 号井和 8 号井布置试验。设置不同有机肥施用量、不同羊板粪与渣土比例的双因素控制试验。在聚乎更矿区 8 号井坡地与5 号井平地分别设置样地。设双因素控制试验，有机肥设 4 个水平，羊板粪与渣土比例设 4 个水平。有机肥水平梯度为：0kg/m²、1.2kg/m²、2.4kg/m²、3.6kg/m²；在 20cm 厚渣土中羊板粪的添加用量分别为：0cm、3cm、6cm、9cm。试验采用随机区组设计，每个小区 4m×5m，3 个重复，共计 48 个小区。通过筛选的渣土覆盖或就地翻耕捡石后形成深度为 25cm 的种草基质层。按试验设计将各小区羊板粪和 50%颗粒有机肥摊铺于种草基质层上，采用旋耕机、圆盘耙或者人工等方法，充分均匀拌入 20cm 种草基质层。根据前期研究结果，草种选用适应高寒气候环境的当地草种：同德短芒披碱草（*Elymus breviaristatus* cv.Tongde）、同德小花碱茅（星星草）、青海中华羊茅、青海冷地早熟禾、青海草地早熟禾，5 种牧草同比例混播，平台和边坡总播量均为 22.5g/m²。将草种、各小区 50%的有机肥和15kg/亩牧草专用肥，通过人工撒播方式，混合均匀撒入种草基质层表面，采用木板或滚筒等方式轻拉耱平。播种后覆盖无纺布进行保温促发芽。筛选出利于种子库数量和质量提升的有机肥、羊板粪用量。2021 年 8 月 15～23 日完成植被调查。

2. 试验结果

1）聚乎更矿区 5 号井平地双因素控制试验结果

聚乎更矿区 5 号井平地有机肥和羊板粪双因素控制试验植被盖度、高度、密度和生物量结果，详见表 4-31。

表 4-31　聚乎更 5 号井平地有机肥和羊板粪与渣土配比双因素控制试验结果

A：盖度变化（%）

羊板粪：渣土	有机肥用量			
	0kg/m²	1.2kg/m²	2.4kg/m²	3.6kg/m²
0：20	62	69	75	80
3：20	86	74	82	76
6：20	83	76	81	89
9：20	93	84	84	87

B：高度变化（cm）

羊板粪：渣土	有机肥用量			
	0kg/m²	1.2kg/m²	2.4kg/m²	3.6kg/m²
0：20	8.9	9.3	10.7	12.1
3：20	15.0	12.0	13.9	11.7
6：20	13.8	12.8	12.4	14.1
9：20	16.5	12.5	12.1	11.5

C：密度变化（万株/m²）

羊板粪：渣土	有机肥用量			
	0kg/m²	1.2kg/m²	2.4kg/m²	3.6kg/m²
0：20	0.6	1.1	1.4	1.1
3：20	1.1	2.0	2.4	2.2
6：20	1.1	2.0	2.4	2.2
9：20	1.7	1.6	1.1	1.3

D：生物量变化（g/m²）

羊板粪：渣土	有机肥用量			
	0kg/m²	1.2kg/m²	2.4kg/m²	3.6kg/m²
0：20	517	403	586	606
3：20	797	579	748	681
6：20	600	728	699	961
9：20	1054	735	784	635

2）聚乎更矿区 8 号井坡地双因素控制试验结果

聚乎更矿区 8 号井坡地有机肥和羊板粪双因素控制试验植被盖度、高度、密度和生物量结果，详见表4-32。

表4-32 聚乎更8号井坡地有机肥和羊板粪与渣土配比双因素控制试验结果

A：盖度变化（%）

羊板粪：渣土	有机肥用量			
	0kg/m²	1.2kg/m²	2.4kg/m²	3.6kg/m²
0：20	33	41	46	67
3：20	56	61	70	41
6：20	41	52	59	44
9：20	46	50	49	58

B：高度变化（cm）

羊板粪：渣土	有机肥用量			
	0kg/m²	1.2kg/m²	2.4kg/m²	3.6kg/m²
0：20	7.9	9.2	9.8	10.9
3：20	9.0	9.1	11.2	10.4
6：20	8.1	11.3	9.9	12.1
9：20	10.0	11.0	9.2	8.5

C：密度变化（万株/m²）

羊板粪：渣土	有机肥用量			
	0kg/m²	1.2kg/m²	2.4kg/m²	3.6kg/m²
0：20	0.5	0.7	0.7	0.9
3：20	0.7	0.6	0.8	1.0
6：20	0.8	1.0	0.9	0.9
9：20	0.9	0.9	1.1	1.2

D：生物量变化（g/m²）

羊板粪：渣土	有机肥用量			
	0kg/m²	1.2kg/m²	2.4kg/m²	3.6kg/m²
0：20	236	354	502	431
3：20	307	383	409	413
6：20	268	422	372	500
9：20	289	430	383	687

3. 结论

渣土不经过有机肥和羊板粪改良直接种草时，植被盖度、高度、密度及生物量均最低；有机肥和羊板粪混施处理下，植被盖度、密度、高度及生物量大于单施有机肥或羊板粪,混施组合中有机肥用量≥2.5kg/m²和羊板粪:渣土≥1：5时,植被生长优势明显；平地植被盖度、高度、密度及生物量均大于坡地。

种肥及有机肥、羊板粪同时施用的情况下,牧草生长茂盛,每平方米出苗株数上万株,未发现烧苗现象。

4.8.2　江仓矿区植被恢复技术试验与示范

1. 试验处理

1）有机肥和羊板粪双因素控制试验

2021 年 6 月 4～8 日,在江仓矿区 4 号井和 5 号井布置试验。设置不同有机肥施用量、不同羊板粪与渣土比例的双因素控制试验。在江仓矿区 4 号井坡地和 5 号井平地布置样地,设双因素控制试验,有机肥设 4 个水平,羊板粪与渣土比例设 4 个水平。有机肥水平梯度为: 0kg/m²、1.2kg/m²、2.4kg/m²、3.6kg/m²；在 20cm 厚渣土中羊板粪的添加用量分别为: 0cm、3cm、6cm、9cm（详见表 4-33）。试验采用随机区组设计,每个小区 4m×5m, 3 个重复,共计 48 个小区。通过筛选的渣土覆盖或就地翻耕捡石后形成深度为 25cm 的种草基质层。按试验设计将各小区羊板粪和 50%颗粒有机肥摊铺于种草基质层上,采用旋耕机、圆盘耙或者人工等方法,充分均匀拌入 20cm 种草基质层。根据前期研究结果,草种选用适应高寒气候环境的当地草种: 同德短芒披碱草、同德小花碱茅（星星草）、青海中华羊茅、青海冷地早熟禾、青海草地早熟禾, 5 种牧草同比例混播,平台和边坡总播量均为 22.5g/m²。将草种、各小区 50%的有机肥和 15kg/亩牧草专用肥,通过人工撒播方式,混合均匀撒入种草基质层表面,采用木板或滚筒等方式轻拉耱平。播种后覆盖无纺布进行保温促发芽,筛选出利于种子库数量和质量提升的有机肥、羊板粪用量。

表 4-33　有机肥和羊板粪与渣土的比例双因素控制试验

羊板粪：渣土	有机肥用量			
	0kg/m²	1.2kg/m²	2.4kg/m²	3.6kg/m²
0：20	×××	×××	×××	×××
3：20	×××	×××	×××	×××
6：20	×××	×××	×××	×××
9：20	×××	×××	×××	×××

注：×为重复

2）外源养分添加试验

在平台区,设置外源养分添加试验,包括两个处理组和对照组,对照组为按示范地建植的试验小区,草种及用量同示范地建植。处理组Ⅰ为有机肥+追肥试验,筛分矿土构建 25cm 的种草基质层,其上将颗粒有机肥按 750kg/亩用量,摊铺于种草基质层上，采用人工方法，充分均匀拌入种草基质层，拌入深度大于 15cm。然后，将颗粒有机肥按 750kg/亩用量，撒入种草基质层表面，再将 4 种同比例混合的牧草与 15kg/亩牧草专用肥通过人工撒播方式均匀撒在种草基质层表面，用木板轻拉耱平。

处理组 II 为羊板粪+追肥试验，通过筛选的渣土覆盖形成深度为 25cm 的种草基质层，以羊板粪每亩用量 33m³、厚度 5cm，摊铺于种草基质层上，采用人工方法，充分均匀拌入种草基质层，深度大于 15cm。然后，将 4 种同比例混合的牧草与 15kg/亩用量的牧草专用肥通过人工撒播方式均匀撒在种草基质层表面，用木板轻拉耱平。

在上述两试验地分别进行追肥试验，按表 4-31 分别在分蘖期追施尿素 22.4g/m²、孕穗期追施磷酸一铵 22.4g/m²、分蘖期追施尿素 22.4g/m²+孕穗期追施磷酸一铵 22.4g/m²，另设不施肥小区，3 次重复。尿素含 N 46%，磷酸一铵含 P_2O_5 61.7%、N 12.2%，小区面积 4m×5m，每个处理组 12 个小区，对照组 3 个小区，共 27 小区（表 4-34）。

表 4-34   追肥试验处理

处理组 I				处理组 II				对照组
N	P	N+P	0	N	P	N+P	0	CK
N	P	N+P	0	N	P	N+P	0	CK
N	P	N+P	0	N	P	N+P	0	CK

注：N 表示追施尿素，P 表示追施磷酸一铵，N+P 表示追施尿素和磷酸一铵，0 表示不追肥

3）示范地建设

利用有机肥和羊板粪对矿区渣土进行改良，并建设示范地 13.33hm²。通过筛选的渣土覆盖或就地翻耕捡石后形成深度为 25cm 的种草基质层（覆土层），25cm 深度种草基质层中直径大于 5cm 的石块比例不超过 10%。以羊板粪（每亩用量 33m³，厚度为 5cm）和颗粒有机肥（平台区每亩用量 750kg，坡地每亩用量 1000kg）摊铺于种草基质层上，采用旋耕机、捡拾机、圆盘耙或者人工等方法，充分均匀拌入种草基质层，深度大于 15cm。然后，将颗粒有机肥（平台区每亩用量 750kg，坡地每亩用量 1000kg）通过机械撒施或人工撒施等方式，撒入种草基质层表面。再将同德短芒披碱草、同德小花碱茅（仅用于平台区）、青海中华羊茅、青海冷地早熟禾、青海草地早熟禾 5 种牧草同比例混合，再与 15kg/亩牧草专用肥通过机械撒播或人工撒播等方式，混合均匀撒入种草基质层表面，采用木板或滚筒等方式轻拉耱平。为保证足够的种源和植物群落的稳定，采取大播量播种，平台区播种量为 20.25g/m²（其中同德小花碱茅播量为 2.25g/m²，其余均为 4.5g/m²），坡度播种量 24g/m²，并采取无纺布覆盖，增温保湿。

2. 试验结果

2021 年 8 月 15～22 日，对江仓矿区试验地进行了采样和调查。

1）江仓矿区平地有机肥和羊板粪双因素控制试验结果

a）盖度

有机肥和羊板粪双因素控制试验植被盖度结果详见表 4-35。

表 4-35　建植植被盖度变化（%）

羊板粪：渣土	有机肥用量			
	0kg/m²	1.2kg/m²	2.4kg/m²	3.6kg/m²
0：20	70	85	84	87
3：20	80	96	95	95
6：20	81	96	95	96
9：20	85	95	96	94

b）高度

有机肥和羊板粪双因素控制试验植被高度结果详见表 4-36。

表 4-36　建植植被高度变化（cm）

羊板粪：渣土	有机肥用量			
	0kg/m²	1.2kg/m²	2.4kg/m²	3.6kg/m²
0：20	13.4	15.3	16.3	16.5
3：20	15.1	16.9	21.2	22.7
6：20	16.9	16.8	22.1	23.4
9：20	17.2	17.3	23.5	23.8

c）密度

有机肥和羊板粪双因素控制试验植被密度结果详见表 4-37。

表 4-37　建植植被密度变化（万株/m²）

羊板粪：渣土	有机肥用量			
	0kg/m²	1.2kg/m²	2.4kg/m²	3.6kg/m²
0：20	0.73	1.21	1.25	1.28
3：20	1.12	1.43	1.56	1.61
6：20	1.14	1.50	1.53	1.52
9：20	1.21	1.48	1.56	1.55

2）外源养分添加试验

外源养分添加试验植被基本特征结果详见表4-38。

表4-38 外源养分添加试验植被基本特征

	盖度（%）	高度（cm）	密度（万株/m²）
羊板粪	86	14.8	1.22
有机肥	88	16.5	1.35
羊板粪+有机肥	96	19.2	1.56

注：试验地2022年将进行追肥处理，2021年只进行了三组处理的试验地基本调查

3）示范地建设结果

示范地建设植被基本特征结果详见表4-39。

表4-39 示范地建设植被基本特征

	盖度（%）	高度（cm）	密度（万株/m²）
示范地（渣山顶部）	92	23.1	1.42
阳坡	94	22.9	1.43
阴坡	85	13.5	1.15
半阴半阳坡	90	20.1	1.25
平地生活区	93	22.5	1.36

3. 结论

（1）渣土不经过有机肥和羊板粪改良直接种草，植被长势较差，盖度、高度、密度均最低；有机肥、羊板粪单独施用，植被盖度、密度、高度均低于有机肥和羊板粪混施，混施组合中有机肥用量≥2.5kg/m²和羊板粪：渣土≥1：5时，植被生长优势明显，覆盖度大。

（2）在有机肥、羊板粪和种肥同时施用的情况下，无论是试验地、示范地还是生境立地条件种草恢复区，牧草生长茂盛，每平方米出苗株数上万株，羊板粪、有机肥单独施用及混合施用，植被盖度均在80%，未发现烧苗现象。

（3）2021年9月13～15日，对木里煤田11个矿井近2000hm²的种草复绿区抽查取样，结果表明，种草复绿工程区平均植被盖度达到90%以上，密度达到4400～43 000 株/m²。

4.8.3 矿区种草复绿小区试验

1. 西宁微区试验

1）试验设计

设置羊板粪、有机肥与化肥混合不同配比试验，其中1个处理的施肥量为有机肥1500kg/亩、羊板粪33 方/亩、专用肥15kg/亩。用同德短芒披碱草、青海中

华羊茅、青海草地早熟禾、青海冷地早熟禾按照 1∶1∶1∶1 混播，播种量为 12kg/亩，每个处理 3 次重复。渣土粒径试验设置为：渣土砾石直径＜5mm、5～10mm、＞10mm；单播试验牧草品种为青海冷地早熟禾、青海草地早熟禾、青海中华羊茅和同德短芒披碱草。渣土粒径试验和单播试验施肥量（有机肥 1500kg/亩、羊板粪 33m³/亩、专用肥 15kg/亩）保持一致。

2021 年 4 月 19 日，将江仓 2 号井的渣土运至西宁市城北区青海省农林科学院试验地（图 4-50）。在地上挖长 1m×宽 1m×深 0.3m 的坑，坑底铺设 200 目的尼龙网布，将渣土填到坑中，按设计方案将渣土与肥料混匀。观测植物生长发育状况，测定植被盖度、植株密度等指标。

图 4-50　微区试验（李长慧，2021 年拍摄）

2）试验结果

5 月 1 日开始出苗。8 月测定结果表明，添加肥料较不添加肥料能够显著增加植物的高度、密度、地上生物量和植被盖度。其中以有机肥 1500kg/亩、羊板粪 33m³/亩、专用肥 15kg/亩处理效果最好。该处理平均株高达到 50cm，密度达到 3000 株/亩，盖度达到 95%。单施羊板粪处理（33m³/亩）的植被盖度高于单施有机肥（1500kg/亩）、单施化肥（15kg/亩）处理。砾石粒径试验中以砾石直径 5～10mm 的处理盖度最高。砾石直径＜5mm 处理出现板结现象。各种处理均没有出现烧苗现象。

2. 矿区大棚小区试验

1）试验设计

2021 年 4 月 28 日，在木里矿区江仓 2 号井北渣山山顶平台上，搭建钢架结构的温室大棚 1 座，试验在大棚内开展（图 4-51）。设置 3 因素 2 水平试验设计，即羊板粪（33m³/亩、0m³/亩）、有机肥（1500kg/亩、0m³/亩）、施专用肥（15kg/亩、0m³/亩）；用同德短芒披碱草、青海中华羊茅、青海草地早熟禾、青海冷地早熟禾按照 1∶1∶1∶1 混播，播种量为 12kg/亩，每个处理 3 次重复。单播试验牧草品种为青海冷地早熟禾、青海草地早熟禾、青海中华羊茅和同德短芒披碱草，施肥量为有机肥 1500kg/亩、羊板粪 33m³/亩和专用肥 15kg/亩。小区面积 2m²（1m×2m），4 次重复。以上共设置 40 个小区。观测植物生长发育状况，测定植被盖度、植株密度等指标。植物出苗后定期浇水，中午摇起大棚塑料布 1m，促进通风散热。下午 4 时落下大棚塑料布，停止通风散热。

图 4-51　矿区大棚预试验（李长慧，2021 年拍摄）

2）试验结果

植物生长开花期测定各个观测指标。2021 年 8 月 20 日测定结果表明，添加肥料能够显著增加植物的株高、高度、密度、地上生物量和植被盖度。其中，以有机肥 1500kg/亩、羊板粪 33m³/亩、专用肥 15kg/亩的处理效果最好。该处理平均株高达到 26cm，密度达到 4000 株/亩，地上生物量达到 4kg/亩，盖度达到 91%。各个处理中未见烧苗现象发生。

3. 结论

通过原位大棚小区试验和西宁小区模拟试验及种草复绿工程复绿区验证，牧草生长茂盛，均未发生因施肥太多而导致烧苗的现象。

4.9　结论与展望

4.9.1　结论

1. 木里矿区渣山分布特征

木里矿区渣山是由矿区渣料、煤矸石、岩石、冻融土等组成的混合物，试验发现其砂粒占 68.03%±1.98%，分别是沼泽土壤、草甸土壤的 4.42 倍和 2.83 倍，储水能力相对较差。但是，试验结果显示矿区渣山表层基质比较湿润，可以满足植物生长需要。矿区渣山表层基质有机质含量高，但速效氮、速效磷含量偏低。

2. 覆土模式对比及不同地形条件对土壤重构和植被恢复的影响

以木里聚乎更 3 个矿区、江仓 3 个矿区分别作为覆土与不覆土区域模式的代表进行比较研究，发现覆土与不覆土模式矿区渣山表层基质含水率、全氮、全磷、速效氮、有机质含量均存在极显著差异（$P < 0.01$），砷含量差异极显著（$P < 0.01$），两种模式之间细菌、真菌、放线菌含量差异均为极显著（$P < 0.01$）。覆土模式在植被长势、养分水平、微生物数量方面都具有明显优势，但不覆土仍然可以满足植被恢复基本养分需要，可以在木里矿区缺少客土覆盖的情况下，作为一种模式来考虑，并结合拌入当地羊板粪和颗粒有机肥等其他土壤重构措施、农艺措施，基本能达到生态恢复的效果。

圣雄（坡面，江仓 5 号井）和奥凯（滩地，江仓 1 号井）两种不同地形条件下试验小区对比结果表明，奥凯煤矿（江仓 1 号井）不覆土、覆土 1、覆土 2、覆土 3 处理速效氮含量分别是圣雄煤矿的 4.49 倍、3.32 倍、2.60 倍和 4.33 倍，速效磷含量分别是圣雄煤矿的 3.12 倍、4.07 倍、2.59 倍和 2.85 倍。奥凯煤矿（江仓 1 号井）所有处理小区速效钾、有机质含量均高于圣雄煤矿，pH 低于圣雄煤矿，奥凯矿区渣山表层基质在养分上更具有优势。不同地形对播种数量的敏感度不同，播量大的处理在矿区渣山斜坡上更具备优势。播期对于斜坡影响较大，平地有利于养分的保持。不同覆土厚度，总体盖度比较接近，斜坡稍具优势。

3. 土壤重构技术效果比较

在圣雄（江仓 5 号井）试验小区开展的土壤重构试验说明，采用覆土进行土壤重构可以调节矿区渣山表层酸碱度、表层基质容重，有利于形成适宜植被生长的物理结构，提高植被的高度、盖度和密度，有效促进植物生长。土壤重构增加了基质全氮和速效氮含量，且随着时间推移，覆土效果越来越明显，但到植被建植第 4 年对照未覆土处理区速效氮含量已超越部分覆土处理区。植被建植第 2 年（2017 年）速效养分达到最大值。覆土能够为表层基质提供良好的有机质条件，改善表层土壤基质的微生物环境，但覆土第 4 年由于水土流失的影响有机质含量已不占优势。

覆土 15cm 脲酶含量最高，达到 646.66±101.09μg/（d·g），覆土有利于脲酶含量的增加。随覆土厚度增加蛋白酶含量反而降低。覆土对过氧化氢酶、纤维素酶的影响均不明显，覆土对脱氢酶、磷酸酶含量的影响规律尚不明确。RDA 分析表明，土壤有机质、硝态氮、全氮聚合度较好，且与脲酶呈正相关，与酸性蛋白酶呈负相关。

研究表明，覆土 10cm 是高寒煤矿区植被恢复相对比较理想的覆土重构措施，成本为 40 000 元/hm^2。牧草高度、密度与土壤表层速效氮含量呈显著正相关（$r=0.578$，$r=0.619$，$P < 0.05$），速效氮对植被产量的影响达到极显著水平（$r=0.839$，$P < 0.01$）。无论是植物生长指标还是土壤养分指标，都与 pH 呈负相关，小区试验发现，垂

穗披碱草是木里矿区植被恢复的优势草种。

4. 矿区渣山适宜种植牧草选择

本试验在矿区渣山上进行牧草单播比较，选用了能够适应干旱贫瘠、寒冷环境的牧草品种，采用混播方式增加植被丰富度和群落结构稳定性，短期恢复效果比较理想。结果表明，在木里矿区适宜牧草的选择上，垂穗披碱草表现稳定，高度、盖度最具优势。其次为老芒麦和青海冷地早熟禾，再次为青海草地早熟禾和麦薁草。研究发现，无论种何种牧草对样地的速效氮含量影响有限。在细菌、真菌多样性和相对丰度的研究中发现，同德小花碱茅（星星草）菌类的多样性相对较小，垂穗披碱草种植区酸杆菌门相对丰度最高。总体来说，子囊菌门（Ascomycota，84.95%）在真菌类群中占有绝对优势，种植不同牧草对真菌门类和属类水平相对丰富影响不大。

5. 不同播种和施肥处理对矿区渣山植被特征的影响

本试验比较不同播量、不同播期、不同肥控处理对植被恢复的影响，并找出适宜植被恢复的处理水平。结果表明，在不同处理混播试验种植中，要增加每种牧草的盖度，首先增加混播播量。随着播期的推迟，混播中绝大部分牧草的高度、盖度在下降。肥料增加在一定程度上有利于牧草高度、盖度的增加，但每种牧草适宜的肥料施入水平不同，并不是肥料越多牧草长势越好。分析 4 年不同试验处理盖度变化规律可发现，年度盖度均出现极显著差异（$P<0.01$）。但播量处理对盖度的影响没有呈现一定规律，播期对于盖度的影响也主要限于播种当年。总体上肥料施入越多，牧草盖度越大。肥料影响速效氮含量也仅限在施肥当年。研究发现，随着肥料施入增多，细菌丰富度和多样性都在降低，最大的施肥水平不利于真菌丰富度和多样性的增加。

6. 渣土改良技术

2021 年有机肥和羊板粪双因素控制试验结果表明，混施组合中有机肥用量 $\geqslant 2.5 kg/m^2$ 和羊板粪：渣土 $\geqslant 1:5$ 时，植株密度大，植被覆盖度高，生长优势明显。

4.9.2 展望

2016~2019 年，围绕木里矿区渣山土壤重构和植被恢复进行了研究，取得了一定成果。

一是地貌重塑方面，需要重点考虑矿区渣山山体的稳定性，由于内部结构的不稳定，随着水土流失的加剧，矿区渣山高度在下降，占地面积不断增大，尤其是高寒地区冻土对山体稳定的影响不容忽视。矿区各矿坑的水土流失也会越来越严重，矿坑的口径在不断增大，这些问题都给土壤重构和植被恢复带来重要影响，需要结合地质、水文、地貌、生态等多学科共同来研究。因此，从 2019 年的研究结果来看，木里矿区部分矿坑及渣山还需要回填和削坡卸载。

二是矿区渣山表层基质方面，考虑到矿区渣山表层基质特征具有空间异质性，需要进行渣土的就地改良并通过大批量采样进行总体判断。今后还应重点进行基础数据采集分析，通过建立数学模型来进行定量精准化试验，推动土壤重构和植被恢复的科学研究上新台阶。

三是木里矿区有其自身的特点，总体开采时间不长，各煤矿开采方式、开采年限、矿区渣山风化程度、地貌重塑形式、植被恢复方法不同，植被恢复时间普遍较短，矿区渣山土壤重构和植被恢复的研究具有局限性。试验中我们发现，在植被恢复的第 5 年，已经明显出现牧草退化的现象，因此，一方面需要统一规划木里矿区各个矿井的植被恢复方案，进行渣土改良施足底肥（羊板粪和有机肥），做到精耕细作非常重要，有利于植被的快速修复和自我更新；另一方面需要重点考虑如何补植补种，防止表层基质营养流失，研究植被演替规律才能持久维持矿区生态系统的稳定。

第5章 高寒矿区生态修复技术创新

高寒矿区主要分布在青藏高原多年冻土区，属于典型的生态脆弱区，环境条件极其恶劣，植被一旦被破坏，恢复就十分困难。木里矿区是黄河上游支流大通河的发源地，是祁连山区域水源涵养地和生态安全屏障的重要组成部分，生态地位极为重要。多年来，由于露天煤炭开采，木里矿区植被资源遭到不同程度的破坏及水源涵养功能下降等一系列生态环境问题，亟待整治修复。但是，由于该区域缺乏适宜于植被恢复的土源，进行客土覆盖成本巨大。另外，木里矿区年均降水量达 470mm 以上，且主要集中在植物生长季，因此，牧草生长的水分条件能够得到满足。基于此条件，青海木里矿区的生态环境综合治理应坚持"以自然恢复为主、人工修复为辅"的原则，人工修复为自然恢复创造条件。由于木里矿区种草复绿面全部为渣土，没有土壤，因此，利用周边羊板粪和有机肥资源对矿区渣土进行改良替代客土覆盖，以促进人工改良土壤进行正向演替。

2013 年以来，聚乎更矿区 3 号井采用覆盖 15cm 的羊板粪进行客土覆盖建植植被，取得了良好的效果，未出现明显的退化现象。根据青海大学科研项目团队"羊板粪和渣土混合"室内盆栽与小区试验初步结果，本着经济优先的原则，充分利用周边羊板粪和有机肥资源对矿区渣土进行改良，将筛分的羊板粪和渣土混合，比例为 1∶5，这种渣土改良方式基本能够满足植物的营养需要，同时由于羊板粪养分的缓释作用可有效防止建植植被的退化。因此，本渣土改良方案可以达到改善渣土物理性质的同时，增加植物生长所需要养分的目的，是一种经济、科学的利用方式。高寒矿区种植的草种均为禾本科植物，属于浅根系，根系主要分布于土壤 0∼20cm，考虑到渣土的自然沉降和风蚀因素，因此，采取以覆盖 30cm 改良土作为种草复绿覆土厚度的要求是适宜的。

木里矿区气候寒冷、氧气稀薄、风大风多，蒸发量大，人工作业困难，植物生长环境条件难于保证，因此采取大播量播种，即增加草种播量到每亩为 12∼16kg，同时采用可降解无污染的无纺布（20g/m^2）覆盖，增温保湿，对保证复绿效果具有重要作用，也是木里矿区多年实践证明的结果。

自 2020 年 8 月以来，青海省以实际行动贯彻习近平总书记考察青海工作时的重要讲话精神，推动木里矿区生态环境综合整治见成效，目前已完成木里矿区种草复绿面积 2000 余公顷。根据青海省生态环境厅组织制定的《青海省木里矿区生态恢复规划（2020—2030）》和青海省自然资源厅组织制定的《青海省木里矿区矿坑渣山一体化治理实施方案》，青海省林业和草原局组织制定了《青海木里矿区生态修复（种草复绿）总体方案》，为了保证矿区植被恢复的成功，青海省林业和草原局还组织制定了木里矿区覆土与土壤改良技术方案和木里矿区种草复绿前置条件与验收办法，同时审核木里矿区各个矿坑种草复绿作业设计，审核木里矿区覆土与土壤改良作业设计，制定木里矿区种草复绿七步法，开展技术干部技术培训和施工人员技术培训。青海大学于 2021 年 4 月在西宁市做了微区模拟试验，5 月在矿山上开展了大棚试验，6 月在木里矿区建立了渣土改良和植被恢复试验地，试验初步结果证明了种草复绿能出苗、不烧苗，消除了社会对种草复绿总体方案的质疑，增强了企业开展矿区种草复绿的信心。同时，开展高寒矿区植被恢复技术研究，为今后高寒矿区植被恢复积累技术贮备。本章以问题为导向，从地貌重塑技术、土壤重构技术、植被恢复技术、生态修复效果评价和生态修复后期管护等 5 个方向，系统总结了高寒矿区生态修复技术创新体系。

5.1　面临的主要问题

5.1.1　木里矿区生态环境现状

1. 气象条件

木里矿区地处高寒地带，四季不明显，气候寒冷，昼夜温差大，西南部笔架山一带雪线 4500m 以上常年积雪，属典型的高原大陆性气候。6~8 月为雨季，11 月至来年 5 月以降雪为主。一年四季多风，12 月至翌年 4 月风力最大，风速可达 21m/s 和 12 级狂风，冬季多西风或西北风，夏季为东北风。根据收集的天峻县气象站 1994 年 1 月至 2016 年 12 月气象资料，木里矿区最高气温在 7 月达 19.8℃，最低温度在 1 月和 2 月，达–34℃，年平均气温–0.39℃左右。4~5 月以降雪为多，雨季冰雹多在每年的 6~8 月，风雨阴晴变化无常并伴有雷电，雷电会危及建筑物及人畜安全。1994~2016 年，年降雨量最大 452.0mm，最小 97.7mm，平均 277mm。其中 1994~2005 年降雨量维持在较低水平（97.4~234.4mm），年平均降雨量为 144.94mm，2006 年降雨量增加至 281.8mm，2007~2016 年降雨量维持在较高水平（361.9~452.0mm），年平均降雨量为 400.38mm，可以看出降雨量近年来增大趋势明显，降雨量一般维持在 400mm 水平上；蒸发量最大 1762.4mm，最小 794.2mm，年平均 1544.84mm。相对湿度一般为 47%~56%。四季多风，强风季节一般在 1~4 月，风向多为正西或西南，风速最大达 21m/s，平均 3.7m/s。冻土（岩）发育，根据钻孔井温测井资料，深度一般在 5.00~120m。地表季节性冻土每年 4 月开始融化，至 9 月回冻，最大融化深度小于 3m，冻融作用强烈，地表多见冻胀丘和热融湖塘，易造成建筑物地基沉陷、开裂变形等现象。

2. 水系条件

矿区地表水系较发育，主干水系大通河发源于海西州木里祁连山脉东段托莱南山和大通山之间的沙杲林那穆吉木岭，经过木里镇西北汇入大通河。次级水系多为季节性流水，河水流量随着气候的变化变幅较大。夏季季节性冻土融化，在地表形成泉流，泉眼大多分布在山的阳坡，多以下降泉的形式溢出，泉水大多补给季节性河流以及地表的湖，泉流量一般为 0.1～2.2L/s。地表湖泊发育，小湖泊较多，面积超过 1km² 的湖泊只有措喀莫日（草格木湖），湖泊大多为降水、冻土层上水汇集所成。此外，工作区内附近有许多小型的湖塘，它们大多为冻土地区融冻作用形成的热融湖塘，一般湖水较浅，湖泊面积较小，冬天几乎完全冻结。

以往资料表明，木里矿区北部聚乎更矿区地表河流主要有上哆嗦河和下哆嗦河，两河属大通河二级支流，河床两侧无明显连续陡坎，无最高洪水位线，丰水期流量 0.77～1.55m³/s。下哆嗦河发源于矿区南部山区，属大通河二级支流，丰水期流量 0.16～0.77m³/s。冬季 10 月中旬开始逐步冻结，夏季 4 月中旬开始消融流水。

以往资料表明，木里矿区南部江仓矿区地表河流主要为江仓河。江仓河发源于大通山的吾隆日岗北麓，是大通河的一级支流，流域面积为 408.2km²，多年平均流量 1.94m³/s，多年平均径流量 6120 万 m³。由于受季节变化影响，径流集中在夏季，夏季流量较大，可达 30 万～40 万 m³/d；在洪水期最大流量甚至可达 100 万 m³/d 以上，但持续时间短（1～2 天）。年内分配极不均匀，5～9 月径流量占全年径流量的85%以上，枯水期 11 月至翌年 3 月径流量仅占全年径流量的 12% 左右，径流的年变化较大。江仓河的最大支流为克克赛曲，该河源于南部基岩山区，向东北在矿区东侧与江仓河呈锐角相汇（图 5-1）。

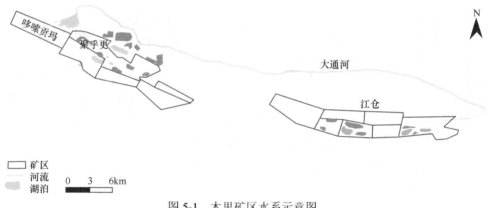

图 5-1　木里矿区水系示意图

3. 冻土发育

青藏高原多年冻土是我国冻土分布面积最广的冻土区。木里矿区地处青藏高原东北部，属于祁连山高寒山地多年冻土区，是典型的高海拔多年冻土，区内冻土广泛发育。

根据中国科学院寒区旱区环境与工程研究所、中煤科工集团西安研究院有限公司等在木里地区以往的冻土地质调查与长期地温监测成果，受地形地貌、大气对流、地质构造、地表水系、坡向等因素影响，木里煤田各矿区冻土分布厚度具有一定差异性，多年冻土整体为连续分布，局部为岛状分布。木里矿区冻土分布如下。

（1）聚乎更矿区多年冻土厚度 40～160m，平均 120m，多年冻土上限 0.95～5.5m。

（2）江仓矿区多年冻土厚度 30～86.7m，多年冻土上限小于 2m。

（3）哆嗦贡玛矿区多年冻土厚度 35～84.1m，多年冻土上限小于 1m。

木里矿区周边分布有稳定型（年均地温＜–3.0℃）、亚稳定型（年均地温–3～–1.5℃）、过渡型（年均地温–1.5～–0.5℃）和不稳定型（年均地温–0.5～0.5℃）4种类型的多年冻土，各类型多年冻土在整个区域中的面积比例分别为 22.38%、38.90%、29.16%和9.56%。

在整个矿区中，年均地温低于–3.0℃的稳定型多年冻土面积只占22.38%，高于–3.0℃的其余类型的多年冻土所占面积为77.62%。由此，木里矿区周边多年冻土具有高温的特征，对外界环境的变化也非常敏感。木里矿区范围内的聚乎更矿区、弧山矿区主要分布为亚稳定型多年冻土，少量稳定型多年冻土；江仓矿区主要分布为过渡型多年冻土，少量不稳定型多年冻土（图5-2）。

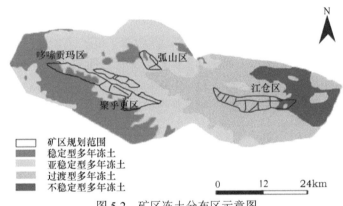

图 5-2　矿区冻土分布区示意图

5.1.2　主要生态环境问题

木里矿区地处祁连山南麓腹地，是我国西部重要的安全生态屏障，矿区向北与祁连山国家公园相衔接，又是黄河上游重要水源涵养地。木里矿区的煤炭资源露天回采，不但破坏了生态景观，而且严重影响了水源涵养地的功能。通过遥感影像数据（2020 年 7 月 25 日）的解译和分析，结合野外现场调查，聚乎更矿区（包括哆嗦贡玛矿区）煤炭资源开发已对矿区原生态环境造成了一定程度的破坏，严重影响了生态景观、生态安全屏障、水源涵养能力、土壤保持及生物多样性保护功能。采坑-渣山造成千疮百孔和表土-基岩暴露带来的视觉冲击、地表水系破坏和水源传输的阻隔、植被冻土破坏造成的水源涵养功能降低等问题已引起社会的关注和国家的重视。主要生态环境问题具体表现为地貌景观破坏、植被破坏、土地损毁占、冻土破坏、水系湿地破坏与采坑积水、土地沙化与水土流失、边坡失稳（冻融泥流、滑坡、崩塌）多种类型。

1. 地貌景观破坏

聚乎更矿区地处高海拔地区，以高山高原冰缘地貌为主，包括冰缘湖沼平原、冰缘剥蚀平原、冰缘作用的低台地、冰缘作用的平缓低丘陵、冰缘作用的平缓高山。地表大部分被草甸湿地覆盖，植被较为发育。采矿活动主要发生在除高山和丘陵之外的平原及台地区。生态系统中高寒沼泽草甸、高寒草甸、高寒灌丛和河流生态系统是本区生态体系中具有维持与调控作用的成分，其面积比例最大，其生态环境状况直接影响项目区生态系统的稳定性和环境质量的优劣。

煤炭资源露天开采，共形成 11 个规模不等的采坑和 19 座渣山，另外，工业场地建设，地面上有大量的构（建）筑物和矿区道路，严重破坏了自然地貌景观、高寒沼泽草甸及原河流生态系统，采坑-渣山-工业场地等工程景观与周边自然景观显得极不协调。

1）露天采坑对地形地貌景观的影响

区内共有 11 个采坑，规模大小不一。其中聚乎更矿区 3 号、4 号、5 号井和江仓矿区 4 号、5 号采坑开采规模都大，四周采用台阶式开采，对原始地貌景观和地表植被破坏与扰动严重（图 5-3～图 5-4）。

图 5-3　聚乎更矿区 4 号井露天采坑对原始地貌的破坏（王辉等，2020 年提供）

图 5-4　江仓矿区地貌景观现场照片（李凤明和李岢然等，2020 年提供）

2）渣石山对地形地貌景观的影响

露天开采产生大量的废石、废渣、冻土和矸石等，通常沿采坑周围分层堆放，矿区存在大量渣石山，占地面积巨大，高度从数米到数十米，最高可达四五十米，压盖了大片草原，对地貌景观和植被破坏严重（图 5-5）。

图 5-5　渣石山压占对自然景观的破坏（王辉等，2020 年提供）

3）地面建设工程对地形地貌景观的影响

矿区主要的建设工程包括办公区、生活区、矿区道路等。由于地处高原草甸，地表多为沼泽，给工程施工带来了极大的困难。因此，矿区的办公区和生活区大多是在渣堆上搭建的临时彩钢房，道路也多为渣石铺筑的简易公路，但地面建设工程破坏了地表植被，对地貌景观影响严重。

综上所述，露天采坑、渣石山和地面建设工程改变了原始地貌景观，严重破坏了地表植被，对地形地貌景观影响严重。

2. 植被破坏

矿区植被主要以多年生密丛型嵩草、根茎苔草和丛生禾草为优势种，是青藏高原典型的高寒植被类型，具有很强的耐寒、耐旱特性。植被类型分为高寒沼泽类和高寒草甸类，以前者为主，具有较明显的高寒地区形态特征。植被低矮、结构简单，草群密集生长，植物以矮生垫状、莲座状形态出现，生草层密实，覆盖度 70%~90%。受气象、水文、土壤等条件限制，植被对人类活动的抗干扰力较弱，一旦遭受破坏，恢复就比较困难，需要用人工草种在受保护情况下，通过长时间演替才能逐步过渡为自然植被群落。

木里矿区开发始于 20 世纪 70 年代，到 2000 年以后开采强度逐渐增大。先后有 6 家小企业进行露天开采 30 余年，由于无序开采、不规范开采或开采过程不注重矿区生态保护和生态环境恢复治理，采坑、渣山、道路、工业场地等工程及其周缘地区植被均遭受了破坏，湿地严重退化（图 5-6，图 5-7）。同时露天采掘、道路扬尘及爆破烟尘形成的降尘污染周围草地，影响牲畜牧食，致使草地使用功能有所降低。牲畜常年吸食受污染的水源、牧草后，影响正常发育，使畜牧业经济受损，采掘、爆破、运输等已对矿区周边草场造成煤尘和土壤扬尘污染。

图 5-6　聚乎更矿区植被破坏现状（梁俊安等，2020 年拍摄）

图 5-7　江仓矿区草甸破坏与草场退化现场照片（梁俊安等，2020 年提供）

3. 土地损、毁、占

1）聚乎更矿区

矿区主要土地类型为天然牧草地。2020 年 7 月 25 日北京 2 号高分遥感解译结果显示，聚乎更矿山开发占损土地共计 3798.29hm²，损毁土地类型为沼泽草地。其中采场 1206.43hm²，有 6 个采坑，位于矿区的中部，沿北西方向展布；渣堆占地面积 2105.96hm²，沿采坑两侧分层堆放；工业广场包括办公区、生活区、矿区道路等，面积 485.90hm²。

a）矿山挖损土地现状

矿山开发损毁土地现状主要为煤矿露天开采对土地的损毁，有 3 号井、4 号井、5 号井、7 号井、8 号井和 9 号井 6 个采坑，规模均较大，共计损毁土地面积 1206.43hm²，其中，采坑积水面积 137.59hm²。

b）矿山压占土地现状

聚乎更矿区矿山开发压占土地现状主要为渣堆、工业广场、炸药库、矿山道路对土地的压占损毁，面积 2591.85hm²。

ⅰ．渣堆

渣堆是煤矿开采过程中，产生的矸石堆、废石堆、土堆及矿山道路修建过程中产生的废石堆，主要分布于矿井周边，面积 2105.96hm²。

ⅱ．工业广场

工业广场包括储煤场、生活区、办公区、矿区道路，聚乎更矿区占地面积共计 479.99hm²。进场道路为 G338 国道，长约 1.4km，宽 10m，为硬化道路，矿区道路为渣石铺筑的简易公路；办公区中有 50.82hm² 为永久性建设用地，其余办公区、生活区为临时用地。

ⅲ．炸药库

聚乎更矿区炸药库共有两处，一处布置于 5 号井西南约 500m，另一处布置于 7 号井北约 2.2km，占地面积 5.9m²。

2）江仓矿区 4 号、5 号井

a）矿山挖损土地现状

矿山开发损毁土地现状主要为煤矿露天开采对土地的损毁，有 4 号、5 号井两个采坑，规模均较大，共计损毁土地面积 134.82hm²，其中，采坑积水面积 36.43hm²。

b）矿山压占土地现状

江仓矿区矿山开发压占土地现状主要为渣堆、工业广场、炸药库、矿山道路对土地的压占损毁，面积 289.85hm²。

ⅰ．渣堆

渣堆主要为煤矿开采过程中产生的矸石堆、废石堆、土堆，以及矿山道路修建过程中产生的废石堆，主要分布于各矿井周边，面积 229.67hm²。

ⅱ．工业广场

工业广场包括储煤场、办公区、矿区道路，江仓矿区占地面积共计 57.15hm²。进场道路为地方县道，宽 8m，为硬化道路，矿区道路为渣石铺筑的简易道路；办公区中有 19.37hm² 为永久性建设用地，其余为临时用地。

ⅲ．炸药库

江仓矿区 5 号井有一处炸药库，布置于 5 号井北约 2.0km，面积 30 356.34km²。

4. 冻土破坏

木里矿区地处青藏高原东北部，属于祁连山高寒山地多年冻土区，区内冻土普遍发育，是典型的高海拔多年冻土分布区。木里矿区范围内的聚乎更矿区（多年冻土厚度平均 120m）、弧山矿区主要分布为亚稳定型多年冻土，少量稳定型多年冻土；江仓矿区主要分布为过渡型多年冻土，少量不稳定型多年冻土（多年冻土厚度 30～86.7m，多年冻土上限小于 2m）。矿区冻土常年覆盖，冻土层每年从 4 月下旬开始融化，到 9 月底至 10 月中旬达最大融化深度，融化速度各月稍有变化，平均 0.2～0.3m/月。9 月末气温开始下降，自上向下回冻迅速发育，到 12 月初季节融化层全部封冻，与此同时，发生由下限面向上的回冻，但速度很小，形成厚度不大。

冻土破坏原因分析：一是煤炭资源露天开挖，形成规模不等、深度不一的采坑，揭露并破坏了原有的冻融层和多年冻土层，导致多年冻土层上限下移和侧移；采坑内有大量积水时，会在坑底形成融区，从而阻碍冻土层的形成，造成冻结层下水失去隔水层，形成地下水"天窗"，地下水长期补给采坑，又维持了融区，使得坑底难以形成多年冻土（岩）层。二是渣石堆放形成渣山，改变了冻融层下限，破坏了原有的冻-融平衡。三是矿井工业场地建设和工程扰动，造成冻融层下限下移，打破了原有的冻-融平衡。

区内多年冻土层是冻结层上水和冻结层下水的重要隔水层，是高寒生态系统的重要组成部分，采坑（积水）-渣山改变了原有的多年冻土层埋藏深度、厚度，破坏原有的冻-融平衡关系。多年冻土退化主要表现为冻土季节性融化层增厚（多年冻土上限下移）、厚度减薄消失（下限上移）、采坑积水形成融区、面积萎缩等多年冻土的萎缩现象。冻土层的工程扰动改变原有的水生态系统，影响甚至破坏地表水水文和地下水水文地质条件，打破了地下水原有的补径排条件和动态平衡，使得地表水、地下潜水和地下裂隙承压水发生直接水力联系，导致地表水疏干—地下潜水位下降—植被退化—土地沙化—水土流失，从而降低水源涵养功能和地表水源输送。

5. 水系湿地破坏与采坑积水

木里矿区位于黄河一级支流大通河源区上游至源头地段，地表水系较发育，木里矿区西北部聚乎更矿区地表河流主要有上哆嗦河和下哆嗦河及其支流，木里矿区南部江仓矿区地表河流主要为江仓河及其支流。

1）地表水系、湿地破坏

煤炭露天开采造成地表形成大量采坑和渣山，造成地表地形地貌条件的改变，天然河道被人为截断、改道，破坏了地表水系、地表水径流条件，水源输送能力和水源涵养功能下降。地表水疏干、地下潜水（冻结层上水）下降，导致湿地退化，造成植被退化、水源流通能力和水源涵养功能下降。采场、排渣场、工业场地等占地除对湿地造成直接破坏外，原有的地层热平衡被打破、被开挖或被占压、占用区域周围的冻土层不断地扩大其热融范围，地表水不断地下渗，导致周边湿地退化。

2）采坑积水及其水源初步分析

a）采坑积水现状

开采形成的采坑，形成了负地形，地表水直排或通过下渗潜流、地下含水层被揭露，不同水源的水汇聚到采坑，在部分采坑内形成积水。

根据遥感解译和青海省自然资源厅提供的数据（表 5-1），聚乎更矿区采坑总积水面积 130.08 万 m²，总积水量 1476.51 万 m³。江仓矿区总积水面积 74.62 万 m²，总积水量 2145.16 万 m³。

表 5-1 木里矿区采坑积水统计表

名称	矿井名称	积水面积（万 m²）	矿坑水深（m）	水下容积（万 m³）
聚乎更区	聚乎更 3 号井	10.95	3.00	40.00
	聚乎更 4 号井	45.76	42.63	803.32
	聚乎更 5 号井	5.73	10.00	50.00
	聚乎更 7 号井	15.76	11.04	73.80
	聚乎更 8 号井	51.88	28.04	509.39
小计		130.08		1476.51
江仓区	江仓 2 号井西坑	9.95	46.16	176.20
	江仓 2 号井东坑	28.24	86.00	931.40
	江仓 4 号井	16.96	51.44	350.36
	江仓 5 号井	19.47	60.24	687.20
小计		74.62		2145.16
合计		204.70		3621.67

数据来源：青海省测绘局

区内采坑破坏了冻结层隔水层，使得地表水、冻结层上水和冻结层下水产生了水力联系，采坑积水水源的直接因素为大气降水补给，间接因素为矿区地表水、冻结层上水、构造裂隙水及河流融区水补给。因各井田所处位置有差异，不同水源的补给贡献占比有所差异。

b）采坑积水来源与差异原因初步分析

冻结层下水除构造发育地段富水性强外，一般属于弱富水性。然而采坑积水量大小悬殊，可以推断，造成采坑积水量差异的主要原因是地表水、冻结层上水的差异，而地表水、冻结层上水富水性和径流方向取决于各采区所处的（微）地貌条件。采坑积水差异性原因分析如下。

木里矿区除个别采坑（聚乎更 9 号井采坑、哆嗦贡玛井田采坑及江仓 1 号井采坑）基本无水外，其余大部分采坑有积水。采坑积水量大小悬殊，按积水量和积水深度可分为基本无水、少量积水、大积水三个级别，聚乎更矿区积水量大的两个采坑是 4 号和 8 号井采坑，分别是 803.32 万 m³ 和 509.39 万 m³，其余采坑积水量均小于 80 万 m³，远小于 4 号和 8 号井采坑积水；江仓区采坑积水与聚乎更区采坑积水具有相似的特征，采坑积水量大小悬殊，小到坑底基本无水，大到上千万立方米（江仓 2 号井东坑），按积水量大小和积水深度也可分为基本无水、少量积水、大积水三个级别。江仓区积水量大的采区分别是 2 号井东采坑和 5 号井采坑，分别为 931.40 万 m³、687.20 万 m³，4 号和 2 号井西采坑积水量相对较小，分别为 350.36 万 m³、176.20 万 m³。

从采坑与地表水系的空间关系可以看出，聚乎更区积水量最大的两个采坑是 4 号和 8 号井采坑，均是哆嗦河穿越的位置，而无积水的聚乎更 9 号井采坑所处位置高，处于上哆嗦河源头与措喀莫日湖南侧水系源头的分水岭部位，哆嗦贡玛井田采坑位于分水岭处，哆嗦贡玛采坑地势最高，在雪线附近；江仓区积水量最大的三个采坑均位于江仓曲及其支流穿越位置，而基本无水的江仓 1 号井处于江仓区和东侧支流间的分水岭部位，说明采坑积水大小和采坑与地表河流相对位置关系密切相关。凡处于河流处的采坑积水量就大，远离地表水系或处于地势相对高的分水岭位置，采坑积水量就小甚至无水，水系分布示意图见图 5-1。

聚乎更 4 号和 8 号井采坑均是哆嗦河穿越的位置，聚乎更 4 号井采坑位于上哆嗦河下游方向，8 号井采坑位于上哆嗦河上游方向，上哆嗦河由上游向下游流量逐渐增大，聚乎更 4 号采坑积水量大于 8 号采坑积水量，进一步说明采坑积水与地表水关系密切；江仓区 2 号井采坑位于江仓曲旁侧，积水量在木里矿区 11 个采坑中积水量最大，两个采坑积水量为 1107.6m³，江仓曲也是木里矿区流量最大的河流，说明采坑积水与地表水系关系密切。

正常情况下，地下潜水（冻结层上水）在融雪季节补给地表水，河流流量会增长。聚乎更 4 号和 8 号井采坑跨越哆嗦河，为减少采坑积水，满足开采技术条件，8 号井在河流上游方向实施了拦坝+河流改道，4 号井采坑将河流改道。江仓区 2 号井也仅处于江仓曲旁侧，并未穿越江仓曲，但仍有采坑积水量，说明虽然采坑截挡了地表水，但地下潜水（冻结层上水）仍会在融雪季和雨季源源不断地侧向补给采坑积水。

综上所述，产生采坑积水差异的原因与地表水系的分布和微地貌条件有着直接的关联关系，采坑积水主要来自地表水径流和地下潜水（冻结层上水）。

基于以上采坑积水差异性分析，得出以下几点初步结论。

区内冻结层和冻结层下水属于基岩区，总体富水性弱，破坏冻结层，揭露冻结层下水，对采坑积水的贡献是有限的。

矿区采坑积水水面目前普遍低于冻结层上水和地表水水面，冻结层上水和地表水将会不断补给采坑积水，直至采坑积水水面高程与前者一致，方才达到补给平衡。因此，采坑积水位在未来一段时间内还会不断上涨。

采坑积水补给的主要时间段应在雨季（6～8 月）和季节性冻土融化季节（4 月融化，9 月回冻），最主要的补给期是每年的 6～8 月。

6. 地下含水层破坏

区内多年冻土层是冻结层上水和冻结层下水的重要隔水层。采坑内有大量积水时，会在坑底形成融区，从而阻碍冻土层的形成，造成冻结层下水失去隔水层，形成地下水"天窗"，破坏地表水系，打破了地下水原有的补径排条件和地表水-地下水动态平衡，使得地表水、地下潜水和地下裂隙承压水发生直接的水力联系。一方面地下水通过融区不断地向坑内排泄，破坏了地下含水层；另一方面地表水和冻结层上潜水，通过融区不断地补给地下水，从而降低水源涵养功能和地表水源输送。有利的是本区冻结层下水属于侏罗系裂隙含水层，富水性总体弱，因此，多年冻土破坏，导致地下含水层揭露，对地表水文条件的影响是有限的。

7. 土地沙化与水土流失

采坑周边地表水和冻结层上水不断地向坑内排泄漏失，潜水水位下降，导致植被退化，而地表植被一旦遭受破坏，植被复绿难度就大，成活率就小，植被破坏或退化；相对于聚乎更区而言，江仓区年降雨量小于100mm以上，加之江仓区土壤沙多泥少，在风力侵蚀作用和工程设备碾压下，造成采坑周边土地沙化，不仅造成土壤质量下降，还会造成水土流失。矿区水源涵养功能就会衰减。

露天采场边坡岩体上部、排土场剥离物堆放受水力冲蚀，极易造成滑坡、坍塌等问题，引起并加剧水土流失。另外，露天剥采形成新的裸露地表，亦可增加水土流失量（图5-8）。

图5-8　江仓矿区水土流失现场照片（李凤明和李岢然等，2020年拍摄）

8. 边坡失稳（冻融泥流、滑坡、崩塌）

1）不稳定边坡分布现状

不稳定边坡主要位于采挖形成的高陡边坡和渣山四周，边坡失稳直接导致地表植被破坏。坡度陡峻，基岩出露，加之物理风化作用和雨水冲刷产生裂隙，地表水下渗，易沿坡体形成危岩危坡，局部稳定性较差。开挖产生大量的废石、冻土和渣石等，在采坑附近层叠堆放，形成高达四五十米的渣堆，由于压实处理不到位、排水不及时，加之区内特有的冻胀融沉作用等，在重力作用下坡体产生拉张裂隙，导致边坡失稳。采坑内边坡台阶顶部多处存在1m左右的"伞岩"，随时可能崩落，采坑边坡顶部台阶还有冻土融冻层，夏季台阶坍塌的现象时有发生。

在聚乎更区内共发现不稳定斜坡 11 处，集中发育在 4 号井、5 号井和 7 号井（图 5-9）。从发育部位来看，大多位于渣堆的边坡处，共 9 处，采坑内多为基岩，稳定性相对较好，不稳定斜坡发育较少，仅发现 2 处。

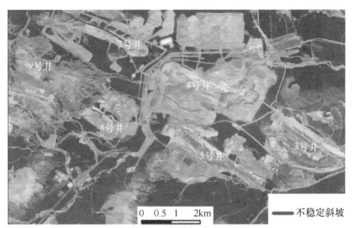

图 5-9　聚乎更矿区不稳定斜坡遥感解译图

4 号井采坑为狭长状，呈北西-南东向展布，不稳定斜坡位于采坑西端，开挖产生的松散物质沿坡面下滑，稳定性较差（图 5-10）；采坑南侧渣堆发育两处不稳定斜坡，其中一处规模较大，渣堆北部已发生坍塌，台阶状坡体被破坏，其上发育多处拉张裂隙，稳定性极差。

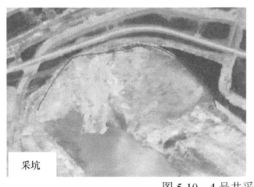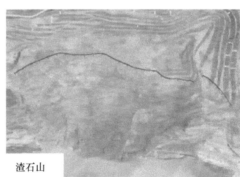

图 5-10　4 号井采坑处不稳定斜坡

5 号井采坑走向与 4 号井一致，不稳定斜坡发育在采坑东端，松散物质沿坡体下滑，原有的开采台阶被覆盖，采坑北侧的渣堆发育 4 处不稳定斜坡，其中两处位于道路上方，底部有水渗出，稳定性差（图 5-11）。

7 号井采坑遥感影像上可见明显的拉张裂隙，长度约 300m，边坡较陡，局部地区倾角大于 60°，有裂隙变宽、坡体下滑、岩石垮塌的现象（图 5-12）。

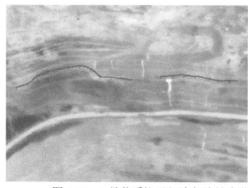

图 5-11　5 号井采坑局部边帮边坡失稳（滑坡）（李永红等，2020 年拍摄）

图 5-12　7 号井采坑不稳定斜坡（滑坡、崩塌、危岩）（梁俊安等，2020 年拍摄）

2）典型滑坡——4 号井采坑南渣堆滑坡分析

4 号井采坑南渣堆滑坡在聚乎更矿区内规模最大，治理难度最大，是本次渣堆边坡整治的重点之一。对该滑坡体目前尚未开展系统的勘查工作，滑坡体内部结构面、滑坡体三维结构、滑坡体体积规模还不清楚。基于以往基础资料、野外现场踏勘和高分遥感图像解译（图 5-13），本方案对该滑坡产生的地质条件和滑坡机制进行初步分析，为下一步勘查、详细设计和施工提供依据。

渣体现状：渣体位于采坑南侧坑边，东西向长 2.3km，宽度 1.1km，高度约120m，以自然压实为主，松散堆放于采坑边部，排挡水措施不到位，复绿效果差，长期接受大气降水淋滤下渗。渣体自重作用下部分地段压垮采坑边帮基岩。

分布位置：4 号井采坑南渣堆中段北侧靠近采坑一侧。

规模形态：呈圈椅状，东西长 780～1520m，南北宽 1000m，高差约 173m。滑坡体坡度 25°，滑动方向：NNE，垂直于采坑走向，向采坑方向滑动。

滑动特征：蠕滑变形，圈椅形状已经形成。滑坡体表层发育密集的横张裂隙，由滑体下部向上部横张裂隙发育程度逐渐减弱，说明该滑坡属于牵引式滑坡，滑坡是由下部向上部、由前缘向后缘逐步扩大。滑体东西两侧纵向剪-张裂隙已经贯通。

图 5-13　4 号井采坑南渣堆滑坡立体影像图（视角方向：E）

　　形成条件：该滑坡体所在渣山坐落在上哆嗦河河道及其东西两侧的岸坡带上，河流流向与滑坡方向一致。虽然上哆嗦河已经改道，但因河道两侧地下潜水仍长期向河道方向径流排泄，因此，渣山底部和原始地表的界面长期处于保水状态；滑坡体前缘采坑边帮基岩长期受潜水径流、淋滤侵蚀，边帮基岩特别是泥质岩吸水软化，有效应力降低，基底载荷力下降，加大了渣山基底向采坑的倾斜角度。

　　滑坡机制：滑坡体处于上哆嗦河河道位置，渣山底部长期处于饱水状态，且向采坑方向缓倾斜，渣体和基底间的阻抗力大大降低，渣山沿河道方向缓慢位移，是滑坡产生的根本原因；滑体前缘采坑边帮基岩长期受潜水淋滤侵蚀，其中泥质岩吸水软化，在上覆渣山重力作用下，边帮垮塌变形，基底有效载荷降低，加剧了滑坡变形和滑体向采坑方向的位移；滑坡由前缘向后缘逐步发展，前缘发生滑坡后，渣山坡脚失稳，在前缘牵引作用下，促使滑坡不断以蠕滑方式向后缘发展。

9. 矿区表土改良效果差、建植植被退化严重

　　（1）木里矿区已复绿区覆土成本大，没有土壤来源，破坏了部分原有草甸。目前的植被恢复由于复绿植被种子形成困难，又无后续植被的演替发生，面临严重退化。

　　（2）煤矿开采后，局部景观结构发生了根本性改变，原来比较完整的祁连山冰川与水源涵养区景观局部被工业场地、排土场、露天剥采区、生活区和道路所分隔，形成区块式的小区域异化景观，损坏了原景观结构的完整性和连续性，使得局部土地利用方式由草地畜牧业转变为煤矿用地，矿区周边出现不同程度的粉尘污染，水质变差，产业发展也由第一产业变为第二、第三产业。

（3）煤炭开采活动影响周边高寒草甸（湿地）生态系统，使近 2km 范围内约 5600hm² 的高寒草甸（湿地）植被出现不同程度的过度放牧。

（4）木里煤矿开发存在的主要问题：一是矿区位于祁连山冰川与水源涵养生态功能区，地理位置十分重要，生态系统相对脆弱；二是在没有环境评价报告前提下部分企业实行无序开采，造成草原生态环境的破坏和后续植被恢复难度的加大；三是实施的生态恢复治理措施总体可行，但重建人工植被生态系统的稳定性和持久性短期内难以预测。

（5）青海省在矿区生态治理过程中，积极努力探索土壤修复、草种选择及栽培等关键技术及技术研发储备，对人工重建生态系统演替规律持续跟踪监测，并加紧相关地方标准的研制工作。其经验和做法对于本省及其他省区矿区植被恢复也具有同样参考意义。

5.2 地貌重塑技术

国内外矿山地貌重塑是通过改变地势起伏的方式实现矿区生态重建中的地形、水系、土体和植被等要素之间的相互渗透与融合。在矿区渣堆中可采用形成浅丘、细沟及微湿地方式进行整形。适宜木里矿区的地貌重塑技术包括渣山整形、采坑回填和采坑边坡整治（王佟等，2020，2021；李聪聪等，2021）。

1. 渣山整形技术

灵活采用分级放坡、削坡减载、坡面平整等措施，总体坡度小于 25°，放坡率宜为 1：2.5～1：5，重塑地形随坡就势，削高垫底，与周边地形自然过渡衔接。涉及渣山削坡整形的井田包括聚乎更 4 号、5 号、7 号、8 号、9 号以及江仓 1 号、2 号、4 号、5 号和哆嗦贡玛井田。渣山整形修坡保证渣山稳定之后，可采取形成浅丘、细沟及微湿地方式，形成长效水循环、碳循环以及营养供给系统，保证渣山生态修复的长效性。

2. 采坑回填技术

利用渣山削方回填矿坑，稳定矿坑边坡，形成自然水循环系统。采坑回填包括坑底回填和采坑边坡回填两部分。采坑回填材料来自就近的渣山整形土石方，自下而上以分段分层倾填式回填。根据采坑的实际回填高程，按采坑平面每 2m 一层进行回填，采坑底部回填完成后，再回填上部边坡，分别从采坑两侧向中间回填。需进行采坑回填的井田包括聚乎更 3 号、4 号、5 号、7 号、9 号以及江仓 1 号、4 号、5 号和哆嗦贡玛矿坑。

3. 采坑边坡整治技术

通过统一的削坡减载方法，在采坑边坡滑坡体范围内削坡减载，确保边坡达到稳定状态。同时，对采坑强卸荷带不稳岩质边坡岩块及散落的渣土进行清理。需进行采坑边坡整治的井田包括聚乎更 3 号、4 号、5 号、7 号、8 号以及江仓 1 号、2 号、4 号、5 号井田。

5.2.1　聚乎更矿区与哆嗦贡玛矿区地貌重塑技术

1. 基本概况

1）井田分布

聚乎更矿区（包括哆嗦贡玛区）位于天峻县城东北方向，直线距离 90km 处，地处天峻县木里镇。煤矿区地处大通河河谷中生代坳陷带西段，面积约 97km^2。

聚乎更矿区共有 10 个井田，除 1 号井、2 号井、6 号井未开采外，其他（5 号井、4 号井、3 号井、7 号井、8 号井、9 号井、哆嗦贡玛）采坑均进行了不同程度的露天开采。其中开采规模较大的是 5 号井、4 号井、3 号井，其次为 7 号井、8 号井、9 号井，开采规模最小的是哆嗦贡玛（图 5-14）。

图 5-14　聚乎更矿区井田分布示意图

2）采坑及渣山现状

采用 2020 年 7 月 25 日北京 2 号高分遥感数据（空间分辨率 0.8m）解译，聚乎更矿区共有 7 个采坑，采坑面积 1118.74 万 m^2，采坑深度 5～150m，平均深度 50m，坡角 5°～37°，共有 12 处集中堆放的渣堆，渣堆平面面积 1337.24 万 m^2，详细见表 5-2。

表 5-2　采坑及渣堆现状统计

编号	采坑面积（万 m^2）	最大采深（m）	最小采深（m）	渣堆面积（万 m^2）	北侧坡角（°）	南侧坡角（°）
3 号井	377.05	130.00	12.00	107.75	7	16
4 号井	304.64	95.00	20.00	645.83	12	11
5 号井	171.53	150.00	25.00	293.95	17	37
7 号井	149.4	59.00	4.00	160.47	26	16
8 号井	101.32	104.00	13.00	93.74	16	22
9 号井	14.8	24.00	5.00	35.5	16	5
合计	1118.74			1337.24		

数据来源：《青海省木里矿区矿坑渣山一体化治理实施方案》

2. 聚乎更5号井治理方案

1）5号井矿山地质环境现状和问题

聚乎更矿区5号井露天开采形成了东西两个采坑。5号采坑总长4.05km，宽0.62km，开采深度40～150m，坑口面积171.53万m²，采坑容积6704万m³；周边渣山3处，总面积293.95万m²，总体积6722万m³。

通过遥感影像数据（2020年7月25日）的解译和分析，结合野外现场调查，5号矿井因多年无序露天开采，形成长4km的采坑，已造成较为严重的破坏，主要生态地质问题为生态景观破坏、不稳定边坡、采坑积水、渣堆土地占用与草甸破坏、冻土与植被破坏5种类型。

a）生态景观破坏

5号矿井区域内原有的自然地形、地貌遭到破坏，留下的是断壁残垣及裸露坡面，由于一直未进行有效的治理，区内生态环境恶劣，严重破坏了自然生态环境，亦给祁连山木里地区带来了较大的视觉污染。

b）不稳定边坡

坑西段南北两边坡，东段边坡局部坡度陡峻，基岩出露，在重力作用下产生拉张裂隙，易沿坡体形成危岩危坡，局部稳定性较差。开挖产生大量的废石、冻土和矸石等，在采坑附近层叠堆放，形成高达四五十米的渣堆，由于压实处理不到位、排水不及时等，在重力作用下坡体产生拉张裂隙，形成不稳定斜坡（图5-15，图5-16）。不稳定斜坡发育在采坑东段，松散物质沿坡体下滑，原有的开采台阶被覆盖，采坑北侧的渣石山发育4处不稳定斜坡，其中两处位于道路上方，底部有水渗出，稳定性差。

图5-15　5号矿井北侧西部边坡情况（李永红等，2020年提供）

图5-16　5号矿井南侧边坡失稳情况（李永红等，2020年提供）

5号矿井的开采破坏了山体的稳定性，裸露岩石较破碎，现场调查发现，矿坑边坡存在多处地质灾害隐患点。灾害表现形式是块石沿坡面滚落，堆积于坡脚。为确保边坡的安全稳定和保证生态恢复进度，需进行及时治理。

c）采坑积水

5 号井目前因开采形成两处采坑，东采坑坑底部最低标高为 3995.65m，西采坑最低标高为 4007.37m，采坑全长 4.05km，宽 0.15～0.50km，采场走向 120.9°，采坑采深 40～150m，采坑容积 8600 万 m³，矿坑积水 1～5m，积水面积 29 097.81m² （图 5-17）。

图 5-17　5 号矿井坑底积水情况（李永红等，2020 年提供）

d）渣堆土地占用与草甸破坏

渣石山沿矿坑的边缘分布，较大渣石山存在 3 处，1 号渣石山位于采坑北坡 （体积：4.7km×0.45km×100m），2 号渣石山位于采坑东段北侧（体积：1.5km× 0.3km×75m），3 号渣石山（体积：1.0km×0.5km×60m）位于采坑南侧（图 5-18）， 渣山总方量 9500 万 m³，渣山局部未复绿，且自身稳定性有待改善与提高。

图 5-18　5 号矿井南侧渣山情况（李永红等，2020 年提供）

e）冻土与植被破坏

矿区冻土常年覆盖，冻土层每年从 4 月下旬开始融化，到 9 月底至 10 月中旬达最大融化深度，融化速度各月稍有变化，平均 0.2～0.3m/月。9 月末气温开始下降，自上向下回冻迅速发育，到 12 月初季节融化层全部封冻，与此同时，发生由下限面向上的回冻，但速度很小，形成厚度不大。多年冻土退化主要表现为多年冻土破坏、冻土季节性融化层增厚（多年冻土上限下移）、厚度减薄（下界上移）、平面分布面积萎缩、局部零星冻土岛消失等多年冻土的萎缩现象。

露天开采造成周围植被的破坏（图 5-19，图 5-20）。同时露天采掘、道路扬尘及爆破烟尘形成的降尘污染周围草地，影响牲畜牧食，致使草地使用功能有所降低。牲畜常年吸食受污染的水源、牧草后，影响正常发育，使畜牧业经济受损，采掘、爆破、运输等已对矿区周边草场造成煤尘和土壤扬尘污染。

图 5-19 5 号矿井植被破坏情况（李永红等，2020 年提供）

图 5-20 5 号矿井生态环境和地貌景观破坏情况（李永红等，2020 年提供）

2）治理区范围和主要工程量

a）治理区范围

综合考虑采坑部分回填、坑底复绿、不稳定边坡削坡、渣山开挖回填和覆土复绿区域及临时施工道路，本设计圈定了综合治理区域范围，总面积为 634 万 m²。具体范围及控制坐标点见图 5-21。

图 5-21 综合治理区范围及控制点

b）主要施工工程量

治理区共开展基岩开挖、渣石开挖、推土整平、回填碾压、边坡整修、土方回填和排水沟等工程，主要施工工程量见表 5-3。

表 5-3 主要施工工程量表

序号	分部分项工程		单位	数量	备注
1	地貌重塑工程				
1.1	基岩开挖		m³	5 842 250	
1.2	渣石开挖		m³	8 112 140	含周边无序渣土堆刷坡
1.3	推土整平		m²	853 241	坑底竣工后面积
1.4	回填碾压		m²		
1.5	边坡整修		m²	609 059	西北侧、西南侧边坡
1.6	土方回填		m³	13 954 390	坑底回填
1.7	排水沟		m	11 890	PVC 防排水板
1.8	挂网面积		m²	313 878	
1.9	建筑物拆	彩钢房	m²	10 638	
		炸药库	m²	546	
		挡风抑尘墙	m	1 500	
		大门	m	260	
2.0	覆土复绿		m²	2 914 826	
2.1	种植土	牛粪	m³	116 593	
		泥岩	m³	466 372	粉碎后碎屑

c）治理模式与治理内容

拟采用矿坑回填+边坡与渣山整治+植被复绿+水系自然连通的措施进行综合整治。

利用排土场渣石及边坡削坡土石方对采坑进行回填，西采场坑底回填至一定高度，西段采坑局部形成时令性高原湖泊，东采场坑底填至标高 4025m，坑底进一步整治形成梯田景观，当积水形成一定量时，通过梯田逐级下泄，与下哆嗦河相连，实现水系自然连通，湿地再造。同时，对南帮边坡进行削坡，坡面角度控制在 30°以内。另外，对坑南部不远处堆煤场一并复绿，在条件适宜的时候采用渣山风化的泥岩和粉砂粉末混合牛羊粪代替土壤，或者采用结皮技术营造绿化植物的生境空间，进行植被复绿。

主要施工内容如下。

ⅰ. 坑底整治、渣土回填

利用排土场渣石及边坡削坡土石方对采坑进行回填，东采场坑口初步回填至 4025m 标高，西采场坑口初步回填至 4045m 标高，回填方量 1600 万 m³。

ⅱ. 河道整治、水系修复

地貌修复，形成自西向东微倾的坡度地形并整治西端河道，采坑东部与下哆嗦河相连，实现地表水系自然连通。

ⅲ. 削坡整治

消除滑坡和崩塌地质灾害，对南帮进行削坡、边坡整治，削坡工作量1600万 m^3；治理台阶10级，高度10m，台阶宽度5m，坡面角度控制在30°以内。

ⅳ. 边坡及采坑复绿

进行覆土复绿工作，采用渣山风化的泥岩和粉砂粉末混合牛羊粪代替土壤。

ⅴ. 生态修复试验样地

在较稳定的北边帮，选取长 $500m^2$ 帮段，采用挂网或成都理工大学糯米浆新型材料生态措施，进行边帮复绿试验。

3）5号坑综合治理工程设计

本设计的方案为：利用既有坑底地形，对中部分水岭进行开挖，开挖至4039m标高，将西端坑底回填至4045m标高，东端回填至4025m标高。矿坑南北两侧局部不稳定边坡进行削坡，矿坑整治完成后，南北形成"U"形断面，结合纵坡，将积水排出，以避免积水冻融对整治后的矿坑边坡造成破坏。经计算，5号井边坡及南部渣山北侧边帮和南侧边帮开挖方量为1229万 m^3，3号渣山的南坡开挖方量为166万 m^3，总的坑底回填方量为1395万 m^3。

综合考虑治理效果和消除地质灾害隐患，主要治理工艺为：坑底回填平整、局部不稳定边坡削坡减载、覆土复绿、水系自然连通等，综合治理区总面积634万 m^2。

a）坑底回填平整

利用坑底西高东低的既有地形，采用边坡削坡土石和矿坑周边渣山土石进行回填，将西端首先回填至4045m标高，并将中部分水岭开挖至4039m标高。

回填具体技术要求：工程回填料主要来自矿坑现场周边的渣山与边坡削坡石方，自下而上以分段分层倾填式回填。根据矿坑的实际回填深度，按矿坑平面每5m一层进行回填，施工顺序以矿坑分水岭分两个作业面，从两侧同时施工，在矿坑分水岭处进行交汇。设计工程量：回填平整约1395万 m^3，压实系数0.85。

b）边坡与渣山开挖整治

5号井采坑西段南北两边坡和东段边坡局部稳定性较差，出露的砂岩地层和煤层节理裂隙较发育，局部岩石破碎。西南边坡处存在一处570万 m^3 渣山，坡面陡立处存在一定松散石块。为保证坡面和渣山稳定，利于后期绿化，实现生态恢复效果，设计通过统一的削坡减载方法，降低边坡坡度，确保边坡达到稳定状态，治理过程中对泥页岩进行单独存放，用于后期破碎后制备有机肥料使用，便于覆土复绿使用，进行绿化恢复。

对边坡边缘渣山和局部不稳定边坡进行自上而下分层修整,西端北侧边帮设置 9 级台阶,东端北侧边帮设置 3～4 级台阶,西段南侧边帮设置 4 级台阶,其中安全平台宽度 6m,清扫平台宽度 10m,开挖渣石用于坑底回填。西南侧边坡溜塌处设计为 1：2 的边坡坡度,其他部位设计为 1：1.75 的边坡坡度。

设计主要工程量:1 号渣山及渣山底基岩边坡削坡减载量 70 万 m^3,2 号渣山取方量 584 万 m^3,3 号渣山北侧及下方基岩边坡削坡减载量 580 万 m^3,3 号渣山南侧削坡减载 163 万 m^3。

c)施工便道设计

施工便道主要为便于边坡削坡、清坡施工作业。设计采用削坡台阶平整修建为施工便道,具体路线根据施工现场实际情况灵活确定,总体原则是尽量减少开挖工程量、减少占用草地。施工结束后,施工道路需进行整修,达到场地平整的要求,不留安全隐患,并利用撒播草种的方式进行绿化。

施工运输便道设置原则:①尽量利用现有道路,少修施工便道,对局部进行修补和拓宽;②便道尽量形成环形通道,以减少运输车辆会车干扰;③根据现场实际作业条件,合理规划修建厂区道路,以最短时间内形成场内运输道路。场内现有施工道路长度 9.56km。

d)治理区供水系统设置

ⅰ.供水水源

本次不单独设置供水水池,直接从治理区坑底水塘、邻近上哆嗦河或下哆嗦河引水。

ⅱ.坡面浇灌养护系统布设

根据养护坡面需要布设养护系统,设计采用无人机进行药剂等养护物料的喷洒。

e)工期要求

2020 年 8 月 24 日,完成聚乎更 5 号井生态环境综合治理施工图设计,8 月 26 日完成施工图设计评审,8 月 31 日开工建设,10 月 15 日前完成综合治理工程,见行见效。

3. 聚乎更 4 号井采坑治理方案

治理模式:4 号井保留采坑积水形成的高原湖泊+边坡与渣山整治模式,具体如下。

采坑边坡陡高,北坡西端岩石破碎,坍塌滑坡严重,西南部渣山与边坡形成滑坡体,存在严重的地质灾害隐患,采坑内有 680 万 m^3 积水,可增加蓄水 18 500 万 m^3。拟采用边坡与渣山整治+高原湖泊再造模式进行整治。对北边帮局部削坡卸载,降低坡角,西南边帮与上覆渣山一并削坡卸载,回填坑内或外运其他采坑回填,实现边坡稳定。不引水入坑,维持采坑目前水位,通过连续跟踪监测,当水位达到一定水面并在确保水质达标情况下，可考虑水系连通，向下哆嗦河排泄（图 5-22）。

图 5-22　4 号井采坑治理工程示意图

治理措施如下。

1）采坑形成的高原湖再造

按湖长 2.97km、面宽 0.75km（面积 2.23km²）、高程 3990m、水面平均宽度 200m 计算，采坑内现积水量 680 万 m³，尚可增加蓄水 18 500 万 m³ 的空间。因地制宜，该采坑适宜采用高原湖再造思路治理，不仅节约建设投资，还形成一处新的景观和生态水体。

2）南渣山边坡整治和综合利用

对南渣山采取前推式削坡，后退式回收渣石，实现渣山边坡稳定，渣土大部外运至其他坑。一方面为渣山整治覆土复绿提供条件，另一方面削方渣量部分用于回填采坑；南边帮滑坡迹象明显，构成了不稳定斜坡，采取前进式削坡，形成台阶式坡形，并与整治后的南渣山形成统一的坡面。削坡形成的渣石除回填 4 号采坑外，还可用于 5 号、7 号等采坑回填；北边坡西端及采坑西端邻近公路，采用抗滑桩和冠桩治理滑坡，保证道路安全。

以上工作完成后，待气候适宜进行覆土复绿工作，覆土厚度大于 30cm，因区内几乎无土可取，也可采用渣山风化的泥岩和粉砂粉末混合牛羊粪等有机肥代替土壤。

4. 聚乎更 3 号井采坑治理方案

聚乎更 3 号井渣山植被生态比较好，采坑形成阶梯状稳定边坡，大部分基本复绿，南边帮局部稳定性较差，局部削坡整治，形成窄条阶梯复绿，坑底低洼不平，并有少量积水，采取坑底整平，逐步恢复湿地景观，坑底积水达到一定高度时，东端与下哆嗦河连通（图 5-23）。

图 5-23　3 号井采坑治理工程示意图

治理模式：边坡阶梯整治与复绿+坑底平整复绿+季节性湿地模式。

治理措施：开展采坑底面平整复绿，北边坡覆土复绿。仅南边帮局部角度较大，为不稳定边坡，需削坡整治。雨季时坑内自然充水，形成局部季节性水体或湿地，若水位达到溢出点，则通过原有自然河道与下哆嗦河连通排泄。整治后如果形成季节性水体，需长期对水位、水质开展观测与变化监测。

3 号井建议作为矿山采矿遗迹公园大部保存。根据矿方监测资料，3 号井采坑年平均积水量为 100 万 m^3，采坑容积为 2.3 亿 m^3，需要很长时间才能蓄满外排。

通过对上述 3 个矿井的联合治理，形成 5 号井采坑自西向东整体缓慢倾斜的 U 形沟谷，谷底进一步打造阶梯台地景观，向东以中部采坑采矿形成的分水岭为界，相对西缓东陡。雨季时梯田内可能形成时令性湖泊湿地，水量充裕时东端与下哆嗦河自然连通；4 号井采坑形成高原湖泊；3 号井采坑内形成时令性湖泊湿地。区内总体可能形成高原湖泊、河流水系自然连通的高原高寒湿地景观，为高原高寒矿山地质公园建设奠定基础。

5. 聚乎更 7 号井采坑治理方案

聚乎更 7 号井采取边坡阶梯整治与复绿+坑底回填平整复绿+水系自然连通+

资源保护模式，主要存在煤层风化资源浪费、煤墙自燃隐患造成大气污染、西部采坑积水等问题。采取对西端帮和北帮局部削坡、东部采坑煤层覆盖或资源保护利用处理，雨季积水达到一定高度时，东部与上哆嗦河连通，西部与大通河、措喀莫日湖连通，形成高原湖泊或湿地（图 5-24）。

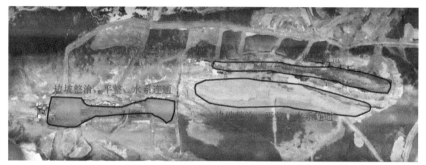

图 5-24　7 号井采坑治理工程示意图

治理措施如下。

1）东采坑回填整治

将揭露的煤层进行回填覆盖，恢复原始地貌，形成自然坡度和自然地表径流，覆土复绿。

2）西采坑整治

对南边帮进行削坡、清理后覆土复绿，将 4 号井田南渣山削坡卸荷形成的渣石运至坑内回填，恢复原始地貌，形成自然坡度和自然地表径流，覆土复绿。

暴露煤层处置：7 号井东部采坑长 3km 左右，宽 500m。根据新近的资源储量核实结果（青海煤炭地质 105 勘探队，2020 年 8 月），部分煤层剥露地表，尚未回采，剥露的下$_2$煤层长 1070m，剥露的平均高度为 9.8m，煤层厚度平均为 13.6m，证实已剥露尚未回采的储量为 34.9 万 t。该煤层出露地表，造成景观不和谐，如不治理则有风化和自燃趋势，将造成环境污染和资源浪费。

此次整治中如果按煤层覆盖掩埋方式治理，至少需要 1735 万 m³ 渣土覆盖，从 4 号井南排渣场拉运；如果按修复治理回收煤层或对煤层采用爆破坑底回填，治理工程填挖方量为 1000 万 m³。

6. 聚乎更 8 号井采坑治理方案

治理模式：采用边坡阶梯整治与复绿+高原湖泊整治+水系自然连通+湿地自然修复模式。主要存在问题是采坑积水严重，对采坑边坡阶梯采取削坡整治，形成高原湖泊示范工程区，建立长期水文观测站，实现水体与东部上哆嗦河连通，坑内和下游与上哆嗦河连通段水体周围局部形成湿地景观（图 5-25）。

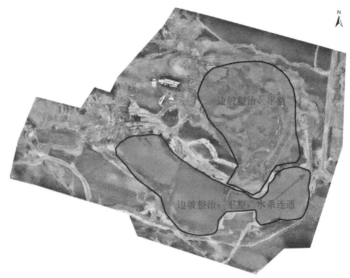

图 5-25　8 号井采坑治理工程示意图

治理措施如下。

1）边坡和渣山整治

北帮边坡高原湖面以上部分需削坡整治，形成台阶式坡形，清理加固后覆土复绿。南边帮高度约 20m，边坡稳定性较好，水系自然连通后，南边帮在高原湖水面以下，无需整治。

2）水系自然连通

8 号井西侧上游人工拦蓄水体重新改道与 8 号采坑水体连通，坑内三个积水坑蓄满连通后向东与上哆嗦河自然连通。

需要注意的是，8 号井采坑水在与自然水系连通后，需在排泄口和汇入口开展水质监测工作，建立观测实验站。如水质达标，方能直接排入上哆嗦河，如不达标，需采取处理措施，或加装污水处理设备，或建造人工湿地，通过湿地自净能力，使水质达标，确保外排的自然水体不受污染。

7. 聚乎更 9 号井采坑治理方案

治理模式：采用削坡整治美化+地貌恢复与周围环境相协调的模式，主要存在采坑边坡稳定性较差、局部风化等问题，采取采坑边坡削坡，地貌恢复与周围环境相协调（图 5-26）。

治理措施：边坡和渣山整治。北采区北边坡削坡，其他地段地貌修复；南采区顺煤层开挖，开挖过程中部分地段实施边坡整治，排土场和采场 80%未复绿。治理区在雪线附近，原生态环境脆弱，属于荒漠草原生态系统，原生植被条件较差，受水文、气候条件影响，复绿条件差、复绿难度大。

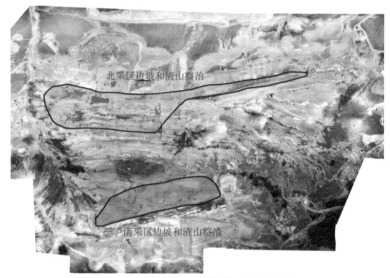

图 5-26　9 号井采坑治理工程示意图

通过对 5 号、4 号、3 号井与 7 号、8 号井的联合治理，一体化修复，总体形成聚乎更矿区内部河湖交错、湿地发育一体的高原河湖景观。

8. 哆嗦贡玛井采坑治理方案

哆嗦贡玛勘查区有 4 条长条状渣堆，体积 2.5 万 m^3，主要存在部分高陡边坡崩塌风险，主要采取采坑回填及边坡渣山整治，实现与周边地貌环境基本协调一致（图 5-27）。

图 5-27　哆嗦贡玛采坑治理工程示意图

治理模式：采用削坡回填+地貌、植被修复与周边环境协调的模式。治理措施：采用边坡和渣山整治，覆土复绿治理。

5.2.2　江仓矿区地貌重塑技术

1. 基本概况

江仓矿区 1 号、2 号、4 号、5 号井共有 5 个采坑，坑口面积 314.3 万 m^2，采坑容积 12 621.14 万 m^3；渣山 7 个，面积 552.45 万 m^2，体积 13 878.52 万 m^3。

1）江仓 1 号井

江仓 1 号井共有采坑 1 个，坑口面积总计 70.20 万 m^2，采坑容积 2727.34 万 m^3；坑外形成 1 个渣山，总面积 67.00 万 m^2，总体积 1414.18 万 m^3（表 5-4）。

表 5-4　江仓 1 号井概况

井田	坑口面积 （万 m^2）	采坑容积 （万 m^3）	数量 （座）	渣山面积 （万 m^2）	渣山总面积 （万 m^2）	渣山体积 （万 m^3）	渣山总体积 （万 m^3）
1 号井	70.20	2727.34	1	67.00	67.00	1414.18	1414.18

2）江仓 2 号井

江仓 2 号井共有东、西 2 个采坑，两坑间距约 252m，坑口总面积总计 100.10 万 m^2（表 5-5），采坑容积 4220.10 万 m^3；坑外形成南、北 2 个渣山，总面积 205.21 万 m^2（其中，北渣山 145.33 万 m^2，南渣山 59.88 万 m^2），总体积 6558.54 万 m^3（其中北渣山 5373.38 万 m^3，南渣山 1185.16 万 m^3）。东、西两坑内均有积水，坑水面积分别为 282 400m^2 和 99 500m^2，水深分别为 86.11m 和 45.93m；水体体积分别为 940.32 万 m^3 和 181.2 万 m^3。

表 5-5　江仓 2 号井概况

井田	坑口面积 （万 m^2）	采坑容积 （万 m^3）	数量 （座）	渣山名称	渣山面积 （万 m^2）	渣山总面积 （万 m^2）	渣山体积 （万 m^3）	渣山总体积 （万 m^3）
2 号井	100.10	4220.10	2	北渣山	145.33	205.21	5373.38	6558.54

3）江仓 4 号井

江仓 4 号井采坑长度 1.26km，宽约 0.42km，深度 170m 左右，坑口面积总计 53 万 m^2，坑内蓄水深度 50～70m，采坑容积 2714 万 m^3。采坑南、北两侧渣山总方量约 3069 万 m^3。北侧渣山垂直高度 55～60m，占地面积约 79.64 万 m^2，总方量约 2265 万 m^3。南侧渣山垂直高度 35～40m，占地面积 40.70 万 m^2，总方量约 804 万 m^3。

4）江仓 5 号井

采坑长度 1.52km，宽约 0.62km，深度 110m 左右，坑内蓄水深度 40m，采坑容积约 2960 万 m^3。采坑南、北两侧渣山总方量约 2835.9 万 m^3。北侧渣山垂直高度 45～50m，占地面积约 0.50km²，总方量约 1109.5 万 m³。南侧渣山垂直高度 55～60m，占地面积约 0.77km²，总方量约 1726.4 万 m³。

2. 治理方案

1）江仓 1 号井治理方案

江仓 1 号井存在草甸、地貌景观破坏，以及水土流失、渣山退化等问题。将 1 号井采坑南侧渣山约 482 万 m³、2 号井南渣山约 1185 万 m³ 共计 1667 万 m³ 渣土回填至 1 号井采坑，采取采坑深部回填压帮缓坡和上部边坡修坡整形措施，达到复绿条件。治理模式：矿坑回填+边坡与渣山整治+植被复绿+湿地再造（图 5-28）。

图 5-28　江仓 1 号井治理工程示意图

2）江仓 2 号井治理方案

江仓 2 号井存在草甸、地貌景观破坏，以及水土流失、渣山退化等问题。2 号井北渣山采取削坡整形措施，达到复绿条件，削坡方量约 410 万 m³ 用于 1 号井采坑回填，采坑边坡进行修坡整形，采用专用技术进行坡面复绿。

治理模式：边坡与渣山整治+保留高原湖泊+植被复绿（图 5-29）。根据青海义海能源有限责任公司木里煤田种草复绿工程经验，采用就地渣山筛土、当地粪肥改良、15cm 土层覆土、乡土植物混播的措施进行土壤重构和植被复绿，综合治理单价按照 40 元/m² 计算（具体以实际情况为准）。江仓矿区 1 号井生态复绿治理面积 101.15hm²；江仓矿区 2 号井生态复绿治理面积 195.29hm²。

3）江仓 4 号井治理方案

江仓 4 号井主要存在两侧边坡失稳、坑内积水较多等问题，渣山植被因水土养分流失而退化，坡角较陡，主要采取削减渣山、回填入坑措施。渣山削坡整形、地形重塑，保留坑内现有湖泊、与江仓河水汇通，形成高原湖泊，局部构建湿地。需要加强水质监测，如水质不达标，则需进行处理，达标后方能在采坑排泄口与汇入河流口建设人工湿地，通过人工湿地的自净作用，水质达标后方能与自然水系连通。

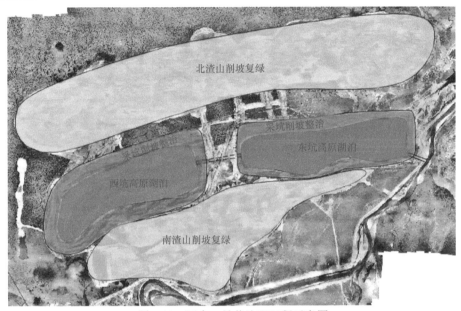

图 5-29　江仓 2 号井治理工程示意图

治理模式：地形重塑+保留坑内现有湖泊与江仓河水汇通+局部构建湿地。

治理措施：削减渣山回填入坑。采坑南侧渣山削方，土石方回填至采坑内，少量回填至采坑北侧边坡。地形整治治理后边坡坡度控制在 25° 以内。采坑北侧渣山削方，土石方回填至采坑内，地形整治治理后边坡坡度控制在 25° 以内。

水系连通：采坑南侧渣山地形治理后，实现地表水系自然连通。通过水系修复，引流入坑，湖泊水位至 3820m，形成高原湖泊。

4）江仓 5 号井治理方案

江仓 5 号井主要存在坑内有积水、南侧边坡失稳问题，渣山坡度较大，植被生态退化，主要采取稳定边坡、削减南侧渣山入坑回填、对渣山坡角削坡整形等措施，保留坑内现有湖泊，利用落差适度流入，增强现有湖泊的活性。

治理方案：削减南侧渣山入坑+削坡整形+保留湖泊+稳定边坡（图 5-30）。

治理措施：南侧渣山山顶标高 3930m，地形整治治理后，渣山顶标高削至 3890m，渣山顶部整理成平台，土石方回填至采坑南侧边坡，自然堆积削坡。

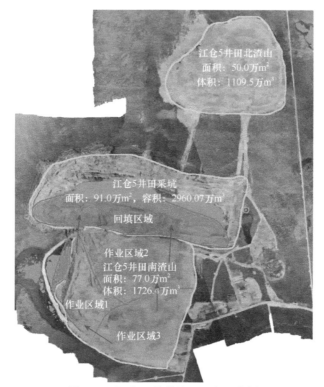

图 5-30 江仓 5 号井治理工程示意图

5.3 土壤重构技术

5.3.1 矿区渣山土壤重构技术研究国内外综述

1. 土地复垦研究进展

依据 2011 年国务院《土地复垦条例》的界定,土地复垦是指对生产建设活动和自然灾害损毁的土地采取整治措施,使其达到可供利用状态的活动。总的来说,土地复垦是对由各种人为因素或自然原因导致破坏的土地,采取因地制宜的整治措施,使其恢复到可供利用状态的一系列的行动和过程。

近年来,我国露天煤炭资源开发较快,由于矿藏位置具有不可选择的特点,采矿工业场地不能像其他工程建设那样可以选择,以致许多采矿企业因长期大量占用并破坏耕地和被保护地,引发一系列社会、经济与生态环境问题,制约了当地经济和社会的可持续发展。我国目前矿区土地复垦率仅为 12%,每年因采矿破坏的土地仍在以 40 000hm² 的速度递增。《全国矿产资源规划(2008—2015)》中明确提到,到 2015 年历史遗留矿山废弃地土地复垦率要达到 30%,到 2020 年要达到 40%。因此,必须做好本区域露天煤矿排土场土地的复垦与生态恢复工作。

1）国外矿区土地复垦研究进展

由于国外人地矛盾不太突出，且煤矿开采以露天矿为主，因此，国外露天矿土地复垦的各项研究可以作为我国学者研究的对象。早在 20 世纪 20 年代，国外煤矿开采就开始致力于矿区土地复垦和生态恢复方面的研究，但大规模、有计划、有目的的复垦研究工作也不过 20 多年历史，其中历史较久、规模较大、成效较好的有德国、澳大利亚、苏联、美国、英国等。

德国是世界上采褐煤最多的国家，年产量达 2 亿 t，以露天开采方式为主，土地复垦经历了废弃地适生树种优选实验（20 世纪 20 年代到 60 年代）、废弃地林分结构优化与改良工作（60 年代初到 1989 年）、混合型土地复垦模式（始于 20 世纪 90 年代）三个阶段，截至 2009 年，莱茵褐煤矿被破坏土地面积 1.5 万 hm^2，已恢复 0.83 万 hm^2，复地率达 55%（隋凤良，1999；梁留科等，2002）。

美国复垦的重点主要集中在露天矿和矸石山，复垦形式主要为植树和种草，以生态恢复为主要复垦方向。美国早在 1918 年就在印第安纳州煤矿的煤矸石堆上进行再种植试验。1977 年，美国国会通过并颁布第一部全国性的土地复垦法规《露天采矿管理与土地复垦法》，复垦率要求达到 100%，现已达到 85%（梁留科等，2002）。20 世纪 80 年代，《土地的恢复、退化地和废弃地的改造与生态学》（*The Restoration of Land, The Ecology and Reclamation of Derelict and Degraded Land*）系统阐述了剥离露天矿、深井矿、采石场等的植被恢复与重建问题及相关的技术和方法，奠定了矿山生态恢复的基础理论与技术方法。1994 年美国将每年 8 月 3 日这一天命名为"美国内务部国家土地恢复日"。美国矿山复垦后并不强调农用，而是强调恢复破坏前的地形地貌，要求农田恢复到原农田状态，森林恢复到原森林状态，防止破坏生态。

澳大利亚被认为是世界上先进且成功地处置扰动土地的国家，政府的法律规定使土地复垦已成为矿区开发整体活动不可缺少的组成部分（代宏文，1995）。在澳大利亚，矿山开采前要进行环境影响评价，有详尽的复垦方案。复垦结束后，政府要按监测计划实施环境监测，直至达到与原始地貌参数近似。澳大利亚还提出了最佳实践的理念（Spencer and Johnston，2002），促使环境管理贯穿于采矿活动的整个过程，包括从最初的勘探到矿山的建设和运转直至矿山的关闭（周启星和张倩茹，2005）。

英国政府规定采矿的同时必须复垦，且复垦资金来源明确（隋凤良，1999）。1987 年莫色维提煤矿开采与土地恢复联合设计书通过，此后 10 年内生产 700 万 t 煤，同时恢复了大量土地，该项目是西欧最宏伟的恢复工程之一（周树理，1995）。20 世纪 70 年代初，英国有矿山废弃地 7.1 万 hm^2，到 1993 年露天采矿占用地已恢复 5.4 万 hm^2（李树志，1998）。1974～1982 年，因采矿形成的 19 362hm^2 废弃地，已进行生态恢复 16 952hm^2，恢复率达 87.6%。

苏联十分重视矿区土地复垦工作，土地复垦率达 60%（胡振琪等，2006）。土地复垦过程分为工程技术复垦和生物复垦，包括一系列恢复被破坏土地肥力、造林绿化、创造适宜人类生存活动景观的综合措施。

加拿大政府为了达到可持续发展目标（邵霞珍，2005），在相关矿业法中明确指出所有老矿和新矿的拥有者都必须提交复垦计划，且必须明确财政保证及复垦办法、计划及费用。

法国十分重视露天排土场的覆土种草、改良土壤，经过过渡性复垦后，再复垦为新农田，最后通过绿化、美化，使复垦区的景观与周围环境相协调（高晴，2003；林惠琴，2004）。20 世纪 80 年代末至 90 年代以来，矿区土地复垦的理论研究处于高潮时期。最近 10 年国际上该研究领域较以前异常活跃，除国外一些组织召开专门的国际土地复垦会议外，在有关矿山环境及矿山开采等国际会议中也经常将土地复垦列为主要的论题。近年来，较为活跃的研究领域及取得的主要研究成果包括：矿山开采对土地生态环境的影响机制与生态环境恢复研究（Singh and Bhattacharya，1987；Darmody，1993）；CAD 与 GIS 在土地复垦中的应用（Darmody，1995；Baker，1996）；无覆土的生物复垦及抗侵蚀复垦工艺（Pelkki et al.，1996）；矿山复垦与矿区水资源及其他环境因子的综合考虑（Baker，1993）；清洁采矿工艺与矿山生产的生态保护。

目前国外土地复垦研究主要集中在以下几方面：①关于复垦土壤侵蚀控制的研究；②关于复垦土壤熟化改良的研究，主要采用人工加速风化、熟化法，如利用城市垃圾和煤渣对褐煤开采形成的废弃地进行农业复垦（Nadja et al.，1999），同时加以生物复垦措施来熟化和改良土壤；③关于采煤区复垦土地植被重建的研究重点在于植被恢复技术和植被重建技术，如在复垦土地上引入红树并对其生长进行了深入研究（Lee and Saxena，1998），以及 Schwab 等（1991）对美国堪萨斯（Kansas）州西部粉煤灰复垦后废弃地上植物进行的研究表明，植物体内重金属含量与粉煤灰有着一定的关系。此外，国外还重点研究了利用遥感和计算机信息技术指导煤矿区土地复垦（杨淇清，2010），如将 GIS 用于废弃矿区复垦工程，通过遥感监测来反映矿区覆被变化（Bakr et al.，2010）。不同国家或地区由于法律法规、开采技术和开采区地理形势的不同，其矿区生态恢复战略也会不同（Strzyszcz，1996）。

2）国内矿区土地复垦研究进展

我国矿区土地复垦理论研究开始于 20 世纪 80 年代初，随着《中华人民共和国土地管理法》《中华人民共和国矿产资源法》《中华人民共和国环境保护法》《土地复垦规定》和《土地复垦技术标准》等一系列重要法律法规的颁布实施，矿山土地复垦工作成绩卓著，多个项目获得国家科技进步奖。我国矿区土地复垦理论研究虽起步晚，但在短短的几年时间里也取得了长足的进步（金丹和卞正富，2009）。

中国矿区复垦与生态恢复的发展基本经过了三个阶段：第一阶段（1960～1989年），是我国矿区复垦与生态恢复的萌芽期，土地复垦工作仅局限在科学研究，缺乏有目的的大规模的工程实践项目。马恩霖等编译了《露天矿土地复垦》，林家聪、陈于恒等翻译了苏联的《矿区造地复田中的矿山测量工作》一书，介绍引进了国外土地复垦的做法或经验。我国第一个正式立项的土地复垦科研课题也在这一阶段完成。

第二阶段（1989～1998 年），1989 年 1 月 1 日生效的国务院第 19 号令《土地复垦规定》，标志着我国土地复垦事业的开端（凌婉婷等，2000）。在 1989～1994年主要是各地依据《土地复垦规定》自发零星地开展土地复垦。1990～1995 年全国累计恢复各类废弃土地 53.3 万 hm^2，煤矿的复垦效果最好（李娟等，2004）。1995 年 7 月，国家土地管理局又发布了《中华人民共和国行业标准"土地复垦技术标准"（试行）》等一系列法规标准，1995～1998 年国家土地管理局争取到财政部国家农业综合开发土地复垦项目资金，实施了首批国家级采煤塌陷复垦示范工程。各地开展试验示范过程中，此阶段已有较高水平理论成果出现。

第三阶段（1998 年以来），20 世纪 90 年代以来，我国的矿区废弃地复垦及生态恢复工作进入了快速发展期。1998 年，国土资源部成立之后，成立了耕地保护司和土地整理中心，负责全国的土地复垦工作。《中华人民共和国土地管理法》规定的耕地开垦费与新增建设有偿使用费为土地复垦开辟了新的、稳定的、数量可观的资金渠道，大大地推动了土地复垦事业的发展。2000 年中国土地学会还在北京召开了国际土地复垦研讨会，进一步推动了我国土地复垦与生态重建事业的发展。各地先后开展土地复垦实践项目，提出了采运排复一条龙作业及堆状地貌种植法等工程与生物复垦方法。长沙黑色冶金矿山设计研究院、长沙冶金设计研究总院、煤炭科学研究院唐山分院、中国矿业大学、山西农业大学、中国科学院地理研究所及生态环境研究中心、北京大学等单位均有专门的土地复垦研究室（或课题组）。参与土地复垦及矿区废弃地生态恢复研究的人员中有采矿、地质、测量、农学、地理学、土壤学、环保、水利、生态学、土地规划与利用、林学等多专业的人才，与之相关的研究领域包括环境地质、采矿环境工程、土地退化与防治、土地污染与生物修复、生态工程与恢复生态学、政策与可持续发展等（王海春，2009），研究队伍专业化、多学科化、高层次化，这些领域的研究成果对矿区土地复垦发展起到了重要推动作用。

现阶段，生物复垦技术研究与应用成为矿区土壤修复和生态复垦的热点，其主要关注两方面，一是促进复垦土壤的熟化；二是控制或降解土壤重金属污染物。

2. 高山草甸土形成过程与机制

土壤自然形成必须经过两个阶段，先是岩石经过风化变成母质，后是成土母质在自然因素的作用下，经过生物作用产生肥力而发育成土壤，最终土壤的形成是成土母质、气候、生物、地形和时间 5 个因素相互影响、相互渗透，以生物为主导综合作用的结果。典型自然土壤的剖面，上部为有机质含量较高的表土层，颜色为灰黑色，疏松，水、气、热状况比较好，根系 50%在该层；下部为风化形成的土壤母质，无有机质；中部为成土次于表土的半熟土层（心土层），根系分布较少，占 20%～30%，主要起保水、保肥作用。土壤剖面自上而下，营养成分含量一般由多到少，颜色由深变浅，土壤颗粒也由小逐渐变大。

自然环境决定着土壤的水、肥、气、热，不同的自然环境下土壤有着不同的性状特征。因此，研究矿区所处的环境要素能够更有针对性地改善土壤中的限制性因素，更能够因地制宜地进行土壤质量的恢复。根据已有的研究成果，可知影响重构的环境因素包括地表特征（地理位置、地形、地貌、水系等）、气候环境（气候带、温度、降雨量、蒸发量、风速等）、土壤理化性质（土层厚度、土壤剖面构型、有机质含量、pH、盐渍度、土壤水分、渗透性、微量元素、抑制植物生产的有毒化学物质等）等方面。

高山草甸土，土壤土层较薄，厚度一般为 30～60cm，母质以坡积物、残积物为主，土壤粗骨性强，0～10cm 土层是根系交织密集的草皮层，富含有机质，一般为砂质壤土，受致密毡状根系影响，土体湿润；在 10～25cm（30cm）土层，一般属于根系分布较多的腐殖质层，土质较疏松，含有少量半风化砾石；在（25cm）30cm 土层以下，根系含量减少，砾石成分增加（王根绪等，2002）。

高山草甸土在青海主要分布于青南高原，多处海拔 4000～4700m（4800m）的高原面和高中山下层，分布广泛、连片。在祁连山东段海北藏族自治州亦有一定分布，见于海拔 3300～4000m 之山地阳坡和宽谷。这类土壤位于亚高山针叶林带以上，为高原的重要草场土壤（左克成和乐炎舟，1978）。

自第三纪以来，青藏高原强烈隆升造成的现代严寒气候和明显的垂直变化，与大气环流形势综合影响所造成的干冷季长、温湿季短自东南向西北渐趋干旱的气候分异，是高山草甸土发生分布的重要条件，并使其呈现水平地带性与垂直地带性交互作用的特点与分布格局。

土壤在发育过程中会表现出一系列的成土特征，随着发育程度的加深，会依次分化出腐殖质层、有机层、淋溶层、淀积层、母质层等土层（黄昌勇和徐建明，2000），并且各个土层还会随时间进一步分化（林永崇等，2012）。左克成和乐炎舟（1980）研究认为，高山草甸土的形成受环境因素和历史条件的影响，具有土壤发育比较年青、根系交织而坚韧的草皮层、腐殖质含量较高（富里酸含量高于胡敏酸且胡敏酸结构缩合度低）、不同程度的淋溶作用、淀积作用等特点，上述成土特点的配合，就使高山草甸土产生特有的剖面形态特征：上部是根系致密的草皮层（A_S）和深暗松软的腐殖质层（A_1），向下迅速而明显地过渡到有机质含量低、

颜色浅淡的 A_l/B 层，再下为 C 层或 C/D 层。高山草甸土富含有机质和氮素，但由于地处高寒，速效养分供应能力较低（左克成和乐炎舟，1980）。

高山草甸土分布区的气候主要受西风环流及西南季风周期性季节进退变化的影响和控制（叶笃正等，1958），又受第三纪末期以来青藏高原强烈隆升的深刻影响（李吉均等，1979；常承法和郑锡澜，1973），具有气候严寒、干冷季长、温湿季短、气候垂直变化明显等特点，并且表现出由东南向西北降水渐减、气候愈寒的趋势。一般年平均气温为−5.7～0℃，全年≥0℃积温多低于 1000℃，30cm 深度土壤冻结期长达 4～5 个月之久。年降水量 270～550mm，集中降于 6～9 月，年平均相对湿度 52%～67%。常年多偏西大风。

地面坡度、坡向和坡形对高山草甸土的形成也有重大影响。坡度较大、阳向坡、凸形坡等有利于融冻交替作用的强烈进行，从而导致草皮层破坏并促进草原化过程的发展，其使土壤发育缓滞，土带实际分布空间亦受压缩（何同康，1965）。Costin（1955）指出，高山土壤的发育程度和土带宽窄常由地形所决定，而高原最为有利。

高山草甸土的植被主要是嵩草草甸（叶笃正等，1958），以小嵩草或线叶嵩草建群，尤以前者最为普遍。高山草甸土分布的地形多为缓山坡、浑圆山顶、山前平原、山间盆地、宽谷、古冰碛平台等类型。地形的绝对高度和坡向，与气候垂直变化及局部水热条件有密切的关联，对高山草甸土的形成和分布也有重大影响。

高寒草甸在山地垂直带的形成，是气候垂直变化的结果。当山地气流上升到一定高度时，遇到因垂直递降而出现的低温，使大气中所含的水气形成云雾，或凝结成雨雪降落，从而在一定的海拔上形成不同的湿度带和相应的植被带。因此，山区草甸的形成、分布与地形的绝对海拔、地带性气候、山地所在地理位置有密切关系（魏绍成和杨国庆，1997）。

对高寒草甸植被地上生物量形成机制的研究发现（李英年和张景华，1998；李英年等，2001），冬春温度的变化与当地牧草产量的高低有着明显的相关关系。主要表现在冬季寒冷，在来年春夏之交时土壤融化过程对植物初期营养生长阶段产生充足的水分供应（沈永平等，1998；王绍令等，1991）。就冬季不同寒冷程度而言，所造成的土壤冻结速率、深厚程度、维持时间长短等在春季及初夏季节冻土融化时释放的土壤水分含量会产生较大的差异，从而导致对植物初期营养生长发育阶段的水分供给也有所不同。因此认为，季节冻土的发展与变化对高寒草甸植物的生长乃至年地上生物量的形成均具有一定的影响作用。

试验矿区土壤属于高山草甸土，调查研究高山草甸土的形成有助于了解研究区域土壤形成，明确土壤重构的方向，最大限度地模拟成土条件，使自然恢复更加科学，人工恢复更加有针对性。

3. 冻土的形成和影响

冻土是温度下降到 0℃以下，含水分的土壤呈冻结状态的一种现象，是一种对温度极为敏感的土体介质，是地质历史和气候变迁背景下受区域地理环境、地质构造、岩性、水文和地被特征等因素共同影响，通过地气间物质和能量交换而发育的客观地质实体，有着独特的自身演变规律，对环境变化极为敏感（吕久俊等，2007）。

地壳表层每年寒季冻结、暖季融化的土（岩）层统称季节冻结和季节融化层。在多年冻土区，由地表热交换导致的地表以下的季节融化层，称为活动层；下伏非冻土、靠冷季负温条件下地表热交换形成的地表浅层为季节冻结层，即季节冻土（周幼吾等，2000）。

活动层冻融过程受气温、积雪、植被、地形、水文条件等局地因素影响显著，气温和年平均地温越低，活动层融化开始时间越晚，冻结开始时间越早，活动层整体冻结期也越长。对季节冻土而言，存在活动层与其下非冻土连为一体的整体融化期。多年冻土活动层季节冻结呈双向进行，季节融化呈单向进行。低温多年冻土由下向上的冻结速率和深度变化较显著，对于年平均地温高于 0.5℃的场地，由下向上冻结过程不明显而呈单向进行。季节冻土存在微弱的由季节冻土层底向上的融化过程，冻结过程进行缓慢，形成冻结过程和融化过程并存格局（罗栋梁等，2014）。

冻土的发育与完好保存是祁连山自然环境赖以维持生态平衡的物质基础，冻土对外界强迫的敏感性决定了祁连山生态环境的脆弱性，尤其季节冻土的退化导致祁连山区存在严重的生态环境问题，表现在部分湿地干化、草场退化、土地沙漠化范围逐渐扩大等，这些环境要素的变化是冻土在外强迫下水热失衡叠加人类活动的结果。因此，冻土的存在状态及其变化对祁连山生态环境的演变趋势具有决定性的作用（金铭等，2011）。

青藏高原多年冻土脆弱程度高，以极强和强度脆弱为主，青藏高原南部、北部与东北部边缘地区脆弱程度相对最高，季节冻土区相对较低，与季节冻土相比，多年冻土对气候变化的响应更脆弱。在当前升温幅度条件下，冻土脆弱程度主要取决于冻土的地形暴露与冻土对气候变化的适应能力（杨建平等，2013）。研究表明（李林等，2005），青海高原冻土出现季节冻土面积增大、多年冻土萎缩、冻土下界上升、冻土温度上升、季节冻结时间缩短、冻土深度变浅等一系列的退化问题。

李韧等（2009）等利用青藏高原及毗邻地区 22 个辐射观测站结合 75 个气象站冻土观测资料，研究表明，总辐射收支的变化是导致土壤冻结深度变化的重要原因。土壤季节冻结深度可能是总辐射、土壤含水量、土壤特性、地理纬度、海拔、积雪等因子综合作用的结果，并随着纬度、海拔的增大而增大，随着总辐射、气温的增大而减小。纬度、海拔是影响活动层土壤冻结深度的决定因素，太阳辐射是影响季节冻深波动的重要外部条件（李韧等，2009）。

李英年等（2005）分析发现，季节冻土在高寒草甸植被生产力形成过程中有着积极的影响作用，主要表现在：季节冻土的存在和维持将为高寒植物生长提供良好的土壤水分，对植物初期营养生长发育有利，可弥补春夏之交时降水不足所引起的干旱胁迫影响；季节冻土的长时间维持，有利于植物残体和土壤有机质留存于土壤，并随土壤冻结和融化过程发生迁移，可提高土壤肥力；较高的土壤水分有利于土壤胡敏酸的形成，可保证植物生长所需的其他有机元素的供给；冻土层所形成的较高的土壤水分使土体热容量加大，从而调节因气候异常波动引起的土壤温度变化；季节冻土的变化对植物地上年生产量形成有一定的影响作用，表现出从 10 月或 11 月开始，土壤冻结速率快，对提高植物地上年生产量有利（李英年等，2005）。

木里矿区位于祁连山高寒高海拔地区，原始沼泽湿地分布有大量多年冻土，研究高寒矿区的土壤重构问题，应当重点考虑矿区渣山是否会形成冻土或者出现基质冰冻的情况，关注冻土的季节消融是否影响土壤重构以及植被恢复的进程及效果。

4. 土壤重构的方法及研究进展

土壤是植物生长的基质，其理化特性决定着植物群落类型的分布，同时植物群落又反作用于土壤，改善其生境条件，使群落得以发展。矿区土地复垦研究逐渐成为世界各采矿大国的热点研究课题（Bradshaw，1997）。露天煤矿排土场土地复垦包括地貌重塑、土壤重构和植被重建。土地损毁和复垦过程中都会对土壤进行扰动，复垦后的土壤条件直接关系到复垦的成败和效益的高低，因此，重构具有较高土壤生产力的土壤结构一直是土地复垦技术革新的动力和方向（孙伟光等，2010）。

有关研究表明，现代矿区土地复垦技术研究的重点应是土壤因素的重构而不仅仅是作物因素的建立，为使复垦土壤达到最优的生产力，构造最优的土壤物理、化学和生物条件是最基本的和最重要的，所以，土壤重构是矿区土地复垦的基础和核心任务，也是矿区土地复垦研究的重点（胡振琪，2010）。我国关于矿区废弃物土壤性能自然恢复机制的研究较少，矿区土壤修复研究主要集中在土壤重构方面。许多地方往往注重复垦的数量，缺乏对复垦质量的要求和控制，特别是对土壤重构重视不够，使得一些复垦工程失败或复垦效益低下。

1）土壤重构的概念与原理

土壤重构（soil reconstruction）即重构土壤，其目的是对工矿区破坏土地进行土壤恢复或重建，通过采取适当的采矿工艺和重构技术，并应用工程措施以及物理、化学、生物、生态等措施，重新构造适宜的土壤环境条件以及稳定的地貌景观格局,通过人工再造,在较短的时间内恢复和提高重构土壤的生产力,并改善重构土壤的环境质量(胡振琪等,2005)。

按煤矿区土地破坏的成因和形式,土壤重构主要分为采煤沉陷地土壤重构、露天煤矿扰动区土壤重构和矿区固体污染废弃物堆弃地土壤重构三类。土壤重构所用的物料既包括土壤和土壤母质,也包括各类岩石、矸石、粉煤灰、矿渣、矿石等矿山废弃物,或者其中两项或多项的混合物。所以在某些情况下,复垦初期的"土壤"并不是严格意义上的土壤,真正具有较高生产力的土壤,是在生物、地形和时间等成土因素相互作用下,经过风化、淋溶、淀积、分解、合成、迁移、富集等基本成土过程而逐渐形成的(胡振琪等,2005)。

土壤重构的实质是人为构造和培育土壤,其理论基础主要来源于土壤学科。土壤重构必须全面考虑到自然成土因素对重构土壤的潜在影响,采用合理有效的重构方法与措施,最大限度地提高土壤重构的效果,并降低土壤重构的成本和重构土壤的维护费用。土壤重构的目的是重构并快速培肥土壤,消除污染,改善土壤环境质量,恢复和提高重构土壤的生产力,恢复土壤生态系统。对以矿区废弃物为主要重构物料的,应该在恢复重构土壤生产力的同时采取相应的污染处理与防治措施,减轻或消除土壤污染以及其对作物的污染。

复垦土壤重构可分为工程措施重构与生物措施重构。工程措施重构主要是采用工程措施(同时包括相应的物理措施和化学措施),根据当地重构条件,按照重构土地的利用方向,对沉陷破坏土地进行的剥离、回填、挖垫、覆土与平整等处理,一般应用于土壤重构的初始阶段。杨胜利和王云鹏(2009)研究认为,当排弃物堆置较高时,作用在植被覆盖差、土质松软的基底时,便会产生巨大的荷载,再加上水的渗透作用,极易产生沿地基软弱层的滑坡;当基底承载力允许时,增加排土场的台阶数,使排土场的整体边坡角变小,从而排土场的稳定性系数变大(杨胜利和王云鹏,2009)。生物措施重构是工程重构结束后或与工程重构同时进行的重构"土壤"培肥改良与种植措施,目的是加速重构"土壤"剖面发育,逐步恢复重构土壤肥力,提高重构土壤生产力。

土壤剖面重构是土壤重构最为基础的第一步。人为构造一个适宜的土壤初始剖面层次是土壤重构最重要的任务之一。土壤剖面(soil profile)在土壤学上是指一个具体土壤的纵切面。一个完整的土壤剖面包括土壤形成过程中所产生的发生学层次及母质层次,不同层次的组合形成土体构型。土壤学上经常研究的是垂直切面深度 2m 以内的土层。土壤剖面重构(soil profile reconstruction),就是土壤物理介质及其剖面层次的重新构造,是指采用合理的采矿工艺和剥离、堆垫、贮存、回填等重构工艺,构造一个适宜土壤剖面发育和植被生长的土壤剖面层次、土壤介质和土壤物理环境。土壤剖面的自然发育是极其缓慢的,人类有目的的重构、培肥与改良措施可使重构土壤层次产生加速分化,在较短时间内形成与地带土壤相适应的耕作土壤剖面层次。可根据矿区具体条件，考虑重构物料特性，并分析所在区域的土壤形成条件，预测土壤发育过程，来制订土壤剖面重构计划。对于山地或表土层很薄的地区，复垦后土地利用对土壤肥力要求不严，土壤剖面重构的主要任务是选择合适的表土替代材料，如剥离物中的砂岩、黏土岩及页岩，并回填在复垦土地表层，构成了独特的矿山土（mine soil，岩土层的混合）。

土壤重构是一个长期过程，一般程序是：首先考虑的是地貌景观重塑，它是土壤重构的基础和保证；然后是表层土壤剖面层次重构，目的是构造适宜重构土壤发育的介质层次；最后是重构土壤培肥改良措施（主要是生物措施），促使重构介质快速发育，短期内达到一定的土壤生产力。特别是对于利用矿山固体废弃物作为主要重构物料的土壤介质，只有采取适当的生物措施才能使重构物料逐步发育，从而形成土壤特性。同时应注意采矿工艺及岩土条件对土壤重构方法的影响、区域土壤形成因素对土壤重构方法的影响、复垦区域其他相关条件对土壤重构方法的影响。排土场土壤粒径在不同尺度下都表现为较大的非均质性，在一定尺度范围内具有统计意义上的自相似特征。由于受研究理论和方法的限制，目前还没有完全实现对土壤形态与性质的定量化表征，至于对损毁土壤重构过程的定量化描述与模拟，更是没有找到很好的解决办法。

2）土壤重构国内外研究进展

研究表明，对未被严重破坏和污染的矿区，在不进行人工影响的情况下，矿区被破坏的土壤可以进行自我恢复。但是仅仅靠土壤自然恢复时间太长，效果也不很明显。为了促进废弃物快速土壤化演化和土壤培育，消除污染，改善土壤环境质量，目前在矿区复垦方面研究较多的是土壤重构。土壤重构研究主要集中生物种类与活性、土壤理化性质与矿物学（土壤养分）特性、土壤重构新技术的使用等三个方面（倪含斌等，2007）。

a）生物种类与活性研究

Daniellm 等（2002）进行了矿区重构土壤和相邻未扰动土壤微生物群落结构的空间分布特征分析。经过 20 年土壤复垦，脂肪酸甲酯（FAME）、微生物量、细菌及真菌、微生物碳量（MBC）、土壤有机质（SOM）平均含量分别只占未扰动土壤的 20%、16%、28%、44% 和 36%。和未扰动土壤相比，重构土壤的 FAME 和 MBC 具有明显的相关性；重构土壤在细菌量、真菌量及微生物量方面都有显著提高。Kourtev 等（2003）重点研究土壤重构中外来物种入侵及土壤生物区，他们在同一矿区重构土壤分别培育一种外来物种和一种本地物种进行研究，对两者进行微生物群落结构和功能评价，结果发现在美国东北部的外来物种入侵导致土壤特征的快速改变。经过 3 个月的外来物种培育，土壤的各项指标（如土壤 pH、全氮）与本地物种培育下的有显著区别，并提出了进行矿区土壤重构研究时应考虑外来物种对土壤的影响作用。龙健等（2002，2003）通过对浙江涅浦铜矿废弃地土壤的微生物、土壤酶活性及生化作用强度的研究表明：矿区土壤微生物总数下降。各主要生理类群数量均呈下降趋势，土壤酶活性减弱，土壤生化作用强度降低。土壤微生物活性降低是矿区复垦土壤微生物的重要生态特征之一。洪坚平等（2000）通过对矿区煤矸石风化物上几种不同复垦措施的复垦区进行系列土壤微生物及其生化特性的分析研究，结果表明：各类微生物菌群、数量以及生物活性强度、放线菌和真菌的优势种属、土壤养分等均为覆土区大于未覆土区，豆科区大于乔木区；而覆土厚度 0～20cm 对土壤养分、生物群落及其活性等的影响较小。Liao 等（2005）研究了南方红壤矿区废弃地重金属对微生物活性和多样性的影响机制，结果表明，矿区重金属影响下的土壤微生物活性和多样性与无污染地区存在明显差异。

b）土壤理化性质与土壤养分研究

土壤有机质、氮素和磷素等是土壤主要的养分指标，同时有机质还是形成土壤结构的重要因素，直接影响土壤肥力、持水能力、土壤抗侵蚀能力和土壤容重等，是土壤特性的重要指标之一（鲁如坤和时正元，2000）。Loit 等（2002）研究了爱沙尼亚东北部三个矿区有机质的形成过程。1965～1970 年对研究矿区进行育林。最初十年，地面落叶带还没有形成。到 1988 年开始形成单一层，经过 29～34 年，20～25cm 厚黑褐色的土壤腐殖层开始形成。土壤有机质中碳含量丰富而氮含量较低。与新鲜复垦土壤相比，重构土壤中有机碳和氮的大量积累，C∶N 较高，腐殖质大量增加。崔龙鹏等（2004）以淮南矿区为例，研究长期采矿活动（尤其是煤矸石堆积）造成的矿区土壤重金属污染。结果表明，不同矿井区土壤中重金属含量呈现出随开采史及堆积煤矸石风化时间长而递减的趋势，且 Co、Cu、Zn、Ni、Pb 表现出相对较强的迁移性，其含量在部分矿井区土壤中超过国家土壤一级污染标准。陈龙乾等（1999）以徐州矿区为例对不同时期不同层次泥浆泵复垦土壤进行了监测和分析，结果表明，与正常农田相比，复垦土壤质地表层偏黏性，底层偏砂性；土壤容重表层偏高，底层偏低；土壤团粒结构含量偏低。随着时间推移，复垦土壤容重表层不断降低、底层不断升高，以及土壤团粒结构不断增加，后者则以 0.5～3mm 团粒结构的形成速度较快。至复垦后第 13 年泥浆泵复垦土壤容重和团粒结构基本接近正常农田的水平。张乃明等（2003）系统研究了孝义露天铝矿不同复垦年限的土壤养分变化，结果表明，随着复垦年限的增加，复垦土壤有机质、全氮、有效磷含量均呈逐年增加趋势，土壤容重逐年下降，土壤全磷、全钾、速效钾、土壤 pH、交换量和 Cu、Zn、B、Mn、Fe 等微量元素的有效态含量变化不明显，证明通过种植牧草和大量施用有机肥、化肥，可加速复垦土壤的熟化，土壤理化性状逐年改善，土壤生产力逐年提高。

c）土壤重构新技术的使用研究

Friedli 等（1998）利用传统土壤科学研究方法和地面雷达探测（GPR）、红外线航空摄影（IR）等新技术相结合的评价方法在瑞士矿区进行土壤重构研究。GPR剖面分别利用 200MHz、500MHz、900MHz 波长进行发射记录。利用专业摄影测绘相机进行 1:3000 彩色红外线相片拍摄，同时进行土壤剖面描述、技术数据报告、土壤成分实验室分析等。通过 GPR 持续测量，可以获得重构土壤水分的变化规律。红外线航空摄影技术可以观测植被的覆盖率和活力。航空摄影不能证明植被的覆盖率和种类与重构土壤的性能之间的直接关系，但是，其提供的大量影像资料有助于我们对该地区进行总体分析。Zribi 等（2000）利用地形学基本原理结合遥感技术进行了土壤结构数字三维重现研究，Joan 和 Josepm（2005）利用 GIS技术进行生态监测研究，可以为矿区土壤重构研究提供新的思路。

　　关于土壤重构研究中最为基础的重构剖面优化研究，我国相对开展较少。胡振琪（1997）基于土壤学理论和国外露天矿复垦的实践，提出了"分层剥离、交错回填"的土壤剖面重构原理，使破坏土地的土层顺序在复垦后保持基本不变，更适宜于作物生长，并以上覆土（岩）分为两层（部分）为例，给出了土壤剖面重构的公式和图示。魏忠义等（2001）以安太堡大型露天煤矿排土场为研究区，提出了"堆状地面"土壤重构方法，并通过水文分析计算进一步研究了堆状地面的侵蚀控制机制，据此提出了优化的堆状地面排土方式。美国露天采矿与复垦法要求复垦土地达到等于或超过采前土地生产力，对基本农田（prime farmland）复垦要求剥离表土和构造较适宜的心土层以形成较适于作物根系生长发育的土壤介质，其目的是要求土层顺序在开采复垦后基本保持不变，即上部土层仍在上部、下层岩石仍在下部。因此，如何实现土层顺序在开采复垦后保持基本不变或更适宜作物生长是土壤剖面重构的关键。

　　由于我国目前的矿区复垦手段中工程比例大，工程费用往往对复垦成本起着决定性的作用，应充分借助当今生物技术尤其是微生物技术提高复垦水平和效益，降低复垦成本，增强矿区复垦对改善矿区生态环境的作用，有效推动矿区复垦手段向更高层次发展。利用生物治理和改良土壤在国外复垦中有较快的发展，特别是微生物肥料的研究已经在复垦土地的培肥中得到工业化的应用，微生物技术培肥地力往往具有成本低、效益高的特点。除已较成功地应用自生固氮菌、磷钾细菌肥料及复合菌肥技术以外，菌根技术已经走出实验室研究阶段，开始在矿区土地复垦应用实践中取得较好效果，美国、澳大利亚等国家都已经取得了较多的实践性应用成果，为矿区土地复垦提供了一项有效的技术手段。苏联科学家还在从覆盖土层的煤矿岩土中分离出细菌，作为调配制剂之用，用这种制剂对矸石场覆盖的岩土岩层进行变性处理。在微生物代谢作用影响下，岩石 pH 从 3.0 提高到 7.0，游离 P 和 K 增加，积累 N 和腐殖土增加，第二年出现土壤迅速形成，参与土壤形成的细菌量不断增加，这种培肥土壤的方法比从其他地方搬运客土的做法要经济得多，优质土层形成速度要快 1～2 倍，大大缩短矸石场复垦后土壤改良的过渡期。

5.3.2 木里矿区渣山表层基质理化性质

从表 5-6 可以看出，渣山表层基质 N、P、K 含量较低，不能充分满足植被生长所需。pH 呈碱性，土壤容重较高，且有机质含量低。矿区周边高寒草甸和沼泽湿地土壤理化性质较好，速效养分可提供植物生长发育所需，pH 呈中性。矿区周边沼泽湿地土壤养分高，尤其是氮含量与有机质含量高，pH 呈酸性，土壤容重小，土壤系统稳定，有利于植物生长发育。

表 5-6　江仓矿区渣山表层基质和周边天然草地理化性质对比

理化性质		矿区渣山	高寒草甸	沼泽湿地
全氮含量（g/kg）		1.78	3.46	9.3
全磷含量（g/kg）		0.85	1.28	2.06
全钾含量（g/kg）		22.11	21.2	20.83
速效氮含量（mg/kg）		16.5	158.5	401
速效磷含量（mg/kg）		1.93	3.47	5.53
速效钾含量（mg/kg）		70.75	68.08	153
有机质含量（g/kg）		59.89	46.01	171.14
土壤 pH		8.63	7.6	6.42
土壤容重（g/cm³）		1.75	1.87	1.16
粒径比例（%）	石粒（>1mm）	62.61	31.44	60.45
	粗砂粒（0.25～1mm）	22.57	21.22	11.55
	细砂粒（0.074～0.25mm）	14.53	43.15	24.38
	黏粉粒（<0.074mm）	0.48	4.18	3.61

5.3.3 土壤重构模式

木里矿区周边草地土壤厚度小，如以外运方式进行客土覆盖，将会大大增加工程投资，应就地取材，尽可能降低工程投资。2015 年 3 月以来，以青海大学为主的草地学者，在土壤重构方面做了大量的研究和实践工作，提出筛分泥页岩+有机肥料代替土壤的研究成果，已在江仓 5 号井进行成功试验，并积累了丰富的经验。木里矿区地层含有大量泥岩、页岩，经削坡和清坡后，捡拾分选，考虑因高寒高海拔地区无充足的客土资源可供客土覆盖、复绿，以及牧区充足的牲畜粪便，可采用渣山风化的泥岩和粉砂粉末混合牛羊粪等有机肥代替土壤。据此，结合区内生态地质特征和气候条件，提出矿区渣山覆土复绿两大技术模式，分述如下。

1. 模式一：削坡+羊板粪+泥页岩+混播+无纺布覆盖

削坡压实，稳定渣山边坡，避免产生雨水冲刷；将牛羊圈发酵的粪肥与泥页岩按 1∶5 混合后垫到渣山上，厚 30cm；将披碱草、老芒麦、同德小花碱茅（星星草）和青海冷地早熟禾按照质量比为 1∶1∶1∶1 混播，播量 24g/m²；播种后镇压、覆盖无纺布，增温保湿，促进种子萌发。该模式的优点是复绿效果良好，无需客土，成本较低，为 20～50 元/m²。

2. 模式二：削坡+大量有机肥+客土+混播+无纺布覆盖

削坡压实，稳定渣山边坡；不覆土，利用矿井渣山存在的部分红土质，可将有机肥混合土壤 1∶4 垫到渣山上，施肥量为 2.5kg/m²；将披碱草、青海草地早熟禾、青海中华羊茅、同德小花碱茅混播按照质量比大粒种子和小粒种子为 1∶1 混播，播量 15kg/亩；播种后镇压、覆盖无纺布。该模式复绿的优点是复绿效果好，但成本相对较高，为 35～70 元/m²。对高寒煤矿区渣山植被恢复影响的研究表明：4 种覆土处理复绿植被 3 年平均总盖度排序结果为：覆土 15cm（74.6%）>覆土 10cm（70.8%）>覆土 5cm（64.3%）>对照（59.8%）。因此，本方案选择 30cm 的覆土厚度，为植物提供了种床，保障了营养供应，能有效促进植物的生长。

5.3.4 渣土改良与土壤重构

矿区土壤重构技术主要包括客土法和改良渣土技术。客土法采用外运土壤用于矿区土壤重构，土壤营养基质含量高、保水保墒能力强，有利于植被生长，是最常用的土壤重构方式。改良渣土技术是指就地取材、利用矿渣，添加有机肥和羊板粪等进行土壤重构。木里矿区治理面积大、周边均无可用土源，异地客土困难。由于上述 5.3.3 一节土壤重构模式实施难度大，对提出的模式进行了优化整合，形成了渣土改良和土壤重构新技术，采用改良渣土进行土壤重构，从渣山中筛分渣土或粉碎渣石作为覆土来源。

渣土改良和土壤重构技术：通过机械筛分，大颗粒砾石用于矿坑回填，细小砾石用于 10～20cm 表层覆盖。由于砾石养分含量低，保水保墒能力差，故采用有机肥、羊板粪对渣土进行改良，设置排水沟形成排水系统，防止水土流失，提高保水保墒能力，确保植被恢复率。有机肥有机质含量需大于等于 45%，含氮+五氧化二磷+氧化钾大于等于 5%，水分小于 30%，用量 1500～2000kg/亩（平地 1500kg/亩，坡地 2000kg/亩）。羊板粪有机质含量大于 40%以上，用量 33m³/亩，将渣土与羊板粪和有机肥混合均匀后覆盖地表。

5.4　植被恢复技术

5.4.1　矿区植被恢复技术的研究进展

1. 生态恢复与恢复生态学原理及方法

生态系统的行为（Folke et al.，2004）通常分为两大类：一类称为稳定性，另一类称为恢复能力。土地复垦和恢复植被是解决矿山环境保护与综合治理的最有效途径，资源的开发利用必须与治理保护紧密结合，恢复并保持生态系统良性循环的主要目的在于提高可更新资源的再生能力，使人类能够永续利用（汤惠君，2004）。矿区废弃地复垦是退化生态系统与恢复生态学研究的重要内容之一，尽可能减少对土地的破坏和尽快进行植被重建是矿区生态恢复的最佳策略（胡振琪等，2003）。

生态恢复是指退化生态系统的恢复，是相对生态退化而言的，即重建已受损害或退化的生态系统，恢复生态系统良性循环和功能的过程。生态恢复是保证经济可持续发展的需要，更是人类生存的需要。

恢复生态学（restoration ecology）是一门关于退化生态系统恢复的学科，由Aber 于 1985 年提出，20 多年来得到非常迅速的发展，已成为现代生态学的分支学科。由于恢复生态学具有理论性和实践性，从不同的角度看会有不同的理解，因此在其发展过程中关于恢复生态学的定义有很多，其中具代表性的如下：美国自然资源委员会（The US Natural Resource Council）、Jordan、Cairns 和 Egan 等先后提出的定义强调恢复是使受损的生态系统恢复到干扰前的理想状态（彭少麟，2003；Cairns，1995）。但由于缺乏对生态系统历史的了解、恢复时间太长、生态系统中关键种的消失、费用过高等现实条件的限制，这种理想状态基本不可能达到。余作岳和彭少麟（1996）提出恢复生态学是研究生态系统退化的原因、退化生态系统恢复与重建的技术与方法、生态学过程与机制的科学。Bradshaw 认为生态恢复是研究生态系统自身的性质、受损机制及修复过程（Dobson et al.，1997）；Diamond（1987）认为生态恢复就是再造一个自然群落或再造一个自我维持并保持后代具持续性的群落。Haper 认为生态恢复是关于组装并试验群落和生态系统如何工作的过程（Lugo，1988；Aber and Jordan1985）。（国际）恢复生态学会（Society for Ecological Restoration）提出的最终定义是：生态恢复是帮助研究生态整合性的恢复和管理过程的科学；生态整合性包括生物多样性、生态过程和结构、区域及历史情况、可持续的社会实践等广泛的范围。

有关生态恢复的科学术语很多，如更新（renewal）、恢复（restoration）、修复或更新（rehabilitation）、修补（remedy）、改进（enhancement）、改造或改良（reclamation）和再植（revegetation）等。按照其各自的来源背景和恢复的目标以及对恢复程度的要求可将其划分为三个最基本概念，即：①恢复（restoration）；②改造或改良（reclamation）；③修复或更新（rehabilitation）。

恢复是指完全"恢复"或"复制"出被扰动或破坏前的土地存在状态，包括首先重新恢复原先的地形，然后在此基础上按原有的模式利用土地，使其恢复到原有景观。实践证明，即使尽最大的可能，完全的、原模原样的恢复也是很难做到的。因为在复垦过程中，某些土地使用价值毕竟要或多或少丧失或被更换：即使对采矿前的地表景观包括各斑块的植被、岩石、土壤、建筑等其他物体进行详细的调查、定序、定位，也不可能在采后"复制"出其确切的位置和特征。

改造或改良指尽可能按照采矿前土地的地形、生物群体的组成和密度进行恢复，同时包括可恢复与原生物群体相近的其他生物群体。但它们必须能共处同一生境，在可能的地域，乡土生物品种应该被用在复垦过程中。这一概念是大多数环境学家所支持的，实践证明也是可以实现的。

修复或更新是指按照土地破坏的情况和事先的规划与利用计划，逐渐恢复或建立一种持续稳定并与周围环境和人为景观价值相协调的相对永久用途。这种用途可以与破坏前雷同，也可以在更高程度上进行部分用途更换或完全更换。

恢复生态学应用了许多学科的理论，但应用最多、最广泛的还是生态学理论。这些理论主要有：限制性因子原理、热力学定律、种群密度制约及分布格局原理、生态适应性原理、生态位原理、演替理论、植物入侵理论、生物多样性原理、缀块-廊道-基底理论等。恢复生态学强调人为干涉及应用性，强调人为促进退化生态系统的恢复。

2. 国内外矿区生态恢复的研究热点

目前，国内外关于矿山废弃地生态恢复的研究主要集中在下述 7 方面。

1）植被恢复制约性因子方面的研究

Gemmell（1977）通过对植物生长过程中环境因子的影响研究，发现如果矿山废弃地中存在毒性浓度较高的重金属离子、极度盐碱性和对植物生长不利的 pH 等条件，即使通过添加 P、K、N 等养分来改善基质，也不能有效促进废弃地植物的生长。郭道宇等（2004）关于安太堡矿山对植物生长限制因子的研究表明，光照和水分在植被恢复过程中有着极大的作用，由于光照不属于人为控制条件，因此，在选择矿山物种和配置时水分应作为主要因子考虑。

2）矿山土壤基质改良方面的研究

Bradshaw（1997）通过研究提出，对植物生长造成影响的土壤因素主要包括三类：物理条件、养分情况和重金属等。莫测辉等（2001）通过研究发现，城市污泥对于矿山废弃地的水土流失改善和理化性质提升有着很好的作用，能够有效促进矿山废弃地植被的恢复，并提高微生物的活动性。

3）矿山植被恢复物种和选配方面的研究

李晋川等（1999）以平朔安太堡露天煤矿植被恢复为例进行了研究，他们首先选取 90 多种植物，并通过实验选出 10 余种在黄土高原生态区复垦中较为适宜的植物。古锦汉等（2006）针对广东茂名矿山恢复引进了 30 多种阔叶物种，通过试验发现海南蒲桃等植物较为适宜。

4）促进植物成活技术方面的研究

Lubke 和 Avis（1999）通过研究提出应该充分利用表土进行植被恢复工作。Duque 等（1998）通过研究提出在矿山废弃地采用氮磷钾复合肥，栽植禾本科植物能够加快废弃地的覆盖。Burton 等（2006）对乡土植物种植组合进行了研究，进而得出植物的最佳播种密度。蒋高明等（1993）通过对英国圣海伦斯煤矿废弃地生态恢复进行研究，提出种子萌发能力与废弃地的酸碱度有着直接的关系。

5）植被恢复对生态环境的影响研究

张志权等（2001）针对定居植物吸收重金属及其再分配进行了研究，通过研究提出木本植物能够吸收较小比例的重金属，并随着植物落叶再分配到地表，在对重金属污染的废弃地植被恢复过程中，可以充分利用木本豆科植物修复重金属污染地。胡振琪等（2003）针对植物群落的生长发育及其对煤矸石山土壤理化性质的影响进行了研究，通过研究提出，植被群落的生长能够显著地降低矸石渗透性，并增强土壤的保水和持水能力。

6）生物多样性和群落演替等方面的研究

Holl（2002）对美国东部复垦的煤矿植被恢复进行了研究，通过研究发现，其植被的组成相似于棕壤阳坡缓坡的植物群落，但如果种植外来物种，会受到其侵略性影响而降低废弃地植被的演替速率。Burton 等（2006）通过研究提出废弃地生态植被的自然恢复过程需要漫长的时间，但通过采用人工辅助措施可以大大缩短这一过程。Darina 和 Karel（2003）通过对煤矿山植被的自然恢复和人工恢复特征对比分析，提出了时间上的特征差异。郝蓉等（2003）通过采用生态优势度、多样性指数以及均匀度等指标进行了安太堡矿山的重点群落的分析，并对人工植被恢复的未来演替进行了预测。

7）坡体植被恢复理论技术研究

现有的坡体植被恢复方法主要有客土喷播法、种子喷播法、钢筋水泥框格法、纤维绿化法、植生吹附工法、植生卷铺盖法以及生态多孔混凝土绿化法等（陈法扬，2004）。西南交通大学通过研究开发了厚层基材喷附技术，北京林业大学等单位共同开发了裸露边坡植被恢复技术。除此之外，部分单位开始了植生基质喷射（planting material spraying，PMS）技术的开发，以及 VRT 基盘修塑植被恢复技术的创新研究。

5.4.2 矿区渣山植被恢复限制因子研究及改良途径

1. 渣山植被恢复存在的困难

矸石废弃地极度贫瘠、完全丧失自然土壤理化结构、种子库缺失、重金属污染较严重，且伴随着严重的水土流失，反复的土壤侵蚀，更加剧了生境的恶化，属于极度退化的生态系统。矸石废弃地生态恢复的目标是通过建立稳定、高效的人工植被生态系统，使其对生态环境的破坏与污染得到有效控制和治理，改善立地条件，使土地生产力得以恢复，并根据废弃地类型、特征的区别确定其各自不同的最终恢复方向。

矸石废弃地是矿区废弃地的主要类型之一，其生态恢复的理论基础主要还是来源于恢复生态学及生态学的理论与概念。自我设计与人为设计理论是唯一从恢复生态学中产生的理论。自我设计理论认为，只要有足够的时间，随着时间的推移，退化的生态系统将根据环境条件合理地组织自我并最终改变其组分。人为设计理论认为，通过工程方法和植物重建可直接恢复已退化的生态系统，但恢复的类型可能是多样的。二者的不同点在于：自我设计理论把恢复放在系统层次上，是以自然演替为理论基础；人为设计理论则把恢复放在个体或种群层次上。

考虑植被自然恢复所需要的时间以及植被恢复过程中生态效益和经济效益并重原则，矸石废弃地植被恢复不应被动地等待植被的自然恢复，实行人工干预加速矸石废弃地生态恢复过程，是尽快改善煤矿区生态状况、保护矿区环境、进行现代化矿业生产的重要途径。

现有研究表明，对矸石废弃地植被生长造成影响的主要胁迫因子有以下方面。

1）物理结构不良

缺乏植物能够自然生根和伸展的介质，水分缺乏、持水及保肥能力极差（Smith and Bradshaw，1979；魏忠义等，2001）。

2）极端贫瘠

缺乏必要的营养元素，N、P 及有机质含量极低，或养分不平衡（Dancer et al.，1977；Cornwell and Jackson，1968）。

3）重金属含量高

影响植物各种代谢途径，抑制植物对营养元素的吸收及根系的生长（刘玉荣等，2003；Chen et al.，1996）。

4）极端 pH

盐分过高，导致重金属的溶出和毒害进一步加剧，造成植物的养分不足和酶的不稳定，形成生理干旱（王改玲和白中科，2002；王晓春等，2007）。

5）微生物区系稀少

生物多样性较少，生态系统的稳定性差，不利于植被的恢复（Bi and Hu，2000）。诸多研究（孙庆业和杨德清，1999；吴祥云等，2006；段永红等，2001）认为，包括石块大小、表面稳定性、坡度、坡向及水分状况在内的物理因子也是影响矸石山植物自然定居的主要因素。这些不利的因素可单独或几种同时出现在各种不同类型的矿山废弃地中，导致废弃地植被稀少甚至成为不毛之地。

2. 矿区渣山植被恢复改良途径

工矿废弃地的自然恢复过程是极其缓慢的，仅植被的自然恢复就需要 50～100 年甚至几百年。而基质的全面恢复通常需要 100 年以上甚至 10 000 年（Bradshaw，1997）。影响植物生长的土壤条件主要有三种：物理条件、某些营养物质的缺乏和毒性（胡振琪等，2005）。因此，基质改良的目的有三个：一是改善基质的结构等物理条件；二是改善基质的营养状况；三是去除基质中的有毒物质。围绕矸石废弃地的基质改良方法通常有以下几种。

1）化学肥料

煤矸石地一般缺乏氮、磷、钾肥料，三者配合使用一般能取得迅速而显著的效果（吕珊兰和赵景逵，1997）。但因矸石风化物的阳离子代换量小于黄土母质和一般土壤，对养分的吸附、缓冲性能低，宜少量多次施肥。在 pH 过高或过低、盐分或金属含量过高情况下，首先要进行土壤排毒，然后再施用化学肥料。对于重金属含量过高的废弃地可施用碳酸钙或硫酸钙来减轻金属毒性，如果废弃地处于酸性条件，可施用石灰等碱性物质中和，当废弃物的酸性较高或产酸持久时，则应少量多次施入石灰。硫黄、石膏和硫酸等则主要用于改善废弃物的碱性。在强酸性地带，每公顷施熟石灰 1200kg，可使 pH 由 4.5 以下上升至 6.0～7.0；对 pH 8.1 以上地段，每公顷施硫酸亚铁 2250kg，可使 pH 调整至 6.5～7.5（周树理，1995）。Gitt 和 Dollhopf（1991）利用 CaO 和 $CaCO_3$ 混合物来中和 pH 为 2.8 的强酸性煤矸石风化物。另外，乙二胺四乙酸（EDTA）可使金属离子形成稳定络合物，降低重金属离子的毒性。

2）有机改良物

利用有机改良物进行废弃地改良有重要意义，符合以废治废的原则，有很好的经济效益，且其改良效果优于化学肥料。污水污泥、生活垃圾、泥炭及动物粪便都被广泛地用于矿业废弃地植被重建时的基质改良。因为其富含养分且养分释放缓慢，可供植物长期利用。所含的大量有机物质，可以螯合部分重金属离子，缓解其毒性，同时改善基质的物理结构，提高基质的持水保肥能力。德国学者 Zier（1999）利用城市垃圾改善褐煤区废弃地，也取得了较好的复垦效果，还有利用泥炭（Arias-Fernandez，2001）改良废弃地的报道。有机肥对各种污染物的作用在不同土壤中的表现不一，因而在施加有机肥时应根据不同的土壤并结合实验结果，施加适当和适量的有机肥（艾应伟等，2001）。另外，作物秸秆也被用作废弃地的覆盖物，可以改善地表温度，维持湿度，有利于种子萌发及幼苗生长，秸秆还田能改善基质的物理结构，增加基质养分，促进养分转化。

3）表土转换

表土转换即客土、排土法。在矸石山上覆土、树皮或锯末等材料，可直接为植物提供生长所需介质，实现快速有效的复垦，但此法投资大，需上方量多，对于土源缺乏、复垦面积大的地方不宜采用。一般是在动工之前，先把表层 30cm 及亚层 30～60cm 的土壤剥离保存，以便工程结束后再把它放回原处，这样虽然植被已破坏，但土壤基本保持原样，土壤的营养条件及种子库基本保证了原有植物种迅速定居建植，无需更多投入。目前西欧大多数国家都要求露天开采工程采用这一技术。

4）淋溶

在种植植物前，对含酸、碱、盐分及金属含量过高的矸石地进行灌溉，在一定程度上可以缓解废弃地的酸碱性、盐度和金属的毒性，有利于植物定居。灌溉实际上是人为的淋溶过程，一般经过淋溶，毒害作用被解除后，应用全价的化学肥料或有机肥料来增加土壤肥力，以使植物定居建植（张志权等，2001）。

5）微生物改良法

研究表明，1g 土壤中就包含有 10 000 个不同的微生物种。武冬梅等（2000）研究了施用污泥与化肥种植苇状羊茅后煤矸石风化物的微生物活性，结果表明，污泥与化肥配施比单纯施用化肥能更好地提高煤矸石风化物的微生物总数量 4～23 倍（达到 2.39×10^7 个/g 煤矸石）、脲酶活性 1.8～2.8 倍、生物量碳 0.3～2.4 倍，煤矸石风化物有效养分提高，并且各指标随污泥施用量增加而提高。Lunt 和 Hedger （2003）给生长于矿山废弃地上的幼年橡树接种真菌，橡树的生长明显增强。

5.4.3　木里矿区坡地（渣山边坡及矿坑边坡）种草复绿技术

1. 技术路线

土、肥混合及覆盖→草种选择及组合→播种→耙糖镇压→覆盖无纺布。

2. 技术方案

1）草种选择及组合

选用同德短芒披碱草、青海草地早熟禾、青海冷地早熟禾、青海中华羊茅进行混播，混播比例为 1∶1∶1∶1。

2）播种技术

——采用人工、机械或飞机等方式进行播撒。

——播种时间：5 月下旬至 6 月下旬。

——播种量：16kg/亩，其中，同德短芒披碱草 4kg/亩、青海草地早熟禾 4kg/亩、青海冷地早熟禾 4kg/亩、青海中华羊茅 4kg/亩。

——播种深度：将大、小粒草籽混播，播种深度控制在 0.5～2cm。

——底肥：根据测定的改良土养分结果，种植时撒施有机肥和牧草专用肥作为底肥，每亩施有机肥 2000kg、牧草专用肥 15kg，均匀撒施。

——耙糖镇压：采用人工或机械耙糖镇压，使种子与肥料全部入土，确保草种、肥料与土壤紧密接触。

——铺设无纺布：种植完成后，铺设无纺布，增温保墒。

5.4.4 木里矿区平地（坑底、渣山平台、储煤场、生活区及废弃道路）种草复绿技术

1. 技术路线

土、肥混合及覆盖→草种选择及组合→播种→耙耱镇压→覆盖无纺布。

2. 技术方案

1）草种选择及组合

选用同德短芒披碱草、青海草地早熟禾、青海冷地早熟禾、青海中华羊茅进行混播，混播比例为1:1:1:1。

2）播种技术

——采用人工、机械或飞机等方式进行播撒。

——播种时间：5月下旬至6月下旬。

——播种量：12kg/亩，其中，同德短芒披碱草3kg/亩、青海草地早熟禾3kg/亩、青海冷地早熟禾3kg/亩、青海中华羊茅3kg/亩。

——播种深度：通过机械采取分层播种，大粒草籽播种深度控制在1～2cm，小粒草籽播种深度控制在0.5～2cm。

——底肥：根据测定的改良土养分结果，种植时撒施有机肥和牧草专用肥作为底肥，每亩施有机肥1500kg、牧草专用肥15kg，均匀撒施。

——耙耱镇压：采用人工或机械耙耱镇压，使种子与肥料全部入土，确保草种、肥料与土壤紧密接触。

——铺设无纺布：种植完成后，铺设无纺布，增温保墒。

5.4.5 哆嗦贡玛矿区飞播种草技术

1. 技术路线

土、肥混合及覆盖→草种选择及组合→种子处理→飞播（草种及肥料）→耙耱镇压→覆盖无纺布。

2. 技术方案

1）草种选择及组合

选用同德短芒披碱草、青海草地早熟禾、青海冷地早熟禾、青海中华羊茅进行混播，混播比例为1:1:1:1。

2）种子处理

按照 1∶2 将种子与肥料、营养液等混合后进行包衣处理。

3）飞播技术

——采用无人机将种子和肥料按一定比例混合后进行飞机撒播。

——播种时间：5 月下旬至 6 月下旬。

——播种量：8kg/亩，其中，同德短芒披碱草 2kg/亩、青海草地早熟禾 2kg/亩、青海冷地早熟禾 2kg/亩、青海中华羊茅 2kg/亩。

——底肥：根据测定的改良土养分结果，合理使用牧草专用肥，每亩使用量 15kg 左右，均匀撒施。

——耙糖镇压：采用人工或机械耙糖镇压，使种子与肥料全部入土，确保草种、肥料与土壤紧密接触。

——铺设无纺布：种植完成后，铺设无纺布，保湿增温。

5.4.6　木里矿区植被恢复技术运用与实践

植被恢复是生态环境综合整治的重要措施，是实现高寒草甸生态系统土壤保持、防风固沙、水源涵养、生物多样性等服务功能维持及提升的基础。木里矿区生态脆弱，植被恢复困难且自然演替慢，靠自然难以恢复原生态。要优选适宜草种，采用"混播+大量有机肥+无纺布覆盖"等试验成功的治理模式，对尚未治理和削坡整治的渣山以及整治后的采坑边坡、无积水采坑进行植被恢复。针对已治理区出现不同程度的退化，进行植被恢复和巩固提升。加强种植和围栏封育等后期管护，持续做好植被恢复后的监测与科研跟踪，促进人工植被逐步向自然植被演替，恢复区内原生植被群落和覆盖度，提升生态系统重要服务功能。

1. 草种选择

乡土植物是植物长期对本地环境适应的产物。应用乡土植物作为高寒草地植被恢复的先锋植物是常用的方法。外来物种难以适应该地区的气候环境条件。先锋植物的筛选须遵守以下原则。

（1）具有优良的水土保持作用的植物种属。

（2）具有较强的适应脆弱环境抗干冷逆境的能力。

（3）生命力强，能形成稳定的植被群落。

（4）根系发达，有较高的生长速度。

（5）选用青海当地生产、适宜青藏高原生长的多年生禾本科牧草品种，以市场供种相对充足的品种为主。种子组合采用同德短芒披碱草、青海冷地早熟禾、青海草地早熟禾、青海中华羊茅、同德小花碱茅（星星草）进行混播，混播比例为 1∶1∶1∶1∶1 或同德短芒披碱草、青海冷地早熟禾、青海中华羊茅、同德小花碱茅（星星草）比例为 1∶1∶1∶1。播种量：30g/m²。

种子质量要求：种子质量要求达到国家规定的三级标准（GB 6142—2008《禾本科草种子质量分级》）以上。

2. 播种技术

1）播种时间

播种时间以 5 月下旬至 6 月下旬为宜，具体以基质解冻 3～5cm 作为开始播种的时间。播种时间不宜过晚，否则根系过浅，影响越冬。播种时土壤墒情应该较好，如果土壤含水量过低不宜播种，需采取灌溉措施或推迟播种，以确保种子正常萌发和生长。按每亩为 8～16kg 播种（平地播种量为 12kg/亩，坡地播种量为 16kg/亩，哆嗦贡玛矿区播种量为 8kg/亩），大、小籽粒混播。

2）播种深度

依据所栽培的物种而定，禾本科植物根层分布较浅，一般不宜深耕。对于小粒种子，如青海冷地早熟禾、青海草地早熟禾、同德小花碱茅等播深为 0.5～1cm，对于披碱草属植物种子播深为 1～2cm。根据测土配方结果，合理使用氮磷复合肥作为底肥，采用人工或机械轻耙镇压，确保草种、肥料与土壤紧密接触。用无纺布覆盖等措施，提高草种萌发；使用保水、保墒、固肥生态修复材料减缓渣山退化，为本土先锋物种演替提供基础条件，提高人工建植＋覆土+施肥生态恢复模式的长效性效果。

3）种子处理

播种前需要对种子进行处理，主要包括断芒、清选、晒种、浸种等，以提高种子用价。

4）无纺布覆盖

近年的木里矿区植被恢复实验表明，无纺布覆盖可有效提高土壤温度和土壤水分含量，对矿区植被的恢复起到积极的作用，应在植被建植完毕，及时加盖无纺布，并进行石块或木钉的加固。无纺布必须是可降解的绿色网布，每平方米质量在 20±2g，使薄膜与地面充分贴合。

5）拉设围栏

为确保植被恢复成效，进行围栏封育。

3. 木里矿区种草复绿技术流程

见"七步法"植被重建技术（李永红等，2021）。

1）渣土筛选形成种草基质层

通过筛选的渣土覆盖或就地翻耕捡石后形成深度为 25cm 的种草基质层（覆土层），25cm 深度种草基质层中直径大于 5cm 的石块比例不超过 10%。

2）修建排水沟

渣山坡面 30～50m 内修建排水沟，与采坑边坡平台区修建的拦水坝共同形成排水系统。

3）改良渣土

在渣土中拌入羊板粪、有机肥。将羊板粪（每亩用量 33m³，厚度为 5cm）、颗粒有机肥（平台区每亩用量 1500kg，坡地每亩用量 2000kg），摊铺在种草基质层上，采用机械或人工方法，均匀拌入种草基质层，深度大于 15cm。

4）撒施有机肥

将颗粒有机肥（平台区每亩用量 750kg，坡地每亩用量 1000kg）通过机械或人工方式，撒施在种草基质层表面。

5）播种

4 种牧草种子（坡地 16kg/亩，平地 12kg/亩）和 15kg/亩牧草专用肥混合，通过飞播、机械撒播或人工撒播等方式，撒播在种草基质层表面。

6）耙糖镇压

对播种的地块，采用机械或者人工方法耙糖镇压。

7）铺设无纺布

耙糖镇压完成后，铺设无纺布。无纺布边缘重叠处用石块压紧压实。

5.5 生态修复效果评价方法

为保证木里矿区渣山、储煤场、生活区等的复绿效果，实现木里矿区生态环境综合整治方案目标，打造高原高寒地区矿山生态环境修复样板，制定木里矿区种草复绿立地条件验收评估标准，为木里矿区种草复绿立地条件验收提供标准依据，以确保种草复绿前具备种草条件。

5.5.1 评价原则

1. 科学性原则

采用的指标和方法要有科学依据，符合生态环境修复生态学原理，遵循矿山复垦土地修复要求，符合高寒矿区种草复绿技术规范。

2. 简便易行原则

采用的评价指标应该易测定、易执行，具有可操作性，工作量不宜过大。

3. 符合实际原则

采用的标准能够充分考虑木里矿区地处高海拔区域、缺氧寒冷、客土困难的实际，应符合当地环境要求。

5.5.2 评估指标

1. 边坡坡度

边坡坡度是指渣山或坑口边坡地表单元陡缓的程度，即坡面的垂直高度和水平方向的距离的比值，用度数来表示。坡度的大小将影响渣山和矿坑边坡的稳定性及复绿效果，用坡度仪测定。

2. 排水沟间隔

排水沟间隔指渣山边坡上顺坡方向上的沟槽或垄埂之间的距离。排水沟的作用是局部控制雨水径流方向，减轻雨水冲刷对新建植被的影响。《木里矿区生态环境综合整治总体方案》（以下简称总体方案）要求每间隔 30m 须修建一条排水沟。

3. 地表平整度

地表平整度指渣山、储煤场等区域经过地貌重塑，清除建筑物、构筑物以及存在较明显的土地不同位置高差的程度。土地平整度将影响复绿的效果，用标杆测定地面的起伏幅度。

4. 覆土厚度

覆土厚度指经过改良的异地拉运的土壤或经过改良的本地矿渣覆盖的厚度。覆土厚度是影响复绿效果的重要指标，用直尺测定细粉物至垫层的厚度。

5. 砾石盖度

砾石盖度指渣山、储煤场等区域地表直径大于 5cm 的投影面积之和占地表总面积的百分数。砾石过多是影响植草复绿效果的主要因素。总体方案要求清除地表土壤中直径大于 5cm 的砾石，用目测法测定砾石盖度。

6. 砾石含量

砾石含量指地表 0～15cm 基质中，单位体积内直径 5cm 以上的砾石质量占总质量的百分比例。

7. 土壤粒径组成

土壤粒径组成指矿区客土或矿渣改良土固相中 $\phi 0.05～2mm$ 级别土粒所占的百分比。土壤粒径组成影响着土壤持水性能、热力学性质，对复绿效果有显著的影响。通过该指标测定可判断客土或改良土的土壤质地是否满足种草复绿的条件。用 2mm 和 300 目的土壤筛，分级筛分后称量。

8. 土壤容重

自然垒结状态下单位容积土体（包括土粒和孔隙）的质量或重量（g/cm³）与同容积水重比值，质量均以105～110℃下烘干土计。通过该指标测定可判断添加有机肥是否能改良土壤结构，采用环刀法测定。

9. 土壤田间持水量

土壤田间持水量是土壤所能稳定保持的最高土壤含水量，也是土壤中所能保持悬着水的最大量，是对植物有效的最高的土壤水含量。土壤质地、有机质含量、土壤剖面结构以及地下水埋深等因素均能对其产生影响。

10. pH

pH是土壤酸度和碱度的总称，通常用以衡量土壤酸碱反应的强弱，用酸度计测定。

11. 碱解氮

碱解氮包括无机态氮和结构简单能被作物直接吸收利用的有机态氮，它可供作物近期吸收利用，故又称速效氮，作为土壤氮素有效性的指标。矿渣中普遍碱解氮含量偏低，氮素是禾本科植物主要的营养元素。测定方法有碱解扩散法和碱解蒸馏法两种。

12. 速效磷

速效磷指土壤中较容易被植物吸收利用的有效态磷，是评价土壤供磷水平的重要指标。测定方法有钼锑抗比色法。

13. 土壤全盐

土壤全盐是指土中所含盐分（主要是氯盐、硫酸盐、碳酸盐）的质量占干土质量的百分数。土壤中过多的盐分会阻碍植物正常生长发育，用常规农化分析的重量法测定。

5.5.3　评估方法及标准

1. 评估方法

采用综合评分法，从渣山、矿坑口边坡等区域的基质稳定性、基质结构、改良土物理性质和改良土化学性质4个一级指标，边坡坡度、覆土厚度、土壤容重和pH等13个二级指标构建评估指标体系，标准化考核。

若综合得分>80分为合格，可以植草；若综合得分60～80分为基本合格，整改完善后可以植草；若综合得分<60分为不合格，需要返工，不能实施植草复绿。返工后需要重新评估以确定是否符合植草复绿的条件。

验收评估抽样采取网格法。按照不同立地条件设置样区，即渣山阳坡、渣山阴坡、渣山顶平台；坑口边坡阴坡、坑口边坡阳坡、坑底平台；储煤场、生活区。每个立地条件地区测定 3～5 个样区（66 700m² 以上取 5 个样区），每个样区取 3～5 个样点混合为 1 个土样测定土壤化学性质，采样深度为 0～15cm，分别对每一个样区考核评价。评价指标体系经过预评估验证后修正完善。

2. 评估指标和标准

评估指标和标准详见表 5-7。

表 5-7　评估指标和标准

一级指标	二级指标	分值		
		I	II	III
1. 基质稳定性 40分	1.1 边坡坡度（°）	≤25	25～30	>30
	20分	20分	10分	0分
	1.2 排水沟间隔（m）	≤30	31～35	>35
	10分	10分	5分	0分
	1.3 地表平整度（°）	≤5	5～10	>10
	10分	10分	5分	0分
2. 基质结构 30分	2.1 覆土厚度（cm）	≥30	30～15	<15
	15分	15分	7分	0分
	2.2 砾石盖度（ϕ>5cm）（%）	≤5	5～10	>10
	5分	5分	2分	0分
	2.3 砾石含量（0～15cm, ϕ>5cm）（%）	≤10	10～30	>30
	10分	10分	5分	0分
3. 改良土物理性质 15分	3.1 土壤粒径组分（ϕ0.05～2mm）（%）	<60	60～85	>85
	5分	5分	3分	0分
	3.2 土壤容重（g/cm³）	1.1～1.4	1.4～1.6	>1.6
	5分	5分	3分	0分
	3.3 田间持水量（%）	>35	15～35	<15
	5分	5分	3分	0分
4. 改良土化学性质 15分	4.1 pH	6.5～8.5	5.0～6.5 8.5～8.8	>8.5
	3分	3分	1分	0分
	4.2 碱解氮（mg/kg）	>70	30～70	<30
	5分	5分	2分	0分
	4.3 速效磷（mg/kg）	>15	10～15	<10
	4分	4分	2分	0分
	4.4 土壤全盐（g/kg）	<3	3～6	>6
	3分	3分	1分	0分

5.5.4　附录

1. 各项指标观测与分析方法

1）坡度

用坡度仪测定。测定时为了准确，两人拿起 2m 直木条两端，使木条与整体渣山保持坡度一致，第三个人用坡度仪测定坡度。

2）排水沟

用皮尺测量排水沟之间的距离。

3）平整度

用水准仪和标杆测定地面的起伏幅度。用目测法测定边坡的平整度。

4）覆土厚度

用钢制直尺测定地表细粉物的厚度。

5）砾石盖度

用目测法测定每平方米样方中直径大于 5cm 砾石的投影盖度之和所占的百分比。

6）砾石含量

在 0～15cm 表层，挖 15cm×15cm×15cm 土柱，用 5cm 土壤筛分离出直径大于 5cm 砾石，计量称重，计算出大于 5cm 砾石的质量占土柱总质量的百分数。

7）土壤粒径组分

秤取地表土 50g，充分研磨后分别用 2mm 和 300 目（0.05mm）的土壤筛筛分，用百分天平称量出 0.05～2mm 粒径土壤的质量，并计算出此部分粒径土占 50g 土的比例。

8）土壤容重

采用环刀法。采用已知容积的环刀（V，cm^3）在所挖剖面距离地表 15cm 处横向取土，用削土刀刮去周边多余土壤，加盖密封，取土前记录环刀质量 W_1（g），在实验室内去除顶盖，置于 105℃烘箱中烘干至恒重，然后取出放在干燥器内冷却，称重记为 W_2（g），则土壤容重为：$\rho=(W_2-W_1)/V$。

9）土壤田间持水量

野外用带孔环刀按照测定容重采样方法采取原状土，现场称重后，带回室内，在带孔环刀底盖上垫层滤纸，将盖有带孔底座一端朝下浸入水中 24h，为避免环刀内土壤被水淹没空气封闭其中，使环刀朝上一端高出水面 1～2cm 充分饱和后，将环刀土样取出，置于空气中排水 36h（排除重力水），之后从环刀中取出约 15g 湿土，置于 105℃烘箱烘干至恒重，得出含水量即田间持水量。

10）pH

采集地表 0～15cm 土样，每个样品混匀后称土 10g，以 1:5 的水土比搅拌均匀后用酸度计测定（NY/T 1377—2007）。

11）碱解氮

采集地表 0～15cm 土样，采用碱解扩散法，详见鲍士旦主编的《土壤农化分析》（第三版）。

12）速效磷

采集地表 0～15cm 土样，用 0.5mol/L 碳酸氢钠浸提，采用钼锑抗比色法，详见鲍士旦主编的《土壤农化分析》（第三版）。

13）土壤全盐

采用重量法测定，详见鲍士旦主编的《土壤农化分析》（第三版）。

2. 野外评价用表

木里矿区种草复绿立地条件验收评估详见表 5-8。

表 5-8　木里矿区种草复绿立地条件验收评估表

样区编号：　　　　样区地点：　　号井　　点　　　N：　　　　E：　　　　H：

一级指标	二级指标	分值 I	分值 II	分值 III	实测得分	备注
1. 基质稳定性 40 分	1.1 边坡坡度（°）	≤25	25～30	>30		
	20 分	20 分	10 分	0 分		
	1.2 排水沟间隔（m）	≤30	31～35	>35		
	10 分	10 分	5 分	0 分		
	1.3 地表平整度（°）	≤5	5～10	>10		
	10 分	10 分	5 分	0 分		
2. 基质结构 30 分	2.1 覆土厚度（cm）	≥30	30～15	<15		
	15 分	15 分	7 分	0 分		
	2.2 砾石盖度（%）（ϕ>5cm）	≤5	5～10	>10		
	5 分	5 分	2 分	0 分		
	2.3 砾石含量（0～15cm, ϕ>5cm）（%）	≤10	10～30	>30		
	10 分	10 分	5 分	0 分		
3. 改良土物理性质 15 分	3.1 土壤粒径组分（ϕ0.05～2mm）（%）	<60	60～85	>85		
	5 分	5 分	3 分	0 分		
	3.2 土壤容重（g/cm³）	1.1～1.4	1.4～1.6	>1.6		
	5 分	5 分	3 分	0 分		
	3.3 田间持水量（%）	>35	15～35	<15		
	5 分	5 分	3 分	0 分		
4. 改良土化学性质 15 分	4.1 pH	6.5～8.5	5.0～6.5 或 8.5～8.8	>8.5		
	3 分	3 分	1 分	0 分		
	4.2 碱解氮（mg/kg）	>70	30～70	<30		
	5 分	5 分	2 分	0 分		
	4.3 速效磷（mg/kg）	>15	10～15	<10		
	4 分	4 分	2 分	0 分		
	4.4 土壤全盐（g/kg）	<3	3～6	>6		
	3 分	3 分	1 分	0 分		

立地条件：渣山阳坡、渣山阴坡、渣山顶平台；坑口边坡阴坡、坑口边坡阳坡、坑底平台；储煤场、生活区

5.6 生态修复后期管护方法

木里矿区是我国乃至世界上生态脆弱区之一，是目前生态环境问题突出、经济相对落后和人民生活贫困地区，同时也是生态环境监管薄弱区。其生态环境的脆弱性主要表现在乱垦滥伐、植被退化沙化加剧、水土流失严重、生物多样性丧失等多方面，造成木里草原区植被破坏的原因，除草原生态系统本身的不稳定性、敏感性因素外，人为无序开采矿产资源是直接原因。草地植被重建后，新的人工草地生态系统功能开始发挥作用，草地生态系统建立新的平衡，逐步恢复生物再生能力，使矿区整体生态环境正向演替。但是人工建植的草皮层有自身缺陷，主要表现在以下几方面：一是植株抗性较弱，治理区监测数据显示，每平方米当年出苗株数在 1 万~2 万株，高密度的草皮层在保证减少水土流失和保墒的同时，给植株本身的抗逆性带来挑战，病害、倒伏、种子成熟率等都会受到影响；二是生态系统的稳定性较差，对环境变化反应相对敏感，容易受到外界的干扰发生逆向演替，而且重构草地生态系统的自我修复能力较弱，自然恢复时间较平原地区长而艰难；三是生物多样性低，只能通过边缘效应同周边原生植被间生物梯度差来逐步增加生物种类和种群密度，以此特异的传导方式增加系统的稳定性，因其高海拔、生长期短等这一过程也相对较长；四是成为草食畜优先选择的食物来源，种植各类牧草因其"三高一低"的特点，家畜、野生动物会竞相采食，破坏围栏等基础设施，有可能导致治理区出现二次退化，周边牧民冬季偷牧也是潜在因素。因此，为保护幼苗的正常生长及恢复草地生态系统功能，稳定长久地发挥项目效益，达到人、草、自然的和谐统一，在草地生态系统达到适应当地环境条件自我调节功能完善前，要制定一系列养护管理措施，保驾护航治理区成效。

为巩固提升木里矿区种草复绿成果，根据《青海木里矿区生态修复（种草复绿）总体方案》，制定生态修复后期管护方案。

5.6.1 管护区域及时限

按照"建管统一"原则，2021~2023 年，对木里矿区江仓 1 号、2 号、4 号、5 号矿井，聚乎更 3 号、4 号、5 号、7 号、8 号、9 号矿井和哆嗦贡玛矿井种草复绿区域及周边实行严格管护。2024 年后，力争将木里-江仓区域纳入祁连山国家公园青海片区管理体制，形成严格、规范的区域生态系统保护格局。

5.6.2 管护目标

2021 年冬季和 2022 年春季，是木里江仓 11 个矿井巩固种草成效的关键期，通过健全管护制度，完善管护政策，选配管护人员，落实管护举措，优化管护机制，形成科学管护模式，为翌年种草复绿区域植被盖度达标打好基础，提供保障。

2022~2023 年，木里种草复绿区域坡地（矿坑边坡及渣山边坡）植被盖度达

45%以上，平地（渣山平台、坑底、储煤场、生活区及道路）植被盖度达 45%以上，完成木里矿区以及祁连山南麓青海片区生态环境综合整治工程国家级验收。

2024 年后，木里种草复绿区域坡地（矿坑边坡及渣山边坡）植被平均盖度稳定在 50%以上，平地（渣山平台、坑底、储煤场、生活区及道路）植被平均盖度稳定在 50%以上，生态系统稳定，向良性循环和正向演替发展。

5.6.3 主要任务

根据《青海木里矿区生态修复（种草复绿）总体方案》要求，今冬明春和后期管护工作任务为围栏封育、抚育管护、日常管护、禁牧管护、越冬管护、生态监测、落实责任等。

1. 围栏封育

围栏封育作为一种简单、有效的植被恢复手段被广泛应用于全国退化草原生态修复草原管理利用中，因其低成本、少管护、效果好等特点逐步成为全社会认可的方法。木里矿区植被恢复后期管护中围栏封育应是首选举措，因治理区地质地形复杂，区块图斑碎片化，各矿区种草复绿后要以地形和矿坑为单元，进行整体围栏封育。为便于后期管护、利用和生物多样性扩散，要在整体围栏的基础上预留野生动物通道，实行划区围栏分割封育，大中有小，小聚则大，为治理区形成网格化监管打好设施基础。在木里矿区种草复绿区实行围栏封育的优点主要有：一是提供优良生存环境。围栏封育通过一定的人为干预，防止了随意抢牧、盗牧等无计划的放牧，解除建植初期牲畜的采食、践踏及粪便等外界干扰，给新建牧草以休养生息，为植物生长、发育和繁殖提供了有利条件，使草原生态系统在自身更新能力下进行恢复，增加系统稳定性。二是增加土壤有机质成分。本次治理区大部在煤矸石、碎砾石上重构土壤而形成的种植层上建植人工草地，营养成分有限，基本全靠外部输入的羊板粪和有机肥，围栏封育后致密草皮层有效减缓雨水冲刷和风蚀，保持土层基质和养分不出现大变动，冬季枯黄形成的牧草又可成为翌年养分的主要来源，世代更替，真菌、细菌等微生物种群逐步形成并使土层活化，增加土壤有机质种类和含量。三是有利于新建人工草地生态系统初步功能的稳固。由于消除了家畜和野生动物啃食过牧的不利因素，人工牧草能够贮藏足够的营养物质，进行正常的生长发育和繁殖，根茎繁殖的物种开始形成生殖根系向周边和向下土层蔓延，一些优势植物开始形成种子，群落的有性繁殖功能增强，生态系统功能逐步恢复。

但是单纯的封育只是保证了植物正常生长的机会，而植物的生长发育能力还受到土壤透气性、供水能力、供肥能力的限制，长期的围栏封育反而不利于人工草地向天然草地转变，根据实际情况分为三个阶段：第一阶段为绝对封育期，这部分时期为建植初期，到草地植被扎根入土形成致密草皮层，这一时期主要任务为减少外界客观因素的影响，给予人工牧草充分的时间来成长自己形成独特稳定的草地生态系统。第二阶段为半封育期，当人工草地群落基本形成后，转入适度利用，可在冬季土壤封冻后进行适当放牧，亦可在秋季人工刈割后青贮利用，这一时期是人工草地过渡为天然草地的关键步伐，草食畜啃食牧草在促进分蘖的同时，产生的粪便尿液也是种子库、微生物库，将周边生物多样性导入人工草地生态系统，这是人工草地物种多样性指数趋于天然草地的第一步，直至治理区和周边草地生物多样性趋同半数以上。第三阶段为自然过渡期，这一时期要全部拆除围栏，交人工草地于自然环境，通过大量的外来因素平稳改善内在结构，降低人工群落中优势种的优势度，提升草地多样性指数至天然草地，最终实现景观、生产力、物种同质性等与天然草地融为一体。

木里矿区各矿井种草施工企业对种草复绿区域整体进行围栏封育，防止周边牲畜进入啃食踩踏或人为活动破坏。围栏封育期暂定为两年，第三年经专家评估论证后，根据论证结果再行确定后期管护利用措施。

2. 抚育管护

牧草生长遵循自然规律，整个生命周期的生长发育繁殖离不开"水、肥、气、热"，"四"因素相辅相成共同作用于植被，具体表现在植被的生长发育状况，人工草地植被的苗壮生长也要围绕这四大因素来开展。木里矿区由于独特的地理位置和环境特征，要保证新建草地自身生长和发育不受限制，要从两个技术层面来抓。

1）前期抚育

自牧草种植到形成稳定的生态系统之间的全部管理阶段为抚育期，这个时期历程1～3年，因牧草抗性差，易受外界条件干扰而退化或死亡，管理工作包括保墒、封育、补苗、除杂等。在种子下地后，及时选用安全环保的无纺布进行覆盖处理，保温保水，保证种子发芽率；在出苗前要及时进行围栏封育，避免外界因素干扰导致新种植层和幼苗遭到破坏；在出苗率达到80%时，检查种植面各图斑出苗情况，对出苗率不足20%地块进行补播。

2）后期复壮

木里矿区原生土质较差，黏性较大，不利于牧草生长发育，通过羊板粪、有机肥快速改良重构种草层土质后已初步形成了适宜的土壤剖面，但通过渗透、反渗透等作用新建种植层结构发生变化，人工草地建植经过一段时间的生长之后常常发生退化，土壤变紧实板结，土壤透气和透水作用减弱，微生物活动和生物化学过程变缓，直接影响牧草水分、养料的供应，出现牧草瘦弱、矮小、黄化、种子不成熟、无法越冬等，导致人工草地质量降低。因此，为了改善土壤的通气状况，加强土壤微生物的活动，促进土壤中有机物质的分解，需及时对人工草地进行复壮，主要措施有：在冬季放牧去除致密草皮层，使雨水能够进入土壤减少地表径流，增加土壤含水量，同时增加土壤养分循环，也可使成熟种子落入地面萌发重生。木里矿区人工草地建植后营养成分的来源大部分为羊板粪和有机肥，后期因氮磷钾等养分的吸收和流失，含量不足以支撑牧草的生长发育，尤其在草地生态系统功能没有恢复到天然草地状态前，需要及时补充肥力来持续维系生态系统运转。施肥是提高草地牧草产量和品质的重要技术措施，因人工草地缺乏豆科牧草，固氮能力较弱，要以磷、钾素为主施追肥，在春季植物萌发后和分蘖拔节时进行追肥，氮、磷两大要素可以同时施入。

对当年种草复绿效果较差区域，翌年采取补植补种，提升矿区植被覆盖度。依据土壤肥力监测结果和牧草长势情况，从种草复绿第二年开始，在植物生长期连续两年追施牧草专用肥，每亩施肥量为 15kg，保证植物正常生长所需养分。

3. 日常管护

种草复绿工程期间，施工企业承担管护直接责任，吸纳当地牧民参与到日常管护工作中，按照 30hm² 标准设置一个生态管护岗位，组建管护员队伍，建立绩效考核制度，明确管护职责，配备专业巡护设备，开展日常巡护工作，并建立巡护日志。种草复绿工程结束后，属地县、乡政府直接管理，持续加大巡护力度。

4. 禁牧管护

建立禁牧工作责任制，由县与乡、乡与村、村与户逐级签订管护目标责任书，明确管护责任，做到责任到人、分工明确，建立管护日志，落实绩效管理机制。要落实禁牧管护责任追究制度，坚决杜绝禁牧区放牧行为，对失职渎职的要层层追究责任，做到有失必究，促进禁牧工作规范化、制度化开展。

5. 越冬管护

加强草原防火预警，适度储备防火物资，严防种草复绿区域内外各类火灾。各级气象部门要实时监测复绿区降雨、降雪、干旱、低温等极端天气情况，及时向当地政府提供相关气象信息，保证种草复绿区域植被安全越冬，如遇持续干旱天气，可采取人工增雨（雪）方式增湿保墒。

6. 生态监测

按照"测管统一"要求，开展"全方位天空地一体化"监测工作，利用卫星遥感、无人机等先进的监测技术手段，全面开展实时、连续监控，准确及时地提供生态环境质量变化情况。

7. 落实责任

建立市（州）、县、乡、村、管护员五级管护体系，各级党委或政府主要领导负总责，管护员区块化责任包干，形成纵向责任到人、横向责任到块的网格化监管体系，对木里矿区种草复绿区实行全方位管护。

第6章 高寒矿区生态修复典型案例

高寒矿区主要地处多年冻土和雪线下缘区，生态环境独特，年平均气温小于-0.4℃，生长季短，植物生长缓慢，年降雨量平均470mm，主要集中于6～8月，降雨相对充沛，矿区表土水分能够满足植物生长需要。在总结青海木里矿区生态修复实践经验的基础上，本章选择多年冻土区聚乎更矿区5号井和江仓矿区5号井及雪线下缘区哆嗦贡玛矿区3个矿井生态修复的成功经验，作为高寒矿区生态修复的典型案例，分述如下。

6.1 聚乎更矿区5号井生态修复案例

6.1.1 地貌重塑工程实践

木里矿区聚乎更5号井地处黄河重要支流大通河的发源地，是祁连山区域水源涵养地和生态安全屏障的重要组成部分，生态地位极为重要。同时矿区所处位置是青藏高原典型的生态脆弱区，区内多分布大片冻土和高寒草甸等湿地植被，区域生态敏感脆弱，易遭破坏，且难于恢复。自2014年起，青海省已经开始重视祁连山木里矿区煤炭资源开发对环境的负面影响并采取了相应的治理措施，聚乎更矿区5号井进行了生态环境的综合整治。但由于缺乏矿区整体的统一规划，加之自然环境气候限制等其他因素，生态修复尚未达到预期效果，主要表现为：一是存在新的挖损，破坏高寒草甸；二是原有渣山出现蠕动变形、滑塌溜滑、淋溶水浸出、不均匀沉降和复绿草地退化等；三是部分采坑出现大量积水、边坡失稳、冻融侵蚀和冻融滑塌等；四是回填采坑边坡较陡、坡体松散；五是固体废弃物淋滤水和下雨时水土流失对河水的影响，悬浮物含量较高，对河流水质造成影响。

2020年8月，青海省自然资源厅邀请中国煤炭地质总局组织专家现场考察聚乎更矿区煤炭开发对环境的影响并提出治理方案。5号矿井作为治理重点和第一个开展工程治理的矿井，中国煤炭地质总局承担了5号井采坑、渣山一体化治理工程设计的编制任务，组织地质、水文、采矿、生态等领域的专业技术人员再次进行现场实地踏勘、调查工作，青海省自然资源厅也在第一时间提供了5号井的最新现状地形图和遥感影像等资料。在此基础上，根据相关法律法规、技术规范、专项规划和委托方提出的相关要求，完成了聚乎更5号井地貌重塑工程设计。

1. 工程概况

1）治理区范围

根据5号井采坑、渣山现状，结合不稳定边坡、渣山覆土复绿和场区道路所占用土地的情况，圈定了治理范围，治理区地理坐标为：99°07′20″E～99°10′8″E，38°06′07″N～38°07′32″N，东西长 1.4～4.4km，南北宽 0.7～2.3km，总面积为 634万 m²，具体范围及拐点坐标见图 5-22。

2）自然地理

a）交通位置

聚乎更 5 号井治理区地处大通河流域上游，行政区划属青海省海西州天峻县木里镇，南到天峻县城直距 90km，在木里矿区聚乎更南向斜中部一井田的北翼，5 号井东接 2 号井以 F₂₄ 断层深部与煤层切割线为界，西至上哆嗦河与 8 号井相接，北以 5 号井的煤系基底上三叠统地层为界，南以人为划定边界线为界（见图 5-15）。

5 号井向南有二级天木公路从 5 号井西端穿过并通往天峻县城，距离 145km，经天峻县城与国道 315 线及青藏铁路线相连，至青海省省会西宁市 446km，北有简易公路经可可里乡通祁连县城，距离 150km。2009 年，青海省建设了由哈尔盖镇柴达尔火车站至聚乎更矿区内木里镇的地方铁路，全长 142km，木里镇火车站至 5 号井直线距离仅有 7km。

b）地形、地貌

5 号井地处高海拔地区，露天开采前为低山地貌，广为植被覆盖，地形总体呈中部高两端低、北高南低之势，地势最高处位于西端，标高+4180m，最低处位于东端下哆嗦河附近，标高+4016m，相对高差 164m。矿井目前因开采形成一处采坑，中部分水岭使之分为东西两段，东段坑底部最低标高 3995.65m，西段坑底最低标高 4007.37m，采坑全长 4.05km，宽 0.62km，采场走向 120.9°，采坑采深40～150m，采坑容积 6700 万 m³。

c）气象条件

木里矿区地处高寒地带，四季不明显，气候寒冷，昼夜温差大，西南部笔架山一带雪线 4500m 以上常年积雪，属典型的高原大陆性气候。6～8 月为雨季，11月至翌年 5 月以降雪为主。一年四季多风，12 月至翌年 4 月风力最大，风速可达21m/s 和 12 级狂风，冬季多西风或西北风，夏季为东北风。冻土（岩）发育，根据钻孔井温测井资料，深度一般在 5.00～120m。地表季节性冻土每年 4 月开始融化，至 9 月回冻，最大融化深度小于 3m，冻融作用强烈，地表多见冻胀丘和热融湖塘，易造成建筑物地基沉陷、开裂变形等现象。

d）水系分布

5 号井治理区地表水系较发育，主干水系大通河发源于海西州木里祁连山脉东段托莱南山和大通山之间的沙果林那穆吉木岭，经过木里镇西北汇入大通河。次级水系多为季节性流水，河水流量随着气候的变化变幅较大。夏季季节性冻土融化，在地表形成泉流，泉眼大多分布在山的阳坡，多以下降泉的形式溢出，泉水大多补给季节性河流以及地表的湖，泉流量一般为 0.1～2.2L/s。地表湖泊发育，小湖泊较多，面积超过 1km² 的湖泊只有措喀莫日（草格木湖），湖泊大多为降水、冻结层上水汇集所成。此外，治理区内附近有许多小型的湖塘，它们大多为冻土地区融冻作用形成的热融湖塘，一般湖水较浅，湖泊面积较小，冬天几乎完全冻结。

5 号井东西两端有两条河流，分别为下哆嗦河和上哆嗦河，均属于大通河二级支流，上哆嗦河在 5 号井西端靠近天木公路的东侧由南向北流过，属于大通河二级支流，河床两侧无明显连续陡坎，无最高洪水位线，丰水期流量 0.7715～1.545m³/s。下哆嗦河发源于 5 号井南部山区，经 6 号井中部流入 5 号井后由西向东从 5 号井中部流过，属于大通河二级支流，丰水期流量 0.16～0.766m³/s。冬季10 月中旬开始逐步冻结，夏季 4 月中旬开始消融流水。

e）植被

受山地气候垂直地带性的影响，区域植被呈现垂直地带性分布。矿区植被类型分为高寒沼泽类和高寒草甸类，具有较明显的高寒地区形态特征。覆盖度 70%～90%，一旦遭受破坏，恢复就比较困难，需要用人工草种通过长时间演替才能逐步过渡为自然植被群落，露天开采对植被造成了直接破坏（图 6-1）。

图 6-1 矿区植被受损情况（李永红等，2020 年提供）

木里矿区植被类型中的高寒沼泽类为矿区主要植被类型，常与高寒草甸类植被镶嵌交错，植被低矮、结构简单，草群密集生长。高寒沼泽类植被属于隐域性植被，是由冷湿中生多年生草本植物为主要成分构成的植物群落。主要优势种为西藏嵩草和圆囊苔草（*Carex orbicularis*），伴生植物种有紫羊茅（*Festuca rubra*）、羊茅（*Festuca ovina*）、垂穗鹅观草（*Roegneria nutans*）、异叶青兰（*Dracocephalum beterophyllum*）、黑穗苔草（*Carex atrata*）、粗喙苔草、海韭菜、水麦冬、三尖草等。高寒草甸类植被构成以寒中生、短根茎的嵩草属植物为主，具有植株低矮密丛、贴地面生长等耐害特征，层次分化不明显。主要优势种有小嵩草（高山嵩草）、线叶嵩草、矮生嵩草、垂穗披碱草等。

f）土壤条件

矿区土壤类型以高山草甸土、沼泽草甸土为主，其母质为湖积、洪积物，土层厚度＞50cm,pH 为 7.5,有机质含量 21.99%,碳酸钙含量 4.5%,全氮含量 1.126%,全磷含量 0.114%,全钾含量 2.16%,碳氮比 12.4。此外,木里矿区位于高山严寒地带,有长达半年的冰冻期（10 月至翌年 4 月）,区域内广泛发育冻土,下部土壤为多年冻土层,冻土厚度为 50～120m,最大融化深度小于 3m。上部土壤因降水或冰川融雪补给,长期过湿而发育成沼泽,在高山带的中部地区主要分布有高山草甸土。介于沼泽土与高山草甸土之间分布有草甸沼泽土,因地表不积水或仅临时性积水,无明显的泥炭积聚。

g）冻土发育

聚乎更 5 号井处于木里矿区中部,木里矿区地处青藏高原东北部,属于祁连山高寒山地多年冻土区,是典型的高海拔多年冻土,区内冻土广泛发育。

根据中国科学院寒区旱区环境与工程研究所等在木里矿区以往的冻土地质调查与长期地温监测成果,受地形地貌、大气对流、地质构造、地表水系、坡向等因素影响,木里矿区内各区冻土分布厚度具有一定差异性,多年冻土整体为连续分布,局部为岛状分布。

木里矿区周边分布有稳定型（年均地温＜－3.0℃）、亚稳定型（年均地温－3.0～－1.5℃）、过渡型（年均地温－1.5～－0.5℃）和不稳定型（年均地温－0.5～0.5℃）4 种类型的多年冻土,各类型多年冻土在整个区域中的面积比例分别为 22.38%、38.90%、29.16%和 9.56%。

在整个木里矿区中,年均地温低于－3.0℃的稳定型多年冻土面积只占 22.38%,高于－3.0℃的其余类型的多年冻土所占面积为 77.62%。由此,木里矿区周边多年冻土具有高温的特征,对外界环境的变化也非常敏感,木里矿区聚乎更区主要分布为亚稳定型多年冻土,少量稳定型多年冻土。

木里矿区聚乎更区多年冻土厚度 40～160m,平均 120m,多年冻土上限 0.95～5.5m。具体到聚乎更 5 号井治理区,根据青海省天峻县聚乎更煤矿区 5 号井勘探报告（青海煤炭地质局,2010 年 3 月）中 8 个煤田钻孔简易测温数据,5 号井常年性冻土层（亦称永冻层）顶界面在 5m 左右,其上部则为季节性冻土层,而永冻层底界面平均在 103.50m,即常年性冻土层深度为 5～103m,平均厚度约 98.5m。

3）地质概况

a）地层

5 号井发育地层由老至新有上三叠统、中侏罗统及第四系（前文已介绍）。

ⅰ.上三叠统尕勒得寺组

尕勒得寺组属还原环境湖沼相沉积,为煤系的下伏地层,广为发育,部分出露于 5 号井北侧,根据以往资料其最大沉积厚度在 1000m 以上,为侏罗系含煤地层沉积的基底。

岩性上部为灰黑色粉砂岩、泥岩,含薄煤线,中夹灰绿色、灰色细-中粒砂岩,平行层理、微波状层理发育，层理面富集云母片，下部以绿色细至中粒砂岩为主，夹泥岩、粉砂岩，含菱铁质及薄层菱铁矿层。泥岩、粉砂岩中产丰富的植物化石和动物化石，与上覆中侏罗统为假整合接触关系。

ⅱ. 中侏罗统

中侏罗统为 5 号井主要含煤岩系，在区内广泛分布。地层倾向 185°～220°，地层倾角 29°～62°。地层厚度 43.42～458.45m。根据含煤性和岩性特征划分为上、下两个含煤组（江仓组和木里组）。

木里组（下含煤组）J_2m 根据岩性可分为上下两段。

下段：岩性以灰色厚层状中至粗粒砂岩，含砾粗粒砂岩局部以砾岩为主，夹深灰色粉砂岩、细粒砂岩，具大型波状层理，偶夹薄层碳质泥岩或薄煤层，含砾粗粒砂岩中夹有煤包裹体，平均厚约 150m。

上段：为主要含煤层段，含主要可采煤 2 层，上为下 $_1$ 煤层，下为下 $_2$ 煤层。两煤层之间岩性为深灰色粉砂岩、细粒砂岩及灰色细至中粒砂岩、粗粒砂岩，斜层理及平行层理发育。

b）构造

5 号井位于聚乎更南向斜中部，总体为倾向南西的单斜构造形态，中段浅部沿倾向有小型波状起伏。含煤地层沿走向、倾向的产状有一定变化。倾向上由浅部到深部逐渐变缓，浅部地层倾角 39°～64°，深部地层倾角 20°～49°。

5 号井发育两组断裂，一组为与区域推覆构造系统相平行、规模较大的逆冲断层，此组断裂常切割下述一组断层；另一组生成时代较早的为与之相斜交呈北西、北东向的平移正断层，根据其对煤系地层的切割影响程度又可分为两种类型，一种是切割基底三叠系地层成为影响中侏罗世含煤建造的同沉积断裂，其规模较大，常切割井田南北两翼，且构成井田划分的边界断裂如 F_{24}，另一种类型是小型的仅切割南西翼浅部煤层的平移断层如 F_{22}。

区内主要有 8 条较大规模的断层，其中最大断层为 F_{27} 逆冲断层，呈北西西-南东东向延展，横贯 5 号井中部，倾角在 49°～65°变化，断距 40～160m。构造复杂程度属于中等构造。

c）煤层

5 号井含煤地层为江仓组，含不可采煤层 5 层，大部可采煤层上 $_6$ 和上 $_7$ 两层，上 $_6$ 煤层平均厚度 1.96m，上 $_7$ 煤层平均厚度 2.33m；木里组含下 $_1$ 和下 $_2$，全区可采煤层两层，下 $_1$ 煤层平均厚度 12.31m，下 $_2$ 煤层平均厚度 10.80m，结构简单至复杂，属于较稳定煤层。煤层顶底板岩石质量劣，岩体完整性差，煤尘具有爆炸危险性，为易自燃煤层，瓦斯含量较高。

d）水文地质条件

5 号井位于青藏高原高寒地区，海拔在 4000m 以上，气候异常多变，地表水资源丰富，而地下水资源相对贫乏。区内发育多年冻土层，由于多年冻土层的存在，地下水和地表水之间的水力联系较微弱，仅通过冻融区进行局部补给和排泄。根据青海煤炭地质局木里矿区以往勘查资料，地下水系统按照赋存空间各异、含水介质不同、多年冻土（岩）的分布范围可分为冻结层上水、冻结层下水。

4）施工条件

a）交通条件

天峻县至木里有二级公路相通，距离 152km，已建成的哈木铁路专用线到达矿区，外部交通运输便利；治理区内场区道路密布，与外界道路相通，施工人员、机械设备和运输车辆等可直接进入治理区，治理区内既有便道较为发达，尽量利用原有矿区道路作为运输便道，局部进行修缮及拓宽，满足施工要求。

b）供电条件

矿区内有 110kV 区域变电所，治理区生产生活用电均可在变电所 T 接，结合该项目特殊性，部分区域可采用发电机组供电，区域供电可满足生产生活需求。

c）供水条件

生活区的生活、消防用水可取自生活区附近的哆嗦河及大通河，水质经化验可满足生活饮用水标准。

总体而言，治理区施工基础条件满足施工需求。

2. 生态环境现状及存在问题

1）采坑现状

经多年的露天开采，目前，聚乎更 5 号井形成了一个西北至东南走向的采坑，以中偏东分水岭为界划分为东、西两段，采坑长 4.05km，宽 0.62km，开采深度 40～150m，坑口面积 171.53 万 m^2；采坑容积 6704 万 m^3；主要揭露地层为中侏罗统木里组和江仓组底部碎屑岩，岩性以粉砂岩、泥岩为主夹细砂岩，采矿排渣沿采坑周边形成渣山 3 处，其中采坑北侧西段一处为 1 号渣山（体积 2106 万 m^3），北侧东段一处为 2 号渣山（体积 1234 万 m^3），采坑西段南侧为 3 号渣山（体积 3382 万 m^3），三处渣山总体积 6722 万 m^3。

2）主要生态环境问题

通过遥感影像数据（北京二号高分辨率遥感影像，2020 年 7 月 25 日）的解译和分析，结合野外现场调查，5 号井采坑主要生态地质问题为不稳定边坡、采坑积水、渣石占地与草甸破坏、冻土破坏 4 种主要类型。

a）不稳定边坡

不稳定边坡包括采坑边坡与渣山边坡及二者共同形成的连续边坡，露天开挖产生大量的渣石，在采坑南北两侧层叠堆放，形成高达四五十米的渣山，渣土堆放在冻土上面，加之压实处理不到位、排水不及时和冻融作用等，在重力作用下坡体产生拉张裂隙，形成不稳定斜坡，总体评价渣山整体存在底部失稳的问题。

采坑边坡发育顺层泥岩，边坡稳定性差，主要发育在采坑西端南北边坡，岩层受构造影响破碎。采坑西段北边坡沿端头向东由顺向细砂岩构成，总体完整，为稳定边坡，但局部坡度较陡，基岩裸露，裂隙发育，加之物理风化作用，易沿坡体形成危岩危坡。还有西段北边坡露天开采沿煤层底板开挖，形成较稳定的砂岩边坡，坡面较陡，且未形成有效台阶，坡角约 40°，表面局部有松散堆积体，需要局部对不稳定地段削坡整治，大部保留现状。采坑西段南边坡陡峭，坡角均在 45°以上，边坡与岩层倾向为逆向，但揭露基岩具有薄层砂泥岩互层特征，本身存在不稳定因素，加之南部渣山直接堆放在坑口边缘，在部分地段相互联系已产生局部滑坡、崩塌等地质灾害，这部分地段边坡稳定性差，需要整治（图 6-2）。

图 6-2　5 号井采坑西段北边坡现状和南边坡现状（李永红等，2020 年提供）

5 号井经露天开采影响了周围岩层的稳定性，调查发现，采坑边坡存在多处滑坡、崩塌地质灾害隐患，块石垮塌沿坡面滚落，堆积于坡脚及滑坡、崩塌。为确保边坡的安全稳定和保证生态恢复成效，采坑、渣山的治理要为覆土复绿创造适应的地貌条件，在此基础上进行一体化生态修复，恢复原有生态景观。

b）采坑积水

5 号井目前因开采形成两处积水点，一处积水点位于采坑西段坑底，另一处位于东段坑底，东段坑底最低标高为 3995.65m，西段坑底最低标高为 4007.37m，积水深度 1～5m，积水沿坑底走向展布，面积 29 097.81m² （图 6-3）。

图 6-3　5 号井坑底积水现状（李永红等，2020 年提供）

c）渣石占地与草甸破坏

渣山沿采坑边缘分布，渣山共有 3 处，其中采坑北侧西段一处为 1 号渣山（面积：79.22 万 m²），北侧东段一处为 2 号渣山（面积：82.68 万 m²），采坑西段南侧为 3 号渣山（面积：132.05 万 m²），三处渣山总占地面积 293.95 万 m²。1 号渣山堆放处原始地形为向北倾斜约 30°的地貌，在上覆渣山荷载作用下，渣山顶部南侧出现数条拉张裂隙，且渣山南侧边坡未经有效处理，坡度较陡，稳定性差。2 号渣山西端有渣石凌乱堆放现象，需要清理与土地整平，南边坡台阶及部分渣山顶未经整治和复绿。3 号渣山北侧边坡与采坑边坡连为一体，坡度较陡，多处出现滑坡、崩塌灾害，未经整治和复绿；3 号渣山南边坡已出现滑坡，滑坡体堆积在坡角，以往覆土复绿植被受到影响，需重新整治与复绿。所有渣山以往虽经局部复绿，但受高寒高海拔气候条件限制，部分植被发生退化或向自然植被演替，需要补植。

采矿期间形成的建筑物，占用了草地，与周边环境不协调，需要系统规划和部分拆除复绿（图 6-4）。

图 6-4 5 号井西端采坑、渣山情况（李永红等，2020 年提供）

d）冻土破坏

5 号井采坑深度 40～150m，常年冻土层平均厚度为 120m，露天开采使得冻土层揭露或局部揭露，这样增加了冻土层的融化速度与融化深度，直接影响了冻土层的隔水性能，使得局部地表水与地下水连通。采矿活动揭穿了冻土层，形成"天窗"，并造成了大面积冻土层消失，沿坑周缘造成冻土层消融和退缩。渣山覆盖使得多年冻土层底界上移，破坏了原有冻土结构形态，打破了冻结层下含水层的水力平衡。多年冻土破坏主要表现为冻土季节性融化层增厚（多年冻土上限下移）、厚度减薄（下界上移）、平面分布面积萎缩、局部零星冻土岛状消失等多年冻土的萎缩现象。

露天开采活动和采矿期间排土等也占用周围草地，造成冻土和地表植被破坏，车辆来往尘土、有害气体以及局部引起的升温效应致使冻土、湿地与草地功能退化。

综上所述，露天开采导致 5 号井现状与周边自然生态环境极不协调，采坑整体岩石较破碎，地处高寒高海拔地区，生态自我修复能力弱，如任其发展，进一步恶化的趋势将十分明显，而且随着冻融循环以及雨水的冲刷和淋滤、渗透作用，将不时发生崩塌地质灾害，也极易产生水土流失等生态环境问题（图 6-5）。

图 6-5　5 号井生态环境和地貌景观现状（李永红等，2020 年提供）

3. 采坑、渣山治理工程

采坑、渣山治理工程设计如下。

采坑、渣山治理工程的目的是为覆土复绿提供基础条件。本设计的方案为：利用既有坑底地形，对中部分水岭开挖至 4039m 标高，将西端坑底回填至 4045m 标高，东端回填至 4025m 标高。对采坑南北两侧局部不稳定边坡进行削坡，采坑整治完成后，南北边坡与坑底形成一整体，呈“U”形断面，依托坑底两侧向中线设置的 3°～5°斜坡将积水汇集于中线位置，结合中线西高东低坡降，将水自然导至下哆嗦河，起到积小水排大水的作用，涵养水源的同时避免积水及冻融对整治后的采坑边坡造成破坏，对存在地质灾害、复绿效果不佳的渣山边坡进行整治，作为回填土的又一来源。

综合考虑治理效果和消除地质灾害隐患，主要治理工艺为：采坑回填、局部不稳定边坡削坡减载、覆土复绿、水自然排出等，综合治理区总面积 634 万 m²。

1）采坑回填

利用坑底西高东低的既有地形，采用边坡削坡和采坑周边渣山不稳定边坡土石进行回填，将西端回填至 4045m 标高，并将中部分水岭开挖至 4039m 标高，治理后的采坑坑底西段由西端至分水岭形成纵向标高 4045m、4042.5m、4042m、4041m、4040m、4039m、4038.50m、4039m 的坑底地形，东段采坑坑底自分水岭形成纵向标高 4039m、4029m、4027m、4025m 的坑底地形。

采坑回填具体技术要求：工程回填方量来自采坑周边的渣山与采坑边坡削坡

土石方，自下而上以分段分层倾填方式回填。根据采坑的实际回填高程，按采坑平面每 5m 一层进行回填，施工顺序以采坑分水岭分两个作业面，从两侧同时施工，在采坑分水岭处进行交汇。

设计工程量：回填土石方量约 1442 万 m³（不含绿化覆土），压实系数 0.85。

2）边坡与渣山整治

5 号井采坑西段南北两边坡和东段北边坡局部稳定性较差，出露的砂岩地层节理裂隙发育，局部岩石破碎。采坑西段南边坡与 3 号渣山北边坡连为一体，边坡陡立，多处已发生小范围地质灾害，为保证坡面和渣山稳定，利于后期绿化，实现生态恢复，设计通过统一的削坡减载方法，降低边坡坡度，确保边坡达到稳定状态，治理过程对泥页岩进行单独存放，对原有以往渣山复绿覆土进行剥离（原覆土剥离面积 256 747m²，体积 51 349m³）单独堆放至覆土搅拌厂，用于后期破碎后制备有机肥料使用，便于覆土复绿使用，进行绿化恢复。

对采坑北侧边坡渣山和局部不稳定边坡进行小规模的自上而下分层坡面修整，削坡坡角均按不陡于 25° 控制，可依据现状地形局部凹腔回填，具体复绿方案参照林业部门专项方案执行。

采坑西南侧采用多级放坡，每级放坡高度 10m，共设置 4 级放坡，设计为 1 : 2 的边坡坡度，坡脚部位设计为 1 : 3 的边坡坡度，其他部位设计为 1 : 1.75 的边坡坡度，综合坡角 21°。每级边坡预留平台，宽度 6～10m，其中平台分为安全平台和清扫平台两类，安全平台宽度 6m，清扫平台宽度 10m，开挖渣石用于采坑回填，削坡方量共约 552 万 m³，相关具体施工措施参数详见施工图平剖面。

边坡坡顶设置截水沟，坡脚及平台均布设排水沟，坡面纵向每 200m 设置一道排水沟，边坡工作面标高 4065～4110m，对相对稳定的边坡原则上保持原样。截排水系统采用加气混凝土砖砌筑。

设计主要工程量：北侧边坡刷坡土石方量 126 万 m³，北侧边坡削顶土石方量 763 万 m³。南侧削坡减载土石方量约 552 万 m³。

3）施工便道设计

为便于边坡削坡、清坡施工作业，需要修建施工便道，采用削坡台阶平整方式修建，具体路线根据施工现场实际情况灵活确定，总体原则是尽量减少开挖工程量、减少占用草地。施工结束后，施工道路需进行整修，达到场地平整的要求，不留安全隐患。

施工运输便道设置原则：①尽量利用现有道路，少修施工便道，对局部现有便道进行修补和拓宽；②便道尽量形成环形通道，以减少运输车辆会车干扰；③根据现场实际作业条件，合理规划修建厂区道路，以最短时间内形成场内运输道路。

4. 施工组织设计

1）编制依据及原则

a）编制依据

国家和地方有关部门颁布的相关施工安全、质量验收、环保等方面的规范、标准、法规文件等。

b）编制原则

严格按照设计文件的要求，针对工程特点，采用先进、合理、经济、可行的施工方案。

2）工程位置及规模

本工程位于青海省海西州天峻县木里镇，聚乎更 5 号井采坑回填约 1441 万 m^3，回填块石方从剥离土弃渣场开挖运输至矿坑进行回填碾压，平均运输距离为 3km。

3）施工条件

a）施工用电

矿区内有 110kV 区域变电所，治理区生产生活用电均可在变电所 T 接，结合该项目特殊性，部分区域可采用发电机组供电，区域供电可满足生产生活需求。

b）施工用水

现场生产及消防用水从附近的哆嗦河及大通河自行抽取，生活用水利用矿区原有供水系统提供水源。

c）施工道路

天峻县至木里有二级公路相通，距离 152km，已建成的哈木铁路专用线可到达矿区，外部交通运输便利；施工区域内既有便道较为发达，尽量利用原有矿区道路作为运输便道，局部进行修缮及拓宽。

4）施工方案

a）施工组织

（1）组织机构及资源配置如下。

——组织机构的组建

因本工程工期紧、任务重，为更有效、便捷地对施工现场进行管理、协调，在现场设置一个项目经理部负责对整个标段的总工期、总体质量进行控制、组织，对施工现场的进度、安全、质量等直接进行管理，调遣类似工程施工经验丰富、业绩突出的施工管理、专业技术人员、专业施工队伍组织施工。

——人员配置

5 号井综合治理所需各类技术及施工人员 1376 人，施工设备 500 台（套）。所有特种设备操作人员均需持有特种作业许可证和上岗证。

——施工机械设备配置

5 号井回填土方 1441 万 m^3，运距 0.8～4km，工期为 46 天（计划工期 2020

年 8 月 31 日至 2020 年 10 月 15 日），日均回填强度 35.6 万 m^3，据此配置块石方施工设备：挖掘机（斗容不小于 $2.5m^3$ 以上）70 台，装载机（50 型）12 台，自卸汽车（$20m^3$ 以上）420 台，推土机（105kW）15 台，压路机（75t）8 台。机械设备具体将根据工程实际进度要求进行动态调配（具体进场车辆数量根据现场勘查后，确定施工作业面的允许空间后再进行确定）。

（2）临时设施配置如下。

——施工驻地建设

5 号井综合整治指挥部距施工现场约 3km，将 5 号南渣山原堆煤场、5 号北渣山原修理厂、4 号井采坑西靠公路一侧场地、3 号采坑进场公路周围四处作为采坑回填经理部和作业班组驻地，现场驻地共约 $10.6hm^2$，现场所有生活及生产用房采用帐篷 300 顶，满足 1500 人同时生活及现场生产用房布设要求。

——维修车间

驻地设置一处修理厂，面积约 $1.53hm^2$，以便于现场故障设备就近维护维修。

——油库

5 号井采坑回填主要为块石方施工，工程量大、工期紧，施工高峰期需组织大量的机械设备进行施工，油耗量极大。施工过程中利用原有生产矿井油库设施，配套移动加油车，进行施工用油料供给。

——复绿用土制备场

在取土过程中，现场需将原表土、泥岩等可利用复绿土原料集中堆放于堆煤场南侧渣土场，待基坑回填完成后，通过筛分拌合，用于覆土复绿。

施工运输便道设置原则：①为尽量减少占用有效施工资源，在确保正常施工的前提下，尽量利用现有道路，少修施工便道，对局部不满足运输要求部位进行修补和拓宽；②便道尽量形成环形通道，以减少运输车辆会车干扰；③根据现场实际作业条件，建设取土场出入、沿帮运输道路，同时展开挖方和填土作业面，以最短时间内形成全面施工局面。

b）土方工程施工方案

本工程回填料主要来自周边渣山，采用自下而上以分层、分段倾填的方式进行回填。回填层高为 5m，根据实际情况，设 4 个回填作业面进行施工，东、西两段各设置 2 个回填作业面。西侧 1 号作业面回填渣料由 1 号渣山及 3 号渣山北侧供给，西侧 2 号回填作业面渣料由 3 号渣山北侧供给，东侧 3 号回填作业面渣料由 2 号渣山供给，东侧 4 号回填作业面渣料由 2 号渣山供给。

（1）土方填筑施工工艺如下。

——施工准备

施工前组织图纸会审、设计交底和施工技术交底，让现场所有参建人员充分理解设计意图、安全、质量及环保要求；落实现场管理及各配合人员、机械设备、矿坑回填料、油料及设备配件的进场计划；做好质量、安全、环保等工作，确定质量、安全、环保目标；工序能力的审定，即对现场配备的技术及管理人员，施工机具的数量、规格、完好性等进行审定，以满足施工要求；用水、用电、施工便道的修缮及临时设施建设的准备。开工初期，根据现场情况派专人负责，根据工程的需要，及时调配劳动力，机械设备及相关施工队伍的机具配套使用，保证按计划及时进场。

——土方填筑施工工艺要求

根据现场实际情况结合设计的回填工艺，回填土采用自卸汽车-推土机分段（台阶）排弃方式。回填土由 $20m^3$ 自卸汽车运至回填台阶平盘上的水平施工作业面后，靠近每个回填台阶坡顶线安全线以内翻卸。其最小回填工作台阶宽度由滚落安全距离宽度、卸载宽度、汽车长度、调车宽度、道路通行宽度、卸载边缘安全距离等构成，最小平盘宽度为 33m，平盘沿矿坑呈圈形布置。

每个台阶（平盘）上的施工作业面采用前进式移动。每个台阶按实际水平分成若干区段（作业面），区段（作业面）的作业循环方式为：台阶（平盘）初始宽度为 33m，随填埋工程的推进，当本台阶（平盘）前下方的填充物达到台阶（平盘）等高且增加宽度达到 5～10m 时，先由专人视察平台下方充填物的堆积情况，然后再安排挖掘机、铲车、推土机等进行调高调宽、推平压实工作，检验台阶基础，台基密实承受程度达到可进入下循环装载渣石车辆时，再进行下一个循环的进车、卸料作业。

台阶（平盘）不断推进，当本平台的回填物充满台阶下方的空间且最终达到设计的台阶水平标高时，方可确定本台阶回填结束，转入下一台阶的回填。

——平整碾压工艺

采用推土机进行土料摊铺，厚度均匀，每层松摊厚度不超过工艺要求，铺料过程中采用水准仪随时检查铺土厚度，发现超厚部分立即处理。每次卸料推平后采用压路机强振碾压 3 遍、弱振 2 遍、静压 1 遍的碾压工艺进行压实，相邻碾压应重叠 1/3～1/2 压痕。当碾压面压路机行走没有明显轮痕时，可视为满足下一层填筑要求。

（2）矿渣堆积体回填料取土开挖方案如下。

本地区海拔在 3993～4130m，堆积体为渣堆，现场采用破碎锤破碎进行松动开挖，挖掘机配合装车；因施工区域矿区经多年开采，渣堆冻结，在机械作业难以开挖时，结合现场根据实际情况需对既有渣堆进行松动爆破。

以堆积体靠便道侧作业面作为爆破临空面，开挖顺序为由上往下分层开挖，堆积体一次性开挖深度超过 5m 时按深孔爆破进行设计，开挖深度在 5m 以内时按浅孔爆破进行设计。松动爆破开挖过程中必须充分考虑挖方边坡稳定，宜选用中小炮爆破；当现场堆积体松散对边坡稳定不利时，宜用小型排炮微差爆破，小型排炮药室距设计边坡线的水平距离不应小于炮孔间距的 1/2。

（3）植被恢复方案如下。

在植被恢复前，应选择能适应工程项目所在地气候条件的草籽，确定草籽的质量和合适的播种量，撒播草籽，播种完成之后，为使种子和土壤更加充分接触，将土耙匀拍实，提高草籽的发芽率。

（4）建筑物拆除方案如下。

拆除大门钢架结构 260m；炸药库 546m²；砖混结构 546m²；彩钢房 10 638m²；挡风抑尘强钢架结构 1500m。

5. 施工注意事项

1）基本事项

（1）施工前切实做好防水、防洪及防冻工作，保持排水系统通畅，做好永久或临时地面排水设施。

（2）施工前应在全面熟悉设计文件的基础上，充分了解工程设计标准技术条件和要求，并结合施工调查核对设计文件。

（3）施工前应组织施工人员结合现场实际，如设计与实际地形、地质等有出入时应及时通知现场配合施工技术人员，以便及时完善设计，确保工程的安全性、可靠性。

（4）施工应根据工程具体情况、工期要求，合理安排施工工序，配置人员和机械设备，做好施工组织，确保工程有序进行。

（5）回填块石方不足部分来自 4 号井南侧弃渣场，开挖弃渣时应从渣场的后部逐层开挖，详见"4 号井采坑渣山一体化治理工程"施工图要求，严禁随意乱挖。

（6）临时营地的选择要根据现场具体情况合理选择，考虑其他采坑施工的影响。

2）削坡及整形工程

a）削坡工程

（1）削坡开挖必须符合设计图纸、文件的要求。

（2）挖掘机沿控制线自上向下分层削坡，坡面按设计坡率放坡，削坡过程中用地质罗盘控制坡度。

（3）开挖时预留施工道路，在下层开挖完成后，及时将挖方清运至坑底。

（4）在局部坡面较长或地质条件较差的部位，主要采用反铲分层接力的方法开挖，挖掘次序从上到下，根据坡面长度不同配置反铲在作业面上同时挖土，边挖土边将土装入自卸车上运送到指定位置倾倒。

（5）开挖过程中随时注意土层的变化，挖掘机距边坡保持一定安全距离，确定每次的挖装深度，避免出现异常情况，保证设备安全。

b）边坡整形工程

（1）坡面采用机械或人工方法修整压实，保证边坡平整度与线性顺直度；平台采用机械压实 2～3 遍，保证压实度。

（2）洒水车在施工过程中进行洒水，减少扬尘对环境的污染。

6. 工程预算

本项目总投资约 9.25 亿元，其中治理工程 5.99 亿元，覆土复绿工程 2.29 亿元，其他费用 0.69 亿元，不可预见费 0.27 亿元，管护费用 0.007 亿元。

6.1.2　覆土工程实践

聚乎更 5 号井地貌重塑工程已于 2020 年 11 月 26 日完成，为解决 5 号井没有土源及不具备种草的土壤基质问题，通过对渣土进行就地翻耕改良或对不具备渣土就地翻耕改良的区域采用渣土粗分转运捡拾覆土的方法，使之形成能满足种草的土壤基质，为土壤基质能够改良成满足种草的土壤创造基本条件。通过现场调查，针对 2020 年青海省林业工程咨询中心所圈定各图斑复绿范围及表面积进行核对，提供复绿范围及表面积吻合程度的依据；根据泥岩（土）和粒度的占比，将渣土改良成为土壤基质（覆土）后进行划分，初步圈定各图斑内需要覆土的范围和可满足就地翻耕进行土壤基质改良的范围；利用各图斑粒度和泥岩（土）占比的调查成果，进行土壤基质适宜性评价；对渣土存放点及就地翻耕范围进行采样化验，提供土壤基质质量数据；对渣土存放点粗分并转运至覆土区进行晾晒捡石改良和覆土作业，或就地翻耕将渣土改良成为土壤基质（覆土），形成 25cm 的土壤基质（覆土）层，为渣土能够改良成满足种草的土壤创造基本的土壤基质（覆土）条件。

1. 覆土区范围与地貌重塑效果

1）治理区位置范围

根据 5 号井采坑、渣山分布及露天采掘现状，综合考虑采坑、渣山不稳定边坡发育、渣山治理及采坑回填、场区道路、所需覆土复绿地段等情况，圈定了综合治理区范围，其地理坐标为：99°07′20″E～99°10′8″E，38°06′07″N～38°07′32″N。聚乎更 5 号井治理区位于 3 号井、5 号井的南侧，以及 6 号井北侧一部分和 5 号井中东部大部分地区。北以北西渣山（1 号渣山）和北东渣山（2 号渣山）北界为界，南以南渣山南界及下哆嗦河支流为界，西以西距 5 号井西边界 830m 为界，东至 5 号井东边界，东西长 1.4～4.4km，南北宽 0.7～2.3km，总面积为 634×10⁴m² 的土壤基质（图 6-6）。

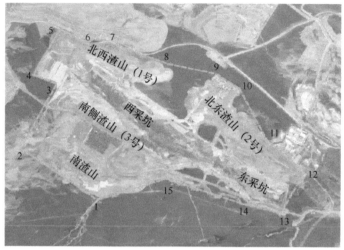

图 6-6　综合治理区范围

2）采坑、渣山治理效果

通过实施青海省木里矿区聚乎更5号井采坑渣山一体化治理工程施工方案，实现了降高、降坡，消除了渣山不稳定斜坡，斜坡高度、斜坡坡度、平台宽度、斜坡分级高度、斜坡平整度、斜坡顺直度均符合设计要求；渣山基岩边帮危岩、浮石及松散堆积物已基本清理完成，实现了渣山边帮安全稳定的设计要求；坑底按设计要求进行了压实回填平整，由西向东形成了台阶状缓斜坡，有利于地表水径流排泄。

木里矿区生态整治项目（标段一）——聚乎更5号井采坑渣山一体化治理工程，在文明施工、保护环境和保质保量的前提下，阶段性施工通过渣山削方取渣、采坑回填、边坡刷坡整形、渣山削顶平台地貌整形、采坑回填区截水排水等措施，根除了矿区内存在的安全隐患，确保了地表水与下哆嗦河自然连通，为改善矿区内的生态环境打下了扎实基础，并使治理区与周边自然景观相协调，同时还可以控制暴雨形成的洪水诱发地质灾害的发生，为矿区覆土、复绿创造了条件，达到了预期的效果。

a）采坑回填治理效果

利用坑底西高东低的既有地形，对采坑进行部分回填，回填后，西坑回填区自西向东由西端至分水岭，坑底形成逐渐降低的梯田地形，东坑回填区自分水岭向东呈台阶状逐渐降低的梯田地形，整体整治效果达到设计要求。西坑西段形成（K3+500线至K3+400线）纵向标高4040.5m、4040m的斜坡，中部形成（K3+400线至K1+500线）纵向标高4040m、4039m、4038m、4037m的梯田状地形，东部分水岭位置形成（K1+500线至K1+300线）纵向标高4037m、4038m、4039m的斜坡。东坑西段形成（K1+285线至K1+100线）纵向标高4036m、4035m、4029m

的斜坡，东部形成（K1+100 线至 K0+000 线）纵向标高 4027m、4025m 的梯田状地形。分水岭和采坑东南端位置各开挖一条排水明沟，将西坑积水导排至东坑，并通过东坑和东南端排水明沟向外排出至下哆嗦河。采坑底部回填面达到设计标高，场地经找平、压实，平整度及外观质感达标，并满足覆土、复绿条件。

b）渣山削顶治理效果

北西渣山（1 号渣山）整治工程：按 5m 分层取土的原则进行，形成了北高南低、东高西低自然缓坡并与南侧老山地貌相协调的地貌形态，场地平整后外观质感达标，并满足覆土、复绿条件。

北东渣山西（2 号渣山西，K2+000 线至 K1+600 线）渣山整治工程：按控制标高 4108～4110m 实施削顶挖方后，地形呈西高东低、北高南低的一个缓坡，与西侧及北侧原始草甸平滑相接，与东部 2 号渣山东平缓相接。与周边地貌相协调，场地平整后外观感质量达标，并满足覆土、复绿条件。

北东渣山东（2 号渣山东，K1+600 线至 K0+600 线）整治工程：按控制标高 4106m 实施削顶后，K1+600 线至 K1+500 线形成与原有地貌自然衔接的缓坡，K1+500 线以东标高为 4106m，局部有略有起伏的平台，并与周围地貌相协调，外观感质量达标，并满足覆土、复绿条件。

南侧渣山（3 号渣山）整治工程：K2+600 线以西的渣山削顶取土后，形成西高东低的自然坡降地形，顶面局部略有小起伏，对残存的基岩梁修整成浑圆状。K2+600 线以东的渣山削顶、削坡取土后，形成坡面小于 25° 的 3～4 级台阶，达到了覆土、复绿条件；对其下部岩质边坡进行了清坡处理，基本与周围地貌相协调。

南渣山渣山整治工程：按控制挖方取土标高 4136m 施工后，渣山顶部为局部略有起伏平台，外观感质量达标，并满足覆土、复绿条件。

c）边坡整形治理效果

ⅰ. 采坑北边坡整形治理效果

采坑北边坡 K3+500 线以西渣土边坡整治工程：实施了坡面角不大于 25° 刷坡施工，原始边坡坡高 0～31m，最终按照一个斜坡完成刷坡，与原人工复绿边坡自然衔接。

采坑北边坡 K3+500 线至 K2+300 线高陡岩质边坡整治工程：施工仅在挖机臂展范围内实施了基岩坡面浮石、浮渣的清理工作，清坡长度 1200m，清坡坡面宽度约 7m。清坡的边坡基岩面干净整洁，外观感质量达标。

采坑北边坡 K2+300 线至 K1+800 线岩土质混合边坡区整治工程：自上而下实施了 4 级削坡、刷坡工作，其中一级坡与二级坡在 K2+200 线至 K2+100 线之间，长 100m，坡面宽 9m，实测坡度为 26°～28°，台阶宽约 5m，与东侧原有的人工复绿坡自然衔接；三级坡与四级坡位于 K2+300 线至 K1+800 线之间，长 500m，坡面宽 7m，台阶宽 5m，实测坡度为 28°～30°，与东侧基岩面自然衔接。施工后，北坡整齐平整，台阶处除部分基岩面未连接外，基础台阶整体自然衔接，消除边坡地质灾害隐患，满足设计要求。

采坑北边坡 K1+300 线至 K1+800 线边坡区整治工程：对坡面已复绿处维持原状，以便道分为东、西两部分，坡度 25°～30°，坡面宽 10～40m，平台宽度 5～10m。对土质边坡进行削坡整形，对岩质边坡上的浮石进行了清理和平台整形，北坡分为上、下两段进行刷坡清坡工作。上段土质边坡 K1+800 线至 K1+520 线进行刷坡整形，刷坡后坡度角为 15°～25°，坡面宽 20～60m，坡高 5～15m。下段分为两部分，对 K1+800 线至 K1+520 线岩质边坡进行了清坡处理；便道下 K1+700 线至 K1+330 线，按顺向岩质坡实施二级坡刷坡，坡度角基本缓于 1∶1.75，坡面宽 5～20m，坡高 5～15m，台面宽 3～5m，二级坡位于岩面上部，机械设备难以施工，维持原状。土质边坡达到覆土、复绿条件，分项工程资料齐全。

采坑北边坡 K1+300 线至 K0+000 线边坡区整治工程：对岩质边坡上的浮石进行了清理和平台整形，将清理浮石均回填至采坑或台阶凹腔地带；对 K0+900 线至 K0+850 线修筑道路倾倒松散渣土坡面、松散岩块等区域进行清理，自坑底向上分两级坡面一台阶，坡面宽 5～25m，坡高 5～13m，台面宽 3～5m；对 K0+700 线至 K0+000 线之间北边帮岩质坡自上而下分层对松动岩块及松散渣土清扫，对局部凹腔进行了回填，清理了坡面浮石以及前期倾倒回填遗留渣土，浮石及渣土及时回填入坑。

ⅱ. 采坑南边坡整形治理效果

采坑南边坡 K3+350 线至西采坑入口土质边坡整治工程：按二级坡完成了刷坡施工，刷坡后台阶标高为 4060.5m，坡面宽 0～42m，平台宽度为 4m 左右，完成刷坡长度 350m 左右。土质边坡和渣山顶部平台场地平整后外观质感达标，坡面无浮石、浮渣，台阶平整，并满足覆土、复绿条件；岩质边坡基岩面清理干净，整体自然衔接，整齐稳定，同时消除了岩石坡的不稳定因素及安全隐患。

采坑南边坡 K3+350 线至 K2+600 线岩质边坡整治工程：对边坡进行了逐台阶、逐级坡面清坡工作，将清理浮石回填至采坑、浮渣反压在马道平台或坡角地带的凹腔处，并进行了压实处理。

采坑南边坡 K2+600 线至 K2+000 线岩土质混合边坡区整治工程：上部渣山削坡区，形成 3 级台阶 4 个坡面，一级坡长 400m，坡高 10～11m；二级坡长为 400m，坡高约 10m，台阶宽度 10m；三级坡长为 400m，坡高约 10m，台阶宽度约 10m；四级坡长为 300m，坡高 7～8m；坡比 1∶2.5，边坡与 K2+600 线以西岩质边坡相衔接。下部 K2+600 线至 K2+200 线的岩质边坡区进行了逐台阶、逐级坡面清坡工作，将清理浮石回填至采坑、浮渣反压在马道平台或坡角地带的凹腔处，并进行了压实处理。

采坑南边坡 K2+000 线至 K1+300 线整治工程：对采坑南边坡 K1+920 线至

K1+800 线处，刷一级坡，坡长 6m，坡度 23°；K1+990 线至 K1+800 线处，刷二级坡长 190m，宽 35m，控制坡度缓于 25°，并与东部 K1+800 线至 K1+300 线一级坡平滑相接。K1+800 线至 K1+300 线一级坡坡面宽度 10～70m，控制坡度缓于 25°，其中对 K1+300 线至 K1+450 线凸起的岩石进行削坡，对 K1+450 线至 K1+550 线进行了帮坡整形，对 K1+550 线至 K1+800 线在原有地形的基础上进行了削坡整形。刷坡完毕后，基岩面清理干净，整齐稳定，消除了地质灾害隐患；土质边坡达到覆土、复绿条件。

采坑南边坡 K1+300 线至 K0+000 线混合质边坡整治工程：混合质边坡，对南边坡上部混合质一级坡削坡平整，坡面角 22°～25°，坡高 6～10m；对二、三级岩质坚硬坡面及平台开展了清理工作，二级坡坡高 8～9m，台阶宽 3～4.5m，三级坡高 4～5.5m，台阶宽 2.5～3.5m；对南边坡 1+100～0+700m 范围上部混合质边坡坡面开展削坡平整工作，坡面角度 23°～24°，坡高 2.5～4.0m，台阶宽 2.8～3.4m，对下部岩质坚硬坡面开展了清理浮石工作，坡高 12～16.5m；对 0+500～0+680 线进行了边坡刷坡整形工作，同时将 0+550 处南侧一小段入坑道路进行清理，与南帮坡相接，坡度角＜25°，坡面宽 5～25m，刷坡长度约 200m。边坡及平台达到覆土、复绿条件。

iii. 采坑东端帮边坡整治效果

对东采坑边帮第一台阶坡面线为人工复绿区保持不变；对第二台阶坡面（上行道路）线进行了边坡刷坡整形工作，并对出露煤层采用渣土进行覆盖，刷坡长度约 100m，坡度角＜25°，坡面宽 5～20m，平台及坡面达到覆土、复绿条件。

d）排水沟工程效果

i. 西采坑水系连通排水沟工程效果

分水岭排水沟入水口位于 K1+600 线（沟底标高 4037m），东至 K1+300 线（沟底标高 4036m），开口路径宽 30m，沟底坡降≥3‰，分水岭基岩开口宽度 6m，排水沟沟底静压后基本平整，无明显凹凸不平和阻水现象，沟底基本平顺，无杂物，与周围环境相协调。洪水期间，西坑积水通过排水沟自然流入东坑，并通过东坑排水沟自然流入下哆嗦河，枯水期能够满足车辆通行的过水路面设计要求。

ii. 东采坑与下哆嗦河水系连通排水沟工程效果

结合采坑完成回填后西高东低趋势，施工中通过在采坑东南角开挖水槽，将水自然导至下哆嗦河。东采坑与下哆嗦河水系连通，排水沟过水路面处开挖宽度为 30m，路面以东水槽宽 6m，总开挖长度 63.70m。入水口高程为 4024.70m，出水口高程为 4023.58m，高差为 1.12m，确保坑内的积水能够自然排到哆嗦河支流河道。

iii. 分水岭造型工程效果

分水岭造型为波浪式，波峰为"扣瓦状"，表面呈浑圆，波谷为"仰瓦状"，谷面平滑，在其北侧基岩处开挖排水通道，顶宽 6.2m 左右，底宽 1.2m 左右，呈

"U"字形，东侧出水口标高为4036m。分水岭东侧（K1+285线）为一坡比1：2.5的坡面造型，坡顶线最高和坡脚线标高分别为4042m和4036m。排水通道可将西坑积水顺利排至东坑，经东坑地表径流后通过东南角排水通道自然流入下哆嗦河支流。

综上所述，木里矿区生态整治项目（标段一）——聚乎更5号井采坑渣山一体化治理工程，在文明施工、保护环境和保质保量的前提下，阶段性施工通过渣山削方取渣、采坑回填、边坡刷坡整形、渣山削顶平台地貌整形、采坑回填区截水排水等措施，根除了矿区内存在的安全隐患，确保了地表水与下哆嗦河自然连通，为改善矿区内的生态环境打下了扎实基础，并使治理区与周边自然景观相协调，同时还可以控制暴雨形成的洪水诱发地质灾害的发生，为矿区覆土、复绿创造了条件，达到预期的效果，如图6-7、图6-8所示。

图6-7　5号井9月3日治理工程前遥感影像图

图6-8　5号井12月7日治理工程完成后遥感影像图

2. 土壤基质现状及存在问题

1）土壤基质现状调查

a）土壤基质现状调查工作过程简述

2021 年 2 月 25 日，5 号井项目部组织技术人员 8 名、车辆 2 辆，赴聚乎更 5 号井开展现场实地调查。26 日首先对 5 号井两个储煤场进行了实地调查，确定了储煤场面积、厚度，初步估算了存煤量，为下步煤炭清运和覆土复绿工作的开展提供了依据；27 日对各图斑复绿范围，采坑、边坡及渣山渣土能否改良成为土壤基质（覆土）适宜性及其作业类型，以及土壤基质（覆土）储备情况进行了调查，并记录相应的影像资料，为后续渣土改良成为土壤基质（覆土）及复绿工作的开展提供了依据；28 日对各图斑渣土适宜就地翻耕改良成为土壤基质（覆土）的范围、渣土储备点开展渣土样品采集工作，采集各类渣土样品 11 件，为渣土可改良成为土壤基质（覆土）及复绿工作的开展提供了依据。

b）土壤基质现状调查的方法及其质量评述

采用现场路线调查、粒度统计和样品采集等方法进行土壤基质（覆土）适宜性调查工作。

ⅰ. 复绿范围吻合程度调查

对各复绿图斑逐一进行复绿范围核对。采用 RTK 和手持 GPS 对圈定的各图斑复绿范围进行现场核对。在 2020 年 12 月 7 日采坑、渣山治理后最后一次航拍摄影像图上将有错漏的图斑进行更正，在 ArcGIS 软件平台上进行各图斑表面积的计算、统计和汇总，主要针对 1 号渣山（4～7 号图斑）、5 号井坑底（8 号图斑）、3 号渣山（10 号图斑）、储煤场（11 号图斑）、南渣山（12 号图斑）、采坑南边坡（15 号、18～25 号图斑）、2 号渣山东（34 号、35 号图斑）、2 号渣山西（37 号图斑）、采坑东端排水沟（45 号图斑）等 45 处图斑进行了现场验证。通过调查现场核对，图斑圈定范围变化不大，针对渣土改良成为土壤基质（覆土）适宜性不同进行覆土作业类型划分。

ⅱ. 渣土改良成为土壤基质（覆土）适宜性调查

在每个复绿图斑单位面积（1m×1m）内，用工具向下翻至 25cm，对块石粒度、岩性占比进行统计。复绿表面（深度 25cm）块石粒度小于 5cm 的占比大于 50%且泥岩（土）占比大于 50%的复绿范围，可以通过就地翻耕将渣土改良成为土壤基质（覆土）的区段，称为就地翻耕区；复绿表面（深度 25cm）块石粒度小于 5cm 的占比小于 50%且泥岩（土）占比小于 50%的复绿范围，不具备就地将渣土改良成为土壤基质（覆土），需要从具备通过将渣土改良成为土壤基质（覆土）的渣土存放点转运后进行覆土作业，才能形成土壤基质层的区段，称为覆土区。

根据以上标准对每个图斑进行渣土改良成为土壤基质（覆土）适宜性调查，在 2020 年 12 月 7 日采坑、渣山治理后最后一次航拍摄影像图上圈定各图斑覆土区和就地翻耕区的界线，在 ArcGIS 软件平台上进行各图斑表面积的计算、统计和汇总。

图斑编号继承《青海木里矿区生态修复聚乎更矿区 5 号井种草复绿工程作业设计》中的图斑编号，续加图斑号，同一图斑内同时有覆土区及就地翻耕区时，标注分图斑号，如 8-1、8-2，归属 8 号图斑。

iii. 调查工作质量评述

由于调查工作时值冬季，冻土下挖困难，在各图斑内采用镐头、铁锹下挖深度基本达到 25cm，个别达到 10～15cm 深度。通过现场实测结合以往回填每日巡查资料对图斑粒度进行统计，能够满足对渣土能否改良成为土壤基质（覆土）现状适宜性调查的要求。

c）渣土采样测试分析

对初步圈定的就地翻耕区和部分渣土存放点进行土壤样品采集，并用手持 GPS 采集了采样点坐标，标注在覆土作业设计图上，填写送样单，及时送到了青海省煤炭产品质量监督检验站化验室。每个样品质量均达到 3kg 以上，符合样品质量要求。设定的化验项目有：全氮、全磷、全钾、速效氮、速效磷、速效钾、有机质、pH 等 8 项，主要对 2 号渣山东、2 号渣山西、5 号采坑坑底、采坑南北边帮等地点开展样品采集工作，共采集各类渣土样品 11 件，确定土壤基质（覆土）质量，为下步就地翻耕区和覆土区的土壤基质改良（覆土）作业的开展提供了依据。

2）土壤基质现状调查成果

a）复绿范围调查成果

2021 年 2 月 25～28 日开展了复绿范围实地调查工作，对青海省林业草原调查规划院圈定的复绿范围及图斑边界进行核查，大部分图斑范围与作业设计基本一致，但也有部分图斑范围不一致及局部遗漏，图斑数量由原来的 45 个增加为 49 个，实际复绿面积由原来的 334hm^2 增加到 344hm^2，增加了 10hm^2。

b）存煤场调查成果

i. 西存煤场

西存煤场（地块 0～3）四周有挡风墙，平面呈矩形，东西长 214m，南北宽 180m，场地较为平整，总体起伏小于 0.8m。场地内堆有大量原煤，厚度 0.3～1.5m，其中中部及西南部（地块 0、地块 2）相对较薄，厚度 0～0.3m，东部及东北部厚 0.7～1.5m（地块 1），煤质较好；西北部厚 0.5～1.0m（地块 3）。

ii. 东存煤场

东存煤场（地块 4、地块 5）紧邻西存煤场，平面呈矩形，南北长 231m，东西宽 87m，场地较为平整，该煤场堆有大量原煤，地块 4 煤厚度 0.8～2.0m，平均厚度 1.0m。地块 5 煤厚度平均 0.35m。

c）渣土改良成为土壤基质（覆土）适应性调查成果

ⅰ . 渣土改良成为土壤基质（覆土）类型调查成果

在复绿范围内（344.2hm²）根据复绿表面及以下 25cm 深度范围内泥岩（土）占比和粒度占比标准，将渣土改良成为土壤基质（覆土）作业划分成两种类型：第一类型为覆土型，第二类型为就地翻耕型，进而将符合上述两个类型的区划分为覆土区和就地翻耕区。

覆土区：定义同前。

就地翻耕区：定义同前。

ⅱ . 就地翻耕区调查成果

通过实地调查，就地翻耕区为 3、4-1、8-2、8-4、15、22、32、35-2、46、47、48、49 等 12 处图斑，复绿面积为 81.92 万 m²，羊板粪预计用量 4.05 万 m³，有机肥预计用量 1956.6t，牧草专用肥 18 429.797kg。

综上所述，聚乎更 5 号井复绿面积为 344.2hm²。其中可就地翻耕进行渣土改良成为土壤基质层（覆土层）81.87hm²；通过渣土存放点进行粗分转运覆土形成土壤基质层（覆土层）262.33hm²。平面 268.86hm²，坡面 75.36hm²。羊板粪用量 170 385.237 m³，有机肥用量 8309.960t，牧草专用肥 77 447.835kg，覆土区覆土用量 65.71 万 m³。

3）存在的主要问题及建议

（1）存煤场、挡风墙、驻地等建筑为查封资产，短时间内无法拆除，同时东西两个储煤场还有存煤未清运，可能会影响种草复绿工程进度。

（2）储备的可供渣土改良成为土壤基质（覆土）的 80%集中在采坑东北部的 2 号渣山东，而 1 号渣山、3 号渣山及南渣山附近覆土储备不足，从 2 号渣山东集中对渣土进行转运覆土，运距大。

（3）羊板粪及有机肥分步骤浅耕，现场施工难度大，因此同步进行将羊板粪和有机肥混合后一次浅耕。

（4）翻耕区捡出的块石集中掩埋处理。

3. 覆土与土壤重构中羊板粪拌入工程作业设计

1）渣土就地翻耕改良工程作业设计

对泥岩（土）占比大于 50%、块石粒度小于 5cm 且占比大于 50%的地段，采用渣土就地翻耕进行渣土改良，使之成为 25cm 土壤基质层（覆土层）。总体思路为：在符合条件的平面地段采用机械进行翻耕，翻耕深度在 50cm 左右，通过机械捡石将直径大于 5cm 的块石直接压埋于 25cm 深度之下，剩余直径小于 5cm 的细颗粒泥岩（土）覆于其上，形成厚度为 25cm 土壤基质层（覆土层），使之达到通过施肥进行土壤改良的条件。

采用坡地机械翻耕和人工捡石相结合的方法，将翻耕出的直径大于 5cm 的块石集中在坡底，清运掩埋或在平台上挖坑掩埋或摆放在截排水沟内，翻耕深度至少达到 30cm 深度，使坡面形成厚度为 25cm 土壤基质层（覆土层），达到通过施肥进行土壤改良的条件。土壤就地改良工艺优点：施工工艺简单，可缩短施工时间，降低成本费用。

a）平面就地翻耕

依据《木里矿区采坑、渣山一体化治理总体方案》《青海木里矿区聚乎更 5 号井采坑渣山一体化治理工程设计》《青海木里矿区生态修复聚乎更矿区 5 号井种草复绿工程作业设计》和《聚乎更 5 号覆土复绿工程土壤基质现状调查总结报告》，5 号井平面渣土就地翻耕区分别为 8-2、8-4、35-2、46、47、48、49 号等 7 个图斑。平面渣土就地翻耕区总面积为 66.74 万 m²。为了确保翻耕后最大限度地降低含石率，依据 5 号井平面就地翻耕各图斑现状及平面就地翻耕工艺，暂定平面就地翻耕深度为 50cm[翻耕深度可根据渣土细粒泥岩（土）合理的实际情况进行调整]，块石捡石量 13.35 万 m³。

ⅰ．平面施工流程

平面就地翻耕流程：挖掘机翻耕、晾晒→机械人工捡石→平整，形成 25cm 土壤基质层（覆土层），之后方可实施土壤重构工程，进行羊板粪粉碎摊铺→旋耕机旋耕使土壤基质层（覆土层）改良成为适合种草的土壤层（图 6-9）。

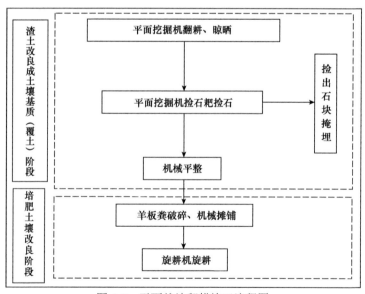

图 6-9　平面就地翻耕施工流程图

ⅱ. 平面就地翻耕施工工艺

在适合就地翻耕的图斑内，用挖掘机从每个图斑的西端或东端南北方向首先开 3m 宽、0.5m 左右深的沟槽工作面并进行晾晒后，用挖掘机捡石耙捡出粒径大于 5cm 块石，之后按 3m 宽、0.5m 深依次向东或向西进行翻耕晾晒作业，并用挖掘机捡石耙捡出粒径大于 5cm 块石，依次将后工作面捡出的块石填至前一工作面的底层，表层不小于 25cm 厚度用捡石后细粒渣土覆盖，平整后使之形成厚度为 25cm 土壤基质层（覆土层），达到通过施肥进行土壤改良的条件，能够通过施肥进行土壤改良。

ⅲ. 块石处理

根据确定的翻耕面积、翻耕深度及翻耕区含石率（40% 左右），通过计算 5 号井平面翻耕区捡石量 $=1001.12×666.67×0.5×40\%=13.35$ 万 m^3。捡出的块石填至 25cm 深度覆土层之下或摆放至排水沟内。

b）坡面就地翻耕

ⅰ. 坡面就地翻耕区范围

依据《青海木里矿区生态修复聚乎更矿区 5 号井种草复绿工程作业设计》《聚乎更 5 号覆土复绿工程土壤基质现状调查总结报告》，5 号井坡面就地翻耕区分别为 3、4-1、15、22、32 号等 5 个图斑。坡面就地翻耕区总面积为 15.15 万 m^2。

ⅱ. 坡面翻耕深度及块石捡石量

为了确保翻耕后最大限度地降低含石率，依据 5 号井坡面就地翻耕各图斑现状及坡面就地翻耕工艺，暂定平面就地翻耕深度为 30cm，块石捡石量 1.82 万 m^3。

ⅲ. 坡面就地翻耕施工工艺

——施工流程

坡面就地翻耕流程：挖掘机翻耕、晾晒→机械加人工捡石→平整，形成 25cm 土壤基质层（覆土层），之后方可实施土壤重构工程，进行羊板粪粉碎摊铺→人工翻耙使土壤基质层（覆土层）改良成为适合种草的土壤（图 6-10）。

——坡面就地翻耕施工工艺

在坡面适合就地翻耕的图斑内，用挖掘机从每个图斑的坡顶开始下挖 30cm 晾晒后，用挖掘机捡石耙、人工捡出粒径大于 5cm 块石，将捡出的块石集中至坡底后处理，平整后使坡面表层形成不小于 25cm 厚度细粒渣土盖层，使之形成厚度为 25cm 土壤基质层（覆土层），达到通过施肥进行土壤改良的条件，能够通过施肥进行土壤改良。

ⅳ. 块石处理

根据确定的翻耕面积、翻耕深度及翻耕区含石率（40% 左右），通过计算 5 号井坡面就地翻耕区捡石量 $=227.25×666.67×0.3×40\%=1.82$ 万 m^3。捡出的块石就地挖坑填埋至平台上或摆放至截排水沟内。

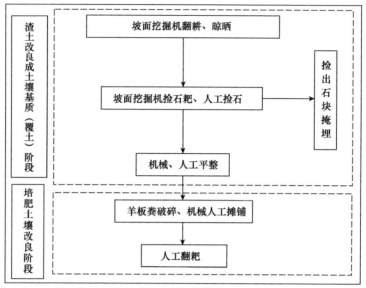

图 6-10　坡面就地翻耕施工流程图

2）渣土改良与覆土工程作业设计

对泥岩占比小于 50%、块石粒度大于 5cm 且占比大于 50%的地段，采用改良后的渣土进行覆土成为 25cm 土壤基质层（覆土）。总体思路为：在适宜进行渣土改良的渣土存放点（主要在 2 号渣山东），将渣土中大于 20cm 的块石用挖掘机进行粗分分离，之后将小于 20cm 渣土用翻斗车转运至各需要覆土区，摊铺晾晒后将直径大于 5cm 的块石通过机械或人工捡石，平整形成厚度为 25cm 土壤基质层（覆土层），使之达到通过施肥进行土壤改良的条件。

a）覆土用量及土源

ⅰ.覆土用量

依据《青海木里矿区生态修复聚乎更矿区 5 号井种草复绿工程作业设计》《聚乎更 5 号覆土复绿工程土壤基质现状调查总结报告》，5 号井覆土区 43 个图斑，总面积为 262.32 万 m²，需要覆土量 65.71 万 m³。

聚乎更 5 号井在开展采坑、渣山一体化综合治理过程中，适宜将渣土改良成为土壤基质（覆土）储备点 8 处，累计储备可以用于覆土的渣土约 20.45 万 m³，按出土率 60%计可出土 12.27 万 m³。覆土用量总计 65.71 万 m³，按 60%出土率需改良渣土 109.52 万 m³，除 8 处覆土存放点 20.45 万 m³ 渣土外差额 89.07 万 m³ 的渣土，不足部分在 2 号渣山东（K1+100 线以东）面积 18 万 m² 范围内，按现开挖水平 4106m 再向下开挖 5m 可获得 90 万 m³ 的渣土，对其进行渣土改良将渣土改良成为土壤基质（覆土），出土率按 60%计可出土 54 万 m³，加上 8 处渣土存放点出土的 12.27 万 m³，共计可出土 66.27 万 m³，可满足治理区覆土总用量 65.71 万 m³ 的要求。

ii．渣土测试分析成果

土壤养分分级标准主要针对有机质、全氮、速效氮、速效磷和速效钾的含量进行分级，每种级别不同成分的含量不同。有机质是土壤肥力的标志性物质，其含有丰富的植物所需要的养分，可调节土壤的理化性状，是衡量土壤养分的重要指标。在聚乎更 5 号井渣土存放点和土壤就地改良区，共采集各类渣土样品 20 件，其中 11 件样品送至青海省煤炭质检站，9 件样品送至青海省农林科学院测试中心进行分析测试。测试项目包括：全氮、全磷、全钾、速效氮、速效磷、速效钾、有机质、pH 等。

对渣土测试成果进行分析可知，区内适宜捡石渣土改良成为土壤基质（覆土）的渣土（以煤炭质检站为例）全氮含量 0.82～4.07g/kg、全钾含量 0.84～2.91g/kg、全磷含量 0.28～0.64g/kg、有机质含量 36.2～425g/kg、速效钾含量 0.13～0.40mg/kg、pH 7.22～7.93。区内全氮含量、全钾含量、全磷含量、碱解氮含量、速效钾含量低于标准值，有机碳含量大部分高于标准值（考虑渣土主要来源于含有机质较高的泥岩、碳质泥岩风化产物），pH 为弱碱性，符合标准。综上所述，通过分析适宜渣土改良的渣土样品测试结果可知，区内在复绿阶段需要加施富含氮磷钾的有机肥，保证种草复绿的成活率。

b）平面覆土

i．平面覆土区范围

依据《青海木里矿区生态修复聚乎更矿区 5 号井种草复绿工程作业设计》《聚乎更 5 号覆土复绿工程土壤基质现状调查总结报告》，5 号井平面覆土区 25 个图斑。平面覆土区总面积为 202.11 万 m²。

ii．平面覆土工艺

平面覆土施工流程：渣土挖掘机挖掘晾晒、挖掘机捡石斗分离→转运、摊铺→平整，形成 25cm 土壤基质层（覆土层），使之达到通过施肥进行土壤改良的条件，之后进行羊板粪粉碎摊铺→旋耕机旋耕使土壤基质层（覆土层）改良成为适合种草的土壤层（图 6-11）。

平面覆土施工工艺：在适宜进行渣土改良的渣土存放点，将 84.38 万 m³ 的渣土用挖掘机挖掘晾晒，之后用挖掘机捡石斗将直径大于 5cm 的块石与小于 5cm 渣土（覆土）进行分离，之后将小于 5cm 渣土（覆土）用翻斗车转运至各需要平面覆土区进行机械摊铺，机械平整后形成厚度为 25cm 土壤基质层（覆土层），使之达到通过施肥进行土壤改良的条件。

块石处理：根据平面覆土用量及渣土含石率（40%左右），通过计算 5 号井平面覆土区粗分离和摊铺捡石量=50.63÷60%×40%=33.75 万 m³。分离出的块石就地挖坑掩埋或摆放至截排水沟内。

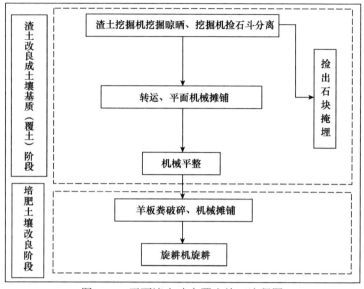

图 6-11　平面渣土改良覆土施工流程图

　　c）坡面覆土

　　ⅰ．坡面覆土区范围

　　依据《青海木里矿区生态修复聚乎更矿区 5 号井种草复绿工程作业设计》《聚乎更 5 号覆土复绿工程土壤基质现状调查总结报告》，5 号井坡面覆土区共 18 个图斑。坡面覆土区总面积为 60.21 万 m²。

　　ⅱ．坡面覆土工艺

　　坡面覆土施工流程：渣土挖掘机挖掘晾晒、挖掘机捡石斗分离→转运、机械人工摊铺→平整，形成 25cm 土壤基质层（覆土层），使之达到通过施肥进行土壤改良的条件，之后进行羊板粪粉碎摊铺→机械人工翻耙使土壤基质层（覆土层）改良成为适合种草的土壤层（图 6-12）。

　　坡面覆土施工工艺：在适宜进行渣土改良的渣土存放点（主要在 2 号渣山东）将 25.14 万 m³ 的渣土用挖掘机挖掘晾晒，之后用挖掘机捡石斗将直径大于 5cm 的块石与小于 5cm 渣土（覆土）进行分离，之后将小于 5cm 渣土（覆土）用翻斗车转运至各需要坡面覆土区进行机械人工摊铺，机械人工平整形成后厚度为 25cm 土壤基质层（覆土层），使之达到通过施肥进行土壤改良的条件。

　　块石处理：根据坡面覆土用量及渣土含石率（40%左右），通过计算 5 号井坡面覆土区分离和捡石量=15.082÷60%×40%=10.05 万 m³。粗分出的块石就地挖坑掩埋；摊铺捡出的块石清运至就近渣山挖坑填埋处理或摆放至截排水沟内。

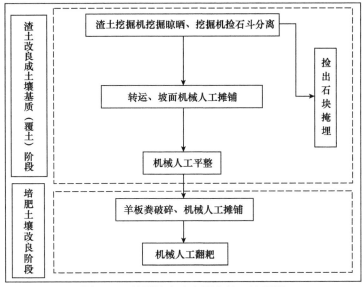

图 6-12　坡面渣土改良覆土施工流程图

3）羊板粪拌入作业设计

a）平面羊板粪的拌入

ⅰ．平面羊板粪的用量

依据《青海木里矿区生态修复（种草复绿）总体方案》和《青海木里矿区生态修复聚乎更 5 号井种草复绿工程作业设计》，5 号井平面复绿面积 262.33hm²，每亩需 33m³ 羊板粪用量，共需要羊板粪 12.99 万 m³。

ⅱ．平面羊板粪拌入施工流程

在把 25cm 的土壤基质（覆土）机械整平后，将 33m³/亩的羊板粪均匀摊铺在土壤基质层（覆土层）表面（厚度约 5cm）→旋耕机旋耕同时整平。

ⅲ．平面羊板粪拌入施工工艺

在把 25cm 的土壤基质（覆土）机械整平后，将 33m³/亩的羊板粪用挖掘机均匀摊铺在土壤基质层（覆土层）表面（厚度约 5cm），使土壤基质（覆土）加上羊板粪总厚度达到 30cm 以上，之后进行旋耕机旋耕，旋耕深度在 10～20cm，使土壤基质（覆土）厚度 5～15cm 与 5cm 的羊板粪充分拌合形成重构土层，之后执行种草复绿作业设计将有机肥 1500kg/亩均匀铺设至重构土层表面，再用旋耕机旋耕 5cm 深度形成种草复绿面。

b）坡面羊板粪的拌入

ⅰ．坡面羊板粪的用量

依据《青海木里矿区生态修复（种草复绿）总体方案》和《青海木里矿区生态修复聚乎更 5 号井种草复绿工程作业设计》，5 号井坡面复绿面积 81.87hm²，每亩需 33m³ 羊板粪用量，共需要羊板粪 4.05 万 m³。

ⅱ. 坡面羊板粪拌入施工流程

在把 25cm 的土壤基质（覆土）机械人工整平后，将 33m³/亩的羊板粪均匀摊铺在土壤基质层（覆土层）表面（厚度约 5cm）→机械人工翻耙同时整平。

ⅲ. 坡面羊板粪拌入施工工艺

在把 25cm 的土壤基质（覆土）机械整平后，将 33m³/亩的羊板粪采用挖掘机人工均匀摊铺在土壤基质层（覆土层）表面（厚度约 5cm），使土壤基质（覆土）加上羊板粪总厚度达到 30cm 以上，之后进行挖掘机加人工翻耙，翻耙深度在 10～20cm，使土壤基质（覆土）厚度 5～15cm 与 5cm 羊板粪充分拌合形成重构土层，之后执行种草复绿作业设计将有机肥 2000kg/亩均匀铺设至重构土层表面，再人工翻耙 5cm 深度形成种草复绿面。

4）截排水沟、存煤清运及建筑物拆除工程施工

a）截排水沟施工

截排水工程为第一阶段的工程内容。因第一阶段工程施工期短，渣山采坑治理完成后已进入冬季，季节性冻土增加了施工难度，故第一阶段没有截排水沟工程施工。5 号井截排水沟原则上执行原采坑渣山一体化治理设计的截排水沟 62km 的工作量，可根据实际情况进行调整，按实际完成的工作量进行计量。在施工就地翻耕和渣土转运摊铺捡石进行覆土的同时进行截排水沟工程施工。

原设计中坡顶截水沟设计长度 1432.2m，坡脚排水沟设计长度 1522.5m，平台排水沟设计长度 2308.23m，排水沟设计长度 56 426m，总计 61 688.93m。但原设计中未设计坑底排水沟，且治理区存在部分完好排水沟，所以设计增加了坡脚（坑底）排水沟，设计量为坡脚（坑底）排水沟总长度 25 995m，坡顶排水沟总长度 5617m，平台排水沟总长度 22 731m，排水沟总长度 7352m，总长 61 695m。

跌排水沟间距 30m，形状为梯形，开口宽 0.5m，沟底宽 0.3m，深 0.3m；坑底和平台排水沟为统一规格，梯形，开口宽 0.8m，沟底宽 0.5m，深 0.5m，坑底排水沟由西向东沟深由高到低，平台排水沟按照地形与排水沟连通。

b）存煤清运及建筑物拆除

青海兴青工程工贸有限公司（兴青公司）存煤场（存煤 5.25 万 t）挡风墙、驻地等建筑为查封资产，短时间内无法拆除，同时兴青公司东西两个储煤场还有存煤未清运，会影响种草复绿工程进度。待相关管理部门解决后按原设计进行存煤清运及挡风墙、驻地等建筑的拆除，之后进行覆土复绿。其中建筑物拆除在第一阶段已有了工程费用预算，但存煤清运不包括在内，需要根据实际情况另外支付相应清运费用。

5）羊板粪验收

a）羊板粪验收标准

羊板粪有机质含量大于 40%，杂质小于 10%，水分小于 40%，无较大石块，并满足合同规定及相关检验标准规程。

b）羊板粪验收流程

ⅰ . 供货商自检

供货商自检，需随车携带相应批次的产品合格证或者达到技术标准要求的检测报告。

ⅱ . 项目部质检、验收及保存

供应商将羊板粪送到项目地点后，出具物资出库单，注明供应商单位名称并加盖本单位公章，提供第三方质检机构出具的质检报告。验收组对采购物资车辆及人员信息进行登记，核查出库单及质检报告，并对车载羊板粪进行外观检查（判别是否为羊板粪）及每车量方登记。

ⅲ . 第三方抽检

委托有资质第三方对采购物资进行抽检。

c）羊板粪抽样方法

ⅰ . 第三方抽检方法

以羊板粪 3000m³ 为一个批次进行抽样备查。样品质量为 2kg，每个样品取 2 份，一份由检验检测部门进行检测，一份由质量抽检监督管理单位、监理单位、施工单位签字共同封存。按照 3000m³ 为一个批次进行采样，5 号井羊板粪用量 16.89 万 m³，共需要化验 56 个样品。按规定分别对堆垛进行上、中、下布点，共计设计点位 40 个。羊板粪按照梯形方式进行堆垛，梯形的每个侧面按照距离分别采用等距采样法或"S"形采样法进行布点，每个侧面挖掘深度不得少于 1m，布点数不得少于 8 个。梯形的顶面可以按照五点法、等距法、"S"形采样法随机进行，布点数不得少于 8 个点，挖掘深度不少于 0.5m，进行样品采集工作。收集好各点的样品后，在现场进行混合均匀，用四分法将已经采集好的样品进行缩分，分别制成 1kg/袋的样品两份，加贴四方签字的采样封条。其中一份由建设单位、质量抽检监督管理单位、监理单位和施工单位共同保存，现场移交。另一份由检测单位保存带回实验室进行相关的检测工作。

ⅱ . 项目部抽检方法

样品质量为 2kg，每个样品取 2 份，一份由检验检测部门进行检测，一份由质量抽检监督管理单位、监理单位、施工单位签字共同封存。

完成车载羊板粪外观检查（判别是否为羊板粪）及现场量方登记后，按照每车上、中、下布点 5 个采样，采用等距采样法或"S"形采样法进行布点，深度不得少于 0.5m 进行样品采集工作。有质检组以 10 车为一组将 10 车收集好各点的样品后，在现场进行混合均匀，用四分法将已经采集好的样品进行缩分，分别制成 1kg/袋的样品两份，加贴四方签字的采样封条。其中一份由建设单位、质量抽检监督管理单位、监理单位和施工单位共同保存，现场移交。另一份由检测单位保存带回实验室进行相关的检测工作。5 号井羊板粪用量 16.89 万 m^3，按每车 $45m^3$ 计，5 车羊板粪为 $225m^3$ 化验一个样品，共需要化验 751 个样品。

6）商品有机肥、牧草专用肥验收

a）商品有机肥、牧草专用肥验收标准

有机肥质量要符合 NY 525—2012 标准规定，有机质≥45%，含氮+五氧化二磷+氧化钾≥5%，水分≤30%。

b）商品有机肥、牧草专用肥验收流程

ⅰ．供货商自检

供货商自检，需随车携带相应批次的产品合格证或者达到技术标准要求的检测报告。

ⅱ．项目部质检、验收及保存

供应商将商品有机肥送到项目地点后，出具物资出库单，注明供应商单位名称并加盖本单位公章，提供产品合格证及第三方质检机构出具的质检报告。验收分发组对采购物资车辆及人员信息进行登记，核查出库单及质检报告，并对商品有机肥进行外观及包装检查。

供应商将初步验收后的有机肥送到指定地点卸车，按正方形或者长方形 80t 一个堆垛。标记好每一个堆垛的供应商名称、批次、车号、规格、每车数量、生产地、运输单位及司乘人员等相关信息。之后由供应商对有机肥采取防护措施防止雨淋、风吹做到上盖下垫，分类摆放保管。供应商保存至有机肥需要摊铺时为止，摊铺分发前由验收组、供应商、监理和业主对堆放的有机肥进行清点数量并由四方签字确认填写入库单。最终结算的有机肥数据以该清点数量结果为准，由物资管理组开具分发出库单。

ⅲ．第三方抽检

委托有资质第三方对采购物资进行抽检。

c）商品有机肥、牧草专用肥抽样方法

委托第三方及项目部质检抽检方法：商品有机肥按 80t 一个批次进行抽样备查；牧草专用肥按 10t 一个批次进行抽样备查；样品质量为 1kg，每个样品取 2 份，一份由检验检测部门进行检测，一份由质量抽检监督管理单位、监理单位、施工单位签字共同封存。5 号井有机肥用量 8293.5t，按 80t 一个批次进行抽样化验，共需化验 104 个样品。5 号井牧草专用肥用量 76.74t，按 10t 一个批次进行抽样化验，共需化验 8 个样品。

ⅰ．五点采样法

按照国家对有机肥的相关法律法规，每 80t 为一个批次进行采样，每点按照五点采样法进行。分别对堆垛的 4 个角及对角中心线交叉点进行采样。采样过程中要求从堆垛的表面到地面的全部包装袋进行样品采集。收集好各点的样品后，在现场进行混合均匀，用四分法将已经采集好的样品进行缩分，分别制成 1kg/袋的样品两份，加贴四方签字的采样封条。其中一份由建设单位、质量抽检监督管理单位、监理单位和施工单位共同保存，现场移交。另一份由检测部门保存带回实验室进行相关的检测工作。

ⅱ．等距采样法

按照国家对有机肥的相关法律法规，每 80t 为一个批次进行采样。先测量堆垛的长度或者宽度，按照长度或者宽度每 2～3m 一个点位进行等分，完成布点。每点按照从上到下的顺序进行采样。收集好各点的样品后，在现场进行混合均匀，用四分法将已经采集好的样品进行缩分，分别制成 1kg/袋的样品两份，加贴四方签字的采样封条。其中一份由建设单位、质量抽检监督管理单位、监理单位和施工单位共同保存，现场移交。另一份由检测部门保存带回实验室进行相关的检测工作。

ⅲ．"S" 型取样法

按照国家对有机肥的相关法律法规，每 80t 为一个批次进行采样。以堆垛的上方某个角点为起点，每 2～3m 为一个折点距离，偏角约为 45°，直至最后一个点在预采样堆垛上的对角点处，为采样线路。每点按照从上到下的顺序进行采样。收集好各点的样品后，在现场进行混合均匀，用四分法将已经采集好的样品进行缩分，分别制成 1kg/袋的样品两份，加贴四方签字的采样封条。其中一份由建设单位、质量抽检监督管理单位、监理单位和施工单位共同保存，现场移交。另一份由检测部门保存带回实验室进行相关的检测工作。

d）覆土改良后抽检

鉴于本作业区土壤 pH 在质量控制范围内，覆土改良后需对土壤特性进行采样检测，具体采样数量不做要求。检测数据仅用于研究，覆土完成后直接进入种草复绿阶段。

7）主要工程量

5 号井渣土改良包括渣土就地翻耕工程、土壤基质再造与覆土工程。其中渣土就地翻耕工程需翻耕面积约 81.89 万 m²，经机械捡石的块石数量达 15.166 万 m³；土壤基质再造与覆土工程中在覆土存放点用挖掘机粗分分离，将渣土 65.711 万 m³ 转运至覆土区摊铺，覆土面积 262.33hm²，其中坡面覆土面积 60.2hm²，平面覆土面积 202.13hm²，块石处理为 43.808 万 m³。

8）工程技术要求

a）土壤就地翻耕

对泥岩（土）占比大于50%、块石粒度小于5cm且占比大于50%的地段，采用就地翻耕进行渣土改良，使之成为25cm土壤基质层（覆土层）。翻耕深度在50cm左右，通过机械捡石将直径大于5cm的块石直接压埋于25cm深度之下，剩余小于5cm的细颗粒泥岩（土）覆于其上，形成厚度为25cm土壤基质层（覆土层），使之达到通过施肥进行土壤改良的条件。采用坡地机械翻耕和人工捡石相结合的方法，将翻耕出的直径大于5cm的块石集中在坡底，清运掩埋或在平台上挖坑掩埋，翻耕深度30cm，使坡面形成厚度为25cm土壤基质层（覆土层），达到通过施肥进行土壤改良的条件。

b）覆土

ⅰ. 渣土运输

渣土在存放点用挖掘机进行粗分，将>20cm的块石分离出来，其余渣土转运至覆土工作面。

ⅱ. 覆土

——平面覆土

将转运的渣土进行摊铺晾晒，之后进行人工捡石，形成不小于25cm厚度土壤基质层（覆土层），使之达到通过施肥进行土壤改良的条件，能够通过施肥进行土壤改良。

——坡面覆土

将转运来的渣土运至坡顶或坡底平台，用挖掘机加人工自上而下或自下而上覆于坡面摊铺晾晒，之后进行人工捡石，形成不小于25cm厚度土壤基质层（覆土层），使之达到通过施肥进行土壤改良的条件，能够通过施肥进行土壤改良。

c）碎石废料处理

依据现场调研的预估渣土土源出土率，5号井覆土用量总计65.71万 m^3，按60%出土率计需改良渣土109.52万 m^3，渣土土源捡石改良后将产生43.81万 m^3碎石。碎石处理采用以下方法：①在产生的碎石中选用尺寸及硬度合适的片岩用于排水系统的修筑；②选用粒径相对较小的块石对第一阶段地形重塑工作进行巩固提升，局部平整度达不到要求的区域采用粒径较小的块石回填平整；③对块石粒径较大的块石采用就地填埋的方式处理。

4. 技术指导与支撑

1）技术支持的主要内容

木里矿区聚乎更5号井生态修复期间需开展技术支持和技术指导，技术支持单位负责指导完善木里矿区种草复绿技术方案和聚乎更矿区5号井种草复绿作业设计，协调主管部门对种草复绿技术方案进行编制。具体内容包括：2021 年对种草复绿区进行现场指导和培训；指导矿区恢复区的后期管护工作；指导 2021～2022 年恢复区的生态监测工作；开展土壤改良试验研究，建立试验地，对种草复绿区、补播改良区进行配方施肥，保证种植物生长发育，促进生态修复，旨在通过研究探索木里矿区种草复绿的技术模式，提高木里矿区种草复绿的效果。

2）技术支撑单位职能

技术支撑单位主要负责木里矿区聚乎更 5 号井种草复绿生态修复项目的技术问题，与项目施工单位签订技术依托和服务合同，开展相关技术培训，及时解决生态修复中遇到的土壤改良和覆土及种草复绿技术难题，指导相关技术工作，开展相关研究工作。

技术支撑单位主要负责聚乎更 5 号井生态修复技术指导工作，派技术人员对生态修复施工过程进行全程技术指导和技术服务，同时与技术依托单位、施工单位共同解决聚乎更矿区生态修复中出现的相关土壤改良和覆土及种草复绿技术问题。

5. 工程预算

青海省木里矿区聚乎更 5 号井覆土与渣土改良工程作业设计总投资预算为 6222.54 万元，其中就地翻耕区投资预算为 998.51 万元，覆土区投资预算为 5224.03 万元。

根据 2021 年 3 月 26 日批复的《青海木里矿区生态修复聚乎更矿区 5 号井种草复绿作业工程设计》，土壤重构阶段批复的工程预算总费用为 558.98 万元，其中坡面整地人工费 12.58 万元，坡面改良土壤人工费 148.68 万元，平面改良土壤人工费 302.84 万元、跟机人工费 27.2 万元，作业机械整地（台班）工日费用 54.40 万元，微耕机+人工作业整地人工费 1.36 万元，改良土壤人工费 11.92 万元。

6. 项目风险预判

本项目为高海拔高寒地区大规模矿区生态修复项目，具有工期要求紧、任务重、施工黄金窗口期短、自然环境恶劣、施工环境复杂、施工条件差、植被恢复难度大、施工技术要求高及投资大等特点。

1）植被恢复风险

生态修复的基本思路是以自然恢复为主，人工修复为辅，通过一定的人工干预，为自然生态恢复创造条件。项目区地处高海拔高寒地区，气候寒冷，多年冻土发育，植被生长期短，植被生长缓慢、抗干扰能力弱，自我修复能力差，一旦遭受破坏，很难自然恢复。在人工先锋植被向自然植被演替过程中存在诸多风险和不确定性。

目前，高海拔高寒地区因生态环境恶劣而脆弱，植被生长环境差，国内尚无系统和大规模的种草复绿工程先例和成功经验。有学者在土壤重构和种草复绿方面做了大量科研工作和卓有成效的探索，取得了一系列重要科研进展，并在小区域内开展了成功试验，但尚未在海拔 4200m 的聚乎更矿区大面积工程实践。区内以往复绿工作仅局限于渣山边坡，未涉及基岩边坡，且复绿面积较小。种草复绿工作仍存在不出苗、出苗率不达标、长势差、长势退化及人工植被不能成功地正向自然演替等较高的风险和诸多不确定因素。

2）土壤重构风险

良好的土壤是植被生长的物质基础和必要的立地条件。区内露天开采导致地表原始土壤破坏殆尽，在无客土情况下，需利用场内渣土材料通过一系列改良工艺进行土壤重构。

a）土壤 pH 问题

合格的土壤 pH 为 6.5～8.5。区内土壤材料化验测试结果表明，渣土越新鲜，碱性越强，渣土暴露大气时间越长，风化程度越高，pH 越趋于中性。区内土壤基础材料 pH 总体偏碱性，不利于种草复绿设计中 4 种草的生长，这就给人工草种的出苗和生长带来风险。

防范措施：需进一步补充开展土壤重构材料的取样测试工作，详细了解其 pH。在此基础上，针对 pH 不达标的土壤材料采取以下几种措施：就地翻耕区可通过施入适量的改良剂（如硫酸亚铁等）以达到改善土壤基质 pH 的目的；覆土区段可在场内，按就近原则继续寻找 pH 合格的土源储备地；如无合适土源，可通过施入适量的改良剂（如硫酸亚铁等）进行 pH 调节；或通过调整草种，增加同德小花碱茅（星星草）草种（耐寒、耐盐碱、在 pH 8.5～9.0 碱性土壤中可正常生长），通过以上措施，最大程度地适应区内土壤 pH 偏碱性的实际情况，但即便如此防范，仍存在因 pH 超标而导致生物措施失败的风险，需密切关注。

b）羊板粪质量与发酵问题

羊板粪一方面通过缓释为土壤提供有机质和营养成分，更重要的是通过羊板粪和土壤材料的拌合，改善土壤的团粒结构，起到通气保水保肥的作用。要求羊板粪为未发酵的生羊板粪，如果羊板粪堆放时间过长而发酵，与土壤材料拌合后，快速释放有效氮，再加上有机肥的施入，就有可能产生烧苗情形，严重影响出苗率和草的正常生长，给复绿工作带来一定的风险。

防范措施：加强羊板粪检验工作，在检验有机质、水分、杂质、块石等必要指标的基础上，增加羊板粪发酵指标检验，严把质量关。对不合格的羊板粪，不得入场用于土壤改良。

c）土壤改良物质材料拌合问题

按照种草作业设计土壤改良技术参数，结合土壤改良物质材料市场供应情况，土壤改良要求羊板粪施入量 30～33m³/亩，有机肥 1500～2000kg/亩，牧草专用肥 15kg/亩，此种土壤改良方案尚未针对性地开展科研试验工作，国内也无可借鉴成熟经验。如按此改良方案和作业设计中规定的浅耕拌合工艺，可能存在有效氮释放过多而导致烧苗的风险。如遇上高温极端气候，烧苗风险将会进一步加大。防范措施：为避免烧苗，需要在场内充分试验的基础上，进一步细化设计方案，制定科学合理的拌合量和拌合工艺，同时，将牧草专用肥从 15kg/亩减到 3kg/亩，剩余 12kg/亩在翌年追肥过程中使用，确保改良后的土壤不产生烧苗情形。

3）极端天气给出苗和生长带来的风险

项目区地处高海拔高寒地区，气候条件恶劣，生态环境脆弱。人工草种播撒后，需要适宜的气候条件（温度、降水量、光照、风力等）配合，如遇上极端天气（干旱、洪涝、冰雹、强风等），将会影响人工草种的出苗和正常生长，从而产生一定风险。

防范措施：积极与气象部门联系，收集区内气象预报资料，提前做好预判和相应防范措施，尽最大程度地降低极端气候条件给种草复绿工作带来的风险；为避免恶劣极端气候给种草作业带来的错季风险，应在设计尽快批复的基础上，尽快组织材料、设备和施工管理人员按时进场，倒排工期，多措并举，抢时间抢工期，做好技术培训和技术监督管理工作，力争在短暂有限的种草黄金窗口期努力按时保质完成土壤重构与种草复绿关键环节的工作，避免错季风险。

4）边坡稳定性带来的种子立地条件风险

稳定的边坡是种子立地的前提和基础。上年度第一阶段工程整治工作虽已完成，但在局部区段出现沉降滑移，已产生拉张裂隙，加之冻融季冻融作用的影响，会进一步加大边坡失稳速度和程度。由于工作的紧迫性，在整治渣山边坡尚未完全沉稳的情况下，就需要开展第二阶段种草复绿工作，否则就给种草复绿工作带来一定风险。

防范措施：对潜在沉陷滑移失稳地段充分利用干涉雷达（INSAR）+高分多光谱+高分高光谱综合遥感技术，结合地面专业滑移监测，开展高频次高精度长时序滑移失稳监测；在此基础上，对第一阶段出现滑移沉降失稳地段进行工程加固和整改，确保边坡稳定，最大程度地降低草种立地风险。

5）退化风险

如在种草复绿工作后，未严格做好围栏封育和追肥追播，可能会导致盖度不足、人工植被退化，正向自然演替不成功或不充分等复绿风险。

防范措施：严格按作业设计做好种草作业后的管控工作，利用天空地一体化综合遥感监测+视频实时远程监测技术，结合常规地面监测和人员管护，对出苗、长势、盖度等植被参数高频次地进行监测和管护。提前预判潜在退化的可能性，分析退化原因，制定针对性追肥补播措施，并将措施严格落实到位。

6）种草复绿过程中的次生生态环境影响风险

本工程有大量技术人员、施工人员、施工设备进场作业，需要搭建工地（生活、办公基地）、修筑施工便道，规模性整治工程和人类活动本身就会对矿区原表生生态系统造成一定扰动和破坏。因此，应尽可能利用矿区原有道路和矿区生活基地，尽量减少新建施工道路和工地建设，并增强施工人员保护生态环境意识，自觉遵守相关环境保护条件，划定生态红线，不允许人员和设备进入自然草甸区，随意践踏和碾压草场，尽可能减少对自然环境的二次扰动，保证自然草地不受人为破坏。大量人员集中在区内作业，会产生大量生活垃圾；机械维修保养，会产生废油和废弃材料，如处理不当，会对当地环境造成影响；土壤重构过程中，会产生扬尘，不但对施工人员造成健康影响，而且会污染大气环境。

防范措施：严格按照种草复绿作业设计和本设计生态环保保障措施执行，确保各项保障措施落实到位，责任到人。

7）施工安全风险

因本工程时间要求紧，工程量大，需要的设备和施工人员多，施工场地狭小，且多在采坑渣山边坡等有安全隐情地段施工作业，如安全责任意识不强，不按规范操作，可能会造成机毁人亡严重安全事故。

防范措施：人员设备进场施工前，需在详细踏勘基础上，进行认真分析和研判，在本设计安全措施的基础上，针对作业面特点和安全风险特点制定针对性安全保障措施，确保施工过程中设备、人员安全。

8）风险防控

本区种草复绿风险较高，技术难度大，为保障草种出苗率和盖度，在现场充分调查、施工工艺充分试验和现场种草试验的基础上，合理地调整施工工艺和施工参数，科学合理、高效节约施工，建立设计、施工、研判调整信息一体化信息反馈机制。因此，需做好边施工作业、边分析评估、边调整优化的三边工作。

6.1.3 种草复绿工程实践

1. 项目区概况

1）矿区现状

通过实地踏查核实、采集矿区现场影像资料、区划地类等资料，聚乎更矿区5号井通过地貌重塑后，矿区总面积为554.13hm²，已治理面积为164.8hm²，岩质边坡面积为43.13hm²，原生植被面积为88.53hm²，设计种草复绿面积为333.86hm²，其中，渣山削顶区面积为128.53hm²，储煤场面积为12.33hm²，矿区生活区面积为11.6hm²，矿区道路面积为26.6hm²，矿坑边坡面积为66.47hm²，渣山边坡面积为16.13hm²，矿坑坑底面积为72.2hm²。

2）项目区复绿现状

2014~2016年，聚乎更矿区5号井已治理面积164.8hm²，其中，渣山坡面117.4hm²，公共区域及其他面积47.4hm²。草地类型为人工草地，平均植被盖度为

45%，主要优势草种为披碱草、青海草地早熟禾、青海冷地早熟禾、青海中华羊茅、马先蒿等。

3）植被恢复项目实施前置要求

矿区地貌重塑后，对恢复区地面进行整治，为种草复绿创造条件，具体要求如下。

a）地面整治与处理

坡地修建排水沟，平台四周修筑土坝；道路、生活区清除建筑垃圾，清理废弃道路。整理地面，坡度小于 25°，坑底做到排水流畅、不积水。为节约土地整治投资成本，因地制宜，就地将渣土深翻两遍，深翻的同时采用大型捡石机捡拾 5cm 以上的石块，要求复绿面砾石的盖度小于 50%，将捡拾的石块集中处理，不能影响及产生新的生态环境问题。

b）截排水沟设置

项目区降雨量达 473～484mm，且集中在 8～9 月，易产生水蚀冲刷，造成土壤、草种及肥料流失，因此项目区坡地必须修建排水系统。具体做法依据《青海省木里矿区采坑、渣山一体化生态环境综合整治总体规划和方案大纲》，坡顶截水沟 1432.2m（槽底开土 600m×600m×200m），坡脚排水沟 1522.5m（槽底开岩 1500m×1000m×200m），平台排水沟 2308.23m（槽底均考虑开岩 400m×400m ×200m），排水沟 1608.32m（坡率按照 1∶1.12 换算）。

c）土壤重构

根据草本植物根系主要分布在土壤20cm 深左右的特性，并考虑到10～20cm 自然沉降，地面整平后需覆土 25cm 渣土加 5cm 羊板粪，清除覆土层中直径 5cm 以上的砾石，形成种草复绿面。土壤重构来源本着节约优先、经济合理、以最小投资实现最大生态效益的原则，就地取材筛分和剥离渣土，作为土壤重构来源；根据施工单位统计，现有可筛分和剥离渣土源 196.8 万 m^3，按 50% 出土量计算，能满足 393.33hm^2 地块覆土，种草复绿总面积 333.87hm^2，土壤重构的来源能够保证。

4）肥料供应情况

根据调查统计，羊板粪年可收集量 663 880m^3，其中，格尔木市 12 497m^3，德令哈市 53 833m^3，都兰县 346 933m^3，乌兰县 100 000m^3，天峻县 150 617m^3。商品有机肥总库存量 242 700t，其中，格尔木市 97 000t，德令哈市 54 000t，都兰县 35 400t，乌兰县 2300t，天峻县 50 000t，大柴旦行委 4000t。经过测算项目所需羊板粪 165 264m^3，商品有机肥 8131.50t，能够满足《青海木里矿区生态修复（种草复绿）总体方案》中羊板粪 33m^3/亩、坡地平地有机肥平均 1750kg 的需求。

2. 目标

矿区通过综合整治和植被恢复，达到快速复绿、巩固提升的目的，使项目区草原、复绿区等生态环境逐步得到改善，水源涵养能力明显增强，生物多样性得到保护，生态服务功能显著提升，促进生态系统向正向演替发展。

（1）坡地（矿坑边坡及渣山边坡）治理面积 82.6hm^2，植被恢复后，当年每平方米出苗数大于 1000 株，第二年植被盖度达 45% 以上，第三年植被盖度达 50% 以上。

（2）平地（道路、生活区、储煤场等）治理 251.27hm^2，当年每平方米出苗数大于 1200 株，第二年植被盖度达 45% 以上，第三年植被盖度达 50% 以上。

3. 建设规模

1）种草复绿工程

木里矿区聚乎更 5 号井种草复绿总面积 333.87hm^2，其中，坡地（矿坑及渣山边坡）82.6hm^2，平地（道路及生活区、渣山平台、储煤场）251.27hm^2，全面实施种草复绿。

2）封育管护

2021～2023 年对种草复绿的 333.87hm^2 人工草地进行追肥，对生态修复区进行围栏封育，共需围栏 13 956m，管护人员 10 人。根据检测单位对当年牧草返青期和生长旺盛期的检测情况核定补播面积，对坡地（矿坑边坡及渣山边坡）当年出苗率小于 1000 株和当年植被盖度小于 45%、平地（道路、生活区、渣山平台等）当年出苗率小于 1200 株或当年植被盖度小于 45%，施工单位要在第二年进行补植补播。

4. 设计方案

1）种草复绿工程

复绿区域主要包括矿坑边坡、渣山边坡、道路、生活区、储煤场、矿坑坑底，地形变化较大，根据总体实施方案设计和要求，以保证作业质量并加快施工进度为目的，便于人工作业和机械施工为依据，对复绿区按地形坡度和面积等情况分类设计作业。根据复绿区地形地貌等特征，将其划分为坡地和平地两大类型，其中生活区、坑底、道路等面积较大的地块使用大型机械播种，渣山平台等面积较小的地块使用微耕机+人工的方式进行播种，技术方案如下。

a）坡地（人工播种）

ⅰ．技术路线

土壤重构→施肥整地→草种选择及组合→拌种→播种→耙地覆土→覆盖无纺布→围栏保护→管护与利用。

ⅱ. 技术方案

——土壤重构

依据《青海木里矿区生态修复（种草复绿）总体方案》，每亩土壤重构需筛分渣土 167m³（厚度 25cm）。

土壤重构主要采取人工或机械的方式将捡拾以后剥离出来的渣土整平，厚度 25cm，将 5cm（33m³/亩）羊板粪均匀铺设后采用机械或人工深翻 10～20cm，以达到渣土和羊板粪充分混合形成重构土。

重构土混合后将有机肥 2000kg/亩均匀铺设至表面，形成种草复绿面再浅翻 5cm。

——施肥整地

对达到复绿要求的边坡，依据作业地块合理安排人员和进度，施肥人员培训熟练后，按 12kg/亩用量，依据作业面积，将称量好的牧草专用肥手工或用播种器均匀撒在坡面上，撒施时沿等高线行进，往复式行进撒播，做好标记，保证不漏行。整地人员在培训熟练后，按 3～5 人一组，采用钉齿耙，沿等高线对撒施肥料的地块人工往复拉推 2～5 遍，耙碎平整地面并将肥料耙入土壤，深度以 5cm 为宜，达播种坪床要求。底肥（牧草专用肥）：根据测定的改良土养分结果，合理使用牧草专用肥，按照设计要求均匀撒施。牧草专用肥是一种掺混肥料（BB 肥），参照《掺混肥料（BB 肥）》（GB 21633—2008），要求其总养分 N+P$_2$O$_5$+K$_2$O≥35%。

——草种选择及组合

选用同德短芒披碱草、青海草地早熟禾、青海冷地早熟禾、青海中华羊茅进行混播，混播比例为 1∶1∶1∶1。

种子质量：种子选择适宜我省高寒地区种植的乡土草种（青海三江集团生产经营的同德短芒披碱草、青海冷地早熟禾、青海中华羊茅，青海明烨生态科技有限责任公司经营的青海草地早熟禾），种子质量要求达到国家或地方标准规定的三级标准以上（种子纯净度、发芽率执行标准为 GB 6142—2008、DB63/T 760—2008、DB63/T 1063—2012、DB63/T 1064—2012）。全部采用精选、断芒、定量包装的草种，要求草种检验机构出具种子质量检验报告。

草种包装：一律采用净重 20kg 或 25kg 的定量包装，包装要标明种子名称、收获年限、产地、等级、净度及供应单位。草种运输到现场，施工技术员、现场监理要现场抽样并做好样本的封存，将样本送至有资质的种子检验机构进行检验，出具相应检验报告。种子质量除质检部门每批次的检验报告外，中标企业供应的种子每袋须有合格证。

——播种量

同德短芒披碱草 4kg、青海草地早熟禾 4kg、青海冷地早熟禾 4kg、青海中华羊茅 4kg，混播比例为 1∶1∶1∶1。

——播种时间

5 月中旬至 6 月下旬。

——拌种

依据草种、播种量、牧草专用肥用量（底肥播施后剩余 3.0kg/亩），按照半日施工进度或地块，将同德短芒披碱草、青海草地早熟禾、青海冷地早熟禾、青海中华羊茅分次倒在塑料布单上或专用拌种场所（人工撒播时将改良细土适量拌入，有利于人工撒播均匀），用木锨或铁锨反复拌匀，装袋运到工地，并在分装时再拌匀，按量分配到地块。

——播种

播种要选择在风力 3 级以下，尽量在早上无风时进行。选用手摇播种器，沿山坡等高线，轻摇播种器匀速播种。或者人工撒播，撒播时要用手腕尽力抖开，使大小粒种子播撒均匀。为保证播种足量且均匀，开展试播，确定播种速度和播种遍数。

——耙地覆土

播种后按 3～5 人一组，采用钉齿耙，沿等高线对播种的地块人工往复轻拉轻推 2～3 遍，并用耙背轻拉耱平，保证种子和肥料入土覆盖，种子及肥料入土率应高于 80%以上，播种深度掌握在 0.5～2cm。同时用脚踩实或木板拍实或其他方式压实，达到镇压作用。

——无纺布保护

加盖无纺布保水保温，防止水土流失，无纺布应满足易风化、抗辐射、污染指数低等特性，采用宽为 3m 的无纺布，每平方米重 20～22g。无纺布铺设应依据地形条件铺设，沿坡面顺铺，与地面贴实，条与条之间重叠 5cm 左右，用土或石块间隔压紧压实，防止吹胀或雨水冲毁。

iii. 工程量

采用人工播种方式进行矿区植被恢复，主要包括人工、羊板粪、商品有机肥、牧草专用肥、草种、无纺布、建后管护等。

人工：包括土壤重构、整地、耙耱、施肥、播种、镇压、铺设无纺布，每亩按照 10 个工日，工期按照 40 天计，每天作业 8h，作业 82.6hm^2，共需 12 154 个工日，需要人工 313 人。

羊板粪：按每亩需要羊板粪 33m^3 计算，土壤重构 82.6hm^2，共需羊板粪 40 887m^3。

商品有机肥：每亩施肥 2000kg，共需商品有机肥 2 478 000kg。

牧草专用肥：每亩施肥 15kg，共需牧草专用肥 18 585kg。

草种：共需草种 19 824kg，其中，同德短芒披碱草 4956kg、青海冷地早熟禾 4956kg、青海草地早熟禾 4956kg、青海中华羊茅 4956kg。

无纺布：共需 867 300m^3。

　b）平地（机械播种）

　ⅰ．技术路线

　面积较大平台（坑底、储煤场、生活区、渣山平台），技术路线为：土壤重构
→整地→施肥→整地→草种选择及组合→拌种→机械播种→镇压→覆盖无纺布→
围栏封育→建后管护。

　ⅱ．技术方案

　——土壤重构

　依据《青海木里矿区生态修复（种草复绿）总体方案》，每亩土壤重构需筛分
渣土 167m³（厚度 25cm）。

　土壤重构主要采取人工或机械的方式将捡拾以后剥离出来的渣土整平，厚度
25cm，将 5cm 羊板粪均匀铺设后采用机械或人工深翻 10～20cm，以达到渣土和
羊板粪充分混合形成重构土。

　重构土混合后将 1500kg/亩有机肥均匀铺设至表面，形成种草复绿面再浅翻
5cm。

　——整地

　针对面积较大坑底及渣山平台，选择中型以上拖拉机和旋耕机进行整地，按
照地形条件，耕翻深度 10cm 以上，旋耕机整地 1 遍，充分拌匀改良土壤。或选
择圆盘耙耙地，耙深 10cm 以上，作业 1 遍，疏松改良土壤层。拖拉机、旋耕机
以及圆盘耙操作，均需进行操作培训，达到熟练安全才能作业操作，原则上机械
与操作人员要固定。

　——施肥

　选择撒播机，按照 12kg/亩的用量，将牧草专用肥按作业面积装入撒播机，匀
速作业，撒施肥料。作业操作严格按照机械说明和安全操作指南进行，操作熟练
后开展作业，原则上机械与操作人员要固定。

　——整地

　撒施肥料后，拖拉机带动旋耕机进行二次整地，整地方向与第一次整地交叉
（垂直交叉最好），耕翻深度 5～7cm，使肥料充分拌入土壤。之后，拖拉机和镇
压器平整地面作业 1 遍，保证地面碎化平整，达到播种坪床要求。或选择圆盘耙
二次耙地，方向与第一次耙地交叉（垂直交叉最好），耙深 5～7cm，使肥料充分
拌入土壤。之后，拖拉机和镇压器平整地面作业 1 遍，保证地面碎化平整，达到
播种坪床要求。

　——草种选择及组合

　选用同德短芒披碱草、青海草地早熟禾、青海冷地早熟禾、青海中华羊茅进
行混播，混播比例为 1∶1∶1∶1。

　种子质量：种子选择适宜我省高寒地区种植的乡土草种（青海三江集团生产

经营的同德短芒披碱草、青海冷地早熟禾、青海中华羊茅，青海明烨生态科技有限责任公司经营的青海草地早熟禾)，种子质量要求达到国家或地方标准规定的三级标准以上(种子纯净度、发芽率执行标准为 GB 6142—2008、DB63/T 760—2008、DB63/T 1063—2012、DB63/T 1064—2012)。全部采用精选、断芒、定量包装的草种，要求草种检验机构出具种子质量检验报告。

草种包装：一律采用净重 20kg 或 25kg 的定量包装，包装要标明种子名称、收获年限、产地、等级、净度及供应单位。草种运输到现场，施工技术员、现场监理要现场抽样并做好样本的封存，将样本送至有资质的种子检验机构进行检验，出具相应检验报告。种子质量除质检部门每批次的检验报告外，中标企业供应的种子每袋须有合格证。

——拌种

依据草种、播种量、牧草专用肥用量(底肥播施后剩余 3.0kg/亩)，按照半日施工进度或地块，将同德短芒披碱草、青海草地早熟禾、青海冷地早熟禾、青海中华羊茅分次倒在塑料布单上或专用拌种场所(人工撒播时将改良细土适量拌入，有利于人工撒播均匀)，用木锨或铁锨反复拌匀，装袋运到工地，并在分装时再拌匀，按量分配到地块。

——机械播种

播种量为同德短芒披碱草 3kg、青海草地早熟禾 3kg、青海冷地早熟禾 3kg、青海中华羊茅 3kg，进行混播，混播比例为 1∶1∶1∶1。播种方式采用机械条播，作业两遍。作业前按照草种亩播种量和牧草专用肥 3.0kg/亩的量将种子肥料充分混合，按两次播种调校播种机播量(具体操作要遵照机械说明书和安全操作指南)。确定作业面积，称量好拌好的种子装入播种机，采用十字交叉播种方式播种，播种深度控制在 0.5～2cm。播种时应随时检查，保证不堵塞输种管造成断条，也不漏行。

——播种时间

5 月中旬至 6 月下旬。

——镇压糖平

选择镇压器并附带糖子，对播种区镇压并糖平 1～2 遍，达到紧实平整水平。

——无纺布保护

加盖无纺布保水保温，防止水土流失，无纺布应满足易风化、抗辐射、污染指数低等特性，采用宽为 3m 的无纺布，每平方米重 20～22g。无纺布铺设应依据地形条件铺设(沿坡面顺铺)，与地面贴实，条与条之间重叠 5cm 左右，用土或石块间隔压紧压实，防止吹胀或雨水冲毁。

iii. 工程量

工程量主要包括人工、机械、羊板粪、商品有机肥、牧草专用肥、草种、无纺布、封育围栏等。

人工：包括土壤重构、整地、耙糖、施肥、播种、镇压、铺设无纺布，每亩按照 4.7 个工日，每台大型机械跟机 5 人，工期按照 40 天计，每天作业 8h，作业 244.53hm²，共需 16 774 个工日，需要人工 420 人。

机械：考虑到木里地区海拔高、施工难度大、机械效率低等因素，两次整地工程量按 3.33hm²/台班计算，播种按照 3.33hm²/台班计算，镇压按照 3.33hm²/台班计算，糖平按照 3.33hm²/台班计算，每台班按照作业 8h 计算，作业 244.53hm²，共需 264 个台班。

羊板粪：按每亩需要羊板粪 33m³ 计算，土壤重构 244.53hm²，共需羊板粪 121 044m³。

商品有机肥：1500kg/亩，共需商品有机肥 5 502 000kg。

牧草专用肥：15kg/亩，共需牧草专用肥 55 020kg。

草种：共需草种 44 016kg，其中，同德短芒披碱草 11 004kg、青海冷地早熟禾 11 004kg、青海草地早熟禾 11 004kg、青海中华羊茅 11 004kg。

无纺布：共需 2 567 600m²。

c）平地（微耕机+人工播种）

ⅰ．技术路线

面积较小（面积小于 3.33hm² 或地块宽度小于 15m）平台（渣山边坡平台、矿坑边坡平台、渣山平台），技术路线为：土壤重构→施肥整地→草种选择及组合→拌种→播种→整地覆土→覆盖无纺布→围栏保护→管护与利用。

ⅱ．技术方案

——土壤重构

依据《青海木里矿区生态修复（种草复绿）总体方案》，每亩土壤重构需筛分渣土 167m³（厚度 25cm）。

土壤重构主要采取人工或机械的方式将捡拾以后剥离出来的渣土整平，厚度 25cm，将 5cm（33m³/亩）羊板粪均匀铺设后采用机械或人工深翻 10～20cm，以达到渣土和羊板粪充分混合形成重构土。

重构土混合后将 1500kg/亩有机肥均匀铺设至表面，形成种草复绿面再浅翻 5cm。

——施肥整地

对达到复绿要求的边坡及台阶，施肥人员培训后，按 12kg/亩用量，将牧草专用肥手工或用播种器均匀撒在坡面或台阶上，坡面撒施时沿等高线行进，台阶按照施工退场顺序播施，往复式行进撒播，做好标记，保证不漏行。对整地人员进行微型机械（微耕机、小型旋耕机等）操作培训，达到熟练安全才能操作，原则上机械与操作人员要固定。采用微型机械进行整地按 5～7 人一组，沿等高线对撒施肥料的地块作业。依据地形，选择适宜的机械和刀具，操作稳机械，以翻耕坪床 5cm 以上的深度匀速作业 2 遍（具体操作要遵照机械说明书和安全操作指南），依据地面土壤疏松平整度，作业 1～2 遍，保证地面碎化平整，达到播种坪床要求。

——施底肥

选择撒播机，按照 12kg/亩的用量，将牧草专用肥按作业面积装入撒播机，匀速作业，撒施肥料。作业操作严格按照机械说明和安全操作指南进行，操作熟练后开展作业，原则上机械与操作人员要固定。

——草种选择及组合

选用同德短芒披碱草、青海草地早熟禾、青海冷地早熟禾、青海中华羊茅进行混播，混播比例为 1∶1∶1∶1。

种子质量：种子选择适宜我省高寒地区种植的乡土草种（青海三江集团生产经营的同德短芒披碱草、青海冷地早熟禾、青海中华羊茅，青海明烨生态科技有限责任公司经营的青海草地早熟禾），种子质量要求达到国家或地方标准规定的三级标准以上（种子纯净度、发芽率执行标准为 GB 6142—2008、DB63/T 760—2008、DB63/T 1063—2012、DB63/T 1064—2012）。全部采用精选、断芒、定量包装的草种，要求草种检验机构出具种子质量检验报告。

草种包装：一律采用净重 20kg 或 25kg 的定量包装，包装要标明种子名称、收获年限、产地、等级、净度及供应单位。草种运输到现场，施工技术员、现场监理要现场抽样并做好样本的封存，将样本送至有资质的种子检验机构进行检验，出具相应检验报告。种子质量除质检部门每批次的检验报告外，中标企业供应的种子每袋须有合格证。

——播种量

同德短芒披碱草 3kg、青海草地早熟禾 3kg、青海冷地早熟禾 3kg、青海中华羊茅 3kg，进行混播，混播比例为 1∶1∶1∶1。

——播种时间

5 月中旬至 6 月下旬。

——拌种

依据草种、播种量、牧草专用肥用量（底肥播施后剩余 3.0kg/亩），按照半日施工进度或地块，将同德短芒披碱草、青海草地早熟禾、青海冷地早熟禾、青海中华羊茅分次倒在塑料布单上或专用拌种场所，用木锨或铁锨反复拌匀，装袋运到工地，并在分装时再拌匀，按量分配到地块。

——播种

播种要选择风力在 3 级以下，尽量在早上无风时进行。选用手摇播种器，沿坡地等高线或台阶，轻摇播种器匀速播种。或者人工撒播，撒播时要用手腕尽力抖开，使大小粒种子播撒均匀。为保证播种足量且均匀，开展试播，确定播种速度和播种遍数。

——整地播种

调整微型机械阻尼比，耕翻深度在 2cm 以内，沿坡地等高线或台阶对播种的地块轻翻，匀速作业 1～2 遍，保证种子和肥料入土覆盖，深度掌握在 0.5～2cm，种子及肥料入土率应高于 80%以上。采用畜力套糖子沿坡地等高线或台阶糖平，或采用其他方式糖地镇压，达到糖平镇压作用。

——无纺布覆盖

覆盖无纺布保水保温，防止水土流失，无纺布应满足易风化、抗辐射、污染指数低等特性，采用宽 3m 的无纺布，每平方米重 20～22g。无纺布铺设应依据地形条件铺设（沿坡面或台阶顺铺），与地面贴实，条与条之间重叠 5cm 左右，用土或石块间隔压紧压实，防止吹胀或雨水冲毁。

ⅲ. 工程量

工程量主要包括人工、羊板粪、商品有机肥、牧草专用肥、草种、无纺布、封育围栏、机械等。

人工：包括土壤重构、整地、耙糖、施肥、播种、镇压、铺设无纺布，每亩按照 8 个工日，施工人员自带微耕机，工期按照 40 天计，每天作业 8h，作业 6.73hm²，共需 814 个工日，需要人工 20 人。

羊板粪：按 33m³/亩羊板粪计算，土壤重构 6.73hm²，共需羊板粪 3333m³。

商品有机肥：1500kg/亩，共需商品有机肥 151 500kg。

牧草专用肥：15kg/亩，共需牧草专用肥 1515kg。

草种：共需草种 1212kg，其中，同德短芒披碱草 303kg、青海冷地早熟禾 303kg、青海草地早熟禾 303kg、青海中华羊茅 303kg。

无纺布：共需 70 700m²。

2）建后管护

采取围栏封育、补播及追肥等技术措施，巩固修复成效。同时，治理后三年实行禁牧管理，持续开展生态监测，加强后期管护，为自然恢复创造有利条件。

a）围栏标准与施工安装方案

围栏材料与施工安装参照机械行业标准《编结网围栏》（JB/T 7138—2010）中的规格、基本参数、技术要求和检验规则执行。

b）连接件

——绑钩：绑钩的材料应为抗拉强度不低于 350MPa、直径为 2.50mm 的镀锌钢丝，每根长度 200mm。

——挂钩：挂钩的材料应为抗拉强度不低于 350MPa、直径为 2.50mm 的镀锌钢丝，每根长度 200mm。

c）围栏门

围栏门采用双扇结构，框架采用 GB/T 13793 中 φ25 的直缝电焊钢管；围栏门单扇高为 1300mm，宽为 1500mm；原材料采用 30mm×3mm 扁铁，40mm× 40mm×4mm 角钢，1.5mm 钢板；围栏门的扁铁间距为 150mm；围栏门应涂防锈漆和银粉，涂层均匀，无裸露和涂层堆积表面。

d）围栏施工安装

所有零部件必须检验合格，外购件必须有合格证明，方可安装。配套围栏每 10m 设 1 根小立柱，每 400m 设 1 根中立柱；围栏安装要求大、中、小立柱埋入地下部分不得少于 0.6m，留在地上部分不得少于 1.4m；网围栏形状应根据地形地貌和利用便利而定；围栏门的数量及位置可根据牧户要求设置；编结网的每根纬线均应与立柱绑结牢固，所有的紧固件不得松动；大门应安装牢固，转动灵活。考虑到项目区有部分区域地处湿地，地质结构不稳定，容易发生地势沉降，造成围栏倒伏，本项目在围栏安装过程中，为防止围栏发生倒伏要采取加固处理，加固费用 2 元/亩。

e）工程量

对生态修复区进行围栏封育，共需围栏 13 956m。

（1）追肥。从人工种草第二年开始，视种植草长势和土壤养分情况，在植物返青季连续施牧草专用肥两年，施肥量为每亩 15kg，保证植物正常生长所需养分。

（2）建后管护。治理后建立严格的禁牧管护制度，每 33.33hm² 设置 1 名生态管护员，明确管护员职责，建立绩效管理机制，切实将管护工作落到实处。管护形式采取以下两种形式：一是每天巡护，对进入管护区的人员进行必要的检查和登记。二是定期巡护，即对各复绿区内地势偏远、交通不便、人烟稀少、人畜活动较少的区域，实行定期巡护。发现违规利用和破坏，及时制止并上报村委会和乡政府，由草原管理部门或执法部门进行处罚。处罚后，对损坏围栏应及时修补，对破坏治理区域及时修复和补播。

（3）补植补种。根据监测单位对当年牧草返青期和生长旺盛期的监测情况核定补播面积，对坡地（矿坑边坡及渣山边坡）当年出苗率小于 1000 株和第二年植被盖度小于 45%、平地（道路、生活区、渣山平台等）当年出苗率小于 1200 株和第二年被盖度小于 45%，施工单位要在第二年进行补植补播。

5. 技术支撑方案

1）生态监测

矿区植被建植后，积极开展植被生长动态监测工作，及时准确掌握植物多样性、植被覆盖度、生物量及土壤养分情况，为矿区人工种草工程竣工验收提供依据；通过掌握植被多年的生长状况，为高寒矿区植被修复提供科技支撑。

2）技术支撑

作为技术依托单位，与项目总承包单位、项目施工单位签订技术依托和服务合同，明确职责范围，以合同形式约束各方行为，确保工程建设质量。主要职责是与项目责任单位合作，依据技术支撑单位的技术特点，联合组建技术支撑小组，充分发挥技术优势，对施工人员进行现场技术培训，解决施工期间出现的技术难题。

作为技术指导单位，依据项目建设内容、区域特点，根据实施方案派出技术人员进行现场指导和服务，对项目工程施工进行全程技术指导服务，对工程施工和生态监测进行跟踪监督和检查，与技术依托单位、施工企业共同会商解决项目建设中出现的技术问题。

6. 投资概算

项目总投资 10 233.71 万元，其中坡地投资 2562.67 万元，平面 7268.22 万元，封育围栏投资 24.98 万元，2022 年追肥 136.92 万元，2023 年追肥 136.92 万元，管护费 54.00 万元，技术支撑费 30.00 万元，科研监测费 20.00 万元。

7. 环境保护与安全施工

1）项目建设对环境的影响

种草复绿是木里矿区生态修复保护工程的一个重要组成部分，通过种草复绿，有效恢复木里矿区的生态环境，使受损草地生态系统得到恢复与重建，防止水土流失、土地沙化，改善草地生态环境。项目施工期间，由于各类施工物资、车辆和施工人员均要频繁进、出施工区，会在周边地区产生碾压和踩踏草原植被现场，同时还会对施工区的环境产生一些噪声和扬尘污染，以及少量的施工和生活垃圾污染。

2）规避措施

在项目建设过程中严格执行《中华人民共和国环境保护法》和《中华人民共和国草原法》，提高牧民的环境保护意识。项目管理方和项目监理部门要指导与监督施工人员在项目驻地尽量合理安排工期，避开大风天气进行作业，避免扬尘对大气环境治理的影响；要求施工企业合理选择驻点地块，生活垃圾及建设废弃物定点堆放，及时处理，减轻对草原生态环境的影响。

3）施工安全保障

建立滑坡、坍塌、泥石流等地质灾害安全防范措施：一要及时对被危害区的居民及设施采取紧急疏散避灾或保护措施，强制迁至安全区；二要建立临时躲避棚，最好安置在距村镇较近的低缓山坡或较高的平台地上，切忌建在较陡山体的凹坡处，以免出现坡面坍塌；三是专业抢险队伍，应及时紧急加固或抢修各类临时防护工程，排除险情；四是组织人员密切监测泥石流的发展趋势，严防出现重复灾害。

8. 技术保障

1）加强技术指导

按照"五个一"（即一个业务处室、一个技术推广单位、一个技术专家支撑团队、一个地方政府部门、一个施工单位）工作机制要求，组建"一坑一策"工作专业团队，形成联络员制度，以"一矿区一团队""一矿井一小组"的形式，开展生态修复（种草复绿）全过程技术服务工作，明确工作任务，落实责任到人。

2）开展动态监测

矿区植被建植后，积极开展植被生长动态监测工作，及时准确掌握矿区植物多样性、覆盖度、生物量、非栽培植物入侵情况及土壤养分情况，为矿区人工种草工程的补播、管理及竣工验收提供依据；通过掌握植被多年的生长状况，为高寒矿区植被修复提供科技支撑。

3）技术培训

对施工现场管理人员和监理人员开展相关技术规范、物资质量标准和检查方法等内容培训，组织开展施工人员现场施肥技术、播种技术、机械操作以及施工安全等内容培训。

9. 安全保障

1）施工环境管理

施工单位应合理安排工期，洒水降尘，做好垃圾回收处理工作；尽量减少车辆和施工人员对周边草原产生碾压、踩踏；施工结束后，对施工造成的影响区进行重点修复。

2）施工安全保障

总承包单位、施工企业签订安全生产责任书，预防滑坡、塌陷等矿区次生灾害的发生，确保施工安全。同时，严格执行疫情防控有关规定和要求，确保疫情期间的安全施工。

6.1.4 初步成效

根据2021年9月13～15日省级验收结果,2021年完成种草复绿任务325.4hm²、种植图斑48个。项目于2021年4月10日开工，6月30日完成当年种草任务；边坡柱石网格拆除和生态植草工程于2021年6月15日开工并于2021年7月20日完工。共投入各类机械191台套，组织人员557人，其中，管理人员34人，施工人员523人。调运羊板粪共进场171 034m³，有机肥8024t，牧草专用肥75.70t，青海中华羊茅15 775.00kg、同德短芒披碱草15 775.00kg、青海冷地早熟禾15 800.00kg、青海草地早熟禾16 040.00kg，无纺布3 830 000m²，网围栏14 400m。

经施工单位、监理单位、包坑责任单位、供货企业共同现场取样抽检，共抽检羊板粪 59 批次 59 个样，合格 58 组；草种 8 批次 8 个样，有机肥 105 批次 105 个样，围栏 3 批次 3 个样，无纺布 2 批次 2 个样，均为合格。共完成种草复绿面积 325.4hm²、53 个图斑。

经过逐图斑查看和样方测定，各图斑每平方米平均出苗株数 14 401 株，平均植株高度 12.9cm，平均植被盖度 83.22%，达到作业设计要求。

6.2　江仓矿区 5 号井生态修复案例

6.2.1　治理区基本情况

1. 基本情况

1）位置及交通

江仓矿区位于青海省东北部大通河流域、江仓河北岸、娘姆吞河南岸，行政区划隶属于青海省海西州天峻县。地理极值坐标 99°27′E～99°29′E，38°02′N～38°03′N。

江仓矿区向东有三级公路通往热水矿区，运距 97km。经热水镇东至西宁 218km，南至刚察县 110km。江仓矿区向西至木里镇聚乎更矿区 45km，从木里镇至天峻县 150km，已建成等级公路。哈尔盖至柴达尔至木里铁路已投入运营，该铁路在江仓矿区设有集配站，井田交通便利。

2）气象

该区地处高寒地带，四季不明显，气候寒冷，温差变化较大，属于典型的高原大陆性气候。据天峻县气象站统计资料，年最低气温-34℃，最高气温 19.8℃，年平均气温-1.93～0.5℃。年降雨量 97.4～435.8mm，蒸发量 794.2～1762.4mm，6～8 月为雨季，1～5 月以降雪为主。蒸发量为降雨量的 7～8 倍。一年四季多风，12 月至翌年 4 月风最大，风速可达 21m/s，冬季多西或西北风，夏季为东北风。

3）地形地貌

江仓矿区属于高原草甸低位沼泽地，地势起伏不大，构成木里断陷盆地的一部分。矿区两侧山脉走向大致呈北西西向延伸。矿区地势中部为北西西向的山梁，两侧逐步低洼，北侧直至娘姆吞河，南侧到江仓河地势较为平坦。

江仓矿区周围中低山环绕，形成东西长南北窄、西高东低的狭长缓倾斜山间盆地，地势较高，海拔 3830～4000m。地表植被发育，以高寒草甸、沼泽为主，属于典型的高原草甸低位沼泽地。

矿区附近主干水系有娘姆吞河、江仓河，另外井田内发育有次级水系。江仓河为常年性河流，娘姆吞河和井田内发育的次级水系多为间歇性流水，主要由大气降水及冰雪融化补给，流量随季节的变化而变化。

江仓河位于矿区南部，距离矿区最近，也是汇水面积较大的河流，汇水面积约 408.2km²，一般流量 30 万～40 万 t/d；洪水期最大流量达 100 万 t/d 以上，持续的时间短（1～2 天）。娘姆吞河位于矿区北部，河水流量随季节变化，冬春季节冻结干涸，雨季流量较大，洪水期水量达 20 万 t/d 以上。

4）植被

江仓矿区主要为高寒草甸和高寒沼泽化草甸两个主要植被类型，广泛分布于整个区域。本矿区植被为垂直分布带最高的一个类型——"高寒草甸+沼泽类植被"，具有一定的地带性特征。地表植被有明显的高寒地区形态特征，植被呈现矮生、垫状、莲状；植被层低矮，外观呈现矮生、密实的"毯状"；地表常有起伏不平的小草丘，相间的低洼处常积水或不积水，分布连续。

a）高寒草甸

高寒草甸是木里地区主要的生态系统和景观植被类型之一，在江仓地区集中分布于山地中上部、宽谷阶地以及山地阴坡、阳坡，多呈条状、片状分布。草场植被具有较明显的高寒地区的形态特征；由于生长期短暂（100～120 天），植物低矮，平均约 10cm，低者不到 5cm。植物根系有 80%左右分布在 0～10cm 土层中，形成坚实的草毡层，具有较强的耐牧性。

组成该类型的植物种类相对丰富，常见的植物 30 余种，优势植物以中生的莎草科嵩草属植物为典型代表，主要有小嵩草、矮生嵩草和线叶嵩草。整个草场草群低矮，无层次分异，层高 3～10cm，覆盖度 60.33%，草场外观呈暗绿色，植物群落生产力为中等水平，平均亩产鲜草 155.54kg。

b）高寒沼泽化草甸

高寒沼泽化草甸是以耐寒湿中生多年生地面芽和地下芽植物为优势或混生有湿生多年生草本植物的草甸植被类型，是沼泽与草甸之间的过渡类型，为高寒沼泽类草甸亚类沼泽化草甸，在高寒草甸带内呈隐域性植被。该类型主要分布在江仓河两岸山前冰积平原和剥蚀冰碛梁状台地的高平地、碟形洼地、山麓潜水溢出带等部位。

组成该类型的植物种类较丰富，约 50 种，以西藏嵩草为优势种，主要有禾本科、莎草科、毛茛科和菊科植物。草群较为低矮，草群层次分化不明显，一般高度为 10～25cm，覆盖度 50%～75%。植物群落生产力为中等水平，平均亩产鲜草 97.20kg。

5）土壤

矿区所处地区位于托莱南山与大通山之间的山间盆地，盆地地势高亢，平均海拔在 3800m 左右，地下有多年冻土层，区内广泛发育着泥炭沼泽土和高山草甸土。

a）泥炭沼泽土

泥炭沼泽土主要分布在该区高平地的坡地，土壤母质为冰水沉积物及冲积物。植物生长茂密，地表遍布积水坑，夏季降水多，土层下部长年结冻不融，形成不透水层。有机质长年处在厌氧分解状态，土壤内积累大量有机质，形成较深厚的泥炭层，一般厚度为 30～60cm，有机质含量高，平均有机质含量为 32.56%；0～75cm 土层中土壤含水率平均值为 139%，pH 在 6.0～6.9。

b）高山草甸土

高山草甸土主要分布在该区山地中上部、平缓山地的顶部或河谷两侧阶地，呈片状或带状分布，成土母质主要为灰绿色、灰紫色砂岩夹砾岩、板岩，杂色砂岩夹砾质页岩、石灰岩、粉砂岩风化成的坡积物。该类土壤往往和沼泽土壤交错出现在平缓的山顶及斜坡部位和河谷两侧滩地，地表有凸凹不平的小草丘，呈蜂巢状，但不积水。土体湿润，一般厚度为 30～60cm，根系极多，形成草皮层，草皮层极紧实，土壤肥沃，平均有机质含量为 9.44%，pH 在 7.4～8.3。

江仓矿区及周边土壤贫瘠，矿区生产及生态修复治理所需客土需要在天峻县采购，路途遥远，运输环境较差，运输费用较高，不建议采购客土。施工现场所需绿化用土来源，使用治理区内风化后的页岩、粉砂岩等细料与肥料拌合使用。

6）经济概况

当地以牧业为主，工矿企业正在兴起。由于高海拔，常年冻土发育，气候严寒，不产农作物，仅生长牧草。山涧溪流较发育，水肥草美，是良好的天然牧场。当地居民多为藏族牧民，且居住分散，经济文化非常落后。藏民以牧业为主，产肉食和皮毛。近年来，西部大开发步伐的加快，市场对煤炭的需求日益增长，天木公路的开通，热木铁路的建成，为该区煤炭开发提供了极优越的外部条件。

2. 地质概况

1）地层

矿区及其周边出露和揭露的地层由新到老为第四系、全新统、上更新统，以及新近系上-中新统贵德群（NG）、渐-古新统西宁群（ENX）、侏罗系上统享堂组（J_3x）、侏罗系中统窑街组（J_2y）、侏罗系下统大西沟组（J_1d）、三叠系上统默勒群（T_3M）等。

a）第四系（Q）

人工填土：由矿山废弃物料填筑而成，呈灰、灰黑色，主要由煤矸石渣、砾石、碎石和细粒成分（以粉砂粒为主，夹杂黏粒）组成，砾石、碎石呈棱角至次棱角状，原岩成分主要有砂岩、粉砂岩、泥岩等，砾石、碎石含量不均匀，表层土砾石含量 20%～30%，碎石含量约 10%，中深部砾石含量 20%～40%，碎石含量约 40%。该层主要分布于采坑南北两侧，厚度一般 55～60m。

全新统：成因类型较多，有风积、化学堆积、冲洪积。风积物为黄褐、土黄色松散沙粒，厚度小于 15m；化学堆积物为钙质泉华堆积，厚度大于 10m；冲洪积物以砂砾层为主，主要分布在各河流及其支流沟谷中和近代冲洪积平原河漫滩阶地上，厚 0～10m。

上更新统：顶部为灰黄色腐殖土（厚约 2m），其下为冰碛砾石层和含砾亚砂土互层，分布在矿区及其周围地域，总厚 30～60m。

b）新近系上-中新统贵德群（NG）

新近系上-中新统贵德群为内陆干旱湖相沉积，含植物化石和腹足类动物化石。上部为土黄色、灰黄色砾岩、砾质粉砂岩夹灰色砂岩；中部为蓝灰色、灰色泥岩夹蓝灰色粉砂岩，含腹足类和轮藻化石；下部为蓝灰、灰色、灰褐色含砾砂岩、角砾状砾岩夹红褐色砂岩，底部为黄色、深黄色砂岩。揭露厚度 460m，总厚约 600m，出露不好，与下伏西宁群呈不整合接触。

c）渐-古新统西宁群（ENX）

渐-古新统西宁群为干旱山间盆地杂色粗碎屑岩沉积，东部具有山麓及河床相沉积，主要为一套灰黄、灰绿、灰褐、砖红、紫红色砂岩、砂砾岩夹泥岩和薄层石膏，含软体动物化石，厚约 300m，与下伏侏罗系呈角度不整合接触。

d）侏罗系上统享堂组（J_3x）

组成江仓向斜轴部的主要地层，上部为灰及灰绿色泥岩、紫色细砂岩、粉砂岩互层，中部为紫红色细砂岩与粉砂岩互层，下部为灰、灰黑色细砂岩与中砂岩互层，夹薄煤层或煤线，偶夹薄层泥岩，底部为灰白色粗砂岩。江仓矿区揭露厚度达 434m，向东厚度减小而岩石粒度变粗，与中侏罗统呈整合接触。

e）侏罗系中统窑街组（J_2y）

组成江仓向斜两翼地层，为陆相含煤岩系，共含煤 19 层，按含煤特征可分为顶部砂泥岩段和上、下两个含煤段。该组地层在矿区内倾角为 10°～25°至 40°～70°。

砂泥岩段（J_2y^3）（不含煤段）：北西西条带状分布在矿区两翼，总厚 92m，主要岩性为细砂岩，其次为粉砂岩和泥岩。

上含煤段（J_2y^2）（次要含煤段）：上界为 Jy^3 灰-灰黑色互层状细砂岩，底界为 10 煤底板。以湖相粉砂岩为主，次为河漫相细砂岩、粉砂岩和黑色泥岩，夹数层湖相油页岩及河床相灰白色中砂岩，煤层底板往往见有不规则菱铁矿结核，含煤 1～10。底部为厚层灰白色粗-中粒砂岩，厚 235～356m，一般为 320m。

下含煤段（J_2y^1）（主要含煤段）：上界为 12 煤顶板粗砂岩，下界为大西沟组杂色泥岩和砂岩。本段以河床、河漫相为主，夹有灰、灰白色砂岩，灰、灰黑色粉砂岩、泥岩、菱铁矿结核等，含煤 11～20，厚 186～298m，一般为 280m。与大西沟组呈连续沉积。

f）侏罗系下统大西沟组（J_1d）

向斜构造的转折端厚度较大。岩性为杂色（灰色、红褐色、灰绿色）泥岩与浅灰-灰色细砂岩、中砂岩互层，泥岩中多见沿层面分布的粉砂质包裹体，多具鲕状结构，局部夹油页岩。厚 22～65m，一般为 43m 左右。与下伏地层三叠系上统默勒群（T₃M）呈平行不整合接触。

g）三叠系上统默勒群（T₃M）

三叠系上统默勒群分布于矿区南北两侧，所见多为顶部地层，系煤系地层的沉积基底。

上部为一套河湖相夹泥炭沼泽相沉积。岩性为灰-灰绿色粉砂岩-细砂岩夹中粗砂岩-黑色泥岩和煤线。

中部为河湖相沉积，灰绿、灰色、灰白、深灰色粉砂岩夹砂质泥岩和细砂岩。

下部河湖相夹浅海相沉积，岩性为暗绿、灰绿、黄绿、深灰色粉砂岩、细砂岩夹砂质泥岩和淡水灰岩透镜体。

厚度大于 2000m，富含晚三叠世植物化石群落。

2）构造

褶皱：区内呈北陡南缓的不对称向斜构造，向斜北翼倾角 65°～87°，并有直立倒转现象；南翼倾角 45°～70°，接近向斜轴附近，倾角一般为 20°～40°。向斜轴在西部封闭端一带，走向为北西 30°，向东渐变为北西西向，至东部近封闭端，向斜轴走向略有向南偏转之势，总体上，向斜轴略显缓 "S" 形特征，向斜轴最深处推测可达 1400～1500m。两翼地层走向和向斜轴走向大体相同，总趋势和祁连山延伸方向一致。

断裂：江仓向斜南北两翼的浅部，均被北西西向 F₁ 和 F₈ 主干断裂切割，断层走向与岩层走向大致平行。断裂产生的年代可能为燕山期和喜马拉雅期，这两条断层活动强烈，加大了三叠系、侏罗系和古近系的地层断距，并发育有与主干断裂大致平行或小角度相交的派生断裂构造。

3. 水文地质条件

1）冻土分布情况

采坑均处在缓坡高含冰量冻土区，冻土层厚度分布情况大体与区内第四系厚度的分布规律一致，缓坡高含冰量冻土区是井田主要赋存的冻土地带，主要分布于山前缓坡地带的松散冰碛堆积、洪积和坡积层。地表多为沼泽湿地，冻胀草丘发育，草皮下多含 0.5m 左右的泥炭层，其下为 2.0～3.0m 厚的灰黑色亚黏土及亚砂土，其中含有一定量的砾石。细粒土下部多为 15～25m 厚的冰碛砂砾石层。地表以下 1.0～7.0m 深度多见冰层，局部地段冰层厚度可达 9m。在下部基岩风化层附近也常常发育 0.3～1.0m 厚的高含冰量岩层。季节融化深度 1.0～1.3m，细粒土层中冻土含冰量 40%～90%，冰碛层中含冰量 15%～40%。多年冻土厚度 50～90m，多年冻土温度 −2.0～−1.0℃。

2）含水层特征

区内水文地质条件被多年冻土所控制，按照冻土的分布情况分为多年冻土融区地下水、冻结层上水、冻结层下基岩裂隙水。

多年冻土融区地下水沿大通河、江仓河、阿子沟河呈带状分布，由砂砾石组成，厚 3.40～5.84m，渗透性能良好，动储量较大。局部地段具融区，贯通松散含水层，补给冻结层下含水层；地下水水质与河水基本一致，水化学成分为 HCO_3-Ca·Mg 型水，矿化度小于 0.3g/L。

冻结层上水广泛分布于江仓盆地表层，依据地下水的赋存和水理性质可进一步划分为第四系松散岩类冻结层上水和基岩类冻结层上水。松散岩类冻结层上水分布于江仓河及其主要支流河谷融区外围，含水层岩性为冰水堆积的含泥质砂砾卵石、冲洪积砂卵砾石，含水层厚度与富水性受季节性融冻深度的控制，厚度一般小于 3m，并以多年冻土层为隔水底板，接受大气降水、地表溪水及基岩类冻结层上水的补给；夏季由于冻结层上水溢出，在地形低洼的沟谷、洼地地带，常常水泽连绵，形成沼泽与积水洼地，第四系冻结层上孔隙潜水一般水质简单，属初矿化的 HCO_3-Ca 型水，矿化度小于 0.3g/L；基岩类冻结层上水主要分布于矿区外围海拔 3800m 以上的基岩山区，含水层岩性主要为三叠系砂岩，由于受构造活动尤其是强烈的晚近构造活动影响，加之长期性的寒冻风化作用，岩层遭受强烈的破坏，构造裂隙与风化裂隙发育，形成了地下水储存的良好空间，丰水季节降水充沛，补给条件好，从而决定了基岩类冻结层上水较发育；地下水赋存于季节性融化层中，受融化深度的限制，含水层厚度较薄，一般小于 1m，且受季节性变化的控制，一般存在于 5～9 月，11 月至翌年 4 月含水层全部冻结呈固态，干涸。

冻结层下基岩裂隙水按照岩性差别又可分为古近系裂隙含水区、侏罗系砂岩层间裂隙承压含水区、三叠系裂隙含水区。其中古近系裂隙含水区主要分布在江仓向斜之南，厚度很大，含水层以砾岩、细砂岩为主，富水性较好，为 HCO_3-Ca·Mg 型水和 HCO_3·SO_4-Na·Mg 型水；侏罗系砂岩层间裂隙承压含水区冻结层厚度 40～75m，根据水文浅井了解上部活动层的厚度为 0.5～3.0m。裂隙承压含水层水质为 HCO_3·CO_3-Ca·Mg 型水，矿化度小于 1g/L。单位涌水量 0.0022～0.069L/（s·m），富水性较弱。本层地下水是矿区主要含水层，是矿床充水和矿坑积水的主要因素；三叠系裂隙含水区在江仓向斜之北、煤系地层之北广泛分布，含水层以粉、细砂岩为主，渗透性能较差，可见季节性之冻结层上泉水出露，数量较多，流量小，为 0.1～5.0L/s。

煤层视为相对隔水层，结合抽水资料和煤层沉积规律及作为划分含水带的依据，将含水层划分为 5 个含水带（图 6-13），各含水带水文地质特征叙述如下。

第一含水带（Ⅰ）：为煤 8 以上的全部地层，上部普遍为永冻层，一般厚 30～60m，最大达 80m。除煤 1～7 及泥岩层外，多为粉砂岩、细砂岩及中砂岩。厚度变化较大，向斜两翼较薄而轴部较厚，一般厚度为 140～550m，最大在 800m 以上。此带因岩层颗粒较细，裂隙不甚发育，含水性比较微弱。详查 ZK19-2 孔针对此带进行抽水试验的资料，承压水头标高为 3841.01m，含水层厚度 214.98m，单位涌水量为 0.0261L/（s·m），渗透系数 0.0098m/d，水质为 HCO_3-Ca·Mg·Na 型水，矿化度 0.531g/L。

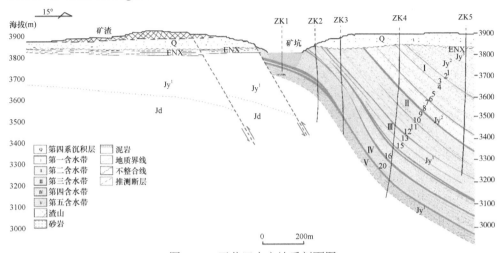

图 6-13　五井田水文地质剖面图

ZK1～ZK5 是钻孔编号，通过打钻确定地下岩层深度

根据一井田抽水资料，单位涌水量为 0.0211L/（s·m），渗透系数 0.022m/d，水质为 HCO_3·CO_3-Ca·Mg 型水，矿化度 0.433g/L。

第二含水带（Ⅱ）：煤 8～12 的地层，含水层以粉砂岩为主夹细砂岩及中砂岩。厚度 10.69～184.67m，一般厚 100m 左右。此带裂隙不太发育，富水性较弱。详查 ZK19-2 孔针对此带进行的抽水试验，其抽水资料反映，承压水头标高为 3835.12m，含水层厚度 58.70m，单位涌水量为 0.0211L/（s·m），渗透系数 0.0323m/d，水质为 HCO_3-Ca·Na·Mg 型水，矿化度 0.618g/L。

第三含水带（Ⅲ）：为煤 12～16 的地层，含水带以细砂岩为主夹粉砂岩及中砂岩，厚度 31.74～263.72m，一般厚 80m 左右。裂隙不甚发育，富水性较弱。根据 99 号孔抽水试验资料，水位埋深 14.72m，承压水头标高 3845.09m，含水层厚度 31.74m，单位涌水量为 0.015L/（s·m），渗透系数为 0.0583m/d，水质为 HCO_3·Cl-Mg·Ca·Na 型水，矿化度 0.453g/L。

第四含水带（Ⅳ）：为煤 16～20 的地层，此含水带以粗砂岩、细砂岩为主，次为粉砂岩与中砂岩。厚 1.68～184.75m，一般厚 100m 左右，此带厚度变化极大，在向斜东西两端较薄而中部较厚。此含水带富水性较差。根据 165 号孔抽水试验资料，水位埋深 4.45m，承压水头标高 3818.31m，单位涌水量为 0.0022L/（s·m），渗透系数 0.0027m/d，水质为 HCO_3-Ca·Mg·Na 型水，矿化度 0.402g/L。

第五含水带（Ⅴ）：为煤 20 底板以下地层，以粉砂岩为主，细砂岩及中砂岩次之，12 号孔所揭露的最大厚度为 166.34m。详查 ZK28-1 孔揭露的含水层最大厚度为 327.22m，水位埋深 19.29m，承压水头标高 3838.94m，单位涌水量为 0.0089L/（s·m），渗透系数为 0.0019m/d。水质为 $HCO_3 \cdot Cl-Na$ 型水，矿化度 0.793g/L。

3）区域地下水的补径排条件

区内冻土层普遍存在，相当于稳定隔水层。冻土融化层中含有冻结层上水，即松散岩类冻结层上水，主要接受大气降水、季节融冰水的补给，水量受季节限制，随季节而变化。以大面积的沼泽形式在季节融冻的亚砂土和泥质砂砾石含水层中经过缓慢径流，在地形低洼处汇集注入江仓河和阿子沟河，部分又消耗于蒸发。地下水的循环形式既有水平方向的径流，又有垂直方向的交替，形成了松散岩类冻结层上水独特的补给、径流、排泄水文地质条件。

江仓盆地中生界冻结层下碎屑岩类裂隙弱承压水，含水层岩性主要为细粒沉积岩层，其补给来源主要靠矿区外围高山剥蚀区，接受大气降水和冰雪融化水沿岩层层面、构造裂隙入渗远距离补给；另外靠矿区河流融区和构造融区补给。根据江仓一井田南 1、2 号上升泉水化学特征进行分析，其特征与克克赛曲地表水基本一致，水化学类型均为 $HCO_3-Ca \cdot Mg$ 型水，矿化度小于 0.25g/L。而江仓 1、2 号上升泉是冻结层下弱承压水沿断裂带的带状融区溢出的泉群，泉水呈东西向线状分布，泉水泄出量平均为 3200m³/日，最大流量可达 6900m³/日，出现于 9 月。泉水动态随季节变化显著，其动态变化基本同地表水变化形式。对江仓盆地的冻结层下弱承压水来说，构造热融区和河谷贯通性融区为其补给区，裂隙孔隙承压含水层为其径流区。依据 ZK28-1 号孔水位标高 3838.94m 和 165 号孔水位标高 3818.31m 计算出水力坡度 8.25‰，径流微弱，在天然状态下，江仓盆地承压水运动方向自南向北北东方向径流，但最终仍以断裂条带状构造热融区和河谷融区为其排泄区。

4）矿坑积水现状及水化学特征

根据青海省环境地质勘查局应急水文地质调查的成果，江仓矿区均存在不同程度的积水，但是积水量差别较大，五井田采坑面积 0.91km²，积水水面高程大致在 3813m，积水面积大，深度较深。根据水质分析结果，矿坑积水、地表水、冻结层上水及冻结层下基岩裂隙水中 Pb 含量小于 0.000 09mg/L，Cd 含量小于 0.000 05mg/L，Cu 含量小于 0.000 08mg/L，重金属元素含量均低于限值；整个矿区内地表水矿化度为 0.134～0.31g/L，冻结层上水矿化度为 0.118～0.812g/L，冻结层下基岩裂隙水的矿化度为 0.794～3.412g/L；矿坑北侧积水矿化度为 0.464～0.53g/L，pH 为 8.38～8.42。

5）矿坑积水来源分析

根据青海省环境地质勘查局开展的江仓矿区应急水文地质调查成果，由于地形的原因，矿区西南侧地势较高的地表径流汇集于 5 号井田露天矿坑西南的两片洼地内，雨季地表水漫过洼地，大规模地直接补给于 5 号矿坑。现场调查阶段（8月 23 日），其直接汇入量为 0.7m³/s。根据多年气候统计资料，天峻县的多年平均降水量为 358mm，按照"海拔高程一般地势每升高 1000m，降雨量增加 130～140mm，蒸发量减少 30～50mm"的趋势，计算出木里地区降雨量大致为 400mm，降雨量相对充沛，矿坑的面积较大，是矿坑积水的直接来源之一。

五井田开采矿坑积水的可能来源主要有冻结层下基岩裂隙水、冻结层上水、大气降水、地表湖泊水；其中，主要积水源为大气降水形成的地表湖泊水，其次为基岩裂隙水、冻结层上水。

4. 工程地质条件

1）工程地质岩组特征

对区内岩层进行了工程地质岩组划分，主要划分为半坚硬岩组、软质岩组和松散岩组三大类。

a）半坚硬岩组

岩性主要为中砂岩、细砂岩、粉砂岩，岩石质量指标（RQD）值一般为 20.0%～60.2%，最大 73.6%，最小 7.51%。中砂岩饱和状态下单轴抗压强度最大 34.29MPa，最小 4.50MPa，平均 25.33MPa，凝聚力最大 13.73MPa，最小 3.67MPa，平均 9.59MPa；内摩擦角最大 38°20′，最小 29°30′，平均 35°34′。细砂岩饱和状态下单轴抗压强度最大 44.82MPa，最小 4.03MPa，平均 16.21MPa，凝聚力最大 16.80MPa，最小 2.18MPa，平均 8.22MPa；内摩擦角最大 38°20′，最小 31°25′，平均 37°14′；粉砂岩饱和状态下单轴抗压强度最大 23.3MPa，最小 3.49MPa，平均 8.47MPa，凝聚力最大 11.71MPa，最小 1.07MPa，平均 4.84MPa；内摩擦角最大 39°33′，最小 33°12′，平均 37°40′。同一岩石抗压强度变化较大，主要受岩层中裂隙发育程度控制，裂隙发育，岩石的抗压强度小，反之，裂隙不发育，抗压强度较大；另外，抗压强度随着岩石矿物粒度的增加而加大。从矿区整体来看，岩石质量中等，岩体中等完整，为半坚硬岩石，稳定性较好。

b）软质岩组

岩性主要为碳质泥岩、含碳泥岩、粉砂质泥岩、高碳泥岩、泥质粉砂岩，岩芯破碎，RQD 值 0.00%～26.42%，个别大于 50%，饱和状态下单轴抗压强度最大 8.86MPa，最小 1.24MPa，平均 5.05MPa；凝聚力最大 6.65MPa，最小 1.07MPa，平均 3.86MPa；内摩擦角最大 37°30′，最小 33°43′，平均 35°30′，但总体软质岩抗压强度较小，随泥质含量的增加而降低，随粒度的增大而增高。泥质岩层沿层理裂隙发育，在饱和状态下具膨胀性，岩芯失水后，发生崩解，呈 0.5～1.0cm 的碎块。该类岩层岩石质量极劣，岩体完整性差，为软弱层，稳定性差。

c）松散岩组

松散岩组主要为由煤矸石渣、破碎砂岩、粉砂岩、泥岩和少量细粒成分（以粉砂粒为主，夹杂黏粒）组成的废弃物料。根据《青海省木里煤田江仓矿区五井田勘探报告》，此类废弃物料容重 $r=2.05t/m^3$，内摩擦角 24°，凝聚力 $C=14.15kPa$。该类土层质体不均匀，松散至稍密实，稳定性差。

2）冻土（岩）

本区为多年冻结带，冻土发育，遍布整个井田范围。每年 9 月末气温开始下降，活动层自上而下回冻迅速发育，至 12 月初季节融化层全部封冻。活动层每年从 4 月下旬开始融化，融化速度各月稍有变化，平均 0.2～0.3m/月，最大融化深度小于 3m。其冻土层厚度变化由南向北增厚，由西向东逐渐变薄，与第四系厚度的分布规律大致相同。冻土层表层活动层在低平谷地，因土的颗粒细，含水量大，草皮覆盖且很薄（0.5～1.0m），远离河谷的缓坡地区约 1.0m，基岩裸露地区尤其是阳坡厚达 2～3m。

冻土与相同土类融土的力学指标差异性取决于容重（r_0）与含水量（w），根据以往对盆地中亚黏土及腐殖土所做的层状融土抗剪试验，以及相近地段对冻土所做的融化压缩试验部分成果，融化抗剪二分量黏聚力 c 和内摩擦角 Φ 变化比较均匀，规律性强，而冻土的融化下沉系数（A_0）与压缩系数（α）则随容重（r_0）、含水量（w）的改变而强烈变化，说明冻土中含水量的大小及分布的不均匀性，将导致融化时力学指标的巨大差异。

渣山物料为煤层顶板以上的砂岩、砂质页岩、细砂岩、泥岩、粉砂岩、第四系的松散层等混合物料，由于没有渣山稳定计算所必需的不同配比物理力学性质试验资料，设计只能根据《青海省木里煤田江仓矿区五井田勘探报告》和工程经验确定渣山物料容重 $2.05t/m^3$，内摩擦角 24°，凝聚力 0kPa。

5 号矿井采坑使得地表植被遭到破坏，使得冻土层出露，导致多年冻土层含冰融化，造成多年冻土层天然上限下降。

5. 环境地质条件

在治理区范围内未发现活动断层、泥石流、滑坡、地面沉降、采空区等灾害地质问题，地表水水质均符合饮用水水质标准，本治理区环境地质质量为中等类型，现对影响环境可能造成不良环境地质灾害问题的因素进行评述。

1）区域地震评价

根据青海省地震局资料，该地区从 1970 年建立有感地震记录，其中 1984～1994 年为地震发生活跃期，发生次数最多的为 1988 年，达 17 次；灾害性地震（大于 5.0 级）有 5 次，主要发生在北祁连构造带，其中最大一次为 6.0 级，发生时间为 1988 年 11 月 22 日 1 时 46 分 01 秒，中心坐标：X: 383448，Y: 993148，距江仓治理区约 60km。

根据《中国地震动参数区划图》（GB 18306—2015），该区地震动峰值加速度为 0.1g，地震动反应谱特征周期为 0.40s，地震烈度为Ⅵ度。

2）矿山生态环境现状及存在问题

a）治理区现状情况

江仓 5 号井采坑：长约 1.52km，宽约 0.62km，深度 130m 左右，采坑容积约 2960.07 万 m³。坑内蓄水 60.24m，水下容积 687.2 万 m³。

采坑南北两侧渣山总方量约 2835.9 万 m³。北侧渣山垂直高度 45～50m，占地面积约 0.50km²，总方量约 1109.5 万 m³。南侧渣山垂直高度 55～60m，占地面积约 0.77km²，总方量约 1726.4 万 m³。

b）治理区生态环境问题

通过收集相关资料，以及遥感影像数据解译及野外实地调查，江仓矿区 5 号井因煤炭资源开采造成不同程度的生态环境破坏。生态环境破坏问题有地形地貌破坏、植被及草甸退化、水土流失、冻土岩破坏、坑内积水和边坡失稳等。

ⅰ．地形地貌破坏

江仓矿田 5 号井因煤田开采已形成露天采坑一个，渣山两座。露天采坑面积共计 91 万 m²，采坑容积共计 2960.07 万 m³。渣山总面积共计 127 万 m²，总体积约 2835.9 万 m³。采区道路、临时设施及建筑均对地形地貌造成不同程度的破坏。开采破坏的土地类型主要为天然牧草地。

ⅱ．植被及草甸退化

江仓矿区 5 号井矿产开发对当地生态环境造成严重破坏，前期已进行部分植被恢复工作，具有一定成效，但人工建植植被退化较严重。渣山土壤类型为渣土混合，砾石含量高，边坡坡度大和水土流失是导致植被退化的重要原因。同时，现场可见人工种植牧草被牲畜啃食现象和大量牛羊粪便（图 6-14）。

图 6-14　渣山植被退化（李志炜等，2020 年提供）

iii. 冻土岩破坏

本区为多年冻结带，冻土发育。冻土厚度 30～86.65m，呈岛状分布，融化时造成轻度侵蚀，其变化规律表现为由东至西逐渐增厚，与第四系厚度的分布规律大致相同。土壤侵蚀强度为微度侵蚀。

冻土层表层活动层在低平谷地，土颗粒细，含水量大，草皮覆盖很薄（0.5～1.0m）。远离河谷的缓坡地区的表层活动层厚度约 1.0m，基岩裸露地区尤其是阳坡厚达 2～3m。表层冻土层融化深度 1.5～2m，融化后沿边坡 1.5～2m 水平面塌落，有融化水流出。2m 以下岩石裂隙中可看到 1～5mm 不规则状冰块，在采坑底部的煤层中可见到 0.15～1.2m 的冰层。

露天采坑内形成小气候，使气温和蒸发量等明显增加。各台阶季节融化层厚度与含水量的变化及冻土温度等都比自然地有明显增加。采坑冻土层破坏虽然有利于开采活动，但极大影响了开采区的土壤和生态水文特征，也加剧了露天矿边坡热融滑塌等地质灾害发生的风险。

此外，渣山覆盖改变了原冻土层的能量输入状况，而渣山本身则发育季节性冻土。由于冬季土层冻结时水分不断向冻结锋面迁移集聚，在漫长的冻结过程中，冻结层集聚了大量地下冰体，加之冬季降水又无法入渗，全部以冰的形式聚集在冻结层内；在暖季气温升高后，岩土层从上至下融化，冰融化的水无法入渗，冰融化后致使土层含水率急剧增大，加之冻胀作用引起土密实性降低，从而导致土体强度降低，可引起该地区渣山浅层滑坡（图 6-15）。

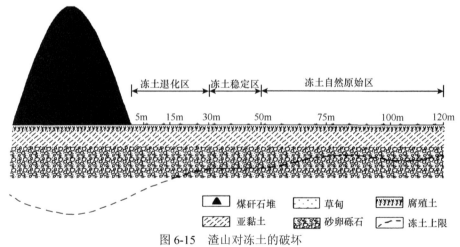

图 6-15　渣山对冻土的破坏

iv. 坑内积水

矿区所在地属于江仓河流域，根据《青海省水环境功能区划》（青海省环境保护局），地表水体属于大通河支流，水环境质量为Ⅰ类。

矿区内开采煤层位于地下水位以下。地下水含水层主要为砂岩层，以裂隙含水层为主，单位涌水量小于 0.1L/（s·m），无明显的补给、排泄区，与地表水体联系不密切。采坑内积水主要来自大气降水。由于矿区冻土层普遍分布，对地表水与地下水的水力联系起到了相对隔离作用，另外地表排泄条件良好，地下水对采坑直接充水量较小。

区内地下水补给条件差，另外井田内无基岩露头，均为第四纪冰水堆积物所覆盖，且多年冻结带厚度较大，大气降水不能直接补给地下水，地下水只有靠外围高山剥蚀区，接受大气降水和冰雪融化水，沿岩层层理、构造裂隙入渗远距离补给和河流融区及构造融区补给，其补给水量不大，且动态变化很小。

区内煤层、泥岩层为相对隔水层；冻土层普遍存在，相当于稳定隔水层。冻土层融化层中含有冻结层上水，主要受大气降水的补给，水量随季节而变化。地形上为北高南低的斜坡，坡度 5°～10°，径流条件较好，靠蒸发补给江仓河排泄。冻土层以下的地下裂隙含水层的岩性主要为细粒沉积岩层，径流微弱，地下水流向由西向东。区内地下水无露头，造成地下水与地表水和冻结层上水的水力联系困难，尚无发现明显的地下水补给、排泄区。

此外，区内地貌类型主要为冰水堆积的倾斜平原地貌单元，地表草地上遍布不规则的鱼鳞状平底水坑，大小各异，水坑深 0.3～0.5m，在 6～8 月雨季坑内有水，但雨季过后全部干涸。采坑汇水面积较大，区域降雨丰富，大量降水汇入采坑（图 6-16，图 6-17）。

图 6-16　江仓 5 号井采坑积水区三维模型图

图 6-17　江仓 5 号井采坑积水区实际现状图（李志炜等，2020 年提供）

ⅴ．边坡失稳

区内岩层按照工程地质岩组划分，主要划分为半坚硬岩组和软质岩组两大类。半坚硬岩组岩性主要为中砂岩、细砂岩、粉砂岩。岩石质量中等，岩体中等完整，为半坚硬岩石，稳定性较好。软质岩组岩性主要为碳质泥岩、含碳泥岩、粉砂质泥岩、高碳泥岩、泥质粉砂岩，总体软质岩抗压强度较小，随泥质含量的增加而降低，随粒度的增大而增高。泥质岩层沿层理裂隙发育，在饱和状态下具膨胀性。该类岩层岩石质量极劣，岩体完整性差，为软弱层，稳定性差。软质岩组是造成边坡不稳定的主要因素之一。

渣山排弃物结构松散，孔隙率大，降雨、融雪形成的地表水或短暂径流会迅速沿渣堆面流入或渗入排岩场渣堆内部，对渣山边坡产生冲蚀与入渗侵蚀，降低了渣山松散土体及露天采场坡体岩土的抗剪强度，导致边坡失稳，产生变形及滑动。此外，地表水冲蚀、地下水溶蚀、冻土冻胀、消融影响等加剧了采坑边坡不稳。

不稳定边坡主要位于采挖形成的高陡边坡和渣山四周。坡度陡峻，基岩出露，加之物理风化作用产生裂隙，地表水下渗，易沿坡体形成危岩危坡，局部稳定性较差。开挖产生大量的废石、冻土和矸石等，在采坑附近层叠堆放，形成高达四五十米的渣山。由于压实处理不到位、排水不及时等，在重力作用下坡体易产生拉张裂隙，形成不稳定斜坡。采坑内边坡陡立，部分区域边坡碎石堆积，随时可能崩落。采坑边坡顶部还有冻土融冻层，夏季有台阶塌陷的现象发生。

5 号井采坑为狭长状，呈东西展布，不稳定斜坡位于采坑南侧，均为采煤工程活动所致的人工边坡。南边坡为边坡倾向与岩层倾向一致的同向坡，岩层倾角为 50°～60°，边坡角度小于岩层倾角，坡体主要由碳质泥岩和粉细砂岩组成，岩层中的节理裂隙较发育。在不稳定因素作用下，可能产生顺层滑动。坡体顶部由松散第四系坡积物构成，深部主要由泥岩、砂岩和煤层组成。受采掘等因素影响，坡面表层岩体严重破碎，呈散体状，台阶坡脚多堆积有碎块石。开挖产生的松散物质沿坡面下滑，稳定性较差（图6-18）。

图6-18　江仓5号井采坑东侧边坡失稳图（李志炜等，2020年提供）

　　东、西采坑北边坡为边坡倾向与岩层倾向相反的逆向坡，坡体主要由层状裂隙结构的泥岩、粉砂岩组成，岩层倾向与边坡倾向相反，交角较大，边坡较稳定。并且，北侧边坡已治理。

c）以往治理经验教训

　　成都理工大学的《木里矿区渣山退化评估鉴定报告》提出：该渣山土壤类型为渣土混合，砾石含量高，水土流失较为严重；植被覆盖度0%～10%所占面积比例为10%，10%～30%所占面积比例为36%，30%～60%所占面积比例为54%，60%～100%所占面积比例为0%；植被长势一般，有变黄趋势（图6-19）。

a　　　　　　　　　　　　　　　　　b

图6-19　江仓5号井生态修复效果照片（李志炜等，2020年提供）

a. 南渣山；b. 北渣山

总结现有恢复的经验教训如下：①适当覆土后植被覆盖率和生长状况显著提升；②渣山边坡坡度大和水土流失是导致植被覆盖率低的重要原因；③围栏封育不力导致的作物啃食会严重降低生态恢复成效。江仓5号井南、北渣山综合评价结果均为"较差"。

3）设计方案

该项目为露天矿采坑与渣山一体化治理项目。根据本治理区存在的主要矿山环境问题，确定以矿山生态环境治理恢复为重点，以恢复生态环境为目的，最终使退化的矿山生态环境逐渐改善。

a）治理区概况

治理区位置：治理区位于青海省东北部、中祁连山区的江仓河北岸，区内多为草原谷地，夏季沼泽遍布，由大小不等的鱼鳞状水坑和若干小湖泊所构成。

治理区地貌类型：5号井田属于高原草甸低位沼泽地，地势起伏不大，构成木里断陷盆地的一部分，盆地两侧的山脉走向大致呈北西西向延伸。井田地势中部为北西西向的山梁，两侧逐步低洼，北侧直至娘姆吞河，南侧到江仓河，地势较为平坦。治理区内高程3500～4000m。

b）治理工程目标与任务

i．本矿山环境治理的主要目标

坚持"山水林田湖草是生命共同体"的生态文明理念，遵循采坑、渣山一体化治理思路，采取边坡整形稳定、渣山地形重塑、土壤重构、生态重建等综合治理措施，实现木里矿区采坑、渣山与周边自然环境融合。

ii．本矿山环境治理的主要任务

通过采坑、渣山、道路的统一规划和治理，达到恢复草地面积，减少地质灾害，防止水土流失，促进矿区环境的可持续发展，改善牧业生产条件。

c）设计原则

（1）按照"山水林田湖草生命共同体"的原则，开展采区采坑回填、渣山重塑、土地重构、植被重建和湿地构建。

（2）按照"保持地质环境稳定、与周边自然景观融合、努力更加贴近自然"的原则，实现矿区生态与周边自然生态环境有机融合。

（3）按照"技术科学可靠、经济合理可行"的原则，因地制宜、实事求是，一体化设计、分阶段实施。

（4）依据《青海省木里矿区治理总方案》中的总体设计思路，编制《青海省木里矿区5号井采坑、渣山一体化治理工程设计》。

（5）治理工程必须遵守安全可靠、技术可行、经济合理、施工方便、最终为植被恢复和生态恢复服务的防治方案。

（6）边坡设计必须服从有利于生态修复的原则。

（7）贯彻工程措施与非工程措施并举，生态环境保护、行政管理相配套的综合防治原则。

（8）应切实保护现有山水林田湖草体系，科学规划，避免人为治理活动对生态环境造成二次破坏。

d）5 号井采区设计说明

5 号采坑对北侧渣山进行三级放坡，形成新的三坡三平台地貌形态。对南侧渣山进行二级放坡，形成新的二坡三平台地貌形态。边坡坡度均为 20°。设计总挖方量 399.16 万 m³，其中北侧渣山 214.2 万 m³，南侧渣山 154.6 万 m³，采坑周边缓坡 30.36 万 m³。

e）5 号采坑工程设计

ⅰ．地貌重构工程

治理路线：首先修建施工便道；其次采用机械、人工等方式对渣山表层土体、细料筛选剥离存放至现场指定存土场；再次采用挖掘机自山顶向山脚分层开挖，由车辆运输至采坑南北沿岸，由推土机进行回填；最后地形整治、坡面修整、分级放平台，保证渣山边坡稳定，为绿化工程创造良好条件。

江仓 5 号井采坑长度 1.52km，宽约 0.62km，深度 130m 左右，坑内蓄水深度 60.24m，现状水面标高 3813m，距离采坑口垂直高度 70m。采坑南北两侧渣山总方量约 2835.9 万 m³。

5 号井坑北侧渣山面积 0.50km²，垂直高度 45～50m，总方量 1109.5 万 m³。为满足水土保持要求和复绿地形条件，对北侧渣山进行三级放坡，形成新的三坡三平台地貌形态。北侧渣山地形整治后形成三个平台（PT01、PT02、PT03）和三个边坡（BP01、BP02、BP03）。治理后平台总面积为 292 888.60m²，清理平台总方量为 1 978 565.80m³；治理后边坡总面积为 150 212.12m²，清理边坡总方量为 163 498.49m³。

PT01 平均标高为 3918m，面积为 173 787.5m²，清运渣土为 1 845 806.9m³；PT02 平均标高为 3910m，面积为 81 073.4m²，清运渣土为 132 347.1m³；PT03 平均标高为 3900m，面积为 38 027.7m²，清运渣土为 411.8m³。

BP01 坡顶标高 3918m，坡底标高 3910m，边坡面积为 51 202.34m²，清运渣土 113 993.6m³；BP02 坡顶标高 3910m，坡底标高 3900m，边坡面积为 63 656.99m²，清运渣土 31 828.5m³；BP03 坡顶标高 3900m，坡底标高 3890m，边坡面积为 35 352.78m²，清运渣土 17 676.39m³。

5 号井采坑南侧渣山面积为 0.77km²，垂直高度 55～60m，总方量 1726.4 万 m³。满足复绿地形条件，对南侧渣山进行二级放坡，形成新的二坡二平台地貌形态。南侧渣山地形地貌整治后形成两个平台（PT01、PT02）。治理后平台总面积为 260 374.20m²，清理平台总方量为 1 219 120.60m³；治理后边坡总面积为

204 434.13m²，清理边坡总方量为 336 354.00m³（表 6-1）。

表 6-1　地形地貌整治工作量统计表

序号	名称	长（km）	宽（km）	高（m）	坡度（°）	投影面积（km²）	挖方量（万 m³）	填方量（万 m³）	运距（km）
1	南侧渣山	0.7	0.9	35	43	0.77	155.5	155.5	1.0 以内
2	北侧渣山	0.84	0.65	60	35	0.5	214.2	214.2	1.5 以内
3	缓坡						41.17	41.17	1.0 以内
	合计						410.87	410.87	

PT01 平均标高为 3915m，面积为 124 502.10m²，清运渣土为 751 764.60m³；PT02 平均标高为 3902.5m，面积为 135 872.10m²，清运渣土为 467 356.00m³。

BP01 顶标高 3915m，底标高 3902.5m，边坡面积为 92 915.96m²，清运渣土为 281 022.80m³；BP02 顶标高 3902.5m，底标高 3890m，边坡面积为 111 518.17m²，清运渣土为 55 331.20m³（图 6-20）。

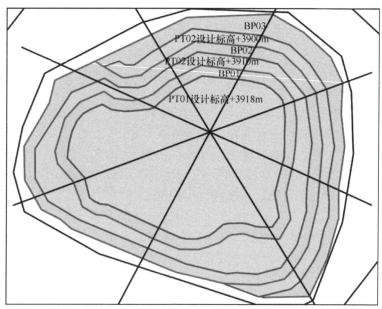

图 6-20　江仓 5 号井北渣山治理区域划分图

采坑周边分为二个缓坡区域（HP01、HP02），自南北两侧渣山向采坑口放坡整治地形成缓坡、缓台。地形随坡就势，削高填低，整治后边坡小于 25°，HP01 平均场平高度 1.5m，场平面积为 202 411.80m²，渣土清运量为 303 617.70m³；HP02 平均场平高度 0.5m，场平面积为 216 222.46m²，渣土清运量为 108 111.23m³（图 6-21）。

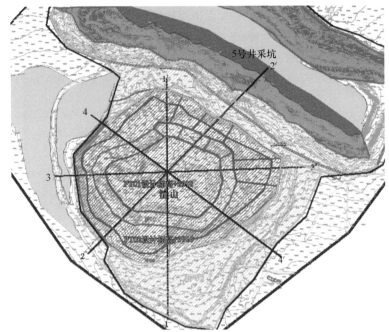

图 6-21　江仓 5 号井南渣山及采坑周边治理区域划分图

施工便道：为方便施工过程中土方挖运、作业的机械转移和场地复绿，地形整治工程和绿化工程完毕后作为后期绿化养护道路。治理区内修建宽 10m 的施工便道，采用渣山矸石及渣土混合物铺路面厚度 20cm，整修长度 3300m。

江仓 5 号井治理工程示意图见图 6-22。

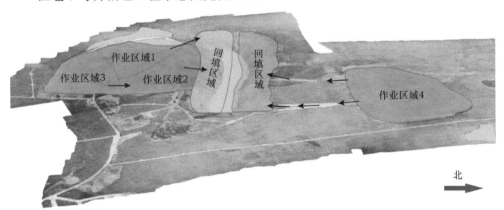

图 6-22　江仓 5 号井治理工程示意图

ⅱ. 截排水沟

边坡坡面设置排水沟，渣山顶部设置截水沟，截水沟与排水沟相连。通过布置截排水沟将坡面汇水截排至治理区周边湿地。

截排水沟设计过水断面为梯形（图 6-23），尺寸 1.1m×0.5m×0.6m，截排水沟总长 2992.84m。沟内铺设防渗塑料膜，沟口翻边 0.3m，用渣土压实，防渗塑料膜用量为 7730.5m²。沟内底部填充 0.2m 高碎石，碎石方量为 299.3m³。

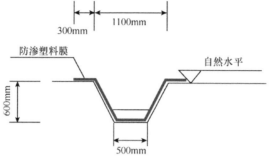

图 6-23　截排水沟大样图

沟底铺设 20cm 高碎石，碎石直径 3～8cm；沟内铺设防渗塑料膜，沟口两侧个翻边 30cm，用渣土压盖。塑料膜搭接 15cm

f）工程量统计

江仓 5 号井采坑、渣山一体化治理地貌重构和土壤植被重建的工程量汇总信息如表 6-2 所示。

表 6-2　江仓 5 号井采坑、渣山一体化治理工程量汇总表

序号	江仓 5 号井工程量		
	子目名称	计量单位	工程量
一	地貌重构工程		
（一）	土石方		
1	机挖土石方（运距 0～0.5km）	m³	1 967 203.53
2	机挖土石方（运距 1～1.5km）	m³	2 142 064.29
3	渣土回填（推土机）	m³	4 109 267.82
4	刷坡	m³	163 216.50
5	土壤筛分	m³	663 271.65
6	场地平整	m²	1 326 543.30
（二）	截排水		
1	沟渠开挖	m³	1 436.57
2	碎石铺底	m³	299.30
3	防渗膜	m²	7 730.50
二	土壤植被重建工程		
（一）	覆土		

续表

序号	江仓 5 号井工程量		
	子目名称	计量单位	工程量
1	机械覆土	m^3	397 962.99
2	覆土平整（推土机）	m^3	397 962.99
3	有机肥	t	3 565
4	尿素	t	19.9
（二）	植被绿化		
1	撒播草籽（草籽混播共计 28.51t）	m^2	1 326 543.30
2	无纺布	m^2	1 525 000
3	封育围栏	m	8 102.5

4）主要工程施工方案

a）施工测量方案

施工测量准备：熟悉设计工程施工图，参加技术交底及图纸会审；明确本工程所采用平面坐标系统及高程系统；所有使用的测量仪器（表 6-3）必须通过计量检测部门检定，具有相应的检定合格证，并在检定有效期内使用；根据项目委托单位提供的永久性平面及高程控制点，依现场地形情况，布设相应等级的施工控制网；按相关规程、规范及施工要求定期对矿区控制点进行等精度复测，并将复测结果报监理审批。

表 6-3　测量仪器配备情况表

序号	仪器设备名称	规格型号	单位	数量	备注
1	GPS-RTK	南方	台	2	
2	GPS-RTK	中海达	台	2	
3	无人机	大疆	台	1	
4	激光测距仪	WILD	台	2	
5	水准仪	SZ3-1	台	4	
6	全站仪	NTS-362R6L	台	2	

控制网测设：为满足工程测量需求，根据项目委托单位提供的矿区首级控制网（控制点应进行实地验证，确定控制点的适用性，经监理认可后投入使用），在矿坑周围布设基本控制网，然后再以基本控制网为依据在矿坑工作平台上布设工作控制点，作为施工工程测量等测量工作的基础。基本控制点应能较长时间保存，所以基本控制点应埋设永久性的测量标志。永久性控制点的埋设结构见图 6-24。

建立工作控制网即可以用 GPS 施测，也可以用全站仪进行测量。工作控制点的测量精度，在一般情况下参照制图精度来考虑。工作控制点相对于基本控制点的点位误差不大于平面图上的 0.2mm，即当测图比例为 1：500 时，其点位误差在实地上不大于 0.1m。

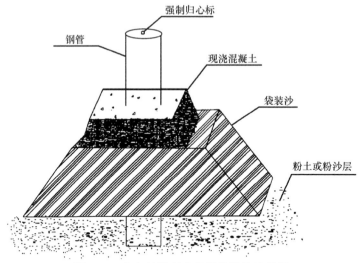

图 6-24　永久性控制点的埋设结构示意图

　　在工作控制点建立之后，便可进行各种碎部测量工作。测量工作包括治理区采坑测量、渣山测量、工程量验收测量等，主要采用 GPS-RTK 方式进行。

　　采坑测量：采坑回填到最终设计标高，测量工作要配合生产起到过程控制作用，确保采坑最低标高排弃到位。在采坑修整边坡过程中，测量工作应按照设计做好施工放样工作，起到事先指导作用，发现施工偏差及时纠正，确保台阶高度、平盘宽度及台阶坡面坡角符合设计要求。

　　渣山测量：在施工过程中，应提前测量放线，排土削坡位置应严格按照设计进行。同时定期对渣山进行测量，校对排土台阶的坡顶线和坡底线、渣山内运输线路的位置。

　　工程量验收测量：应及时全面地测量土石方工程量，为施工设计和编制计划提供资料，以及对生产进行检查和监督，看是否按设计和计划的要求进行施工。其测量对象为月度初期和末期渣山及采坑各施工台阶推进区段的坡顶线与坡底线、上下平盘的高程等。工程量验收计算方法选择方格网法，方格网长度选择 5m。

　　测量质量保证措施：测量作业的各项技术按《建筑工程施工测量规程》进行；进场的测量仪器设备，必须检定合格且在有效期内标识保存完好，即施工图、测量桩点必须经过校算校测合格才能作为测量依据；所有测量作业完成后，测量作业人员必须进行自检，自检合格，经由技术负责人核查无误后向监理报验。

　　b）采坑回填施工方案

　　ⅰ．施工工艺

　　本矿土石方工程主要采用单斗挖掘机采装、土方车运输、推土机平整的施工工艺，推荐使用的设备为斗容 1.2～5.6m³ 的液压挖掘机和载重 20t 的自卸车。

ⅱ．采坑回填工艺流程

单斗挖掘机采掘与装车→土方车运输至采矿口安全位置→推土机推渣填方。

ⅲ．土方回填施工工艺

根据现场实际情况结合设计的回填工艺，回填土采用自卸汽车-推土机分段（台阶）排弃方式。回填土由 20t 自卸车运至回填台阶平台上的水平施工作业面后，靠近每个回填台阶坡顶线安全线以内翻卸。其最小回填工作台阶宽度由滚落安全距离宽度、卸载宽度、汽车长度、调车宽度、道路通行宽度、卸载边缘安全距离等构成，最小平台宽度为 30m，平台沿矿坑呈圈形布置。

每个台阶（平台）上的施工作业面采用前进式移动。每个台阶按实际水平分成若干区段（作业面），区段（作业面）的作业循环方式为：台阶（平台）初始宽度为 30m，随填埋工程的推进，当本台阶（平台）前下方的填充物达到台阶（平台）等高且增加宽度达到 5～10m 时，先由专人视察平台下方充填物的堆积情况，然后再安排挖掘机、铲车、推土机等进行调高调宽、推平压实工作，检验台阶基础，台基密实承受程度达到可进入下一循环装载渣石车辆时，再进行下一个循环的进车、卸料作业。

台阶（平台）不断推进，当本平台的回填物充满台阶下方的空间且最终达到设计的台阶水平标高时，方可确定本台阶回填结束，转入下一台阶的回填。

台阶（平台）不断推进过程中，需采用小型挖掘机将台阶（平台）上的土方向下倒运，整个过程需要 2～3 级台阶（平台）。

ⅳ．采坑湖岸边坡防护措施

如图 6-25 所示，坑口（平台）弃渣处设反向坡角，坡度 3°～5°，距离坑口 6m 处设置土垄，距离坑口 2m 处设置警戒线，机械作业部位设置临时警戒线。

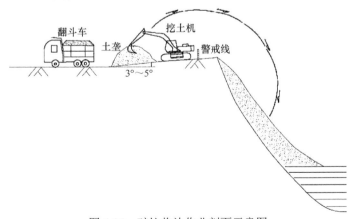

图 6-25　矿坑临边作业剖面示意图

警戒线附近安排专人指挥运土车辆翻卸土方及推土机、挖掘机临边作业。为了确保边坡稳定，推土机以低速铺料，持续喂料，并对欠填部位用规定料进行补坡。

边坡回填时，安全人员要在现场巡视，观察边坡前缘有无裂缝产生，如发现裂缝要及时采取防范措施（如在裂缝附近设置安全警戒线等），以防边坡滑动、塌方。

对发现的沉降裂缝，及时安排测量人员进行位移监测，指导施工作业。

安全人员随时在现场巡视，发现不符合安全操作规程的作业及安全隐患，及时进行处理或停工，以防患于未然。

夜间施工现场设置足够的照明，特别是在临边作业现场，安全人员夜间在现场指挥时带肩灯，在警戒线处安装爆闪灯，确保现场作业安全。

c）边坡修整施工方案

ⅰ. 渣山边坡修整工艺流程

单斗挖掘机采掘与装车，单斗挖掘机修整台阶坡面→土方车运输至采矿口安全位置→推土机推渣填方。

ⅱ. 开采参数

台阶宽度大于10m，渣山台阶坡面角小于25°。

ⅲ. 施工设备选型

根据工期、工程量及工程地质情况，同时结合中国地质工程集团有限公司实际情况，主要采装设备选用大宇450型反铲挖掘机和volvo500反铲挖掘机，运输车选用20t自卸车，渣山及道路修筑选用龙工50铲车、推土机。另外配备平路机、洒水车及加油车等相关辅助设备。

ⅳ. 配备原则

剥离时，以1台挖掘机配2～3台土方车为一台套（组），实际投入数量可根据工程量情况增减调整；施工过程中，设备可根据工作面准备及开采作业情况实施动态调配。

装载机主要负责采掘工作面平整及三角量处理、道路修筑及维护等辅助作业；平路机主要负责道路平整维护作业；洒水车主要负责采掘工作面及道路洒水作业，以降低扬尘；加油车主要负责给挖掘机、土方车及主要辅助设备加油，避免这些设备长距离去加油，影响设备效率。

ⅴ. 施工方法

为保证挖掘机的正常作业，相互不受干扰和作业安全，确定挖掘机工作线及边坡修正工作线最小长度均为500m；考虑充分发挥采装效率，采装作业按照6m进行施工，分层挖运。边坡修正刷坡应按从上至下进行，多余放量挖运回填至采坑，刷坡面应保持平整，刷下来的粗颗粒就地填埋。施工工作制度：每天工作3班，每班工作8h。

d）运输道路施工方案

在开工初期及施工过程中，根据运输系统的布置，要完成修筑 5 号采矿的运输道路。矿山道路采用的技术标准如下：

道路等级：露天矿山三级道路

计算行车速度：30km/h

最小曲线半径：25m

最大纵坡：8%

路面宽度：10m

路基宽度：13m

路面结构：剥离块碎石填筑

道路采用装载机、平路机设备施工。

e）主要施工技术要求

全部工程都要按照施工图设计的标准进行施工，达到国家现行的矿山生态恢复治理的有关规定要求，具体要求如下。

挖采工程：挖采设备及相关人员同一工作面上施工时与其他挖采设备保持一定的安全距离；工作面应平整，在任意 20m 长度范围内的平整度允许误差为 ±0.5m；台阶坡面应平齐，在 20m 长范围内的平整度允许误差为 ±1.0m，做到台阶平整；到界边帮边坡角符合设计要求；台阶高度与设计值的允许误差为 ±1.0m。

运输工程：运输道路的路面宽度、坡度、曲线半径等指标要符合设计值；运输道路任意处的路面平整度误差不得大于 30mm 及不出现凹凸 10cm 以上的坑包、翻浆、冒泥现象；运输道路有一定的养护措施、完备的标识标志；运输道路在路堤或半路堤区段设安全挡车土堤，高度大于卡车轮胎直径的 2/5，底宽大于轮胎直径的 0.95 倍；行车速度不超过限定时速；在风、雪、雨、雾天施工时，土方车减速行驶，当停车视距小于 30m 时，严禁行车；当道路上有积雪、积水时，在清除积雪、积水或采取有效措施后行车，当道路灰尘较大影响运输时采取洒水措施；车辆作业人员全部持有效证件并经过开工前的培训；运输车辆经过矿方的安全检查并配备足够的安全消防设施。

运土工程：严格按照设计标高和设计位置运土；为防止滑坡，运土区域 30m 之内不应出现积水；当运土作业台阶达到一定高度危及汽车作业时，必须先堆筑安全土堤后，方可作业，其高度不得小于卡车车轮直径的 2/5；装载机工作面应形成反射坡度，保证运土平台标高；土方车在运土弃土时，严禁大油门高速冲撞安全土堤，翻卸完毕后，车斗复位后方可行驶；同区作业时，两相邻土方车间距大于车辆体宽度的 1.5 倍；土方车与装载机的间距不得小于土方车最小转弯半径的 2 倍；最终形成的平台，其实测标高与设计值的允许误差为 +1.5m；平台应平整，在平台上任意 20m 长范围内的允许高差为 1.0m。

5）投资预算情况

预算总投资 182 291 725.88 元。工程施工费 159 074 505.77 元，占总投资的 87.26%（其中地形地貌整治费用 134 960 030.06 元，土壤重构与植被重建工程费用 24 114 475.71 元）；其他费用共计 14 589 423.35 元，占总投资的 8.00%；不可预见费 5 209 917.87 元，占总投资的 2.86%；监测费用 1 827 133.84 元，占总投资的 1.00%；科技支撑费 1 590 745.06 元，占总投资的 0.87%。

6.2.2 覆土与渣土改良工程实践

1. 工程建设条件

1）物资准备情况

施工企业统一采购了羊板粪、有机肥、草籽、无纺布、网围栏等物资，并现场集中屯放（图 6-26）。

图 6-26 运往治理区的羊板粪（李志炜等，2020 年提供）

2）交通情况

治理区包括江仓 5 号井的采坑、渣山等，矿区面积共计 3.7km²。江仓矿区南至刚察县 110km，向西至木里镇聚乎更矿区 45km，从木里镇至天峻县 150km 已建成等级公路。哈尔盖至柴达尔至木里铁路已投入运营，该铁路在江仓矿区设有集配站。治理区南侧已有沥青硬化公路可直达刚察县，交通比较便利。

本治理工程范围较大，矿区内有简易道路可供车辆通行，路宽 3～5m，交通条件较好。

3）电力情况

江仓 4 号井治理区西南部附近有 110kV 电源接驳点，能够满足项目部生活用电需求，工地用电尚不具备条件。

4）计划治理情况

江仓 5 号井覆绿面积 140.26hm²，其中就地翻耕区 34.22hm²，覆土区 106.04hm²。覆土厚度 0.3m，羊板粪厚 0.05m，改良土厚 0.25m，根据计算江仓

5 号井土壤需求量为 35.07 万 m³。

2. 覆土与渣土改良工程设计

1）土壤基质现状调查

2021 年 2 月 10 日，施工企业对表层原状土以横纵 200m 间距布置了取样筛分工作，共计取样 48 件，并检测得出了表层土壤粒径＞5cm 颗粒含量的百分比报告。

2021 年 4 月 16 日，对各图斑复绿范围，采坑、边坡及渣山覆土作业类型，以及覆土储备情况进行了调查，并记录相应的影像资料，确定了覆土范围，为后续覆土复绿工作的开展提供了依据，见图 6-27、图 6-28。

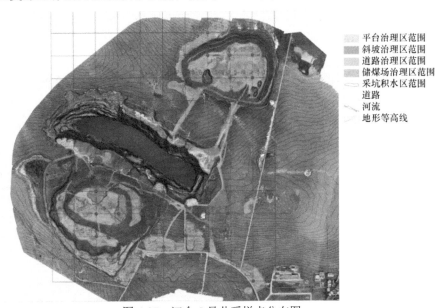

图 6-27 江仓 5 号井采样点分布图

图 6-28 专家组现场复核覆土范围（李志炜等，2020 年提供）

2）土壤基质现状调查方法

采用现场路线调查、粒度统计和样品采集等方法进行调查工作。

ⅰ．路线调查

对各复绿图斑逐一进行复绿范围核对。采用 RTK 和手持 GPS 对圈定的各图斑复绿范围进行现场核对，在 2020 年 12 月最后一次航拍影像图上将有错漏的图斑进行更正，并统计汇总。通过调查现场核对，图斑圈定范围基本相同，检查线路依据区划的图斑顺序展开。

ⅱ．粒度统计

在每个复绿图斑单位面积（1m×1m）内，用工具向下翻至 25cm，对块石粒度、岩性占比进行统计。复绿表面（深度 25cm）块石粒度小于 5cm 的占比大于 50%且泥岩（土）占比大于 50%的复绿范围，为就地翻耕土壤改造区，仅需复绿；复绿表面（深度 25cm）块石粒度小于 5cm 的占比小于 50%且泥岩（土）占比小于 50%的复绿范围，为覆土复绿区。

ⅲ．样品采集

江仓 5 号井共计采取土壤样 6 件，分别进行了全氮、全磷、全钾、碱解氮、速效磷、速效钾、有机质及 pH 的测定，测定结果见表 6-4。

表 6-4　江仓 5 号井南北渣山土壤全氮、全磷、全钾、碱解氮、速效磷、速效钾、有机质和 pH 测定结果

编号	全氮 (g/kg)	全磷 (g/kg)	全钾 (g/kg)	碱解氮 (mg/kg)	速效磷 (mg/kg)	速效钾 (mg/kg)	有机质 (g/kg)	pH
南渣山	0.67	1.29	22.45	14	6	63	19.67	8.64
南渣山	3.52	0.73	10.59	14	9.7	84	375.49	8.23
南渣山	0.49	1	21.57	21	8.2	57	19.1	8.88
平均	1.56	1.01	18.2	16.33	7.97	68	138.09	8.58
北渣山	0.53	0.77	21.53	14	5.1	73	25.29	8.82
北渣山	0.8	0.69	23.3	14	6.9	68	74.69	8.69
北渣山	0.4	1.34	22.42	10	7.6	68	18.09	8.78
平均	0.58	0.93	22.42	12.67	6.53	69.67	39.36	8.76

数据来源：根据青海大学前期成果

江仓 5 号井南渣山全氮、全磷、全钾含量均处于中等水平，碱解氮、速效磷、速效钾均处于较低或极低水平，砾石含量 55%；北渣山全氮含量处于极低水平，全磷、全钾处于中等水平，碱解氮、速效磷、速效钾含量均处于极低水平，砾石含量 57%，因而 5 号井影响植被生长发育的主要障碍因子是渣山的砾石含量高，碱解氮、速效磷含量极低，不利于植物的生长发育。

3）土壤基质现状调查质量评述

ⅰ．渣山斜坡

渣山斜坡（图 6-29，图 6-30）为碳质页岩、砂岩基岩体，直径大于 5cm 砾石含量均在 50%以上，无法翻耕，需整体覆上。

图 6-29 江仓 5 号井北渣山斜坡覆土区

图 6-30 江仓 5 号井南渣山斜坡覆土区（李志炜等，2020 年提供）

渣山斜坡堆积体主要成分为第四系坡积物、少量强风化至全风化碳质页岩及粉砂岩碎块，土壤基底较好可就地翻耕捡石，进行土壤改良。

渣山斜坡为 5 号井北渣山土源储备地，主要成分为第四系坡积物、泥岩，少量粉砂岩碎块。待本土土源清运块石捡拾后就地翻耕，无需覆土。

ⅱ. 渣山平台

渣山平台（图斑 5-1 西侧、5-7、5-8、5-10、5-11、5-12 西侧、5-13、5-14）堆积体为碳质页岩、砂岩基岩体，直径大于 5cm 砾石含量均在 50% 以上，无法翻耕，需整体覆土。

渣山平台两图斑（5-1、5-12）东侧堆积体主要成分为第四系坡积物、少量强风化至全风化碳质页岩及粉砂岩碎块，土壤基底较好可就地翻耕捡石，进行土壤改良。渣山平台（图斑 5-10 南侧）作为南渣山取土点，主要成分为第四系坡积物、泥岩，少量粉砂岩碎块。待本土土源清运块石捡拾后就地翻耕，无需覆土（图 6-31，图 6-32）。

图 6-31　江仓 5 号井北渣山平台覆土区（李志炜等，2020 年提供）

图 6-32　江仓 5 号井南渣山平台覆土（李志炜等，2020 年提供）

iii. 储煤场

图斑 5-11 堆积体主要为煤、砂岩、页岩、少量泥岩，砂岩占比 55% 左右，需覆土，见图 6-33。

图 6-33　江仓 5 号井储煤场（李志炜等，2020 年提供）

iv．场区道路

图斑 5-9 道路全部为煤矸石铺设，岩性主要为砂岩、碳质页岩、泥岩、煤粉等，粒径 15～25cm，砾石含量在 55%以上，无法原地翻耕捡石，需整体覆土，见图 6-34。

图 6-34　江仓 5 号井场区道路（李志炜等，2020 年提供）

3．土壤基质现状调查质量成果

1）覆土范围及类型

2021 年 2 月 10 日至 4 月 16 日，开展复绿范围实地调查工作，对林草规划院圈定的复绿范围及图斑边界进行验证，区划图斑范围与作业设计一致，通过现场粒度、泥岩（土）占比统计，详细划分了就地翻耕复绿区和覆土复绿区，其中就地翻耕复绿区面积 34.22hm²，覆土复绿区面积 106.04hm²。5 号井覆土与渣土改良工程覆土区、翻耕区及取土土源地分布见图 6-35。

2）土源及覆土量

根据现场调研，江仓 5 号井需覆土面积 140.26hm²，其中就地翻耕区 34.22hm²，覆土区 106.04hm²。

覆土厚度 0.3m，其中羊板粪厚 0.05m，改良土厚 0.25m，根据计算江仓 5 号井土壤需求总量为 35.01 万 m³。整体覆土需求量为 26.51 万 m³，土源为北渣山 5-3 号图斑，渣山顶有 2 处土堆，可提供破碎筛分土源 20 万 m³，根据调查出土率约 60%，可提供覆土 12 万 m³，南渣山图斑 5-20 及 5-10 南侧区域可提供破碎筛分土源 35 万 m³，出土率同为 60%左右，可提供覆土 15 万 m³，土源地供土量合计可满足 27 万 m³，大于需土量（26.51 万 m³）。

3）运距

江仓 5 号井北渣山取土场可满足北渣山及部分道路覆土区用土量，运距 0.5～

1km，南渣山设置 1 处取土场，用以满足南渣山、储煤场及道路覆土需求，运距 0.5～1km。

图 6-35　青海木里煤矿江仓矿区 5 号井种草复绿工程影像示意图

4. 覆土工程设计

1）原地翻耕捡石工程设计

a）施工工艺

根据计算，对于砾石含量在 50% 的区域，需在原地翻耕区翻耕 50cm 方可保证 25cm 的土壤基质层厚度要求，为保证覆土厚度满足设计要求，江仓 5 号井原地翻耕区翻耕深度均按 50cm 计算。

对于泥岩占比大于 50%、块石粒度小于 5cm 且占比大于 50% 的地段，采用原地翻耕捡石工艺进行渣土改造，使之成为 25cm 土壤基质层。总体思路为：在符合条件的地段采用机械进行翻耕，通过机械捡拾筛分，首先将表层 50cm 厚土壤翻松，尽量增大冻结的表土的松散度，然后采用定制的梳状铲斗将直径大于 5cm 的块石捡出，铺设于排水沟底层或平整度不满足要求的低洼区域，剩下小于 5cm 的细颗粒泥岩形成厚度为 25cm 土壤基质层（覆土层），使之达到可以通过施肥进行土壤改造的条件。

对于坡地采取机械翻耕和人工捡拾相结合的方法，将翻耕出的粒径大于 5cm 的块石集中在坡底，清运掩埋或在平台上挖坑掩埋，使坡面形成厚度为 25cm 土壤基质层（覆土层），达到通过施肥进行土壤改造的条件。

江仓 5 号井原地翻耕捡石面积为 34.22hm²，经计算，共捡石方量为 85 560m³。

b）施工工序

依据江仓 5 号井翻耕区地表类型，平面就地翻耕流程为：挖掘机翻耕→捡石机捡石，形成 25cm 土壤基质层（覆土层），之后方可实施土壤重构工程，进行羊板粪粉碎→羊板粪铺设→旋耕机旋耕（10～20cm）→有机肥撒播→旋耕机旋耕（浅耕 5cm）使土壤基质层（覆土层）改造成为适合种草的土壤，详见图 6-36。

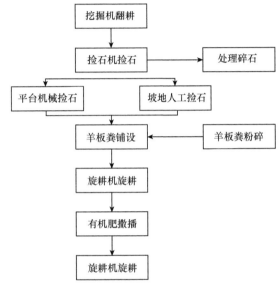

图 6-36　原地翻耕捡石工艺流程图

2）整体覆土工程设计

a）施工工艺

根据《青海木里矿区生态修复（种草复绿）总体方案》中的实施进度要求，2021 年 4 月 30 日前完成土壤改良及覆土工作，因江仓地区地处高海拔，季节性融冻期一般在 4 月底，施工期本土土源处于冻结状态，采用传统挖掘筛分方式无法实现工作任务。土壤改良及覆土工作是种草复绿的重要环节，工期紧，施工任务重，为了确保如期完成此项工作，经多方调研结合木里矿区实际情况，本方案确定采用土源地破碎筛分→捡石→运输→覆土→土壤重构的工艺开展覆土工作。

土源及覆土量：依据《江仓四号井复绿图斑现场复核情况确认表》，5 号井需覆土面积 106.04hm²，按覆土厚度 25cm 计算，整体覆土需求量为 26.51 万 m³，土源为北渣山 5-3 号图斑，渣山顶有 2 处土堆，可提供破碎筛分土源 20 万 m³，根据调查出土率约 60%，可提供覆土 12 万 m³，南渣山图斑 5-20 及 5-10 南侧区域可提供破碎筛分土源 35 万 m³，出土率同为 60% 左右，可提供覆土 15 万 m³，土源地供土量合计可满足 27 万 m³，大于需土量（26.51 万 m³）。实际出土率经工程施工进一步确定。

b）施工工序

经多方调研结合江仓矿区实际情况，本方案确定采用的施工工序为：土源地破碎筛分→捡石→运输→覆土，形成 25cm 土壤基质层（覆土层），之后方可实施土壤重构工程，进行羊板粪破碎→羊板粪铺设→旋耕机旋耕（30cm）→有机肥撒播→旋耕机旋耕（浅耕 5cm）使土壤基质层（覆土层）改造成为适合种草的土壤（图 6-37）。

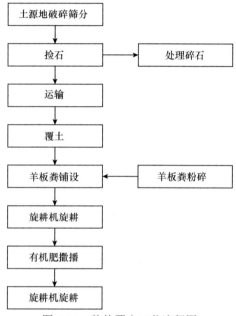

图 6-37　整体覆土工艺流程图

c）技术要求

ⅰ．土源地破碎筛分

在取土点将冻土挖出，尽量增大松散度以使其更快地消融，将大块的冻土尽量破碎并筛分出粒径小于 5cm 的细颗粒物质。

ⅱ．捡石

采用定制的梳状挖斗，用挖掘机将粒径大于 5cm 的块石捡出，并集中堆放。

ⅲ．运输

采用渣土运输车进行运输至覆土区域。4 号井土源储备地共 3 处，本着降低运输成本的原则，4 号井北渣山的覆土来源均选择图斑 11 堆积体的土进行供给，南渣山、东西两座储煤场及场区道路采用图斑 17、18、21、23、39、41 土体进行供给。经测算覆土运距在 1～1.5km。

ⅳ．覆土

采用推土机进行摊铺初平，做到摊铺面在纵向和横向平顺均匀；机械无法工作区域采用人工平整。

ⅴ．土壤重构

坡地：主要采取人工或机械的方式将捡拾以后剥离出来的渣土整平，厚度 25cm，将 5cm（33m³/亩）羊板粪（有机质含量大于 30%，杂质小于 10%，水分小于 40%，无较大的石块）均匀铺设后采用机械或人工浅耕 30cm，以达到渣土和羊板粪充分混合形成重构土。重构土混合后将有机肥 2000kg 均匀铺设至表面，形成种草复绿面再浅翻 5cm。

平地：主要采取人工或机械的方式将捡拾以后剥离出来的渣土整平，厚度 25cm，将 5cm（33m³/亩）羊板粪（有机质含量大于 30%，杂质小于 10%，水分小于 40%，无较大的石块）均匀铺设后采用机械或人工浅耕 30cm，以达到渣土和羊板粪充分混合形成重构土。重构土混合后将有机肥 1500kg 均匀铺设至表面，形成种草复绿面再浅翻 5cm。

3）施工机械

（1）设备型号及能力应与施工规模相适应，且能满足施工技术条件要求。

（2）设备的型号与规格尽可能统一，以便于设备的管理与维修。

（3）设备质量可靠，性能稳定，保证生产的正常进行。

5. 截排水工程设计

根据《青海省木里矿区江仓 5 号井采坑、渣山一体化治理工程设计》，截排水工程为第一阶段的工程内容，因第一阶段工程施工期短，渣山采坑治理完成后已进入冬季，季节性冻土增加了施工难度，截排水沟工程第一阶段未施工。4 号井截排水沟执行已批复的工程量及工程参数。

边坡坡面设置排水沟，渣山顶部设置排水沟，截水沟与排水沟相连。通过布置截排水沟将坡面汇水截排至治理区周边湿地。

截排水设计过水断面为梯形，尺寸 1.1m×0.5m×0.6m，截排水沟总长 2992.84m，挖方量 1436.56m³。沟内铺设防渗塑料膜，沟口翻边 0.3m，用渣土压实，防渗塑料膜用量为 16 628.35m³。沟内底部填充 0.2m 高碎石，碎石方量为 299.3m³，见图 6-38。

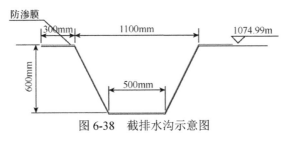

图 6-38　截排水沟示意图

6. 施工队伍管理

为有效地搞好各专业施工队伍的配合,提高工作效率、确保工程质量和工期,按计划完成是项目管理的重要环节。因此,根据施工企业多年的施工经验,对本工程制订如下管理措施。

(1)建立企业劳动用工自我约束机制,形成以自有职工中工人技师、特殊工种为骨干,社会劳动力为主体的弹性施工作业层队伍的用工模式。

(2)确定各专业施工队伍各自的职责。

(3)在业主方和监理的统一管理下,实行专人专项负责管理办法,对每一个施工作业面的工程进展进行协调与管理,实行目标责任制。

(4)在施工过程中,各专业的施工同时进行,形成立体交叉、穿插施工的现象,因而需采用计算机项目管理软件等先进管理手段对施工全过程进行统筹计划和监督控制,时刻会同业主方和监理单位,加强对施工现场的管理和调度。

(5)在控制性网络计划的统一安排下,加强对各分部分项工程的计划管理和协调配合,科学安排施工程序,实现各分部项目与专业施工队伍的立体交叉和流水作业,加强现场施工管理,确保施工连续进行。

7. 技术指导与支撑

1)技术支撑的主要内容

木里矿区江仓 5 号井生态修复期间需开展技术支撑和技术指导,技术支撑单位负责指导完善木里矿区种草复绿技术方案和江仓矿区 5 号井采坑种草复绿作业设计,协调主管部门对种草复绿技术方案进行编制。具体内容包括:2021 年对种草复绿区进行现场指导和培训;指导矿区恢复区的后期管护工作;指导 2021～2022 年恢复区的生态监测工作;开展土壤改良试验研究,建立试验地,对种草复绿区、补播改良区进行配方施肥,保证种植植物生长发育,促进生态修复。

2)技术支撑单位职能

技术支撑单位负责木里矿区江仓矿区 5 号井生态修复项目的技术问题,与项目责任单位合作,与项目施工单位签订技术依托和服务合同,开展相关技术培训,及时解决工程建设中遇到的生态修复技术难题,并取样分析做必要的研究工作。

技术支撑单位负责木里矿区江仓矿区 5 号井生态修复技术指导工作,派技术人员对生态修复施工过程进行全程技术指导和技术服务,与技术依托单位、施工单位共同解决木里矿区生态修复中出现的相关种草复绿技术问题。

6.2.3 种草复绿工程实践

1. 矿区现状

通过实地踏查核实、采集矿区现场影像资料、区划地类,经地貌重塑后,矿区总面积 291.65hm² （投影面积）：渣山边坡面积 61.13hm²（斜面面积 65.73hm²），渣山平台 56.13hm²，储煤场面积为 6.53hm²，矿区道路面积 13.53hm²，水域 19.2hm²，矿坑底 20.87hm²，矿坑边坡面积 61.13hm²（斜面面积 101.6hm²），生活区 0.8hm²，原生植被 52.33hm²。种草复绿工程面积约 141.93hm²，其中，渣山边坡面积 65.73hm²（斜面面积），渣山平台面积为 56.13hm²，储煤场面积为 6.53hm²，矿区道路面积 13.53hm²。5 号井矿区交通便利，能够保障施工及生产生活物资运输。矿区内有 110kV 区域变电所，能够满足施工及生活用电所需。附近克克赛曲河水源充沛，水质达到生活饮用水标准，可满足生产生活用水需求。现已将 5 号井采矿坑进行部分回填整平，对周边渣山做削坡处理，并对储煤场进行整平处理。回填整平区域因沉降、滑坡且坡度陡，无法进行复绿恢复。

1）项目区复绿现状

2014～2016 年，采矿企业已治理面积 10.87hm²，草地类型为人工草地，平均植被盖度为 45%，主要优势草种为披碱草、青海草地早熟禾、青海冷地早熟禾、青海中华羊茅等。

2）植被恢复项目实施前置要求

矿区地貌重塑后，对恢复区地面进行整治，为种草复绿创造条件，具体要求如下。

a）地面整治与处理

坡地修建排水沟，平台四周修筑土坝；道路、生活区清除建筑垃圾，清理废弃道路。整理地面，坡度小于 25°，为节约土地整治投资成本，因地制宜，就地将渣土深翻两遍，深翻的同时采用大型捡石机捡拾粒径 5cm 以上的石块，复绿面砾石的盖度小于 50%，将捡拾的石块集中处理，不能影响景观及产生新的生态问题。

b）排水设置

项目区降雨量达 450mm 以上，且集中在 8～9 月，易产生水蚀冲刷，易造成土壤、草种及肥料流失，因此项目区坡地必须修建排水系统。排水沟间距 30～50m，梯形断面净空尺寸（0.5m+0.8m）×0.5m，排水沟采用人工挖土沟修筑。江仓 5 号井南北两座渣山周围现地均为高原沼泽，排水沟泄水直接补给沼泽或汇入采坑。

c）渣土筛分

根据工程选用的草本植物根系主要分布在土壤 20cm 左右的特性，并考虑到 5～10cm 自然沉降，地面整平后需覆土 25cm，形成种草复绿面。

本着节约优先、经济合理、以最小投资实现最大生态效益的原则，主要采取从渣山中筛分渣土，作为覆土来源。将渣土深翻两遍，深翻的同时采用捡石机捡拾粒径 5cm 以上的石块，以达到复绿面砾石的盖度小于 50%，形成种草复绿面，保证种草复绿的基础，筛分出的煤矸石（砾石）集中处理。根据施工单位统计，现有可筛分渣土能满足 144.4hm^2 地块覆土，种草复绿总面积 141.93hm^2，覆土的来源能够保证。

3）肥料供应情况

根据调查统计，羊板粪年可收集量 663 880m^3，其中，格尔木市 12 497m^3，德令哈市 53 833m^3，都兰县 346 933m^3，乌兰县 100 000m^3，天峻县 150 617m^3。商品有机肥总库存量 242 700t，其中，格尔木市 97 000t，德令哈市 54 000t，都兰县 35 400t，乌兰县 2300t，天峻县 50 000t，大柴旦行委 4000t。中国地质工程集团有限公司与供应单位签订合同，收购 150 000m^3 羊板粪。

经测算项目所需羊板粪 70 257m^3（33m^3/亩），商品有机肥 3 686 500kg（平地 1500kg/亩，坡地 2000kg/亩），故羊板粪、商品有机肥能够满足种草复绿的需求。

2. 设计目标

矿区通过综合整治和植被恢复，达到快速复绿、补播改良的目的，使项目区草原、复绿区等生态环境逐步得到改善，水源涵养能力明显增强，生物多样性得到保护，生态服务功能显著提升，促进生态系统向正向演替发展。

（1）坡地治理区：主要为渣山边坡，治理面积 65.73hm^2，植被恢复后，当年每平方米出苗数大于 1000 株，第二年植被盖度达 45%以上，第三年植被盖度达 50%以上。

（2）平地治理区：包括渣山平台、储煤场、道路等类型，治理面积 76.2hm^2，当年每平方米出苗数大于 1200 株，第二年植被盖度达 45%以上，第三年植被盖度达 50%以上。

3. 作业区现状调查

青海省林业工程监理中心受中国地质工程集团有限公司委托，于 2020 年 12 月 28～31 日、2021 年 1 月 24～25 日组织 5 个外业调查工作组、委派 15 名专业技术人员，赶赴木里矿区 5 号井，历时 4 天，完成外业调查。通过实地踏查核实、采集矿区现场影像资料、区划地类等调查方法，初步确定木里矿区江仓 5 号井的采坑、渣山、矿区道路及储煤场等地块的面积、地块类型和立地条件。

1）调查内容

现场调查的内容主要包括：项目区复绿范围、图斑面积、海拔、坡度、坡向、煤矸石（砾石）含量、煤矸石（砾石）粒径、土壤类型、土壤厚度、植被类型、植被盖度、地貌特征等复绿区的现地基本情况，针对现地基本情况设计"一坑一策"种草设计卡片。

2）调查方法

a）实地调查

（1）使用无人机航拍调查面积，经软件合成江仓矿区 5 号井现地实时影像，利用 ArcGIS 软件勾绘图斑，进一步划分小斑，然后在计算机中逐块求算面积。

（2）因子调查：根据 ArcGIS 软件校正矢量化的无人机影像数据划分图斑，以图斑为单位，选择具有代表性的地段，样方规格为 1m×1m，实地调查图斑面积、海拔、坡度、坡向、煤矸石含量、煤矸石粒径、土壤类型、土壤厚度等因子。

对 2014～2016 年已治理区域，根据 ArcGIS 软件校正矢量化的卫星影像数据划分图斑，以图斑为单位，选择具有代表性的地段，样方规格为 1m×1m，主要调查坡度、坡向、煤矸石（砾石）含量、煤矸石（砾石）粒径、土壤类型、土壤厚度、植被类型、植被盖度等因子。

b）数据校正

根据航拍数据及矿区红线，对以上数据采用现场勘验和 GPS 辅助定位，进行辅助调查，2020 年 12 月 28～31 日进行了第一次调查，2021 年 1 月 24～25 日进行了第二次现地核实，将勾绘图斑进一步校正细化，确定地类，提升数据的准确性。

3）调查结果

根据现地调查，江仓矿区 5 号井总面积 292.26hm² （投影面积），区划图斑 47 个。其中，复绿面积 141.93hm²，区划图斑 21 个；自然修复面积 52.33hm²，区划图斑 19 个；无法复绿面积 98hm²，区划图斑 7 个。

4）调查结果评价

a）坡地（渣山边坡）

根据调查结果，分析得出坡面（渣山边坡）坡度在 15°以上，煤矸石（砾石）含量在 19%以上，煤矸石（砾石）直径 7cm 以上，无土壤团粒结构，植物生长所需的土壤母质严重缺乏，达不到种草复绿条件。因此种草复绿前期要采取削坡处理确保坡度控制在 25°以下，清除表层直径 5cm 以上的砾石，改良覆土厚度，控制在 30cm 以上。

b）平地（渣山平台、储煤场、道路等）

平地（渣山平台、储煤场、道路等）砾石含量较高，土壤含量较低，基本为矿区渣土养分含量极低，无土壤团粒结构，植物生长所需的土壤母质严重缺乏，达不到种草复绿条件，必须进行土壤改良，且改良覆土厚度达到 30cm 以上。

4. 建设内容与规模

1）建设内容

a）种草复绿

对木里矿区江仓 5 号矿井的采坑边坡、渣山、道路及储煤区（共计 141.93hm²）全面实施人工种草覆绿。

b）建后管护

采取围栏封育、追肥、补植补播、人员管护等技术措施，巩固修复成效。

2）建设规模

a）种草复绿

木里矿区江仓 5 号井生态修复共计 141.93hm^2，其中，坡地（渣山边坡）65.73hm^2；平地（矿区道路、渣山平台及储煤场）76.2hm^2，全面实施种草复绿。

b）建后管护

2021～2023 年，每年对种草复绿的 141.93hm^2 人工草地追肥，对生态修复区进行围栏封育，共需围栏 12 022m，安排管护人员 5 人。根据监测单位对当年牧草返青期和生长旺盛期的监测情况核定补播面积，对坡地（矿坑边坡及渣山边坡）当年出苗率小于 1000 株和当年植被盖度小于 45%、平地（道路、生活区、渣山平台等）当年出苗率小于 1200 株或当年植被盖度小于 45%，施工单位要在第二年进行补植补播，确保复绿成效。

5. 设计方案

1）土壤改良

依据《青海木里矿区生态修复（种草复绿）总体方案》，土壤改良主要采取人工的方式将捡拾以后剥离出来的渣土整平，厚度 25cm，将 5cm 羊板粪（33m^3）均匀铺设后采用机械或人工深翻 10～20cm，以达到渣土和羊板粪充分混合，形成改良土，改良土厚度大于 30cm。再将有机肥均匀铺设至改良土表面，浅翻 5cm，形成种草复绿面。每亩土壤改良需筛分的渣土用量 167m^3，羊板粪用量 33m^3，有机肥用量 1500～2000kg/亩（平地 1500kg/亩，坡地 2000kg/亩）。

2）种草复绿工程

复绿区域主要包括渣山边坡、道路、储煤场、渣山平台，地形变化较大，根据总体实施方案设计和要求，以保证作业质量并加快施工进度为目的，便于人工作业和机械施工为依据，对复绿区按地形坡度和面积等情况分类设计作业。根据复绿区地形地貌等特征，将其划分为坡地和平地两大类型，其中，生活区、坑底、道路等面积较大的地块使用大型机械播种，渣山平台等面积较小的地块使用微耕机+人工的方式进行播种，技术方案如下。

a）坡地（人工播种）

ⅰ. 技术路线

施肥整地→草种选择及组合→拌种→播种→耙地覆土→覆盖无纺布→围栏封育→建后管护。

ⅱ. 技术方案

——施肥整地

对达到复绿要求的边坡，依据作业地块合理安排人员和进度，施肥人员培训熟练后，按 12kg/亩用量，依据作业面积，将称量好的牧草专用肥手工或用播种器均匀撒在坡面上，撒施时沿等高线行进，往复式行进撒播，做好标记，保证不漏行。整地人员在培训熟练后，按 3～5 人一组，采用钉齿耙，沿等高线对撒施肥料的地块人工往复拉推 2～5 遍，耙碎平整地面并将肥料耙入土壤，深度以 5cm 为宜，达到播种坪床要求。

——底肥（牧草专用肥）

根据测定的改良土养分结果，合理使用牧草专用肥，按照设计要求均匀撒施。牧草专用肥是一种掺混肥料（BB 肥），参照《掺混肥料（BB 肥）》（GB 21633—2008），要求其总养分 N+P$_2$O$_5$+K$_2$O≥35%。

——草种选择及组合

选用同德短芒披碱草、青海草地早熟禾、青海冷地早熟禾、青海中华羊茅进行混播，混播比例为 1∶1∶1∶1。

种子质量：种子选择适宜我省高寒地区种植的乡土草种（青海三江集团生产经营的同德短芒披碱草、青海冷地早熟禾、青海中华羊茅，青海明烨生态科技有限责任公司经营的青海草地早熟禾），种子质量要求达到国家或地方标准规定的三级标准以上（种子纯净度、发芽率执行标准为 GB 6142—2008、DB63/T 760—2008、DB63/T 1063—2012、DB63/T 1064—2012）。全部采用精选、短芒、定量包装的草种，要求草种检验机构出具种子质量检验报告。

草种包装：一律采用净重 20kg 或 25kg 的定量包装，包装要标明种子名称、收获年限、产地、等级、净度及供应单位。草种运输到现场，施工技术员、现场监理要现场抽样并做好样本的封存，将样本送至有资质的种子检验机构进行检验，出具相应检验报告。种子质量除质检部门每批次的检验报告外，中标企业供应的种子每袋须有合格证。

——拌种

依据草种、播种量、牧草专用肥用量（底肥播施后剩余 3.0kg/亩），按照半日施工进度或地块，将同德短芒披碱草、青海草地早熟禾、青海冷地早熟禾、青海中华羊茅分次倒在塑料布单上或专用拌种场所（人工撒播时将改良细土适量拌入，有利于人工撒播均匀），用木锨或铁锨反复拌匀，装袋运到工地，并在分装时再拌匀，按量分配到地块。

——播种

播种量：同德短芒披碱草 4kg、青海草地早熟禾 4kg、青海冷地早熟禾 4kg、青海中华羊茅 4kg，进行混播，混播比例为 1∶1∶1∶1。

播种时间：5 月中旬至 6 月下旬。播种时要选择风力 3 级以下时进行，尽量在早上无风时进行。选用手摇播种器，沿山坡等高线，轻摇播种器匀速播种。或者人工撒播，撒播时要用手腕尽力抖开，使大小粒种子播撒均匀。为保证播种足量且均匀，开展试播，确定播种速度和播种遍数。

——耙地覆土

播种后按 3～5 人一组，采用钉齿耙，沿等高线对播种的地块人工往复轻拉轻推 2～3 遍，并用耙背轻拉耱平，保证种子和肥料入土覆盖，种子及肥料入土率应高于 80% 以上，播种深度掌握在 0.5～2cm。同时用脚踩实或木板拍实或其他方式压实，达到镇压作用。

——无纺布保护

加盖无纺布保水保温，防止水土流失，无纺布应满足易风化、抗辐射、污染指数低等特性（采用宽为 3m 的无纺布，每平方米重 20～22g）。无纺布铺设应依据地形条件铺设（沿坡面顺铺），与地面贴实，条与条之间重叠 5cm 左右，用土或石块间隔压紧压实，防止吹胀或雨水冲毁。

ⅲ. 工程量

采用人工播种方式进行矿区渣山边坡植被恢复，主要包括人工、羊板粪、商品有机肥、牧草专用肥、草种、无纺布铺设、封育网围栏等。

人工：包括整地、耙耱、施肥、播种、镇压、铺设无纺布，每亩按照 10 个工日，工期按照 40 天计，每天作业 8h，作业 65.73hm^2，共需 9865 个工日，需要人工 248 人。

羊板粪：按每亩需要羊板粪 33m^3 计算，土壤改良 65.73hm^2，共需羊板粪 32 538m^3。

商品有机肥：每亩施肥 2000kg，共需商品有机肥 1 972 000kg。

牧草专用肥：每亩施牧草专用肥 15kg，共计使用 14 790kg。

草种：共需草种 15 776kg，其中，同德短芒披碱草 3944kg、青海冷地早熟禾 3944kg、青海草地早熟禾 3944kg、青海中华羊茅 3944kg。

无纺布：共需 690 200m^3（工程量按接缝处损耗 5% 计）。

b）平地（微耕机+人工播种）

ⅰ. 技术路线

面积较小平台（面积小于 3.33hm^2 渣山平台），技术路线为：施肥整地→草种选择及组合→拌种→播种→整地覆土→覆盖无纺布→围栏保护→管护与利用。

ⅱ. 技术方案

——施肥整地

对达到复绿要求的边坡及台阶，施肥人员培训后，按 12kg/亩用量，将牧草专用肥手工或用播种器均匀撒在坡面或台阶上，坡面撒施时沿等高线行进，台阶按照施工退场顺序播施，往复式行进撒播，做好标记，保证不漏行。对整地人员进行微型机械（微耕机、小型旋耕机等）操作培训，达到熟练安全才能操作，原则上机械与操作人员要固定。采用微型机械进行整地，按 5～7 人一组，对撒施肥料的地块开展作业。依据地形，选择适宜的机械和刀具，操作稳机械，以翻耕坪床 5cm 以上的深度匀速作业 2 遍（具体操作要遵照机械说明书和安全操作指南，依据地面土壤疏松平整度，作业 1～2 遍，保证地面碎化平整，达到播种坪床要求。

——施底肥

选择撒播机，按照 12kg/亩的用量，将牧草专用肥按作业面积装入撒播机，匀速作业，撒施肥料。作业操作严格按照机械说明和安全操作指南进行，操作熟练后开展作业，原则上机械与操作人员要固定。

——草种选择及组合

选用同德短芒披碱草、青海草地早熟禾、青海冷地早熟禾、青海中华羊茅进行混播，混播比例为 1：1：1：1。

种子质量：种子选择适宜我省高寒地区种植的乡土草种（青海三江集团生产经营的同德短芒披碱草、青海冷地早熟禾、青海中华羊茅，青海明烨生态科技有限责任公司经营的青海草地早熟禾），种子质量要求达到国家或地方标准规定的三级标准以上（种子纯净度、发芽率执行标准为 GB 6142—2008、DB63/T 760—2008、DB63/T 1063—2012、DB63/T 1064—2012）。全部采用精选、短芒、定量包装的草种，要求草种检验机构出具种子质量检验报告。

草种包装：一律采用净重 20kg 或 25kg 的定量包装，包装要标明种子名称、收获年限、产地、等级、净度及供应单位。草种运输到现场，施工技术员、现场监理要现场抽样并做好样本的封存，将样本送至有资质的种子检验机构进行检验，出具相应检验报告。种子质量除质检部门每批次的检验报告外，中标企业供应的种子每袋须有合格证。

——拌种

依据草种、播种量、牧草专用肥用量（底肥播施后剩余 3.0kg/亩），按照半日施工进度或地块，将同德短芒披碱草、青海草地早熟禾、青海冷地早熟禾、青海中华羊茅分次倒在塑料布单上或专用拌种场所（人工撒播时将改良细土适量拌入，有利于人工撒播均匀），用木锨或铁锨反复拌匀，装袋运到工地，并在分装时再拌匀，按量分配到地块。

——播种

播种量：同德短芒披碱草 3kg、青海草地早熟禾 3kg、青海冷地早熟禾 3kg、青海中华羊茅 3kg，进行混播，混播比例为 1：1：1：1。

播种时间：5 月中旬至 6 月下旬。

播种时要选择风力 3 级以下时进行，尽量在早上无风时进行。选用手摇播种器，沿山坡等高线，轻摇播种器匀速播种。或者人工撒播，撒播时要用手腕尽力抖开，使大小粒种子播撒均匀。为保证播种足量且均匀，开展试播，确定播种速度和播种遍数。

——整地覆土

调整微型机械阻尼比，耕翻深度在 2cm 以内，沿坡地等高线或台阶对播种的地块轻翻，匀速作业 1～2 遍，保证种子和肥料入土覆盖，深度掌握在 0.5～2cm，种子及肥料入土率应高于 80%以上。采用畜力套耱子沿坡地等高线或台阶耱平，或采用其他方式耱地镇压，达到耱平镇压作用。

——无纺布保护

加盖无纺布保水保温，防止水土流失，无纺布应满足易风化、抗辐射、污染指数低等特性（采用宽 3m 的无纺布，每平方米重 20～22g）。无纺布铺设应依据地形条件铺设（沿坡面或台阶顺铺），与地面贴实，条与条之间重叠 5cm 左右，用土或石块间隔压紧压实，防止吹胀或雨水冲毁。

iii. 工程量

采用人工播种方式进行矿区植被恢复，主要包括人工、羊板粪、商品有机肥、牧草专用肥、草种、无纺布、封育围栏等。

人工：包括整地、耙耱、施肥、播种、镇压、铺设无纺布，每亩按照 8 个工日，工期按照 40 天计，每天作业 8h，作业 4.33hm²，共需 515 个工日，需要人工 13 人。

羊板粪：按每亩需要羊板粪 33m³ 计算，客土 4.33hm²，共需羊板粪 2145m³。

商品有机肥：每亩施肥 1500kg，共需商品有机肥 97 500kg。

牧草专用肥：每亩施肥 15kg，共需牧草专用肥 975kg。

草种：共需草种 780kg，其中，同德短芒披碱草 195kg、青海冷地早熟禾 195kg、青海草地早熟禾 195kg、青海中华羊茅 195kg。

无纺布：共需 45 500 m³（工程量按接缝处损耗 5%计）。

c）平地（机械播种）

i. 技术路线

面积较大平台（3.33hm² 以上，适合大型机械施工的储煤场、渣山平台、矿区道路），技术路线为：整地→施肥→二次整地→草种选择及组合→拌种→机械播种→镇压→覆盖无纺布→围栏封育→建后管护。

ii. 技术方案

——整地

针对面积较大坑底及渣山平台，选择中型以上拖拉机和旋耕机进行整地，按照地形条件，耕翻深度 10cm 以上，旋耕机整地 1 遍，充分拌匀改良土壤。或选择圆盘耙耙地，耙深 10cm 以上，作业 1 遍，疏松改良土壤层。拖拉机、旋耕机以及圆盘耙操作，均需进行操作培训，达到熟练安全才能作业操作，原则上机械与操作人员要固定。

——施肥

选择撒播机，按照 12kg/亩的用量，将牧草专用肥按作业面积装入撒播机，匀速作业，撒施肥料。作业操作严格按照机械说明和安全操作指南进行，操作熟练后开展作业，原则上机械与操作人员要固定。

——二次整地

撒施肥料后，拖拉机带动旋耕机进行二次整地，整地方向与第一次整地交叉（垂直交叉最好），耕翻深度 5～7cm，使肥料充分拌入土壤。之后，拖拉机和镇压器平整地面作业 1 遍，保证地面碎化平整，达到播种坪床要求。或选择圆盘耙二次耙地，方向与第一次耙地交叉（垂直交叉最好），耙深 5～7cm，使肥料充分拌入土壤。之后，拖拉机和镇压器平整地面作业 1 遍，保证地面碎化平整，达到播种坪床要求。

——草种选择及组合

牧草品种：选用同德短芒披碱草、青海草地早熟禾、青海冷地早熟禾、青海中华羊茅，进行混播，混播比例为 1∶1∶1∶1。

种子质量：种子选择适宜我省高寒地区种植的乡土草种（青海三江集团生产经营的同德短芒披碱草、青海冷地早熟禾、青海中华羊茅，青海明烨生态科技有限责任公司经营的青海草地早熟禾），种子质量要求达到国家或地方标准规定的三级标准以上（种子纯净度、发芽率执行标准为 GB 6142—2008、DB63/T 760—2008、DB63/T 1063—2012、DB63/T 1064—2012）。全部采用精选、短芒、定量包装的草种，要求草种检验机构出具种子质量检验报告。

草种包装：一律采用净重 20kg 或 25kg 的定量包装，包装要标明种子名称、收获年限、产地、等级、净度及供应单位。草种运输到现场，施工技术员、现场监理要现场抽样并做好样本的封存，将样本送至有资质的种子检验机构进行检验，出具相应检验报告。种子质量除质检部门每批次的检验报告外，中标企业供应的种子每袋须有合格证。

——拌种

依据草种、播种量、牧草专用肥用量（底肥播施后剩余 3.0kg/亩），按照半日施工进度或地块，将同德短芒披碱草、青海草地早熟禾、青海冷地早熟禾、青海中华羊茅分次倒在塑料布单上或专用拌种场所（人工撒播时将改良细土适量拌入，有利于人工撒播均匀），用木锨或铁锨反复拌匀，装袋运到工地，并在分装时再拌匀，按量分配到地块。

——播种

播种量：同德短芒披碱草 3kg、青海草地早熟禾 3kg、青海冷地早熟禾 3kg、青海中华羊茅 3kg，进行混播，混播比例为 1∶1∶1∶1。

播种时间：5 月中旬至 6 月下旬。

播种方式：机械条播，作业 2 遍。作业前按照草种亩播种量和牧草专用肥 3.0kg/亩的量将种子肥料充分混合，按两次播种调校播种机播量（具体操作要遵照机械说明书和安全操作指南）。确定作业面积，称量好拌好的种子装入播种机，采用十字交叉播种方式播种，播种深度控制在 0.5～2cm。播种时应随时检查，保证不堵塞输种管造成断条，也不漏行。

——镇压耱平

选择镇压器并附带耱子，对播种区镇压并耱平 1～2 遍，达到紧实平整水平。

——无纺布保护

加盖无纺布保水保温，防止水土流失，无纺布应满足易风化、抗辐射、污染指数低等特性（采用宽 3m 的无纺布，每平方米重 20～22g）。无纺布铺设应依据地形条件铺设（沿坡面顺铺），与地面贴实，条与条之间重叠 5cm 左右，用土或石块间隔压紧压实，防止吹胀或雨水冲毁。

iii. 工程量

工程量主要包括人工、机械、羊板粪、商品有机肥、牧草专用肥、草种、无纺布、封育围栏等。

人工：包括土壤改良、整地、耙耱、施肥、播种、镇压、铺设无纺布，每亩按照 4.7 个工日，每台大型机械跟机 5 人，工期按照 40 天计，每天作业 8h，作业 71.87hm^2，共需 5509 个工日，需要人工 138 人。

机械：两次整地工程量按 3.33hm^2/台班计算，播种按照 3.33hm^2/台班计算，镇压按照 3.33hm^2/台班计算，耱平按照 3.33hm^2/台班计算，每台班按照作业 8h 计算，作业 71.87hm^2，共需 88 个台班。

羊板粪：按每亩需要羊板粪 33m^3 计算，土壤改良 71.87hm^2，共需羊板粪 35 574m^3。

商品有机肥：每亩施肥 1500kg，共需商品有机肥 1 617 000kg。

牧草专用肥：每亩施肥 15kg，共需牧草专用肥 16 170kg。

草种：共需草种 12 936kg，其中，同德短芒披碱草 3234kg、青海冷地早熟禾 3234kg、青海草地早熟禾 3234kg、青海中华羊茅 3234kg。

无纺布：共需 754 600m^2（工程量按接缝处损耗 5%计）。

6. 建后管护

采取围栏封育、补播及追肥等技术措施，巩固修复成效。同时，治理后三年实行禁牧管理，持续开展生态监测，加强后期管护，为自然恢复创造有利条件。

1）围栏封育

为更好地保护修复区域的成效，5 号井矿区修复后进行围栏建设，共计拉设围栏 12 022m。

a）围栏标准与施工安装方案

围栏材料与施工安装均严格按照机械行业标准《编结网围栏》（JB/T 7138—2010）中的规格、基本参数、技术要求和检验规则执行。

b）连接件

（1）绑钩的材料应为抗拉强度不低于 350MPa、直径为 2.50mm 的镀锌钢丝，每根长度 200mm。

（2）挂钩的材料应为抗拉强度不低于 350MPa、直径为 2.50mm 的镀锌钢丝，每根长度 200mm。

c）围栏门

围栏门采用双扇结构，框架采用 GB/T 13793 中 ϕ25 的直缝电焊钢管；围栏门单扇高为 1300mm，宽为 1500mm；原材料采用 30mm×3mm 扁铁，40mm×40mm×4mm 角钢，1.5mm 钢板；围栏门的扁铁间距为 150mm；围栏门应涂防锈漆和银粉，涂层均匀，无裸露和涂层堆积表面。

d）围栏施工安装

所有零部件必须检验合格，外购件必须有合格证明，方可安装。配套围栏每 10m 设 1 根小立柱，每 400m 设 1 根中立柱；围栏安装要求大、中、小立柱埋入地下部分不得少于 0.6m，留在地上部分不得少于 1.4m；网围栏形状应根据地形地貌和利用便利而定；围栏门的数量及位置可根据牧户要求设置；编结网的每根纬线均应与立柱绑结牢固，所有的紧固件不得松动；大门应安装牢固，转动灵活。考虑到项目区有部分区域地处湿地，地质结构不稳定，容易发生地势沉降，造成围栏倒伏，本项目在围栏安装过程中，为防止围栏发生倒伏要采取加固处理，加固费用 2 元/亩。

e）工程量

共需围栏网片 12 022m、拉线 12 022m、小立柱 1099 根、中立柱 74 根、大立柱 29 根、支撑杆 136 根、门柱 2 根、地锚 210 根、下立柱 105 根、绑钩 26 490 根、挂钩 2944 根、立柱拉线 630m。

2）追肥

2022～2023 年对种草复绿的 141.93hm^2（平地投影面积 76.2hm^2+坡地斜面面积 65.73hm^2）人工草地追肥。视种植草长势和土壤养分情况，在植物返青季和生长旺季连续施牧草专用肥，2022～2023 年每年 15kg/亩，每年需牧草专用肥 31 935kg，两年共计 63 870kg，保证植物正常生长所需养分。

3）建立管护制度

治理后建立严格的禁牧管护制度，每 33.33hm^2 设置 1 名生态管护员，明确管护员职责，建立绩效管理机制，切实将管护工作落到实处。管护形式采取以下两种形式：一是每天巡护，对进入管护区的人员进行必要的检查和登记。二是定期巡护，即对各复绿区内地势偏远、交通不便、人烟稀少、人畜活动较少的区域，实行定期巡护。发现违规利用和破坏，及时制止并上报村委会和乡政府，由草原管理部门或执法部门进行处罚。处罚后，对损坏围栏应及时修补，破坏治理区域及时修复和补播。

4）补植补播

根据监测单位对当年牧草返青期和生长旺盛期的监测情况核定补播面积，对坡地（渣山边坡）当年出苗率小于 1000 株和当年植被盖度小于 45%、平地（道路、渣山平台、储煤场等）当年出苗率小于 1200 株或当年植被盖度小于 45% 的，施工单位要在第二年进行人工补播，确保复绿成效。

7. 工程进度

项目建设期限为 2020 年 12 月至 2023 年 12 月，具体进度如下。

1）种草复绿工程

2020 年 12 月至 2021 年 2 月完成方案的编制评审及批复。

2021 年 3 月完成物资准备采购工作。

2021 年 3～4 月完成草种、有机肥、围栏、无纺布等物资调运、储备工作。

2021 年 5～6 月完成治理区施肥播种、覆盖无纺布等工作。

2）围栏封育工程

2021 年 7～10 月完成围栏封育工程。

3）植被恢复区补植补播

2022 年和 2023 年 5～6 月完成补植补播工作。

4）追肥、管护和生态监测工作

2021 年 7 月至 2023 年 12 月完成追肥、管护和生态监测工作。

8. 技术支撑方案

1）生态监测

矿区植被建植后，积极开展植被生长动态监测工作，及时准确掌握植物多样性、植被覆盖度、生物量及土壤养分情况，为矿区人工种草工程竣工验收提供依据；通过掌握植被多年的生长状况，为高寒矿区植被修复提供科技支撑。

a）监测区域

监测区域为种植复绿区。

b）监测时间

监测工作每年开展两次，即春季牧草返青期和牧草生长旺盛期，连续监测 5 年，3 年后对木里矿区植被恢复工程实施效益及生态状况进行系统调查与评估。

c）监测方法和监测样地设置

采用地面调查及遥感影像解译相结合的监测技术，进行跟踪监测。

ⅰ. 地面监测

——监测样地数量

在平地和坡地各设置 1 个固定监测样地和 2 个随机样地，每个监测样地布置

3 个（1m×1m）样方，共计 9 个监测样方。

——监测方法

地面监测采用固定监测样地和随机监测样地结合的方法。各样方之间的距离大于 50m。监测指标包括植被总盖度、非播种植物的迁入情况和分种盖度、植株高度、频度、密度（株丛数）、地上生物量以及植物物种丰富度、物候期等。

随机监测样地监测样方监测指标主要包括物种丰富度、植株高度、频度、盖度、地上生物量和地下生物量土壤测定。土壤取样和测定方法：在随机监测样地的 3 个 1m×1m 监测样方内，待植物样方调查结束后，采用环刀法测土壤容重，采用土壤温湿度测定仪观测土壤含水量。用土钻采集 0～30cm 的土层，装入自封袋，每个样地为 1 个混合样，带回实验室，测定土壤的有机质含量、重金属污染物及 N、P、K 含量。

土壤测定中的有机质、重金属污染物及 N、P、K 等的含量测定以生态修复（种草复绿）工程实施当年测定数据为基础年，每年测定一次。土壤容重、土壤含水量等内容，结合植被长势监测，每年测定一次。

ⅱ．遥感或无人机监测

通过遥感或无人机近地面遥感监测分析、研究及数据核查过程，完成草地监测的数据校对。同时，结合地面调查数据，针对矿区植被状况，解读与处理影像，提取植被指数，建立遥感或无人机航拍植被生产力与地面调查之间的模型。

遥感技术快速获取地面物体波谱信息，以外业点面样本数据和最近 1～2 年及未来 5 年内 6～8 月的中分辨率成像光谱仪（MODIS）遥感影像为数据基础，获取植被综合覆盖度等信息，建立矿区植被最高生物量与植被指数之间的数学模型，通过建立的各类型草地的数学模型对木里矿区所有最高草地生物量进行估算，继而计算草地的产草量等。

2）技术支撑

a）技术支撑主要内容

江仓矿区 5 号井生态修复期间开展技术支撑和技术指导，确保种草复绿成效。

b）技术支撑单位职能

技术支撑单位主要负责木里矿区江仓 5 号井生态修复项目的技术问题，与项目责任单位合作，与项目施工单位签订技术依托和服务合同，开展相关技术培训，及时解决工程建设中遇到的生态修复技术难题，并取样分析做必要的研究工作。

技术支撑单位负责木里矿区江仓 5 号井生态修复技术指导工作，派技术人员对生态修复施工过程进行全程技术指导和技术服务，与技术依托单位、施工单位共同解决木里矿区生态修复中出现的相关种草复绿技术问题。

9. 投资概算

项目总投资 4438.74 万元，其中坡地（渣山坡面）投资 2017.59 万元，占工程总投资的 45.5%；平面（道路、储煤场、渣山平台）投资 2207.09 万元，占工程总投资的 49.72%；封育围栏投资 21.34 万元，占工程总投资的 0.48%；2022 年追肥 57.86 万元，占工程总投资的 1.3%；2023 年追肥 57.86 万元，占工程总投资的 1.3%；管护费 27.00 万元，占工程总投资的 0.61%；技术支撑费 30.00 万元，占工程总投资的 0.67%；科研监测费 20.00 万元，占工程总投资的 0.45%。

6.2.4 初步成效

根据 2021 年 9 月 13~15 日省级验收调查结果，种草复绿任务由原来的 2129 亩减少至 140.27hm²，种植图斑 21 个。项目于 2021 年 3 月 28 日开工，6 月 30 日完成当年种草任务，共投入各类机械 72 台套，组织人员 165 人，其中，管理人员 20 人，施工人员 145 人。调运羊板粪共进场 69 432m³，有机肥 3649t，牧草专用肥 31.56t，青海中华羊茅 7286.43kg，同德短芒披碱草 7286.43kg，青海冷地早熟禾 7286.43kg，青海草地早熟禾 7286.43kg，无纺布 1 472 800m²，网围栏 13 269m。

经施工单位、监理单位、包坑责任单位、供货企业共同现场取样抽检，共抽检羊板粪 29 批次 29 个样，草种 4 批次 4 个样，有机肥 38 批次 38 个样，围栏 1 批次 1 个样，无纺布 1 批次 1 个样，均为合格。共完成种草复绿面积 2104 亩，21 个图斑。

经过逐图斑查看和样方测定，各图斑每平方米平均出苗株数 12 000 株，平均植株高度 26cm，平均植被盖度 92%，达到作业设计要求。

6.3 哆嗦贡玛矿区生态修复实践案例

相对于木里矿区其他矿井，哆嗦贡玛矿区位于雪线附近，土壤条件差、风力大，植物生长困难，因此，哆嗦贡玛矿区生态修复实践对矿区飞播复绿试验区和覆土施肥方案及复绿标准进行了优化。

6.3.1 项目区概况

1. 自然环境条件

1）地理位置

哆嗦贡玛矿区位于青海省海西州天峻县木里镇，地处大通河源头，在木里矿区西部，是木里矿区其中之一，行政区划属于青海省海西州天峻县木里镇，矿区东接木里矿区聚乎更区七、九井田，南以侏罗系含煤地层及 F₁ 断层南侧为界，北以 F₄ 断层及新近系地层为界，矿区东西长约 10.6km，南北宽 2.24km，局部进行了剥离和探矿，尚未形成规模化开采。

矿区内有简易道路从矿区西侧穿过并通往天木公路，距离 20km，矿区距天峻县约 170km，距省会西宁市 475km。

2）地形地貌

哆嗦贡玛矿区地处高海拔地区，开采前为低山地貌，广为植被覆盖，地形总体呈南高北低之势，地势最高处位于矿区最西侧渣山处，标高+4330m，最低处位于矿区最东端，标高+4110m，相对高差 220m。矿区内未进行规模化开采，仅对局部山体进行了剥离和探矿，矿区目前因剥离及探矿形成部分渣山及探槽，矿区分为东西两段，矿区东西长约 7.8km，南北长约 2.1km。

3）气候

哆嗦贡玛矿区是木里矿区海拔最高、气候条件最恶劣、种草复绿难度最大、交通最不便利的区域。四季不明显，气候寒冷，昼夜温差大，西南部笔架山一带雪线 4500m 以上，常年积雪，属于典型的高原大陆性气候。6～8 月为雨季，11月至翌年 5 月以降雪为主。四季多风，最大风速可达 21m/s。年最高气温 19.8℃，最低温度–34℃，年平均气温–0.39℃左右，年平均降雨量 480mm，相对湿度 47%～56%，牧草生长期约 90 天。地表季节性冻土每年 4 月开始融化，至 9 月回冻，最大融化深度小于 3m。

4）植被

矿区植被类型以高寒草甸的高山嵩草-矮生嵩草草地型及沼泽化草甸的西藏嵩草草地型为主。植物种类较为丰富，多为湿生、湿中生、中生植物，以嵩草属和苔草属植物为主，优势种有高山嵩草、矮生嵩草、西藏嵩草、糙喙苔草、华扁穗草。草群密度大，植被盖度在 70%～90%，优势种高度为 8～15cm，地表具有 20cm 左右的草皮层。

5）土壤

矿区周边土壤类型具有明显的垂直地带性分布规律，由高到低依次为高山寒漠土、高山草甸土、高山草原土、山地草甸土等地带型土壤。其母质为湖积、洪积物，土层厚度＞50cm，pH 为 7.5，有机质含量 21.99%，碳酸钙含量 4.5%，全氮含量 1.126%，全磷含量 0.114%，全钾含量 2.16%，碳氮比 12.4。此外，哆嗦贡玛矿区位于高山严寒地带，有长达半年的冰冻期（10月至翌年 4 月），区域内广泛发育冻土，下部土壤为常年不透水冻层，冻土厚度为 50～80cm。上部土壤因降水或冰川融雪补给致长期过湿而发育成沼泽，在高山带的中部地区主要分布有高山草甸土。介于沼泽土与高山草甸土之间分布有草甸沼泽土，因地表不积水或仅临时性积水，无明显的泥炭积聚。

6）水系条件

矿区属大通河水系，哆嗦河为其上游主干流，流量随季节的变化而变化，主要由大气降水及冰雪融化补给，水量随季节变化，7月、8月、9月雨季水量最大，洪水期水量达10万t/日以上，为HCO$_3$-Ca·Mg型水，矿化度<0.5g/L。区内有贡玛河等多条季节性河流，主要分布于丘陵间，最终汇入措喀莫日湖。冬春季节10月地表水冻结至翌年4月解冻而干涸。矿区北侧邻近措喀莫日湖，面积约3.05km^2，有雪山融水形成河流注入该湖，河流受季节性影响较大，受降水融水控制，夏秋季降水、雪山融水丰富，水量充足，冬春季节降水减少、地表水冻结、河流干涸。

2. 矿区现状与土地类型

哆嗦贡玛矿区仅对山坡表层土壤进行了局部剥离，尚未形成规模化开采。从项目区现状来看，未形成矿坑，也无较大的渣山（图6-39）。

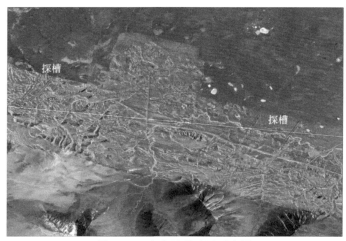

图6-39　哆嗦贡玛矿区示意图

矿区东西长约10.6km，南北宽2.24km，矿区核心区总面积275.47hm^2，其中，渣山31.93hm^2，山坡表层剥离（按矿坑边坡对待）74.47hm^2，储煤场5.6hm^2，道路及道路边坡25.27hm^2，生活公共区域8.8hm^2，天然草地129.2hm^2，水域0.2hm^2。

2014～2016年，采矿企业对渣山采取了一些种草复绿措施，治理渣山面积10.8hm^2。但因治理区未覆土、大块砾石较多，加之缺乏有效管护，区域内牛羊践踏较严重，部分牧草被啃食，恢复的植被稀疏，盖度不足10%，种草复绿成效不显著，不能形成正向的自然演替。

6.3.2　指导思想、设计原则和目标

1. 指导思想

按照全面保护、系统修复、综合治理、整体恢复的思路，以恢复植被、水源

涵养和保护生物多样性为核心，根据生态系统退化、受损程度和恢复力，按照"宜草则草、宜水则水"的要求，采取自然恢复、人工辅助和保护封育等措施，着力恢复生态系统结构和功能，增强生态系统稳定性和综合服务功能。将哆嗦贡玛矿区打造成为高寒、高原地区矿山大面积生态修复的示范工程。

2. 设计原则

1）坚持以自然恢复为主、人工修复为辅的治理原则

在坡度大、岩石裸露的区域，通过封育保护等措施，以自然之力逐步修复被破坏的生态植被。在矿坑、渣山、道路、生活区等区域，坡度 35°以下的斜坡或平缓地带，按照"宜草则草、宜水则水"的要求，采取以飞播方式开展试验性的修复措施，快速提高矿区植被覆盖度，同时强化后期管理，通过围栏封育，逐步恢复草地生态系统结构和功能，增强生态系统稳定性。

2）坚持科学区划、分类设计的原则

按照矿坑、渣山、道路及生活区实际情况，结合坡度、坡位等立地条件，区划试验区和非试验区，因地制宜地编制作业设计，做到科学区划、分类施策、精准施治、治理有方、修复有度，着力提高生态修复的针对性、精准性、有效性。

3）坚持注重成果应用、强化科技支撑的原则

借鉴省内外矿山生态修复经验和高寒地区退化草地治理的先进技术，注重科技成果的集成应用。以中国科学院西北高原生物研究所作为技术依托单位，开展飞播试验，达到矿区植被快速恢复的目的。

4）坚持保护优先、经济合理的原则

按照《青海木里矿区生态修复（种草复绿）总体方案》要求，编制针对性强、科技含量高、经济实惠的植被恢复技术方案，并把高标准、严要求贯穿整治修复全过程，确保取得预期成效。

5）坚持统筹推进，确保成效的原则

科学确定生态修复目标，合理布局项目工程，统筹实施种草复绿、封育保护等各类工程，因地制宜地开展生态修复，协同推进"山水林田湖草"一体化综合治理措施，促进生态系统健康稳定。

6）坚持依托技术支撑方案，采用"边施工、边优化、边调整"的原则

依托青海省林业和草原局制定的《木里矿区生态修复（种草复绿）土壤基底测土配方施肥技术方案》《木里矿区"一坑一策"生态修复技术服务支撑工作方案》《木里矿区生态修复（种草复绿）草种选种购种方案》等 10 个支撑方案，采用"边施工、边优化、边调整"的原则，灵活处理施工中存在的问题。

3. 设计目标

矿区通过综合整治和植被恢复，达到快速复绿、巩固提升的目的，使项目区

草原、复绿区等生态环境逐步得到改善，水源涵养能力明显增强，生物多样性得到保护，生态服务功能显著提升，促进生态系统向正向演替发展。

完成治理面积 92.2hm²，因该地区地域条件特殊，不纳入考核指标，只提出以下预期试验目标：当年出苗数大于 300 株/m²，第二年植被盖度达 35% 以上，第三年后植被平均盖度稳定在 40% 以上。

6.3.3 种草复绿工程实践

通过现地全面调查，拍摄矿区现地影像资料，查清了哆嗦贡玛矿区采坑、渣山、矿区道路及生活区面积、地块类型和立地条件。

1. 调查内容

调查内容主要包括：项目区范围、小斑面积、海拔、坡度、坡向、砾石含量、砾石粒径、土壤类型、土壤厚度、植被类型、植被盖度等。

2. 调查方法

1）现地调查

a）面积调查

使用无人机航拍，经软件合成哆嗦贡玛矿区现地实时影像，利用 ArcGIS 软件勾绘图斑，进一步划分小斑，然后在计算机中逐块求算面积。

b）因子调查

根据 ArcGIS 软件校正矢量化的无人机影像数据划分小斑，以小斑为单位，调查海拔、坡度、坡向、坡位等立地条件，选择具有代表性的地段，设置 1m×1m 规格的样方，现地调查小斑砾石含量、土壤、植被等因子。

2）数据校正

根据中煤地质集团有限公司提供的航拍数据及矿区红线，GPS 辅助定位，将勾绘图斑进一步校正细化，现再次确定地类与面积，提高数据的准确性。

3. 调查结果

根据现场调查，木里矿区哆嗦贡玛矿区复绿总面积 92.2hm²，区划小斑 19 个，按类型分述如下。

道路及道路边坡：9 处，总面积 19.53hm²。经现地调查，路面全部为砂石路面，平均海拔 4159m。道路边坡的坡度较大，在 20°～32°，多为砾石层，种草前需土肥覆盖。

储煤场：1 处，总面积 5.6hm²。经现地调查，地形较平，无存煤，地面上砾石（煤矸石）较多，含量为 30%～40%，砾石粒径 20～30cm，海拔 4135m，种草前需土肥覆盖。

渣山（堆）：2 处，总面积 16.6hm²。经现地调查，将山根坡地上的表层土壤剥离，运输到道路旁或山根，形成渣山，顶部较平。渣山四周或三周处的坡度较大，在 8°～35°。砾石含量为 50%～60%，砾石粒径 10～40cm，平均海拔 4156m，种草前需土肥覆盖。

矿区边坡：5 处，总面积 41.67hm²。经现地调查，开矿企业将山坡表层的植被与土壤剥离，渣土运送他处，形成表面砾石覆盖、碎石较多、含土量少的地貌。位于山坡的中下部，坡度较缓，在 15°～23°，平均海拔 4148m，种草前需土肥覆盖。

生活区：2 处，总面积 8.8hm²。经现地调查，地形较平坦，地上建筑物已拆除，建筑残留物较多，种草复绿前需要清理。院内铺 15～30cm 的砂石层，平均海拔 4137m。种草前需进行覆土和土壤改良，见图 6-40。

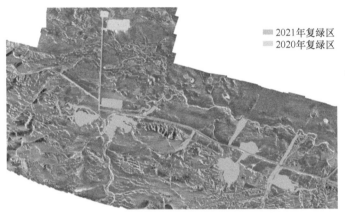

图 6-40　哆嗦贡玛矿区复绿范围平面图

4. 建设内容与规模

1）内容与规模

a）种草复绿

人工种草复绿面积 92.2hm²，其中，2021 年复绿面积 76hm²，2022 年复绿面积 16.2hm²。

b）抚育管护

在种草复绿区采取围栏封育、补播及追肥等技术措施，巩固修复成效。

（1）追肥：2022～2023 年，每年对种草复绿区的 92.2hm² 人工草地追肥。

（2）补播：依据监测结果，对当年出苗数小于 300 株/m²、第二年植被盖度达 35%以下的区域，翌年采取补植补种措施，确保试验复绿成效。

（3）管护：对生态修复区进行围栏封育，共需围栏 14 063m，安排管护人员 3 人。

2）工程量

土地整理：覆土区 8.2hm²，共计需要渣土方量 26 401m³；翻耕区 75hm²。

种草复绿：该工程需人工 6902 工日，商品有机肥 2 074 500kg，牧草专用肥 72 608kg，各类牧草种子 16 596kg（其中同德短芒披碱草 4149kg、青海草地早熟禾 4149kg、青海冷地早熟禾 4149kg、青海中华羊茅 4149kg），无纺布 1 251 600m²，新建围栏 14 063m，覆土 26 401m³，捡石 88 208m³，翻耕 150 010m³。

5. 技术方案

1）人工种草技术

a）技术路线

土地整理→施肥整地→草种选择及组合→拌种→播种→耙耱镇压→覆盖无纺布→围栏保护→建后管护。

b）技术方案

ⅰ. 土地整理

覆土：挖掘机挖掘采土→运输→覆土→晾晒→捡石工艺，覆土区涉及 3 号、4 号图斑，面积 8.8hm²，覆渣土厚度为 30cm，需要渣土量 26 700m³。取土点选择在 5 号、6 号、10 号、17 号图斑，通过道路收窄的方式取土，平均运距 3km。

土源：对道路（5 号、6 号、10 号、17 号图斑）进行收窄取土，面积 7.4hm²，取土 50cm，共计渣土方量 37 000m³，满足实际覆土需求。取土后土源地进行翻耕捡石工作，形成土壤基质层，使之达到通过施肥进行土壤改造的条件。

翻耕：挖掘机翻耕→机械捡石，翻耕区除 3 号、4 号、12 号、18 号、23 号图斑以外的所有区域面积 75hm²，采用机械翻耕，深 20cm。

捡石及掩埋：通过机械捡拾筛分，将直径大于 10cm 的块石直接压埋于 20cm 深度之下，剩余细颗粒泥岩（土）覆于其上，形成土壤基质层，使之达到通过施肥进行土壤改造的条件。

ⅱ. 施底肥

第一步，将颗粒有机肥（每亩用量 750kg）、牧草专用肥 12kg 摊铺在土壤基质层上，通过机械和人工方式将有机肥均匀拌入基质层中，深度 15cm。

第二步，将颗粒有机肥（每亩用量 750kg）通过机械和人工方式撒施在种草基质层表面。

ⅲ. 草种选择及组合

选用同德短芒披碱草、青海草地早熟禾、青海冷地早熟禾、青海中华羊茅进行混播，混播比例为 1∶1∶1∶1。

ⅳ. 播种量

同德短芒披碱草 3kg、青海草地早熟禾 3kg、青海冷地早熟禾 3kg、青海中华羊茅 3kg，进行混播，混播比例为 1∶1∶1∶1。

ⅴ．播种时间

分两年时间完成。

2021 年 6 月底前：包括 7 号、8 号、9 号、11 号、12 号、15 号、9 号、16-1 号、16-3 号、18 号、20 号、23 号、24 号、25 号图斑，共计 76hm^2。

2022 年 6 月底前：包括 3 号、4 号、5 号、6 号、10 号、17 号图斑，共计 16.2hm^2。

ⅵ．拌种

依据草种、播种量、牧草专用肥用量 15kg/亩与牧草种子混合，按照半日施工进度或地块，将同德短芒披碱草、青海草地早熟禾、青海冷地早熟禾、青海中华羊茅分次倒在塑料布单上或专用拌种场所，用木锨或铁锨反复拌匀，装袋运到工地，并在分装时再拌匀，按量分配到地块。

ⅶ．播种

播种时要选择风力 3 级以下时进行，尽量在早上无风时进行。选用手摇播种器，沿坡地等高线或台阶，轻摇播种器匀速播种。或者人工撒播，撒播时要用手腕尽力抖开，使大小粒种子播撒均匀。为保证播种足量且均匀，开展试播，确定播种速度和播种遍数。

ⅷ．耙糖镇压

在大块砾石较多、地面凹凸不平的区域，采用人工镇压，在地形平缓和砾石少的区域，采用人工或机械耙糖镇压，使种子与肥料全部入土，确保草种、肥料与土壤紧密接触。具体做法为：播种后，按 3～5 人一组，采用钉齿耙，沿等高线对播种的地块往复轻拉轻推 2～3 遍，并用耙背轻拉糖平，保证种子入土覆盖，种子入土率应高于 80% 以上，播种深度掌握在 0.5～2cm。同时用脚踩实或用木板拍实，达到镇压作用。

ⅸ．无纺布覆盖

加盖无纺布保水保温，防止水土流失，无纺布应满足易风化、抗辐射、污染指数低等特性（采用宽 3m 的无纺布，每平方米重 20～22g）。无纺布铺设应依据地形条件铺设（沿坡面或台阶顺铺），与地面贴实，条与条之间重叠 5cm 左右，用土或石块间隔压紧压实，防止吹胀或雨水冲毁。

2）抚育管护

a）围栏封育

ⅰ．围栏现状

项目区四周共需围栏 24 545m，经调查，道路两侧及坡下部已拉设了围栏，但 7365m 的围栏倒伏或倾斜，需重新加固；4910m 的围栏已破坏，需重新拉设。坡下部及山顶无围栏，需拉设 9153m。

ⅱ．围栏标准与施工安装方案

围栏材料与施工安装参照机械行业标准《编结网围栏》（JB/T 7138—2010）中

的规格、基本参数、技术要求和检验规则执行。

ⅲ. 连接件

（1）绑钩的材料应为抗拉强度不低于 350MPa、直径 2.50mm 的镀锌钢丝，每根长度 200mm。

（2）挂钩的材料应为抗拉强度不低于 350MPa、直径 2.50mm 的镀锌钢丝，每根长度 200mm。

ⅳ. 围栏门

围栏门采用双扇结构，框架采用 GB/T 13793 中 $\phi25$ 的直缝电焊钢管；围栏门单扇高为 1300mm，宽为 1500mm；原材料采用 30mm×3mm 扁铁，40mm×40mm×4mm 角钢，1.5mm 钢板；围栏门的扁铁间距为 150mm；围栏门应涂防锈漆和银粉，涂层均匀，无裸露和涂层堆积表面。

ⅴ. 围栏施工安装

所有零部件必须检验合格，外购件必须有合格证明，方可安装。配套围栏每 10m 设 1 根小立柱，每 400m 设 1 根中立柱；围栏安装要求大、中、小立柱埋入地下部分不得少于 0.6m，留在地上部分不得少于 1.4m；网围栏形状应根据地形地貌和利用便利而定；围栏门的数量及位置可根据牧户要求设置；编结网的每根纬线均应与立柱绑结牢固，所有的紧固件不得松动；大门应安装牢固，转动灵活。

ⅵ. 工程量

对生态修复区进行围栏封育，共需新拉设围栏 14 063m，加固围栏 7365m。

b）追肥

播种当年生长旺盛季（8 月）追施牧草专用肥一次，从第二年开始，每年在牧草返青季（5 月中旬至 6 月初）和生长旺盛季（8 月）各追肥一次，每次施肥量为 7.5kg，连施两年。

施肥量每亩为 37.5kg，三年共需牧草专用肥 51 863kg。

c）补播

依据播种当年监测结果，对 2021 年种草复绿达不到指标要求的区域，即当年出苗数小于 300 株/m² 时，翌年采取补植补种措施，确保复绿成效。

d）建立管护制度

种草复绿后建立严格的禁牧管护制度，安排 3 名当地生态管护员，签订管护合同，明确管护员职责，建立绩效管理机制，切实将管护工作落到实处。

3）物资质量要求

物资主要包括草种、牧草专用肥、无纺布及围栏等，各项物资质量要求如下。

a）草种质量

ⅰ. 种子质量

种子选择适宜我省高寒地区种植的乡土草种同德短芒披碱草、青海冷地早熟禾、青海中华羊茅、青海草地早熟禾，种子质量要求达到国家规定的三级标准以上（种子纯净度、发芽率执行标准为 GB 6142—2008、DB63/T 760—2008、DB63/T 1063—2012、DB63/T 1064—2012）。全部采用精选、断芒、定量包装的草种，要求草种检验机构出具种子质量检验报告。

ii．草种包装

一律采用净重 20kg 或 25kg 的定量包装，包装要标明种子名称、生产日期、产地、等级、净度及供应单位。

b）肥料质量及包装

牧草专用肥是一种掺混肥料（BB 肥），参照《掺混肥料（BB 肥）》（GB 21633—2008），要求其总养分 $N+P_2O_5+K_2O \geqslant 35\%$。

商品有机肥严格按照行业标准 NY 525—2012 执行，有机质含量大于等于 45%，含氮+五氧化二磷+氧化钾大于等于 5%，水分含量小于等于 30%。

c）无纺布质量及要求

无纺布采用可降解的绿色网布，质量 $20\sim22\text{g/m}^2$。

d）封育围栏

围栏材料与施工安装均参照机械行业标准《编结网围栏》（JB/T 7138—2010）中的规格（网片为缠绕式）、基本参数、技术要求和检验规则执行。考虑到网围栏刺钢丝对野生动物生存具有一定的威胁，将刺钢丝换成直径为 2.8mm 的钢丝。

e）物资检验

种子、肥料、无纺布、围栏等由建设单位、监理单位、供货单位、施工单位及技术指导单位共同现场抽样，统一委托有资质的机构检验。

4）工程进度

项目建设期限为 2020 年 12 月至 2023 年 12 月，具体进度如下。

2020 年 12 月至 2021 年 1 月完成作业设计的编制及评审。

2021 年 2～5 月完成草种、牧草专用肥、围栏、无纺布等物资储备与调运。

2021 年 4～5 月完成松土、捡石等土地整理工作。

2021 年 5～7 月完成 2021 年度的播种、覆盖无纺布、施肥、围栏建设等工作。

2021 年 8～10 月完成自查、监测、制定次年补播方案。

2022 年 5～7 月完成 2022 年度的播种、覆盖无纺布、施肥、2021 年的补播、第一次追肥等工作。

2022 年 8～10 月完成监测、第二次追肥、制定次年补播方案。

2023 年 5～9 月完成治理区补播、追肥工作。

2023 年 9～12 月完成项目总结、验收。

6. 技术支撑方案

1）生态监测

矿区植被建植后，积极开展植被生长动态监测工作，及时准确掌握植物多样性、植被覆盖度、生物量及土壤养分情况，为矿区人工种草工程竣工验收提供依据；通过掌握植被多年的生长状况，为高寒矿区植被修复提供科技支撑。

a）监测区域

监测区域包括全部飞播试验区。

b）监测时间

监测工作每年开展两次，即春季牧草返青期和牧草生长旺盛期，需连续监测。3年后对项目区植被恢复工程实施效益及生态状况进行系统调查与评估。

c）监测方法和监测样地设置

采用地面调查及遥感影像解译相结合的监测技术进行跟踪监测。

ⅰ. 地面监测

地面监测采用固定监测样地和随机监测样地结合的方法。各样方之间的距离大于50m。监测指标包括植被总盖度、非播种植物的迁入情况和分种盖度、植株高度、频度、密度（株丛数）、地上生物量以及植物物种丰富度、物候期等。

ⅱ. 遥感或无人机监测

通过遥感或无人机近地面遥感监测分析、研究及数据核查过程，完成项目区监测的数据校对。同时，结合地面调查数据，针对矿区植被状况，解读与处理影像，提取植被指数，建立遥感或无人机航拍植被生产力与地面调查之间的模型。

遥感技术快速获取地面物体波谱信息，以外业点面样本数据和最近 1~3 年 6~8 月的 MODIS 遥感影像为数据基础，获取植被综合覆盖度等信息，建立矿区植被最高生物量与植被指数之间的数学模型，通过建立的各类型草地的数学模型对木里矿区所有最高草地生物量进行估算，继而计算草地的产草量等。

2）技术支持

a）技术支持主要内容

木里矿区哆嗦贡玛矿区生态修复期间开展技术支撑和技术指导，确保种草复绿成效。

b）技术支撑单位职能

技术支撑单位主要负责哆嗦贡玛矿区生态修复项目的技术问题，与项目施工单位签订技术依托和服务合同，开展相关技术培训，及时解决工程建设中遇到的技术难题，指导相关工作，开展相关研究工作。

作为技术指导单位，依据项目建设内容、区域特点，根据实施方案派出技术人员进行现场指导和服务，对项目工程施工进行全程技术指导服务，对工程施工和生态监测进行跟踪监督和检查，与技术依托单位、施工企业共同会商解决项目建设中出现的技术问题。

7. 投资概算

项目总投资 1215.83 万元，其中，土地整理投资概算总计 486.21 万元，占总投资的 40.0%；种草复绿投资概算总计 729.62 万元，占总投资的 60.0%。

在种草复绿投资中，人工种草 544.39 万元，占种草复绿投资的 74.6%；抚育管护费 135.23 万元，占种草复绿投资的 18.5%；科技支撑费 50.0 万元；占种草复绿投资的 6.9%。

6.3.4 初步成效

根据 2021 年 9 月 13～15 日省级验收结果，项目于 2021 年 5 月 29 日开工，6 月 30 日完成当年种草任务，共投入各类机械 33 台套，组织人员 81 人，其中，管理人员 15 人，施工人员 66 人。调运有机肥 2092.5t，牧草专用肥 20.75t，青海中华羊茅 4200kg，同德短芒披碱草 4200kg，青海冷地早熟禾 4200kg，青海草地早熟禾 4200kg，无纺布 990 000m^2，网围栏 23 800m。

经施工单位、监理单位、包坑责任单位、供货企业共同现场取样抽检，共抽检草种 4 批次 4 个样，有机肥 31 批次 31 个样，围栏 1 批次 1 个样，均为合格，共完成种草复绿面积 92.2hm^2、19 个图斑，于 2021 年 8 月 29 日通过州级自查验收。

经过逐图斑查看和样方测定，各图斑每平方米平均出苗株数 11 939 株，平均植株高度 11.10cm，平均植被盖度 78%，达到作业设计要求。

第7章 高寒矿区生态修复管理创新与实践

高寒矿区生态修复是一个复杂的系统工程，体现"山水林田湖草沙冰"系统理念，需要多个学科交叉的综合性应用，涉及土地科学、环境科学、生态学、草学、地质工程、矿业工程、测绘科学与技术、管理学等多个学科的技术和理论。本章以木里矿区生态修复为例，总结探讨高寒矿区生态修复管理创新与实践。本章主要包括总体设计、技术支撑、施工管理、后期管护、质量控制等内容。

7.1 总 体 设 计

2020年8月，组织相关单位专家赴木里矿区对渣山、矿坑、储煤场、生活区及道路等生态修复区进行了详细调查，全面摸清了草原、湿地等的生态受损程度。按照"山水林田湖草沙冰"系统治理的原则以及科学系统精准实施的要求，开展了木里矿区生态修复（种草复绿）工作。

7.1.1 木里矿区自然植被情况

木里矿区自然植被以高寒草甸类植物为主，分布有较多的沼泽化草甸亚类，植物种类较为丰富，多为湿生、湿中生、中生植物。主要以嵩草属和苔草属植物为主，优势种有高山嵩草、矮生嵩草、西藏嵩草、糙喙苔草、华扁穗草。草群密度大，覆盖度在70%~90%。草群层次分化不明显，高度7~20cm。

7.1.2 矿区基本情况

1. 矿区现状

木里矿区由聚乎更矿区、江仓矿区及哆嗦贡玛矿区3个矿区组成，共11个矿井，主要分布在天峻县木里镇和刚察县吉尔孟乡。其中，聚乎更矿区有3号、4号、5号、7号、8号、9号6个矿井；江仓矿区有1号、2号、4号、5号4个矿井；哆嗦贡玛矿区有5条探沟。

矿区开采面积5513hm²，其中，未治理面积3520hm²，已治理面积1993hm²，分别占总面积的64%和36%。按区域划分，聚乎更矿区总面积4153hm²，江仓矿区总面积1140hm²，哆嗦贡玛矿区总面积220hm²，分别占总面积的75%、21%和4%。

1）聚乎更矿区

聚乎更矿区3号井：矿区面积785hm²，其中，渣山面积为300hm²，储煤场（2处）总面积为38hm²，矿区生活区（3处）总面积为26hm²，矿坑1处，南北长1469m，东西长3040m，坑口面积为362hm²，道路及其他面积为59hm²（图7-1）。

图 7-1　聚乎更矿区 3 号井

聚乎更矿区 4 号井：矿区面积 1377hm^2，其中，渣山面积为 582hm^2，储煤场（4 处）总面积为 48hm^2，生活区（3 处）总面积为 61hm^2，矿坑 1 处，南北长 910m，东西长 3686m，坑口面积为 467hm^2，道路及其他面积为 219hm^2（图 7-2）。

图 7-2　聚乎更矿区 4 号井

聚乎更矿区 5 号井：矿区面积 685hm^2，其中，渣山面积为 408hm^2，储煤场（1 处）面积为 12hm^2，矿区生活区（4 处）总面积为 38hm^2，矿坑 1 处，南北长 680m，东西长 3694m，坑口面积为 178hm^2，矿井最大深度为 156m，道路及其他面积为 49hm^2（图 7-3）。

图 7-3 聚乎更矿区 5 号井

聚乎更矿区 7 号井：矿区面积 596hm²，包含 1 个矿坑 1 个探沟，矿坑南北长 486m，东西长 3896m，坑口面积为 166hm²，矿井最大深度为 37m，渣山面积为 336hm²，储煤场（1 处）面积为 3hm²，矿区生活区（5 处）总面积为 14hm²，道路区及其他面积为 77hm²（图 7-4）。

图 7-4 聚乎更矿区 7 号井

聚乎更矿区 8 号、9 号井：矿区面积 715hm²，包含 3 个矿坑、1 个探沟。矿井最大深度为 80m，西北坑南北长 649m，东西长 1158m，西南坑南北长 751m，东西长 1362m。东坑南北长 552m，东西长 1590m，探沟面积 3hm²，矿区坑口面积 218hm²，渣山面积为 348hm²，储煤场（1 处）面积为 7hm²，矿区生活区（3

处）总面积为 27hm^2，道路区及其他面积为 112hm^2（图 7-5）。

图 7-5　聚乎更矿区 8 号、9 号井

2）江仓矿区

江仓矿区 1 号井：矿区面积 287hm^2，包含 2 个矿坑。南坑南北长 276m，东西长 2067m，坑口面积为 77hm^2，矿井最大深度为 117m；北坑南北长 258m，东西长 883m，坑口面积为 23hm^2，矿井最大深度为 35m。矿区渣山面积为 146hm^2，生活区面积 15hm^2，道路区及其他面积为 26hm^2（图 7-6）。

图 7-6　江仓矿区 1 号井

江仓矿区 2 号井：矿区面积 356hm^2，包含 2 个矿坑，西坑南北长 476m，东西长 1172m，坑口面积为 55hm^2，最大深度为 102m；东坑南北长 326m，东西长

1286m，坑口面积为 46hm²，最大深度为 30m。矿区渣山面积为 230hm²，储煤场（3 处）总面积为 6hm²，矿区生活区（1 处）面积 2hm²，道路区及其他面积为 17hm²（图 7-7）。

图 7-7　江仓矿区 2 号井

江仓矿区 4 号井：矿区面积 269hm²，矿坑南北长 486m，东西长 1270m，坑口面积为 53hm²，其中，矿坑坑底积水面积为 17.4hm²。矿井最大深度为 90m。矿区渣山面积为 163hm²，储煤场（2 处）总面积为 7hm²。矿区生活区（2 处）总面积为 41hm²，道路区及其他面积为 5hm²（图 7-8）。

图 7-8　江仓矿区 4 号井

江仓矿区 5 号井：矿区面积 229hm², 矿坑南北长 416m，东西长 1141m，坑口面积为 76hm²。矿井最大深度为 79m，矿区渣山面积为 136hm²，储煤场（1 处）面积为 7hm²，矿区生活区（2 处）总面积为 1hm²，道路区及其他面积为 9hm²（图 7-9）。

图 7-9　江仓矿区 5 号井

3）哆嗦贡玛矿区

哆嗦贡玛矿区：矿区总面积 310hm²，其中，坑底 39hm²，矿坑边坡 94hm²，渣山 148hm²，储煤场 14hm²，生活区 9hm²，道路区及其他面积为 6hm²。

莫那措日湖周边湿地：莫那措日湖位于哆嗦贡玛矿区东侧，湖面面积 303hm²。周边湿地有 5 条渣石路，总长度 1.08 万 m，阻断了莫那措日湖水系连通。其中，路段 1 为矿渣堆积形成的临时性道路，该道路为通往 7 号井道路，道路长 300m，平均宽 30m；路段 2 为矿渣堆积形成的临时性道路，该道路长 2500m，平均宽 20m；路段 3、4，道路长 8000m，平均宽 20m；路段 5，在莫那措日湖东南侧，为一小截断头路，离莫那措日湖较远，呈横梯状分布于莫那措日湖上侧（图 7-10）。

2. 综合治理现状

2014～2016 年，木里矿区已治理区进行第一轮生态环境整治，整治后，经农业部组织第三方评估，矿区景观发生了质的变化，形成了独特多样的阶梯状人工生态系统景观，由于封育、施肥、补播等后期管护工作未跟进，部分区域植被出现一定的退化，平均盖度不足 20%。

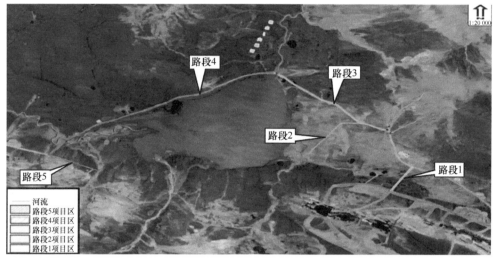

图 7-10　莫那措日湖周边湿地

7.1.3　种草复绿条件

1. 基础条件

先期对木里矿区进行矿坑回填、渣山削坡降荷等地貌重塑，矿区内有 110kV 区域变电所，交通便利，能够满足施工及生活用电所需。附近哆嗦河及大通河水源充沛，水质达到生活饮用水标准，可满足生产生活用水需求。

2. 技术条件

为了做好木里矿区生态修复技术指导工作，省级林业和草原部门成立了木里矿区种草复绿领导小组，组建了以中国科学院院士、中国工程院院士为顾问，青海大学、北京林业大学、中国科学院西北高原生物研究所、青海师范大学等单位专家为成员的技术支撑小组，指导开展木里矿区生态修复工作。经过多年试验示范，青海大学农牧学院在木里矿区多年开展高寒矿区植被修复集成与示范，已取得一定的经验；青海省畜牧兽医科学院在高寒牧区生态治理方面成功总结了高寒退化草地综合治理模式；青海省草原总站在贵南县开展沙化草地、退化草地黑土坡等飞播种草大面积试验示范，取得了较好成效并积累了成功经验。以上治理模式、试验示范和技术成果，为科学指导木里矿区开展生态修复（种草复绿）提供技术支撑。

3. 气候条件

木里矿区全年日照时数为 3000h 左右，太阳辐射量为 160kcal[①]/cm²。地表季

---

① 1cal = 4.1868J

节性冻土每年 4 月开始融化，9 月回冻，6～8 月平均温度可达 9℃以上，植物生长期 90d，可基本满足种草复绿条件。年均降水量 477mm，降水集中在 5～9 月，占全年降水量的 80%以上，降水相对充足，能够满足植物生长发育所需。

7.1.4　存在问题及对策

1. 主要问题

木里矿区生态修复是我国高原高寒高海拔地区开展的矿山治理探索性工程，在国内尚属首例。由于矿区条件差、治理面积大、技术难题多，自然恢复慢，没有适宜的成熟经验和整装技术可借鉴，生态修复具有很强的试验性和示范性。

1）自然条件严酷，植被自然恢复极为缓慢

木里生态修复区地处高寒区域，海拔高，气候寒冷，植物生长期短，大风日数多，生态环境脆弱，植物自然恢复极为缓慢。

2）适宜人工种植的植物种类少

青海省规模化繁育的适宜木里地区种植的草种仅有同德短芒披碱草、青海冷地早熟禾、青海草地早熟禾、青海中华羊茅等 4 种，且均为禾本科草种。目前该地区尚无人工造林成功的先例。青海大学在江仓地区进行的移栽金露梅（*Dasiphora fruticosa*）试验结果表明，成活率很低，生长慢。

3）异地客土差，渣土改良难度大

最近的客土距矿区 240 多千米，且土壤条件差，pH 大于 9，不具备种草条件。根据检测结果，矿区表层渣土养分含量极低，无土壤团粒结构，植物生长所需的土壤母质严重缺乏，不能满足植物生长需要。

4）生态修复区地形复杂，修复成本高

修复区地形复杂，地面不平整且砾石较多、坡度较大，不利于机械作业，大部分施工只能依靠人力完成，加之运距长、运费高，修复成本高，而且受气候条件限制，施工期短。

2. 对策措施

1）改良渣土

针对恢复区表层基质土壤少、养分差的问题，主要采取从渣山中筛选渣土，并通过增施有机肥和羊板粪等措施，改良渣土。为确保种植效果，覆盖改良土厚度大于 30cm。

2）优化草种配比

由于恢复区自然条件严酷，立地条件差，草种发芽率降低。通过采取增加播种量，搭配上繁草与下繁草的措施，增加出苗数、增强稳定性、提高覆盖度。

3）增温保墒

针对木里生态修复区自然条件严酷的实际，总结木里矿区前期综合治理及试验示范经验，采用覆盖无纺布增温保墒，确保人工种草修复效果。

4）科学施工

针对木里地区气候严酷、施工期短的实际，强化"一坑一策"，采用飞播、机械和人工等多种措施，加快施工进度，缩短工期，降低成本，提高治理的精准度和效率。

7.1.5 总体思路

1. 指导思想

以习近平生态文明思想为指导，认真贯彻落实中央领导指示精神和省委省政府关于木里矿区生态环境整治的决策部署，统筹"山水林田湖草沙冰"系统治理，坚持保护优先、节约优先、自然恢复和科技引领，按照全面保护、系统修复、综合治理、整体恢复的思路，以恢复植被和提升水源涵养功能及生物多样性保护为核心，综合应用工程、技术、管护等措施，多措并举，综合施策，大胆探索，促进矿区生态系统恢复，实现生态良性循环，努力将矿区生态修复（复绿种草）工程打造成为我国高原、高寒、高海拔地区矿山大面积生态修复示范工程。

2. 基本原则

1）自然恢复为主、人工修复为辅

坚持以自然恢复为主、人工修复为辅，人工修复为自然恢复创造条件。根据生态系统退化、受损程度和恢复力，按照"宜草则草""宜水则水"的要求，采取自然恢复、人工辅助和保护封育等措施，着力恢复增强生态系统稳定性和综合服务功能。

2）科学施策、精准治理

坚持长短结合、久久为功的方针，按照"一坑一策"的要求，结合自然环境条件及经济社会实际，因地制宜地科学编制实施方案和施工设计，做到科学施策、精准施治、治理有方、修复有度，着力提高生态修复的针对性、精准性、有效性。

3）节约优先、注重实效

坚持保护优先、节约优先、经济合理，杜绝资金、物资浪费，以最小投资实现最大生态效益。强化适宜性评价，把高标准、严要求贯穿整治修复全过程，确保取得预期成效。

4）统筹推进、科技引领

科学确定生态保护修复目标，合理布局工程项目，统筹实施各类工程、技术和管护措施，立体式、系统性、全方位、因地制宜地开展生态修复，协同推进"山水林田湖草沙冰"一体化保护和修复，突出技术引领作用。借鉴省内外矿山生态修复经验和高寒地区退化草地治理的先进技术，注重科技成果转化和集成应用，组建科技支撑团队，提高修复措施的科学性和针对性。

7.1.6　总体目标及指标

通过人工辅助生态修复，改良土壤基底，恢复地表植被，为生态系统自然恢复创造条件，加快草原、湿地修复，增强水源涵养能力，保护生物多样性，提升生态服务功能，促进生态系统状况不断好转，最终实现生态系统正向演替和良性循环。

（1）坡地（矿坑边坡及渣山边坡）当年出苗数大于 1300 株/m²，第二年植被盖度达 50%以上，第三年后植被平均盖度稳定在 60%以上。

（2）平地（渣山平台、坑底、储煤场、生活区及道路）当年出苗数大于 1500 株/m²，第二年植被盖度达 60%以上，第三年后植被平均盖度稳定在 70%以上。

（3）哆嗦贡玛飞播试验区当年出苗数大于 800 株/m²，第二年植被盖度达 50%以上，第三年后植被平均盖度稳定在 60%以上。

（4）对 2014～2016 年已治理区补播改良后，第二年植被平均盖度达到 50%以上，第三年后植被平均盖度稳定在 60%以上。

（5）对莫那措日湖周边湿地进行水系连通，通过清理渣石路、修建桥涵后植被盖度有效增加，实现水系连通，水涵养能力明显增强。

7.1.7　生态修复技术方案

根据矿坑、渣山、生活区及废弃道路整治情况，将种草复绿区治理分为三种类型进行治理。

——坡地种草复绿：矿坑边坡、渣山边坡。

——平地种草复绿：坑底部、渣山平台、储煤场、生活区、废弃道路。

——哆嗦贡玛矿区：采用飞播治理技术进行修复。

1. 立地重建

矿区地貌有效重塑后，对修复区地面进行全面整治，为种草复绿创造条件，具体要求如下。

1）地面整治与处理

坡面修建排水沟，平台四周修筑土坝；储煤场、生活区清除建筑垃圾，清理废弃道路，整理地面，坡度小于 25°，坑底不积水。

2）覆土

根据草本植物根系主要分布在土壤 20cm 左右的特性，并考虑到 5～10cm 自然沉降，地面整平后需覆土 30cm，清除覆土层中直径 5cm 以上的砾石，形成种草复绿面。

覆土来源主要有异地客土和渣土利用两种方式，考虑到异地客土运距长、成本高且适宜性差等因素，本着节约优先、经济合理，以最小投资实现最大生态效益的原则，主要采取从渣山中筛分渣土或粉碎渣石，作为覆土来源。

3）土壤改良

分析化验结果显示，木里矿区渣土中养分含量极低，无土壤团粒结构，植物生长所需的土壤养分严重缺乏，不能满足植物生长需要，必须多措并举改良土壤，确保复绿见效。

土壤改良应结合矿区实际，最大限度地利用矿区渣山，通过粉碎、筛分等方式从渣山中获取渣土，将渣土和羊板粪混合，形成改良土。根据青海大学在江仓矿区渣山治理中取得的试验数据，每亩土壤改良需筛分或粉碎的渣土用量167m³、羊板粪33m³。

以上措施能有效改善土壤理化性质和生物特性，提高土壤通气性，防止土壤板结，增加土壤有机质，增强土壤的保水供肥能力，促进微生物繁殖，改善土壤生物活性，基本满足植物生产所需的养分。

2. 修复技术

1）坡地（渣山边坡及矿坑边坡）种草复绿

a）技术路线

渣土改良与覆盖→草种选择及组合→建植（施肥、播种、耙耱镇压、无纺布覆盖等）。

b）技术方案

ⅰ．草种选择及组合

选用同德短芒披碱草、青海草地早熟禾、青海冷地早熟禾、青海中华羊茅进行混播，混播比例为1：1：1：1。

ⅱ．播种技术

采用人工、机械或飞机等方式进行播撒。

播种时间：5月下旬至6月底。

播种量：16kg/亩，其中，同德短芒披碱草4kg/亩、青海草地早熟禾4kg/亩、青海冷地早熟禾4kg/亩、青海中华羊茅4kg/亩。

播种深度：将大小粒草籽混播，播种深度控制在1cm左右。

底肥：根据测定的改良土养分结果，种植时撒施有机肥和牧草专用肥作为底肥，每亩施有机肥2000kg、牧草专用肥15kg，均匀撒施。

耙耱镇压：采用人工或机械耙耱镇压，使种子与肥料全部入土，确保草种、肥料与土壤紧密接触。

铺设无纺布：种植完成后，铺设无纺布，增温保墒。

2）平地（坑底、渣山平台、储煤场、生活区及废弃道路）种草复绿

a）技术路线

渣土改良与覆盖→草种选择及组合→建植（施肥、播种、耙耱镇压、无纺布覆盖等）。

b）技术方案

ⅰ．草种选择及组合

选用同德短芒披碱草、青海草地早熟禾、青海冷地早熟禾、青海中华羊茅进行混播，混播比例为 1∶1∶1∶1。

ⅱ．播种技术

采用人工、机械或飞机等方式进行播撒。

播种时间：5 月下旬至 6 月底。

播种量：12kg/亩，其中，同德短芒披碱草 3kg/亩、青海草地早熟禾 3kg/亩、青海冷地早熟禾 3kg/亩、青海中华羊茅 3kg/亩。

播种深度：通过机械采取分层播种，大粒草籽播种深度控制在 1～2cm，小粒草籽播种深度控制在 0.5～1cm。

底肥：根据测定的改良土养分结果，种植时撒施有机肥和牧草专用肥作为底肥，每亩施有机肥 1500kg、牧草专用肥 15kg，均匀撒施。

耙耱镇压：采用人工或机械耙耱镇压，使种子与肥料全部入土，确保草种、肥料与土壤紧密接触。

铺设无纺布：种植完成后，铺设无纺布，增温保墒。

3）哆嗦贡玛飞播种草

a）技术路线

渣土改良与覆盖→草种选择及组合→种子处理→飞播建植（播种、耙耱镇压、无纺布覆盖等）。

b）技术方案

ⅰ．草种选择及组合

选用同德短芒披碱草、青海草地早熟禾、青海冷地早熟禾、青海中华羊茅进行混播，混播比例为 1∶1∶1∶1。

ⅱ．种子处理

按照 1∶2 将种子与肥料、营养液等混合后进行包衣处理。

ⅲ．飞播技术

采用无人机将种子和肥料按一定比例混合后进行飞机撒播。

播种时间：5 月下旬至 6 月底。

播种量：8kg/亩，其中，同德短芒披碱草 2kg/亩、青海草地早熟禾 2kg/亩、

青海冷地早熟禾 2kg/亩、青海中华羊茅 2kg/亩。

底肥：根据测定的改良土养分结果，合理使用牧草专用肥，每亩使用量 15kg 左右，均匀撒施。

耙耱镇压：采用人工或机械耙耱镇压，使种子与肥料全部入土，确保草种、肥料与土壤紧密接触。

铺设无纺布：种植完成后，铺设无纺布，保湿增温。

iv. 湿地修复

拆除南北 2 条阻断莫那措日湖水系的渣石路段，在东西向 2 条渣石路建设 4 处桥涵连通水系。

治理措施：对渣土堆积形成的路段 1 和路段 2 进行全面渣土移除，移除时结合路段周边地形地貌最大限度恢复至基本地貌。

7.2 技 术 支 撑

7.2.1 技术服务支撑

为做好木里矿区种草复绿生态修复工作，由青海省林业和草原局组织草原管理处、生态修复处、湿地管理处、省草原总站、省草原改良试验站、省湿地服务中心、青海大学农牧学院、畜牧兽医学院、中国科学院西北高原生物研究所等相关单位和专家组成"一坑一策"木里矿区生态修复技术指导团队，全面开展木里矿区生态修复技术服务和科技支撑工作。

（1）总指导：负责木里矿区生态修复技术指导总体工作，包括矿区修复总体部署、矿区生态修复具体方案督导等。

（2）总协调：负责木里矿区生态修复各相关部门的协调工作，主要负责联系技术指导单位、科技支撑单位、责任单位及施工单位的相关事务。

（3）技术总指导：负责联系技术指导单位和科技支撑单位对责任单位、施工单位、监理单位开展种草复绿作业设计编制指导、技术培训、现场作业技术指导等相关工作。

（4）技术指导：牵头单位负责矿区生态修复工作中各相关单位的协调工作，协调做好矿区生态修复作业设计编制，做好项目实施技术指导、施工监督及协调与其他单位的相关事宜等。

技术指导单位主要负责矿区生态修复技术指导工作，派技术人员对生态修复施工过程进行全程技术指导和技术服务，同时与技术依托单位、施工单位共同解决矿区生态修复中出现的相关种草复绿技术问题。

技术依托单位主要负责矿区生态修复项目的技术问题，与项目施工单位签订技术依托和服务合同，及时解决生态修复中遇到的种草复绿技术难题，指导相关技术工作，对施工人员进行现场技术培训，开展相关的研究工作。

（5）工作要求：各相关单位要高度重视木里矿区生态修复技术指导工作，选派政治素质高、业务能力强的专业技术人员分批轮换驻点，人员轮换过程中要做好相关工作的对接，确保稳妥、有序交接。抽调人员要严格服从组织安排，驻点期间请做好个人防护措施，确保自身安全。同时，省林业和草原局制定种草复绿后勤保障工作方案，做好技术服务人员的交通、食宿等计划，落实工作人员经费，确保种草复绿技术服务工作正常开展。

7.2.2　技术培训

1. 培训目的

木里矿区地理环境复杂，生态修复难度大、任务艰巨、技术要求高。针对矿区生态修复种草复绿相关内容开展技术培训，提高技术指导人员、施工人员理论水平、业务素质和管理能力，熟练掌握种草技术和相关标准及规程，保证《木里矿区生态修复（种草复绿）总体方案》和相关技术规范标准有效落实。同时，通过培训进一步提高技术指导和施工人员的政治意识、责任意识和担当意识，坚决扛起木里矿区生态修复的政治责任，全面推进矿区生态修复工作，完成整治任务，实现工作目标。

2. 培训人员

主要对技术指导人员、企业管理人员、施工人员和监理人员进行培训。

3. 培训内容

根据工作需要，分不同层次的人员进行不同内容的培训。

（1）技术指导人员：对省州县林草专业技术人员开展矿山生态修复理论及实践、土壤改良、工程区生态监测、种草技术及相关技术规范标准等内容培训。

（2）施工管理人员和监理人员：开展生态保护及法律法规、相关技术规范、物资质量标准和检查方法、土壤改良、种草技术等内容培训。

（3）施工技术骨干：开展施工人员现场施肥技术、播种技术、机械操作以及施工安全等内容培训。

4. 培训组织和方式

由青海省林业和草原局组织，对技术指导人员、施工企业现场管理人员和监理人员采取集中授课，对施工技术骨干采取现场培训的方式培训。

5. 培训课程

主要培训课程为矿山生态修复及实践、矿山生态修复技术要点、人工种草技术、土壤改良及配肥、工程修复区生态监测、生态修复工程监理、生态保护及法律法规、种草技术及相关技术标准、人工种草技术及实践等。

7.2.3　土壤改良

1. 土壤改良原因

木里矿区开采后，原生植被及土壤遭到破坏，经对矿区表层渣土分析化验，渣土中养分含量极低，无土壤团粒结构，植物生长所需的土壤养分严重缺乏，不能满足植物生长需要，必须进行土壤改良。

2. 土壤改良方法

1）地面整治

对恢复区地面进行整治，为种草复绿创造条件，具体要求如下。

（1）坡面修建排水沟，平台四周修筑土坝；储煤场、生活区清除建筑垃圾，清理废弃道路。整理地面，坡度小于25°，坑底种草复绿区应在积水面1m以上。

（2）覆土：根据草本植物根系主要分布在土壤20cm左右的特性并考虑到5～10cm自然沉降，地面整平后需覆土30cm，清除覆土层中直径5cm以上的砾石，形成种草复绿面。

（3）覆土来源：主要有异地客土和渣土利用两种方式，考虑到异地客土，运距长、成本高，本着节约优先、经济合理，以最小投资实现最大生态效益的原则，主要采取从渣山中筛分渣土或粉碎渣石，作为覆土来源。

2）改良方法

土壤改良主要是对覆土进行改良，主要采取人工或机械的方式将渣土、羊板粪及有机肥混合，形成改良土。以上措施能有效改善土壤理化性质和生物特性，提高土壤通气性，防止土壤板结，增加土壤有机质，增强土壤的保肥供肥能力，促进微生物繁殖，改善土壤生物活性，满足植物生产所需的养分。

3）相关要求

（1）有机肥：质量符合 NY 525—2012 规定，有机质含量≥45%，含氮+五氧化二磷+氧化钾≥5%，水分含量≤30%。

（2）羊板粪：有机质含量大于30%，杂质含量<10%，水分含量<40%，无较大的石块，不掺加其他动物粪便和土。

3. 土壤改良

根据各矿区整治现场调查和青海大学在江仓矿区的种草试验研究，结合改良土+商品有机肥室内试验，利用各矿井获得的覆土材料，进行商品有机肥添加量室内花盆试验，按照矿区植被修复所用草种，定时测定植物生长状况和土壤养分供应能力。矿区主要分为坡地（渣山边坡、矿坑边坡）和平地（渣山平台、矿坑底部、储煤场、生活区、道路区）改良。

1）坡地渣土改良

需覆渣土厚度 25cm（即 167m³），羊板粪厚度 5cm（即 33m³），按 5∶1 混合，表层施有机肥 2000kg。

2）平地渣土改良

需覆渣土厚度 25cm（即 167m³），羊板粪厚度 5cm（即 33m³），按 5∶1 混合，表层施有机肥 1500kg。

4. 实施进度

2021 年 2 月 28 日前，完成羊板粪采购工作。

2020 年 3 月底，完成种草复绿区覆土工作。

2021 年 4 月底，完成羊板粪调运工作。

2021 年 5 月上旬，完成覆土土壤改良工作。

7.2.4　土壤基底测土配方施肥技术

测土配方施肥是以土壤测试和肥料田间试验为基础，根据牧草需肥规律、土壤供肥性能和肥料效应，在合理施用有机肥料的基础上，提出氮、磷、钾及中微量元素等肥料的施用数量、施肥时期和施用方法。由于木里矿区地面整治完成后，复绿区表层渣土中养分含量极低，无土壤团粒结构，植物生长所需的土壤养分严重缺乏，不能满足植物生长需要，因此，开展测土配方及土壤改良具有重要意义。

1. 主要内容

测土配方施肥主要是对矿山植被修复区和补播改良区进行配方施肥，保证牧草生长发育，促进土壤恢复。

2. 基本方法

基于矿区改良土配方设计，首先要确定氮、磷、钾三种主要营养元素的用量，然后确定相应的肥料配比，结合当地土壤条件适当添加中微量元素，再以基肥和追肥形式施用，指导项目区正确使用。

3. 实施步骤

测土配方施肥技术包括测土、配方、配肥、供应、施肥指导等。

1）调查取样

通过取样测试，掌握各个生态修复区不同区域施肥单元土壤供肥量、种植牧草需肥参数并参考相关同类文献等，调查应用当地牧草种植常用的基追比例、施肥时期和施肥方法，为施肥分区和肥料配方提供依据。

2）土壤测试

土壤测试是制定肥料配方的重要依据之一，通过开展土壤氮、磷、钾及中微量元素养分测试，了解土壤供肥能力状况，主要测试指标包括 pH、全氮、全磷、全钾、碱解氮、速效磷、速效钾、有机质、全盐及中微量元素。

3）配方设计

肥料配方设计是测土配方施肥工作的核心。根据土壤养分数据等，划分不同区域施肥分区；同时，根据气候、地貌、土壤等相似性和差异性，结合青海省农林科学院土肥所专家经验，提出针对不同矿区的施肥配方。

4）校正试验

为保证肥料配方的准确性，最大限度地减少配方肥料大面积应用的风险，以当地主要牧草及其主栽品种为研究对象，对比配方施肥的增产效果，校验施肥参数，验证并完善肥料配方，改进测土配方施肥技术参数。

5）效果评价

为科学地评价测土配方施肥的实际效果，须对区域内肥料施用前后土壤各养分指标、牧草出苗情况、生物量及土壤物理化学性质进行连续监测，进而进行效果评价。

7.3 施 工 管 理

7.3.1 草种选种购种

1. 选种购种原因

经过多年试验研究，青海省已培育出的成熟、适应高寒地区的乡土品种有：青海草地早熟禾、青海冷地早熟禾、青海中华羊茅、同德短芒披碱草、同德老芒麦、同德小花碱茅等。目前，已经在全省草原生态建设项目中推广使用、适应性表现良好且实现商品化大面积繁育的乡土品种，仅有青海草地早熟禾、青海冷地早熟禾、青海中华羊茅、同德短芒披碱草、同德老芒麦（*Elymus sibiricus* cv.Tongde）、同德小花碱茅（星星草）等。

2. 草种需求量

木里矿区种草复绿总面积约为 2997hm²。依据木里矿区草原植被恢复，种子播量设计为 8～16kg/亩（其中，坡地为 16kg/亩，平地为 12kg/亩，哆嗦贡玛矿区飞播播种量为 8kg/亩）。草种选择为同德短芒披碱草、青海冷地早熟禾、青海草地早熟禾、青海中华羊茅 4 个品种采用混播种植，混播比例为 1：1：1：1，共需草种约 624t。

哆嗦贡玛矿区已补播改良治理区采用飞机播种技术,要求包衣处理 24t 草种,其中,同德短芒披碱草、青海冷地早熟禾、青海草地早熟禾、青海中华羊茅各 6t。

3. 草种市场供应调查

经调查统计,2020 年青海省现有青海冷地早熟禾 615t、青海中华羊茅 716t、同德短芒披碱草 10 892t、青海草地早熟禾 300t。草种储存量能够满足木里矿区种草复绿需求。

4. 采购和质量要求

各治理区所需种子由中标企业自行采购。采购和供应种子必须为青海省生产、适宜高寒地区种植的乡土草种;种子质量要求达到国标三级标准以上(种子纯净度、发芽率执行标准为 GB 6142—2008),全部经精选、断芒处理,采用 25kg 的定量包装,包装标明种子名称、生产日期、产地、等级、净度及供应单位。加注:木里种草复绿专用标识,具备牧草种子质量检验合格报告。

5. 草种专检专储

草种采购完成后,由青海省草原总站、省草原改良试验站、省湿地中心、海西州林草局、海北州林草局和监理单位共同选派专业技术人员赴各中标企业进行草种检查,由实施单位、监理单位和中标企业进行三方抽样,抽检批次以每 5000kg 为一个批次,并委托有相应资质的单位进行抽样检测,检测合格后,入库至各中标企业提供的专门库房。未检验或者检验不合格的种子一律不得使用。

6. 草种调运

所需草种由中标企业统一调运,项目实施前,在运输过程中,省、州林草局组织相关人员同监理人员监督检查,避免发生草种被倒卖和调包,确保草种及时送达项目区。

7. 进度安排

2021 年 1 月 10 日至 2 月 28 日,中标企业完成草种统一采购工作。

2021 年 3 月 1~15 日,业主单位、中标企业、建设单位完成草种抽检工作。

2021 年 3 月 16~31 日,完成草种专储工作和出具质量检验报告。

2021 年 4 月 30 日前,完成草种统一调运工作。

7.3.2　物资抽检及检验

为加强木里矿区种草复绿草籽、有机肥等物资的质量监管,规范相关物资抽检及检验要求,确保种草复绿工作成效,参照有关规定和规程,结合木里矿区实际,开展物资抽检及检验工作。

1. 抽检物资

木里矿区种草复绿工程涉及的草籽、有机肥、无纺布、围栏。

2. 抽检时间

2021 年 4 月初到 5 月初。

3. 抽检地点

现场。

4. 抽检单位

建设单位、监理单位、供货单位、施工单位及技术指导共同现场抽样，统一委托有资质的检验机构检验。

5. 检测单位

检测单位可以由抽样单位委托有资质的省内外检测机构。

6. 异议处理及复检

检验结束后，承担抽检任务单位应及时将产品检验结果书面通知被抽查单位和产品包装上标称的生产企业，要求其在收到通知之日起 15 日内进行书面确认。对逾期不予回复或拒不签收的，视为认可抽查结果。

异议处理及复检：被抽查单位对抽查结果有异议的，应当在收到抽查结果之日起 15 日内向建设单位提出书面复议申请，进行复检。

抽检物资确认质量达不到作业设计要求的，由建设单位、施工单位、监理单位协商对供货单位做出相应处罚。

7. 抽检内容及方法

1）草籽

a）抽检草籽

同德短芒披碱草、青海草地早熟禾、青海冷地早熟禾、青海中华羊茅。

b）抽检依据

《牧草种子检验规程》（GB 2930—系列标准）、《禾本科草种子质量分级》（GB 6142—2008）。

c）抽样方法

按照产品标准中有关抽样规则进行样品采取。每袋取样量不少于 1000g，每批抽取总试样量大于 3000g。将采取的样品迅速充分混匀，用分样器或四分法缩分至不少于 1000g，分装在 3 个清洁、干燥的取样容器中，用胶带密封，粘贴标签和封条。一份用于检验，一份用于备检，一份作为异议处理复检样品备存。

d）检验批次

每 10t 为一个批次。

e）填写抽样单

抽样单一式三联。填好的抽样单应当有抽样人员和被抽查单位负责人或其授权人员的签字，并加盖公章。

f）抽样注意事项

抽样时各抽样人员全部参加，介绍抽查的性质、抽样方法、检验依据、判定原则；抽检样品时，应注意贮存环境。根据贮存情况，地面层和明显受潮、破袋产品不抽；抽样人员应对所抽样品的包装袋上所示内容拍照记录或带回一个包装袋。

g）检验内容及标准

种子选择适宜我省高寒地区种植的乡土草种，种子质量要求达到国家规定的三级标准以上（种子纯净度、发芽率执行标准为 GB 6142—2008）。全部采用精选、断芒、定量包装的草种，要求草种检验机构出具种子质量检验报告。

h）草籽标识内容和要求

包装：一律采用净重 20kg 或 25kg 的定量包装。

标识：种子名称、生产日期、产地、等级、净度及供应单位。

i）检验结果综合判定原则

各项检验指标均应符合产品质量标准《禾本科草种子质量分级》（GB 6142—2008）要求。

j）省内检测单位

省内具有牧草种子质量检验资质的单位有青海标汇检测有限公司和青海同标检测有限公司。

2）有机肥

a）抽样及检验依据

《肥料质量监督抽查抽样规范》《有机肥料》（NY 525—2012）及《肥料标识内容和要求》（GB 18382—2001）。

b）抽样方法

按照产品标准中有关抽样规则进行样品采取。每袋取样量不少于 1000g，每批抽取总试样量大于 3000g。将采取的样品迅速充分混匀，用分样器或四分法缩分至不少于 1000g，分装在 3 个清洁、干燥的取样容器中，用胶带密封，粘贴标签和封条。一份用于检验，一份用于备检，一份作为异议处理复检样品备存。

c）抽样批次

抽取批次为每 500t 一个批次。

d）填写抽样单

抽样单一式三联。填好的抽样单应当有抽样人员和被抽查单位负责人或其授权人员的签字，并加盖公章。

e）抽样注意事项

抽样时抽样人员全部参加，介绍抽查的性质、抽样方法、检验依据、判定原则。

抽检样品时，应注意贮存环境。根据贮存情况，地面层和明显受潮、破袋产品不抽样。

抽样人员应对所抽样品的包装袋上所示内容拍照记录或带回一个包装袋。

f）检验要求

有机肥质量符合 NY 525—2012 行业标准规定，有机质含量大于等于 45%，含氮+五氧化二磷+氧化钾大于等于 5%，水分含量小于等于 30%，酸碱度 5.5～8.5。

g）肥料标识内容和要求

包装：选用覆膜编织袋或塑料编织袋衬聚乙烯内袋包装。每袋净含量 50kg、40kg 等。

标识：产品名称、商标、有机质含量、总养分含量表、净重量、标准号、登记证号、企业名称、厂址等。

h）检验结果综合判定原则

各项检验指标均应符合产品质量标准 NY 525—2012、《肥料标识　内容和要求》（GB 18382—2001）要求，任一项不符合要求，即判为不合格产品。

i）省内检测单位

省内有检测资质的单位有青海省化工设计研究院有限公司、青海韵驰检测技术有限公司、中国科学院西北高原生物研究所分析测试中心。

3）牧草专用肥

a）抽样及检验依据

牧草专用肥是一种掺混肥料（BB 肥），参照《掺混肥料（BB 肥）》（GB 21633—2008）。

b）抽样方法

按照产品标准中有关抽样规则进行样品采取。每袋取样量不少于 1000g，每批抽取总试样量大于 3000g。将采取的样品迅速充分混匀，用分样器或四分法缩分至不少于 1000g，分装在 3 个清洁、干燥的取样容器中，用胶带密封，粘贴标签和封条。一份用于检验，一份用于备检，一份作为异议处理复检样品备存。

c）抽样批次

抽取批次为每 50t 一个批次。

d）填写抽样单

抽样单一式三联。填好的抽样单应当有抽样人员和被抽查单位负责人或其授权人员的签字，并加盖公章。

e）抽样注意事项

抽样时抽样人员全部参加，介绍抽查的性质、抽样方法、检验依据、判定原则。

抽检样品时，应注意贮存环境。根据贮存情况，地面层和明显受潮、破袋产品不抽样。

抽样人员应对所抽样品的包装袋上所示内容拍照记录或带回一个包装袋。

f）检验要求

要求其总养分 $N+P_2O_5+K_2O \geqslant 35\%$。

g）肥料标识内容和要求

包装：选用覆膜编织袋或塑料编织袋衬聚乙烯内袋包装，每袋净含量 50kg 等。

标识：产品名称、商标、有机质含量、总养分含量表、净重量、标准号、登记证号、企业名称、厂址等。

h）检验结果综合判定原则

各项检验指标均应符合产品质量标准《掺混肥料（BB 肥）》（GB 21633—2008）。

i）省内检测单位

省内有检测资质的单位有青海省化工设计研究院有限公司、青海韵驰检测技术有限公司、中国科学院西北高原生物研究所分析测试中心。

4）围栏

a）抽检依据

《编结网围栏》（JB/T 7138—2010）。

b）抽样方法

每批次中随机抽取 2 卷进行检验。

c）检验批次

编结网卷数：180～300 卷为一个批次。

d）填写抽样单

抽样单一式三联。填好的抽样单应当有抽样人员和被抽查单位负责人或其授权人员的签字，并加盖公章。

e）抽样注意事项

抽样时各抽样人员全部参加，介绍抽查的性质、抽样方法、检验依据、判定原则；抽样人员应对所抽样品的标识所示内容拍照记录。

f）检验内容

检验内容：钢丝直径、锌层牢固性、钢丝力学性能、镀锌层重量、编结网弹性试验后张紧力的变化率、波深合格率、扣结沿纬线位移合格率、扣结沿经线位移合格率。

g）标志、包装

每卷编结网、刺钢丝应有标牌，标牌上应注明：制造厂名、厂址；产品名称；产品规格及标记；制造日期及出厂编号；执行标准。

编结网卷外径不得大于 500mm，用直径不小于 2.0mm 的钢丝捆绑牢固，钢丝头不得外翘。用直径不小于 2.0mm 的钢丝在刺钢丝盘卷四周均匀捆绑四处，钢丝头不得外翘。钢制小立柱每 5～10 根一捆，用直径不小于 2.0mm 的钢丝捆绑牢固。大立柱、门柱应喷写生产企业名称、生产日期。

围栏门的标志：左边为产品名称、生产单位及执行标准，右边为监制单位、生产日期。

挂钩、绑钩应入袋包装，袋口封闭良好。编结网、刺钢丝出厂时应附下列文件：产品合格证书；安装说明书。

h）检验结果综合判定原则

各项检验指标均应符合机械行业标准《编结网围栏》（JB/T 7138—2010）要求。

i）省内检测单位

省内具有围栏质量检验资质的单位有青海省化工设计研究院、青海韵驰检测技术有限公司。

5）无纺布

a）抽检依据

产品合格证。

b）抽样方法

每批次中随机抽取 $10m^2$ 进行检验。

c）检验批次

每 $100\ 000m^2$ 为一个批次。

d）填写抽样单

抽样单一式三联。填好的抽样单应当有抽样人员和被抽查单位负责人或其授权人员的签字，并加盖公章。

e）抽样注意事项

抽样时各抽样人员全部参加，介绍抽查的性质、抽样方法、检验依据、判定原则；抽样人员应对所抽样品的标识所示内容拍照记录。

f）检验内容及要求

无纺布采用可降解的绿色网布，质量 $20\pm2g/m^2$。

g）检验结果综合判定原则

各项检验指标均应符合产品合格证要求。

h）省内检测单位

省内具有质量检验资质的单位有青海省化工设计研究院有限公司、青海韵驰检测技术有限公司。

6）羊板粪

为加强木里矿区生态修复（种草复绿）所需羊板粪质量监管，规范羊板粪抽检及检验要求，确保羊板粪质量，根据《木里矿区生态修复（种草复绿）总体方案》要求，参照有关规定和规程，结合木里矿区实际，特制定如下抽检方案。

a）抽检物资

木里矿区种草复绿工程涉及的羊板粪。

b）抽检时间

2021 年 4 月初到 5 月底。

c）抽检地点

木里矿区各矿井（施工现场）。

d）抽检单位

建设单位、监理单位、供货单位、施工单位及技术指导共同现场抽样，统一委托有资质的检验机构检验。

e）抽检内容

ⅰ. 检验批次

每 1000 立方米为一个批次，羊板粪材料进场后，堆放比较混乱，可根据羊板粪堆样的数量及堆状进行分布多点采样（采样必须选择有代表性的样点，样点不能少于 10 个），并将采取的样点进行充分混合选取一个批样。

ⅱ. 质量标准

有机质含量大于 40%，杂质含量小于 10%，水分含量小于 40%，无较大的石块。

ⅲ. 外观标准

羊板粪全部应为粉末状，颜色为黑褐色或者黑色，气味带有氨味或粪便味、淤泥味。

f）检测单位及费用

检测单位可以由抽样单位委托有资质的省内外检测机构。抽取样品检测费用原则上由供货企业支出。

g）异议处理及复检

检验结束后，承担抽检任务单位应及时将产品检验结果书面通知被抽查单位，要求其在收到通知之日起 15 日内进行书面确认。对逾期不予回复或拒不签收的，视为认可抽查结果。

异议处理及复检：被抽查单位对抽查结果有异议的，应当在收到抽查结果之日起 15 日内向建设单位提出书面复议申请，进行复检。

羊板粪质量达不到作业设计要求的，由建设单位、施工单位、监理单位协商，并按照相关规定对供货单位做出相应处罚。

7.3.3 "七步法"植被重建技术（种草技术流程）及注意事项

针对矿区种草复绿工作中出现的对技术流程、标准等认识不一致的问题，为统一业主单位、施工企业、监理单位、技术指导单位的认识，本着优化工序、降低成本和实事求是的原则，矿区种草复绿工作技术支撑单位专家研究细化了种草技术流程，形成了"七步法"植被重建技术。

1. "七步法"植被重建技术

第一步，渣土筛选——形成种草基质层。

第二步，修建排水沟。

第三步，改良渣土——拌入羊板粪。

第四步，撒施有机肥。

第五步，播种。

第六步，耙耱镇压。

第七步，铺设无纺布。

为便于施工企业的实地操作，种草技术流程总结归纳为"覆、捡、拌、耙、种、耱、镇"七步工作法，形成"七步法"植被重建技术。

2. 注意事项

（1）各施工企业按照种草流程，进一步优化工序，科学组织施工，加快工作进度，确保种草复绿按期完成。

（2）各业主单位、施工企业、监理单位和技术指导单位对施工过程中发现的新问题及时上报省现场指挥部办公室和业务单位。由省现场指挥部办公室会同业务单位及矿区种草复绿工作技术支撑专家及时会商，研究解决。

7.4 后 期 管 护

7.4.1 生态监测

为科学地评价矿区生态修复种草复绿的实际效果，须对修复区域内土壤各养分指标、植被综合覆盖度、牧草出苗情况、物候期、生物量、物种多样性及土壤物理化学性质进行连续监测。

1. 监测时间

木里矿区植被修复的监测工作每年开展两次，即春季牧草返青期和牧草生长旺盛期，连续监测 6 年。3 年开展一次监测评估调查，对木里矿区植被修复工程实施效益及生态状况进行系统调查与评估。

2. 监测方法和监测样地设置

采用地面调查组及遥感影像解译小组天地一体的监测手段进行跟踪监测。

1）地面监测

a）监测样地数量

在采坑植被修复区和渣山植被修复区各设置 1 个固定监测样地；根据植物长势设置 2 个随机监测样地。监测样地数量共计 4 个。每个监测样地设置 3 个 1m×1m 的监测样方，共计 12 个监测样方。

b）监测方法

地面监测采用固定监测样地和随机监测样地结合的方法。各样方之间的距离大于 50m。监测指标包括植被总盖度、非播种植物的迁入情况和分种盖度、植株高度、频度、密度（株丛数）、地上生物量以及植物物种丰富度、物候期等。

随机监测样地监测样方监测指标主要包括物种丰富度、植株高度、频度、盖度、地上生物量和地下生物量土壤测定。土壤取样和测定方法：在随机监测样地的 3 个 1m×1m 的监测样方内，待植物样方调查结束后，采用环刀法测土壤容重，采用土壤温湿度测定仪观测土壤含水量。用土钻采集 0～30cm 的土层，装入自封袋，每个样地为 1 个混合样，带回实验室，测定土壤的有机质含量、重金属污染物及 N、P、K 含量。

土壤测定中的有机质、重金属污染物及 N、P、K 等的含量以生态修复（种草复绿）工程实施当年测定数据为基础年，每年测定一次。土壤容重、土壤含水量等，结合植被长势监测，每年测定一次。

c）取样方法和测定方法

植被总盖度和分种盖度：植被总盖度使用多光谱仪测量单位面积内植被覆盖度。分种盖度采用针刺法测定。

植株高度：按生殖枝和叶层高度分别测定绝对高度（即从地面到生殖枝或叶顶端），用 cm 来表示。

频度：某种植物在样地内出现的次数，也就是出现率。在监测时用记名样方统计，以百分数来表示。频度样方不得少于 10 个。

密度（株丛数）：调查样方内各种植物的数量多少。禾本科植物以丛数计数，直立型植物以株数计数。调查当年播种后幼苗数。

生物量：①地上生物量，测产样方应设置在规定的点位上，按植物种类齐地面分别剪取，称重。②地下生物量，待植物样方调查结束后，用根钻采集 0～30cm 土层的地下植物组织，并用标准筛水洗，去除土粒及其杂质，晾干，称其鲜重，同时带回实验室烘干，称干重。

物种丰富度：统计样方内的植物种数。

物候期：观测和记录一年中（从植物的返青到枯萎）植物的生长发育阶段和

播种草种第二年成熟程度及产量。

成活率：统计单位面积内每种植物成活的数量占总量的百分比。

越冬率：统计单位面积内植物翌年返青时成活基数的比值。

土壤容重：采用环刀法。

土壤含水量：采用土壤温湿度测定仪法或烘干法。

土壤有机质含量：采用重铬酸钾氧化-稀释热法。

土壤 pH：采用酸度计法。

土壤全氮：采用凯氏定氮法。

土壤速效氮：采用碱解扩散法。

土壤全磷：采用酸溶-钼锑抗比色法。

土壤速效磷：采用碳酸氢钠浸提-钼锑抗比色法。

土壤全钾：采用碳酸钠碱熔-火焰光度法。

土壤速效钾：采用乙酸铵提取-火焰光度法。

2）遥感或无人机监测

通过遥感或无人机近地面遥感监测分析、研究及数据核查过程，完成草地监测的数据校对。同时，结合地面调查数据，针对矿区植被状况，解读与处理影像，提取植被指数，建立遥感或无人机航拍植被生产力与地面调查之间的模型。

遥感技术快速获取地面物体波谱信息，以外业点面样本数据和最近 1～2 年及未来 5 年内 6～8 月的 MODIS 遥感影像为数据基础，获取植被综合覆盖度等信息，建立矿区植被最高生物量与植被指数之间的数学模型，通过建立的各类型草地的数学模型对木里矿区所有最高草地生物量进行估算，进而计算草地的产草量等。

7.4.2 围栏封育

1. 围建方式

各矿区种草复绿后将以矿区为单位，进行整体围栏封育，通过使用 GPS 进行航迹测量，确定实际封育周长，封育围栏必须闭合。围栏建设安装时必须留有野生动物迁徙通道或道路。

2. 围栏标准

围栏材料参照机械行业标准《编结网围栏》（JB/T 7138—2010）的规格（网片为缠绕式）、基本参数、技术要求和检验规则执行。

a）连接件

（1）绑钩：材料应为抗拉强度不低于 350MPa、直径 2.50mm 的镀锌钢丝，每根长度 200mm。

（2）挂钩：材料应为抗拉强度不低于 350MPa、直径 2.50mm 的镀锌钢丝，每根长度 200mm。

b）围栏门

围栏门的框架采用 GB/T 13793 中 ϕ25 的直缝电焊钢管；围栏门采用双扇结构，单扇高为 1300mm，宽为 1500mm；原材料采用 30mm×3mm 扁铁，40mm×40mm×4mm 角钢，1.5mm 钢板；围栏门的扁铁间距为 150mm；围栏门应焊接牢固，焊缝平整，无烧伤和虚焊；围栏门应涂防锈漆和银粉，涂层均匀，无裸露和涂层堆积表面。

3. 围栏施工安装

所有零部件必须检验合格，外购件必须有合格证明方可安装。配套网围栏根据地形平均 10m 设 1 根小立柱，每 400m 应设 1 根中立柱，按实际需求每个拐点设 1 根大立柱；各种立柱应埋设牢固，与地面垂直，埋入地下部分不得少于 0.6m；围栏门位置可根据牧户要求设置；编结网的每根纬线均应与立柱绑结牢固，所有的紧固件不得松动；大门应安装牢固，转动灵活，矿区根据面积大小和实际情况合理安装相应数量大门。

在每个围建单元门上标明项目名称、围栏长度、围建单元流水序号、生产厂家名称等重要文字。

4. 围栏维护

封育围栏建成后，由矿区专门设置生态管护员负责日常巡护，如出现围栏因牲畜、过往车辆、人为及地势塌陷等造成围栏损坏要立即修补，确保封育围栏发挥长效。

5. 围栏专检专储

封育围栏采购完成后，由青海省林业和草原局省草原总站、省草原改良试验站、省湿地中心、海西州林草局、海北州林草局和监理单位共同选派专业技术人员联合对围栏进行抽样检查，并委托有相应资质的单位进行抽样检测，抽检批次以每 3000m 为一个批次，检测合格后，先入库至各中标企业指定库房，并由实施单位、监理单位和中标企业共同确定集中存放地点，由中标企业建立台账，实行三方共同确认签订的入库登记制度。

6. 围栏调运

所需围栏由中标企业负责调运，省、州林草局组织相关人员同监理人员负责监督检查，避免发生围栏被倒卖和调包，确保围栏及时送达项目区。

7. 进度安排

2021 年 2 月 28 日前，完成围栏采购工作。

2020 年 3 月 15 日前，完成围栏抽检工作。

2021 年 3 月 16～31 日，完成围栏专储工作。

2021 年 4 月 30 日前，完成围栏统一调运工作。

7.4.3 种草复绿管护保育

坚持保护优先、节约优先和科技引领，以保护生态修复种草复绿成果为核心，强化保育措施落实，全面加强木里矿区种草复绿后期管护保育工作，确保木里矿区生态环境综合整治取得实效。

1. 工作目标

按照"建、育、管协调统一"原则，2021～2023 年，对木里矿区种草复绿区域实行严格管护，对复绿区域周边进行必要的保育和管护。

2021 年，是巩固种草成效的关键期，通过健全管护制度，完善管护政策，落实保育措施，选配管护人员，优化管护机制，形成科学管护模式，确保木里矿区种草复绿区域管护保育组织严密，落实有力，为翌年种草复绿区域植被盖度达标打好基础，提供保障。

2022 年，木里种草复绿区域坡地（矿坑边坡及渣山边坡）植被平均盖度达 50%以上，平地（渣山平台、坑底、储煤场、生活区及道路）植被平均盖度达 60%以上，完成木里矿区生态环境综合整治工程国家级验收。

2023 年，木里种草复绿区域坡地（矿坑边坡及渣山边坡）植被平均盖度稳定在 60%以上，平地（渣山平台、坑底、储煤场、生活区及道路）植被平均盖度稳定在 70%以上，生态系统稳定，向良性循环和正向演替发展。

2024 年后，力争将木里-江仓区域纳入祁连山国家公园青海片区管理体制，形成严格、规范的区域生态系统保护格局。

2. 主要任务

2021 年 12 月至 2022 年 4 月后期管护工作任务为强化保育、围栏封育、抚育管护、巡护管护、禁牧管护和生态监测等。

1）强化保育

对复绿区域认真全面监测，了解木里矿区气候和观测各矿井各图斑地基稳定性、土壤养分等基本情况，有针对性地提出防寒抗旱、补播施肥等保育措施，认真做好生态修复（种草复绿）植被越冬和返青期的保育工作，确保复绿成效。

2）围栏封育

木里矿区各矿井种草施工企业要严格按照《编结网围栏》（JB/T 7138—2010）、《木里矿区生态修复（种草复绿）总体方案》等技术要求，对各矿井种草复绿区域整体进行围栏封育，能围尽围，不留死角，防止周边牲畜进入啃食踩踏或人为活动破坏。围栏封育期暂定为三年，第四年经专家评估论证后，根据论证结果再行确定后期管护利用措施。

3）抚育管护

2021年，木里矿区种草复绿省级验收结束后，对当年种草复绿达不到指标要求的区域，由各矿井施工企业负责补植补种，提升复绿区植被覆盖度。同时，在种草复绿区植物生长期连续两年追施牧草专用肥，施肥量为15kg/亩，保证植物正常生长所需养分。

4）巡护管护

种草复绿工程期间，施工企业承担管护责任，参照《青海省人民政府办公厅关于印发青海省草原湿地生态管护员管理办法的通知》，按 $33hm^2$/人标准设置生态管护岗位，吸纳当地牧民参与日常管护。加强管护员队伍管理，建立绩效考核制度，明确管护职责，配备专业巡护设备，开展日常巡护工作，并建立巡护日志。种草复绿工程结束后，由各矿井所属县、乡政府承担管护责任，持续加大巡护力度，织严织密保护网络。

5）禁牧管护

政府部门切实履行禁牧主体责任，认真安排部署木里矿区种草区域禁牧工作，强化各项管理措施落实。要建立禁牧工作责任制，县与乡、乡与村、村与户逐级签订管护目标责任书，明确管护责任，做到责任到人、分工明确，落实绩效管理机制。要落实禁牧管护责任追究制度，坚决杜绝禁牧区放牧行为，对失职渎职的要层层追究责任，做到有失必究，促进禁牧工作规范化、制度化开展。

6）生态监测

按照"测管协同"要求，由青海省生态环境厅牵头，省自然资源厅、省水利厅、青海省林业和草原局、省气象局等单位参与，利用卫星遥感、无人机等先进技术手段，组织开展木里矿区"天空地一体化"监测工作，由当地政府保障网络基站和供电网络等配套环境。青海省林业和草原局配合开展种草区域植被生长动态监测、草原有害生物监测预警及防控，及时分析监测结果，提交监测报告，为做好后期管护工作提供科学依据。

3. 保障措施

1）加强组织领导，提高政治站位

各相关地区、单位要树牢政治意识、大局意识和责任意识，把加强后期管护、提升管护成效作为完成整治任务的重点举措，主要负责人要亲自研究推进管护工作，细化实化管护措施，勤补管护保育"短板"和"弱项"，及时解决存在问题，确保种草复绿建管衔接紧密、落实有效。

2）落实管护责任，形成工作合力

种草复绿工程重在管护，难在管护。地方党委、政府要认真落实所属矿井种草复绿后期管护主体责任，充分发挥基层党组织的教育、监管责任和作用，教育引导党员牧民发挥先锋模范作用，加大矿区生态环境保护政策的宣传力度，对各矿井种草复绿区域及周边牧民的放牧行为进行指导。海西州和海北州要协调省财政、农业农村部门等把种草复绿区域纳入草原生态补奖政策范围，实行禁牧管理。省、州（县）自然资源部门、生态环境部门、农业农村部门、水利部门、林草部门等履行监管责任，督促管护工作落实到位。

3）强化技术支撑，提升管护效果

省级林草主管部门协调青海大学、中国科学院西北高原生物研究所技术支撑单位专家团队发挥作用，对木里矿区种草复绿管护工作开展全过程技术服务，实现科学管护、精准管护。同时，各级林草部门要把木里矿区作为草原保护修复的重点区域，加大日常检查督导力度，持续巩固种草复绿成果。

4）完善相关预案，防范自然灾害

政府部门要加强木里矿区天气、水文等要素监测评估，科学预判极端灾害风险，制定相关应急预案。各级林草部门要加强草原防火预警，适度储备防火物资，严防种草复绿区域内外各类火灾。各级气象部门要实时监测复绿区降雨、降雪、干旱、低温等极端天气情况，及时向当地政府提供相关气象信息。如遇持续干旱天气，可采取人工增雨（雪）方式增湿保墒。

7.4.4 种草复绿补种补植补肥

通过补种、补植、补肥，全面完成木里矿区生态修复种草复绿的任务，进一步巩固修复成效。对矿区未实施种草的矿坑回填区、渣山临坑边坡以及道路、生产生活区等区域（面积共 319hm^2）进行补种；对 2021 年种草复绿指标达不到设计要求的区域进行补植，补植面积依据监测评估结果核定；对 2021 年实施的种草复绿区进行补肥。

1. 技术方案

1）补种

a）立地条件分析

按照精准施策、科学修复的原则，对补种区域逐图斑进行分析，归纳为如下类型。

矿坑回填区域：由于矿坑回填施工在冬季，因冻融作用部分地段存在不均匀沉陷和开裂现象，主要分布在矿坑周边 50m 的范围内，未纳入 2021 年种草复绿区。

渣山临积水坑边坡：该区域为渣山坡角周缘，因积水导致边坡不稳定，局部地段存在滑塌等失稳情形。2021 年虽然进行了渣山整形，但未对积水进行疏排，未纳入 2021 年种草复绿区。

渣山不稳定边坡：该区域为渣山边坡，坡度较大，边坡局部地段存在不均衡沉降、开裂及滑塌情形，未纳入 2021 年种草复绿区。

海拔高、风力剥蚀大区域：该区域海拔 4200～4400m，风力剥蚀大，立地条件差，技术要求高，为避免投资浪费，未纳入 2021 年种草复绿区。

道路、生产生活区域：该区域为 2021 年未及时拆除清理的区域。

b）补种技术路线

矿坑回填区：回填区域经过一年多的自然沉降，地质条件趋于稳定。2022 年 4 月底前，请相关领域专家逐图斑进行稳定性评价。技术路线为覆土或翻耕捡石→土壤改良→种植牧草→抚育管护。

渣山临积水坑边坡：该区域正在开展积水区域的疏排工作，疏排工作完成后，渣山不稳定因素基本消除。2022 年 4 月底前，请相关领域专家逐图斑进行稳定性评价，确定种草复绿图斑及面积。技术路线为草种丸衣化处理→飞播种草→抚育管护。

渣山不稳定边坡：经过两个冻融期后，地质条件趋于稳定，2022 年 4 月底前，请相关领域专家逐图斑进行稳定性评价，确定种草复绿图斑及面积。技术路线为覆土或翻耕捡石→土壤改良→种植牧草→抚育管护。

海拔高、风力剥蚀大的区域：2021 年在该区域已经开展了种草复绿小区试验，从试验结果看，该区域可以进行种草复绿。技术路线为覆土或翻耕捡石→土壤改良→种植牧草→抚育管护。

道路、生产生活区等区域：道路、生产生活区设施拆除及清理后进行种草复绿。技术路线为覆土或翻耕捡石→土壤改良→种植牧草→抚育管护。

c）技术要点

i. 人工、机械补种技术方案

形成种草基质层：通过筛选的渣土覆盖或就地翻耕捡石后形成深度为 25cm 的种草基质层（覆土层），25cm 深度种草基质层中直径大于 5cm 的石块比例不超过 10%。

修建排水沟：渣山坡面 30～50m 内修建排水沟，与采坑边坡平台区修建的拦水坝共同形成排水系统。

改良渣土：在渣土中拌入羊板粪、有机肥。将羊板粪（每亩用量 33m³，厚度为 5cm）、颗粒有机肥（每亩用量 750kg）摊铺在种草基质层上，采用机械或人工方法，均匀拌入种草基质层，深度大于 15cm。

撒施有机肥：将颗粒有机肥（每亩用量 750kg），通过机械或人工方式，撒施在种草基质层表面。

播种：将 4 种牧草种子（共计 8kg/亩）和 15kg/亩牧草专用肥混合，通过机械撒播或人工撒播等方式，撒播在种草基质层表面。

耙糖镇压：对播种的地块，采用机械或者人工方法耙糖镇压。

铺设无纺布：耙糖镇压完成后，铺设无纺布。无纺布边缘重叠处用石块压紧压实。

拉设围栏：为确保植被恢复成效，进行围栏封育。

ⅱ．飞播补种技术方案

草种选择及组合：选用同德短芒披碱草、青海草地早熟禾、青海冷地早熟禾、青海中华羊茅进行混播，混播比例为 1：1：1：1。

种子处理：按照 1：2 将种子与肥料、营养液等混合后进行包衣处理。

采用无人机将种子和牧草专用肥按一定比例混合后进行飞机撒播。

播种时间：5～6 月。

播种量：8kg/亩，其中，同德短芒披碱草 2kg/亩、青海草地早熟禾 2kg/亩、青海冷地早熟禾 2kg/亩、青海中华羊茅 2kg/亩。

底肥：肥料使用牧草专用肥，每亩使用量 15kg 左右。

2）补植

草种选择及组合：选用同德短芒披碱草、青海草地早熟禾、青海冷地早熟禾、青海中华羊茅进行混播，混播比例为 1：1：1：1。

采用人工方式进行播撒。

播种时间：5～6 月。

播种量：8kg/亩，其中，同德短芒披碱草 2kg/亩、青海草地早熟禾 2kg/亩、青海冷地早熟禾 2kg/亩、青海中华羊茅 2kg/亩。

撒播后在不破坏原有植被的情况下，进行人工耙糖镇压处理，保证种子入土。

铺设无纺布：种植完成后，铺设无纺布，增温保墒。

3）补肥

利用无人机或直升飞机进行追肥，肥料选择易于被植物吸收的牧草专用肥进行补肥。

补肥时间：牧草分蘖至拔节期（6～7 月）。

补肥量：15kg/亩。

2. 实施进度

实施进度分为三个阶段，具体如下。

1）前期准备阶段（2021 年 12 月至 2022 年 5 月）

2021 年 12 月底之前，完成作业设计的编制及评审。

2022 年 2 月至 3 月 20 日，完成草种、有机肥、围栏、无纺布等物资招投标及物资储备。

2022 年 3 月 21 日至 4 月 30 日，完成草种、有机肥、围栏、无纺布等物资调运，并完成土壤改良及覆土。

2）现场实施阶段（2022 年 5 月至 2023 年 7 月）

2022 年 5~6 月，完成补种、补植工作。

2022 年 6 月至 2023 年 7 月，完成补肥工作。

3）总结验收阶段

2023 年 9~12 月，项目总结、自查验收，完成省级核查。

3. 保障措施

1）加强组织领导

省级林草主管部门加强对生态修复工作的督导检查，确保木里矿区生态修复工作按期高质量完成。海西、海北州履行主体职责，要组织编制审批作业设计，切实加强木里矿区生态修复组织实施和协调管理，从人员、物资、实施等方面进行全过程管理，省自然资源部门、生态环境部门、水利部门、林草部门等按照各自职能加强"三补"工作的检查指导，确保木里矿区"三补"工作有效推进。

2）做好技术支撑

省级林草主管部门要协调青海大学、中国科学院西北高原生物研究所技术支撑单位专家团队发挥作用，对木里矿区"三补"工程开展全过程技术服务，实现科学指导、精准服务。同时，各级林草部门要把"三补"工作作为 2022 年木里矿区生态修复的重点，加大日常检查督导力度，持续巩固种草复绿成果。

3）强化资金保障

各相关部门积极争取国家对口部委对木里矿区生态修复的支持，解决生态修复工程资金投入不足的问题。加大对木里矿区生态修复科技支撑的投入力度，力争在高寒高海拔地区矿山生态修复技术上有较大突破，形成可复制、可推广的模式。

4）狠抓施工安全

"三补"工作是木里矿区大面积种草复绿后的一项重点任务，特别是补种部分区域坡度大、地质复杂，补种工作存在较大安全风险，各实施单位、施工企业要高度重视，做好施工安全评估，制定施工安全预案，层层签订安全生产责任书，落实责任到人，确保施工安全。同时，严格执行疫情防控有关规定和要求，确保疫情期间的安全施工。

7.5 质量控制

7.5.1 组织管理与实践

自然环境是人类社会赖以生存的基础，随着全球经济的不断发展，工业化不断加深，伴随而来的却是人类过度消耗资源和环境问题不断恶化。环境保护成为一个重要的话题，环境治理是一项复杂的系统工程，解决环境问题，离不开科学技术的进步，离不开法律制度的约束和规范，离不开环保部门的严格执法，离不开广大公众和非政府组织的积极参与，但更离不开政府职能的发挥。因此，深入研究环境治理中的政府职能，对于做好环境保护工作具有非常重要的意义。环境保护和经济发展密切相关，在环境污染问题甚为严重的今天，如何加强地方政府的监管职责，更好地构建生态环境监管体系，是地方政府目前在监管生态环境恶化问题时面临的严峻挑战，政府应当积极履行其职能，制定出可行的规章制度，采取有效的策略，正确处理环境保护和经济发展之间的关系，引导国家经济走可持续发展道路。

1. 生态文明建设中政府的职能定位

各相关部门要履行好生态环境保护职责，使各部门守土有责、守土尽责，分工协作、共同发力。地方各级党委和政府主要领导要树立生态政绩观念，把资源、环境的成本效益纳入考核目标，对生产过程中的资源消耗、环境污染、污染治理等全部指标进行核算，增强政绩成本意识，提高科学决策水平，最大限度地避免决策失误、重复建设和资源浪费，形成科学合理的生态建设模式，也要落实生态问责制度，明确生态考核指标体系，量化和细化考核条款。将严格的节能减排考核指标、生态评价指标和环境测评指标纳入政绩考核范围，还要加强生态文明建设的法治化水平，完善生态环境立法的指导原则，完善生态文明建设的法规体系，加大行政执法力度，建立科学有效的监督机制。落实各生态区和生态功能区的建设与保护措施，针对优化开发、重点开发、限制开发、禁止开发区域，科学调整产业布局和安排重大项目，形成各具特色的区域发展格局。

建设生态文明是中华民族永续发展的千年大计。必须树立和践行绿水青山就是金山银山的理念，坚持节约资源和保护环境的基本国策，像对待生命一样对待生态环境，统筹山水林田湖草系统治理，实行最严格的生态环境保护制度，形成绿色发展方式和生活方式，坚定走生产发展、生活富裕、生态良好的文明发展道路，建设美丽中国，为人民创造良好生产生活环境，为全球生态安全做出贡献。生态文明建设，功在当代，利在千秋。

我国生态文明建设的关键环节就是政府生态环境治理，政府是生态环境治理的主导，在生态文明建设方面具有其他生态环境治理主体所不具备的优势，因此必须由政府采取措施来解决，政府是目前阶段我国环境治理的主体，政府生态环境治理是政府通过行使管理、调控、服务等职能，遵照政策法律对生态环境进行治理，以期改善生态环境，实现人与自然的和谐。

2. 生态文明建设中政府的作用体现

作为国家的权力机构，政府在环境治理方面发挥着至关重要的作用，主要起到主导、引导、支持、保障作用。

第一，制定执行生态环境保护治理的法律、法规，加强生态文明建设的法治化水平，完善生态环境立法的指导原则，完善生态文明建设的法规体系，加大行政执法力度。

第二，制定环境治理、生态修复中相关政策，落实各生态区和生态功能区的建设与保护措施，针对优化开发、重点开发、限制开发、禁止开发区域，科学调整产业布局和安排重大项目，形成各具特色的区域发展格局。

第三，组织相关职能主管部门开展生态环境治理修复相关科研课题、技术培训，提高科学研究决策执行水平，最大限度地利用节约减排可持续新技术，为决策提供科学依据，避免重复建设和资源浪费，形成科学合理的生态建设模式。

第四，宣传环境保护的重要性，调动社会各界、企业、非政府组织对违反环境保护法律、法规单位的监督、管理，提高人民生态保护意识，落实具体行动。

第五，探索环境治理、环境保护新的方式、方法，环境保护法律、法规进一步提高，真正拥有良好的生态环境，切实提高人民的生活水平，使群众拥有更多的获得感和幸福感，打造和谐社会。

第六，建立科学合理的监督管理、考核评价体系，地方各级党委和政府主要领导要树立生态政绩观念，把资源、环境的成本效益纳入考核目标，对生产过程中的资源消耗、环境污染、污染治理等全部指标进行核算，增强政绩成本意识，落实生态问责制度，明确生态考核指标体系，量化和细化考核条款。

第七，学习借鉴和吸取其他国家环境治理的经验、教训，避免出现过度治理和违规治理的问题，对于提高生态文明建设和可持续发展水平、全面建设环境友好型社会具有较高的实践价值。

3. 生态文明建设中政府的作用实践

各地政府必须要意识到自己是最直接的监管主体，要直面生态环境污染破坏问题，有责任保护公共资源。但实际上，由于政府职能在实际履行过程中存在的各种问题，生态环境治理的效果不够明显。

省级政府生态环境治理的三大结构要素为驱动要素、核心要素和结果要素。同时，政府应主动寻求企业、非政府组织、公民的支持，与社会各界建立合作型的伙伴关系，并推行环境管理的地方化及区域合作，从而建立容纳多主体的政策制定和执行框架，形成共同分担环境责任的机制。

由实践看出，政府拥有强大的政治统治资源，是公共权力的主要执行者和代表者。政府的角色直接影响生态文明建设的效率和效果。作为生态文明建设的主体，政府应合理定位自身角色，从源头上扭转生态环境恶化的趋势，实现美丽中国梦，实现中华民族永续发展。地方政府生态政绩考评作为评判地方政府在生态环境领域的执政能力与实施成效的手段，对于加快生态文明体制改革、建设美丽中国具有重要意义。

4. 青海生态文明建设中政府职能发挥

青海高原广袤无垠、地大物博、多民族聚居、景色秀丽、物种独特，青海高原不仅仅是中国的宝地，更是世界的宝地；青海高原的存在改变了东南亚季风和气候的地理格局；青海为全国乃至东南亚提供了丰富的水资源；青海是非常重要的高寒生物种质资源库和天然基因库，蕴藏了世界独特的生物资源。

1）省委省政府职能发挥

2020 年 8 月 14 日，第一次领导小组会议要求领导小组各成员单位要以高度的政治站位、精准的工作举措、强烈的责任担当、高效的协调配合、严格的督查倒逼抓好整治工作；要加强组织领导。知责明责、担责尽责，整体部署、高位推动，全面做好渣山治理、水土保持、植被恢复等各项工作，打好整治的整体战、攻坚战，推进"山水林田湖草沙冰"系统治理；要坚持整体推进。综合整治是政治性、全局性、系统性工作，既包括木里矿区这个"点"，也涵盖全省生态文明这个"面"。要增强全省"一盘棋"意识，多管齐下、综合施策，形成强大工作合力，确保整治任务落小落细落实。要实施科学治理，以科学的态度、专业的水准推动整治，坚持依法依规、有的放矢，具体到事、责任到人，充分发挥专家组的作用，确保整治达到科学精准有效的目的。要强化监督管理，监督不主动，最后就被动；管理跟不上，处处是纰漏。要切实加强对各项工作的精细化管理，做到环节要细、细节要实，环环相扣、无缝对接，推动综合整治取得扎扎实实的成效。

2）青海省林业和草原局职能发挥

青海省林业和草原局第一时间成立木里矿区覆盖增绿工作领导小组，按照青海省委省政府统一部署相关文件规定的职责负责相关工作，压实责任，落实任务，主动协调和组织开展木里矿区生态环境保护与治理相关工作，下设专家咨询组、现场指导组、领导小组办公室。专家咨询组开展木里矿区生态治理标准制定，参加审议木里矿区覆盖增绿工程实施方案，及时解决工程建设中遇到的涉林涉草技术难题，指导相关工作，为生态保护修复提供相关科技支撑。现场指导组开展木里矿区覆盖增绿技术方案确定工作、木里矿区覆盖增绿工程现场核实调查等工作。领导小组办公室开展木里矿区覆盖增绿工程建设日常相关工作。

3）具体做法

a）组织保障

①加强组织领导；②明确目标责任；③强化督导检查。

b）管理保障

为了做好木里矿区生态修复（种草复绿）工作，青海省林业和草原局会同海西、海北州人民政府及相关单位主要从项目的运行、资金、施工环境管理及施工安全保证几方面入手。

ⅰ. 运行管理

建立健全生态修复各项管理制度，严格执行法人负责制、合同管理制、招投标制、工程监理制等。

ⅱ. 资金管理

生态修复资金严格遵守相关财务规定，实行专账管理、专款专用，加强内控制度建设，严把资金支出关，做好风险防控和自查自纠工作，坚决杜绝截留、挪用等违规违纪现象发生。

ⅲ. 施工环境管理

对环境产生影响的主要因素有噪声、粉尘、包装废弃物及生活垃圾等。各施工单位应合理安排工期，洒水降尘，做好垃圾回收处理工作。

ⅳ. 施工安全保障

实施单位、施工企业签订安全生产责任书，预防滑坡、塌陷等矿区次生灾害的发生，确保施工安全。同时，严格执行疫情防控有关规定和要求，确保疫情期间的安全施工。

c）技术保障

①认真编制技术方案；②开展技术培训；③严格技术标准；④加快推进前期工作；⑤扎实开展技术服务。

5. 青海生态文明建设中政府职能发挥探讨

第一，在加强生态政绩理念建设方面，在促进政府增强生态责任意识的同时，也要培养公众的生态理念，使之对政府形成倒逼机制。

第二，在建立政府主导下的多元主体协同评价机制方面，包括在政府内部单独设立生态政绩考评机构，引入第三方专业机构与群众评价机制。

第三，在健全地方政府生态政绩考评运行机制方面，主要为依据主体功能分区科学设立政绩考评指标，建立与生态发展周期相匹配的政绩考评制度和联动考评机制。

第四，在完善生态政绩考评结果运行机制方面，创新考评激励机制与推进生态责任追究机制并行，切实将地方政府领导干部的奖励惩罚、选拔任用与考评结果联系起来，使生态政绩考评机制真正发挥其效能。

7.5.2 种草复绿工作日报和周报制度

为了准确掌握木里矿区种草复绿工作进展情况，青海省林业和草原局专门组织人员成立木里专班，负责收集相关资料，撰写专门信息简报，并对种草复绿工作进展情况执行日报、周报和月报制度。

1. 木里矿区种草复绿信息管理

木里矿区及祁连山南麓青海片区生态环境综合整治是一项重大政治任务，也是青海着力打造生态文明高地的实际行动。2021 年是综合整治承上启下的关键一年，做好木里矿区种草复绿事关大局、事关成败，也是木里矿区生态环境整治的具体体现，实施意义重大，领导重视，社会关注度高。及时、准确、客观、真实地报送种草复绿工作信息，全面反映木里矿区种草复绿的重要情况、工作动态、典型经验和成功做法，也是高标准高质量完成木里矿区种草复绿工程的重要组成部分，各相关单位和人员要高度重视信息工作，落实责任到人，按时保质保量完成信息编写报送。

2. 木里矿区种草复绿工程信息分类

木里矿区种草复绿工程信息因需要报送的具体内容、形式要求和重要性，主要有以下两类。

1）常规报表信息

常规报表信息按时间节点、内容要求，又分为 5 种类型。

（1）日报：日志、进度统计日报表。

（2）周报：一周工作总结、一周进度统计表。

（3）月报：一月工作总结、一月进度统计表。

（4）季报：一季度工作总结、一季度进度汇总表。

（5）年报：年度工作总结、年度进度汇总表。

2）专项简报信息

专项简报信息因内容丰富、形式灵活，按以下 8 种信息类型编写报送。

（1）数字类信息：要加以说明，分析原因，提高信息分量。

（2）成绩类信息：有创新，在整个工程项目具有推广的意义。

（3）落实类信息：落实领导批示及方针政策。

（4）经验类信息：内容新颖，要有启发性，要具有推广价值。

（5）领导活动类信息：讲话精神、重要指示、具体工作要求。

（6）突发类事件信息：要快，及时、全面、准确地写出事件的"六要素"，即时间、地点、人物、事件、原因、结果。

（7）问题与建议类信息：问题要找准，建议要有针对性、可操作性。

（8）调研类信息：是目前比较重视、比较需要的高质量信息，它的成本比较高，但份量很重。来源主要是领导亲自布置、政府下发文件的落实情况，以及本单位的重要工作开展情况。撰写时文字简洁、流畅、结构有序，重点突出，建议部分要格外重视，理论色彩不要太浓、针对性要强，观点要鲜明。

3. 木里矿区种草复绿信息报送时间

各种类型的常规报表信息和专项简报信息以矿井为单位，按整体工程推进阶段各有具体报送时间要求。

1）常规报表信息

常规报表信息报送时间阶段具有严格的时间要求，如下。

（1）日报：种草复绿施工期间每日下午 5:00 前报送。

（2）周报：整个实施期每周四下午 5:00 前报送。

（3）月报：整个实施期每月末前一日下午 5:00 前报送。

（4）季报：整个实施期每季末月前一日下午 5:00 前报送。

（5）年报：整个实施期年度工作总结、年度进度汇总表于每年 12 月 30 日下午 5:00 前报送。

日报报送阶段为现场实施阶段（2021 年 5 月至 2022 年 6 月），即种草复绿和已治理区补播改良开始至结束。

周报、月报、季报、年报报送阶段为前期准备阶段（2020 年 9 月至 2021 年 5 月）、现场实施阶段（2021 年 5 月至 2022 年 6 月）、巩固提升阶段（2022 年 6 月至 2023 年 12 月）、总结验收阶段（2023 年 9~12 月）、管护巩固提升阶段（2024~2026 年）。

2）专项简报信息

专项简报信息是针对工作或会议中出现的新情况、新问题，以最快的速度上传下达，使领导机关能及时掌握新情况，研究新问题，制定新措施。如果错过了时机，不仅失去简报应有作用，也会直接影响工作。因此，信息简报撰写完成，审核签字通过，不分时间及时上报木里办。要求每个矿井每周至少一篇。

4. 木里矿区种草复绿信息报送内容

1）常规报表信息报送内容

ⅰ．日报信息

日志填报内容主要包括当日施工现场参加建设的牵头单位负责人、技术指导单位人员、技术依托单位人员、现场施工单位人员、现场监理单位人员以及日志（报）信息填写报送人员等，记录天气状况、各单位具体工作开展情况，尤其是对现场存在主要问题和解决情况的描述记录、相关主管部门和领导检查指导的情况记录以及安全事故等描述记录。

进度及工作量日报表填报内容主要包括现场人员投入情况、机械设备投入情况、各类施工物资领用情况、工程量完成情况，以及需要说明的特殊情况。

ⅱ.周报信息

周报报送内容主要是对一周工作开展情况按照"总—分—总"格式编写工作总结，全面总结每个矿井整体工程推进情况，包括机械、人员、物资投入建设情况以及目标任务完成情况，再从各个小组一周内工作推进情况逐一进行总结，最后总结各矿井一周内工作开展主要方式方法、取得成效、存在问题及解决对策，以及下一步工作计划。

ⅲ.月报信息

月报报送内容主要是对一个月工作开展情况按照"总—分—总"格式编写工作总结，全面总结每个矿井整体工程推进情况，包括机械、人员、物资投入建设情况以及目标任务完成情况，再从各个小组一个月内工作推进情况逐一进行总结，最后总结矿井一个月内工作开展主要方式方法、取得成效、存在问题及解决对策，以及下一步工作计划。

ⅳ.季报信息

季报报送内容主要是对一季度工作开展情况按照"总—分—总"格式编写工作总结，内容包括全面总结每个矿井整体工程推进情况、各参建单位一季度工作推进情况，逐一总结一季度工作开展主要做法、取得成效、存在问题及解决对策，以及下一步工作计划。

ⅴ.年报信息

年报报送内容结合年终工作考核，编写一个年度工作总结，内容包括全面总结每个矿坑整体工程推进情况、各参建单位当年度工作推进情况，逐一总结一年工作开展主要做法、取得成效、存在问题及解决对策，以及下一步工作计划。

需要强调的是，日志和日报填写内容及数量要与当日现场施工单位的施工日志和监理单位的监理日志严格一致，如天气情况、工程项目组各小组人员、开展主要工作情况和现场特殊情况的描述等；日报表中填写的各类参建人员数量、投入机械设备类型数量、领用各类物资数量及单位规格、完成工程量及当日计划百分比等。周报、月报以及季总结、年度总结等工作总结，需要每个矿井总负责人与技术指导单位、技术依托单位和现场施工单位、监理单位的负责人共同会审，达成一致后及时上报木里办。

2）专项简报信息编写内容

a）题材要求

木里矿区种草复绿专项典型简报信息，来源于种草复绿工程建设过程中的某一件（类）事（物）中具有代表性的经验、事件、任务思想等的抓取。实际工作中，主要反映现场参建各部门针对新形势、新问题行之有效的新思路、新方法、新角度、新举措，都可以编写简报，如现场存在主要问题及解决过程、相关主管部门和领导检查指导的情况、相关会议召开情况甚至安全事故等突发情况的简要报送。

b）内容特征

（1）新，是指在时间上是最近的，在内容上是新鲜的或独特的，具有萌芽性，如开展的新工作、取得的新成绩、发现的新问题等。

（2）实，是指信息内容要客观真实、可靠；另外，就是要有实用性，提高可读性（信息的较高要求）。

（3）准，是指准确无误地采集、整理信息，特别是木里矿区种草复绿的一些重点工作、表述要统一。

（4）快，是指生成信息快、报送信息快，讲求时效性，对时效性强的信息必须快报。

（5）精，是指文字简练、篇幅短小精悍。字句斟酌，力求精简。冗长的信息不是好信息。

（6）深，是指信息选题、内容要有一定深度。

能够洞察到当前的新形势、新情况、新问题，并与领导的关注点、部门单位的具体工作有机结合和联系，编写的时候需要介绍背景，简明扼要，点到即可，不可舍本逐末；介绍做法语言朴实、条理清楚，叙说详尽、不惜工本，审慎定性、允许反复，如解说词一样，体现可操作性、可借鉴性、可推广性。

c）编写格式

信息简报编写格式一般由报头、标题、正文和报尾 4 部分组成。

d）信息校对

信息员在写好信息后，要逐一进行校对。

5. 木里矿区种草复绿信息报送流程

1）实行信息保密制度

（1）统一归口。

（2）信息保密。

2）实行信息审签制度

（1）审核把关。

（2）信息报送。

7.5.3　生态修复（种草复绿）检查验收

1. 木里矿区种草复绿立地条件验收

为保证木里矿区渣山、储煤场、生活区等的复绿效果，实现"木里矿区生态环境综合整治方案"目标，打造高原高寒地区矿山生态环境修复样板，制定木里矿区种草复绿立地条件验收评估标准，为木里矿区种草复绿立地条件验收提供标准依据，以确保种草复绿前具备种草复绿条件。

1）验收原则

a）科学性原则

采用的指标和方法要有科学依据，符合生态环境修复生态学原理，遵循矿山复垦土地修复要求，符合高寒矿区种草复绿技术规范。

b）简便易行原则

采用的评价指标应该易测定、易执行，具有可操作性，工作量不宜过大。

c）符合实际原则

采用的标准能够充分考虑木里矿区地处高海拔区域、缺氧寒冷、客土困难的实际，应符合当地环境要求。

2）评估指标

a）边坡坡度

边坡坡度是指渣山或坑口边坡地表单元陡缓的程度，即坡面的垂直高度和水平方向的距离的比值，用度数来表示。坡度的大小将影响渣山和矿坑边坡的稳定性及复绿效果，用坡度仪测定。

b）排水沟间隔

排水沟间隔指渣山边坡上顺坡方向上的沟槽或垄埂之间的距离。排水沟的作用是局部控制雨水径流方向，减轻雨水冲刷对新建植被的影响。《木里矿区生态环境综合整治总体方案》（以下简称总体方案）要求每间隔 30m 须修建一条排水沟。

c）地表平整度

地表平整度指渣山、储煤场等区域经过地貌重塑，清除建筑物、构筑物以及存在较明显的土地不同位置高差的程度。地表平整度将影响复绿的效果，用标杆测定地面的起伏幅度。

d）覆土厚度

覆土厚度指经过改良的异地拉运的土壤或经过改良的本地矿渣覆盖的厚度。覆土厚度是影响复绿效果的重要指标，用直尺测定细粉物至垫层的厚度。

e）砾石盖度

砾石盖度指渣山、储煤场等区域地表直径大于 5cm 的投影面积之和占地表总面积的百分数。砾石过多是影响植草复绿效果的主要因素。总体方案要求清除地表土壤中直径大于 5cm 的砾石，用目测法测定砾石盖度。

f）砾石含量

砾石含量指地表 0～15cm 基质中，单位体积内直径 5cm 以上的砾石质量占总质量的百分比例。

g）土壤粒径组成

土壤粒径组成指矿区客土或矿渣改良土固相中 $\varphi 0.05～2mm$ 级别土粒所占的

百分比。土壤粒径组成影响着土壤持水性能、热力学性质，对复绿效果有显著的影响。通过该指标测定可判断客土或改良土的土壤质地是否满足种草复绿条件。用 2mm 和 300 目（0.05mm）的土壤筛分级筛分后称量。

h）土壤容重

自然垒结状态下单位容积土体（包括土粒和孔隙）的质量或重量（g/cm^3）与同容积水重比值，质量均以 105～110℃下烘干土计。通过该指标测定可判断添加有机肥是否改良土壤结构，采用环刀法测定。

i）土壤田间持水量

土壤田间持水量是土壤所能稳定保持的最高土壤含水量，也是土壤中所能保持悬着水的最大量，是对植物有效的最高的土壤水含量。土壤质地、有机质含量、土壤剖面结构以及地下水埋深等因素均能对其产生影响。

j）pH

pH 是土壤酸度和碱度的总称，通常用以衡量土壤酸碱反应的强弱，用酸度计测定。

k）碱解氮

碱解氮包括无机态氮和结构简单能为作物直接吸收利用的有机态氮，它可供作物近期吸收利用，故又称速效氮，作为土壤氮素有效性的指标。矿渣中普遍碱解氮含量偏低，氮素是禾本科植物主要的营养元素。测定方法有碱解扩散法和碱解蒸馏法两种。

l）速效磷

速效磷指土壤中较容易被植物吸收利用的有效态磷，是评价土壤供磷水平的重要指标。测定方法有钼锑抗比色法。

m）土壤全盐

土壤全盐是指土中所含盐分（主要是氯盐、硫酸盐、碳酸盐）的质量占干土质量的百分数。土壤中过多的盐分会阻碍植物正常生长发育，用常规农化分析的重量法测定。

3）评估方法及标准

采用综合评分法，从渣山、矿坑口边坡等区域的基质稳定性、基质结构、改良土物理性质和改良土化学性质 4 个一级指标，边坡坡度、覆土厚度、土壤容重和 pH 等 13 个二级指标构建评估指标体系，标准化考核。

若综合得分＞80 分为合格，可以植草；若综合得分 60～80 分为基本合格，整改完善后可以植草；若综合得分＜60 分为不合格，需要返工，不能实施植草复绿。返工后需要重新评估以确定是否符合植草复绿条件。

验收评估抽样采取网格法。按照不同立地条件设置样区，即渣山阳坡、渣山阴坡、渣山顶平台；坑口边坡阴坡、坑口边坡阳坡、坑底平台；储煤场、生活区。

每个立地条件地区测定 3~5 个样区（6.67hm^2 以上取 5 个样区），每个样区取 3~5 个样点混合为 1 个土样测定土壤化学性质，采样深度为 0~15cm。分别对每一个样区考核评价，评价指标体系经过预评估验证后修正完善。

2. 木里矿区种草复绿前期条件验收

为确保木里矿区生态修复（种草复绿）效果和质量，有序做好种草复绿前期工作验收，成立木里矿区种草复绿前期条件验收工作领导小组、专家组和工作组。

1）验收范围

木里矿区各矿井种草复绿面积。

2）验收内容

验收内容主要包括地面整治、覆土与就地翻耕、土壤改良及物资准备 4 项内容，详见表 7-1~表 7-7。

表 7-1 木里矿区种草复绿前期条件（覆土与就地翻耕）验收评定表

矿井名称：　　　　　　　　图斑编号：　　　　　　　评定时间：　　年　　月　　日

一级指标	二级指标	实测值						评定结果	备注
地面整治	地表平整度（≤5°）							□合格□不合格	
	边坡坡度（≤25°）							□合格□不合格	
	挡水土坝高度（≥0.5m）							□合格□不合格	
	挡水土坝宽度（≥1m）							□合格□不合格	
	排水沟间隔（≤50m）（或依据作业设计要求）							□合格□不合格	
	坑底种草复绿面排水是否通畅、不积水	□是□否							
	修复区域建筑垃圾是否清理	□是□否							
渣土覆土	样方编号	样方1	样方2	样方3	样方4	样方5	平均		
	覆土厚度（≥25cm）							□合格□不合格	
	砾石含量（φ＞5cm）（≤10%）							□合格□不合格	
土壤改良	样方编号	样方1	样方2	样方3	样方4	样方5	平均		
	改良土厚度（≥30cm）							□合格□不合格	
	pH							□合格□不合格	
	混合均匀情况	□合格□不合格							
综合评定		□合格□不合格							

注：样方规格为 30cm×30cm×30cm。土壤改良混合均匀度及 pH 由建设单位、监理单位、施工单位共同抽查测定

验收人员签字：

表 7-2　木里矿区种草复绿前期条件草籽验收抽查表

矿井名称：　　　　　　　　　　　　　　抽查时间：　　年　　月　　日

草籽品种			供货单位		
批次号		批量	施工单位		
包装标识					
包装是否完好	□是□否		标识内容是否齐全	□是□否	
草籽质量（以建设单位、监理单位、施工单位、技术支撑单位四方抽检结果为准）					
检验报告等级		纯净度（%）		精选	□是□否
饱满度	□好　□一般	千粒数（g）		脱芒	□是□否

验收人员签字：

表 7-3　木里矿区种草复绿前期条件有机肥验收抽查表

抽查时间：　　年　　月　　日

矿井名称			供货单位	
批次号		批量	施工单位	
包装标识				
包装是否完好	□是□否		标识内容是否齐全	□是□否
有机肥质量（以建设单位、监理单位、施工单位、技术支撑单位四方抽检结果为准）				
检验结果综合判定	□合格　□不合格	有机质（%）		总养分（%）
		水分（%）		酸碱度（pH）

验收人员签字：

表 7-4　木里矿区种草复绿前期条件牧草专用肥验收抽查表

抽查时间：　　年　　月　　日

矿井名称			供货单位	
批次号		批量	施工单位	
包装标识				
包装是否完好	□是□否		标识内容是否齐全	□是□否
牧草专用肥质量（以建设单位、监理单位、施工单位、技术支撑单位四方抽检结果为准）				
检验结果综合判定	□合格　□不合格	总养分（%）		水溶性磷占有效磷比例（%）
		水分（%）		

验收人员签字：

表 7-5　木里矿区种草复绿前期条件羊板粪验收抽查表

抽查时间：　　　年　　月　　日

矿井名称		供货单位	
批次号		施工单位	
羊板粪外观			
形状是否为不规则颗粒状伴有颗粒状粪团	□是 □否	颜色是否为草褐色或淡褐色　□是 □否	气味是否带有氨味、粪便味、淤泥味　□是 □否
羊板粪质量（以建设单位、监理单位、施工单位、技术支撑单位四方抽检结果为准）			
检验结果综合判定	□合格 □不合格	有机质质量分数（%）	水分质量分数（%）
		杂质质量分数（%）	

验收人员签字：

表 7-6　木里矿区种草复绿前期条件无纺布验收抽查表

抽查时间：　　　年　　月　　日

矿井名称		供货单位	
批次号		施工单位	
抽查重量 1（g/m²）	抽查重量 2（g/m²）	抽查重量 3（g/m²）	平均（g/m²）
评判结果（20g±2g/m²）		□合格　□不合格	

验收人员签字：

表 7-7　木里矿区种草复绿前期条件围栏验收抽查表

抽查时间：　　　年　　月　　日

矿井名称		供货单位			
批次号		施工单位			
具体指标	抽检重量1	抽检重量2	抽检重量3	平均	判定结果
围栏网（43～45kg/100m）					合格□　不合格□
小立柱（4.5～5kg/根）					合格□　不合格□
中间柱（12～13kg/根）					合格□　不合格□
大立柱（19～22kg/根）					合格□　不合格□
支撑杆（12～13kg/根）					合格□　不合格□
围栏双扇门（25kg/扇）					合格□　不合格□
门柱（19～22kg/根）					合格□　不合格□
地锚（1.2～1.6kg/根）					合格□　不合格□
下立柱（1.2～1.6kg/根）					合格□　不合格□
围栏门、大立柱标志是否完整	□是　□否	挂钩、绑钩是否齐全		□是　□否	
检验内容（以四方抽检质检报告为准）					
锌层是否牢固	□是　□否	镀锌层重量（g）		编结网弹性试验后张紧力的变化率（%）	
钢丝力学性能	□好　□一般	波深合格率（%）		扣结沿经纬线位移合格率（%）	
检验结果综合判定	□合格　□不合格				

验收人员签字：

（1）地面整治：包括渣山、矿坑、边坡、生活区、储煤场及废弃道路等地面整治，建筑垃圾清除，坡面排水沟修建，平台四周土坝修筑，渣山及边坡坡度测定，以及坑底水系连通等情况。

（2）覆土与就地翻耕：包括覆土与就地翻耕厚度、砾石清除情况。

（3）土壤改良：包括羊板粪用量、有机肥用量、改良土厚度、混匀情况及酸碱度（pH）。

（4）物资准备：包括草种、肥料（有机肥、牧草专用肥、羊板粪）、无纺布、围栏等物资质量和数量。

3）工作要求

（1）高度重视，落实责任。各相关部门要高度重视木里矿区种草复绿前期条件验收工作，提高政治站位，强化责任担当，明确工作目标。要抽调责任心强、专业技术过硬、作风扎实的干部参与此次验收工作，对照相关标准、规范，切实把"科学、质量、规范"要求贯穿到前期条件验收工作的全过程，为顺利实施种草复绿工程创造最有利的条件。

（2）形成合力，确保进度。验收工作头绪多、任务重、要求严，各相关单位要密切配合，根据任务分工和职能职责，主动进位、积极补位。按照验收时限，高标准、高质量完成验收工作。

（3）强化督导，严格把关。按照木里矿区种草复绿前期工作进度要求加强督导，验收小组要做到矿井种草复绿条件成熟一个验收一个；对达不到验收条件的，限期整改直至达标。验收过程中要严格按照验收质量标准逐矿逐图斑进行，确保验收工作做到细致、严谨、合理、全面。

（4）遵章守纪，廉洁自律。验收期间各工作组要严格执行中央八项规定要求，严肃工作纪律，轻车简行，认真执行有关廉政规定，对在验收中弄虚作假、隐瞒包庇造成严重影响的将依法追究有关人员责任。

3. 木里矿区种草复绿项目验收

为确保木里矿区种草复绿效果和质量，有序做好种草复绿工作验收，成立木里矿区种草复绿项目验收专家组和工作组。

1）验收范围

木里矿区各矿井种草复绿区。

2）验收内容

验收内容主要包括项目建设总体情况、项目管理情况及项目档案管理情况三项内容，详见表 7-8～表 7-10。

表 7-8 木里矿区种草复绿项目建设情况验收抽查表

矿井编号：　　　　　　　　　图斑号：　　　　　　　　　年　　月　　日

设计面积（亩）				实际种植面积（亩）					
样方编号	出苗数（株）	植被盖度（%）	株高（cm）						
			株高1	株高2	株高3	株高4	株高5	平均株高	
平均									
综合判定结果			合格□　　不合格□						

注：抽查样方数量每块图斑不少于 3 个，每个样方测株高 5 个，样方面积为 1m²

验收人员：

表 7-9 木里矿区种草复绿项目封育围栏情况验收评估表

矿井编号：　　　　　　　　　　　　　　　　年　　月　　日

封育围栏设计长度（m）		封育围栏实测长度（m）		是否矿区整体封育	是□　　否□
网片安装是否平展	是□　否□	网片安装是否牢固	是□　否□	立柱掩埋深度（cm）	
材料质量	合格□　　不合格□ （以建设单位、包坑单位、监理单位、施工单位四方抽检结果为准）				
综合判定结果	合格□　　不合格□				

验收人员：

表 7-10 木里矿区种草复绿项目综合评价打分表

矿井编号：　　　　　　　　　　　　　　　　年　　月　　日

考核内容	任务完成情况（40分）	建设质量（30分）	项目管理（15分）				项目后期管护（15分）		小计
	种草复绿任务完成情况（40分）	建设质量达到作业设计指标要求（30分）	组织机构健全，监督检查、技术指导到位（2分）	责任书、协议书等齐全规范（2分）	制定种草复绿草地监测及利用办法并得到落实（3分）	项目档案资料齐全完整（5分）	档案资料按规定建档立卷、专人管理（3分）	制定管护制度（5分）	制定管护方案、落实管护责任（10分）	
得分										

验收人员：

（1）项目建设总体情况：重点核查计划任务完成情况、是否按照项目作业设计进行施工，质量是否达到作业设计要求的建设标准，以及建设内容、地点有无变更等。

（2）项目管理情况：主要检查是否严格执行《木里矿区生态修复（种草复绿）总体方案》等相关要求，包括项目监理制、合同制等相关管理制度的落实情况，以及是否落实了项目后期管护制度。

（3）项目档案管理情况：归档资料是否齐全、规范及管理情况。

3）验收时间安排

2021 年 8 月 31 日前完成州级自查，2021 年 9 月 5 日前完成省级核查。

4）验收程序及组织

木里矿区生态修复（种草复绿）按批复的作业设计内容、规模和时限完成后，首先要进行州级自查，由政府部门组织项目建设单位、业务单位、监理单位等相关部门进行自验。验收依据项目建设合同、作业设计、技术规程和标准要求，检查验收面要达到 100%，逐矿井逐图斑实地测量建设指标，现场填写自查验收登记表，并由参加验收人员签字。自查验收结束后，要及时建立项目档案。

自查验收合格的，将自验结果和申请省级验收报告报青海省林业和草原局，申请省级验收。

省级验收工作由青海省林业和草原局牵头，会同现场指挥部、省自然资源厅、省发改委、省财政厅、省生态环境厅、省水利厅等部门专家组成联合检查验收组进行检查验收，检查验收采取会议验收和现场验收相结合的方式。检查验收步骤和方法如下。

（1）听取各矿井项目建设情况和监理工作汇报。

（2）查阅项目档案资料。

（3）根据汇报情况逐矿逐图斑进行实地查验，按合同要求、技术指标核查各项建设指标，并列表登记。

（4）根据抽查情况考评记分并写出书面验收意见，由参加验收人员签字。

对检查验收中发现的问题，要及时解决。未达到检查验收标准的，视其情况责令返工、重建、限期整改，直至达标后再次验收。

5）项目综合评价

项目综合评价按任务完成、建设质量、项目管理及项目后期管护 4 项内容，采取分项打分的办法进行，总分为 100 分，得分低于 80 分的项目为不合格项目，不予验收。

分项打分的计分标准如下。

（1）任务完成（满分 40 分）：主要检查各矿井经第三方核查的实际种草复绿面积完成情况，满足种草复绿条件而未种植的，每 $0.33hm^2$ 扣 1 分；完成率不足

90%的不得分。

（2）建设质量（满分 30 分）：主要检查建后植被盖度是否达到作业设计要求。种草复绿区出苗数、盖度均达标得 30 分，达不到的每低 1%扣 1 分。

——坡地（矿坑边坡及渣山边坡）当年出苗数大于 1300 株/m²。

——平地（渣山平台、坑底、储煤场、生活区及道路）当年出苗数大于 1500 株/m²。

——哆嗦贡玛飞播试验区当年出苗数大于 800 株/m²。

（3）项目管理（满分 15 分）：主要从项目组织管理机构、项目监理、合同管理、实施管理和档案管理情况等 5 个方面进行检查打分。组织管理机构健全，监督检查、技术指导到位的得 2 分，达不到要求的酌情扣分；各种责任书、协议和合同齐全规范的得 2 分，不全的酌情扣分；严格执行省级种草复绿草地监测办法并得到落实的得 3 分，没有的不得分；项目档案资料齐全完整的得 5 分，达不到要求的视缺失情况酌情扣分。项目档案资料包括：下达计划文件、实施方案、作业设计、工作总结、申请验收报告、自查验收意见、各类建设合同、协议、管护制度、项目竣工图纸等。建设档案资料按规定建档立卷并有专人管理的得 3 分，达不到要求的酌情扣分。

（4）项目后期管护（满分 15 分）：主要检查项目后期管护制度建立情况和管护责任落实情况。制定了管护制度的得 5 分，没有的不得分；落实管护责任的得 10 分；未落实的不得分。

验收组通过对项目全面核查打分后，对项目做出综合评价，并形成验收结论。对综合评分达到 80 分以上的项目予以验收；对综合评分低于 80 分的项目不予验收，提出限期整改要求，整改完成后，再行组织竣工验收。省级核查验收通过后，由省林业和草原局下达验收意见，报木里矿区以及祁连山南麓青海片区生态环境综合整治领导小组办公室备案。

参 考 文 献

艾应伟, 范志金, 毛达如, 等. 2001 我国西部退化土壤生态重建的特点与土壤培肥. 水土保持学报, 15(2): 45-48.

安福元, 高志香, 李希来, 等. 2019. 青海省木里江仓煤矿区高寒湿地腐殖质层的形成过程. 水土保持通报, 39: 1-9.

鲍士旦. 2000. 土壤农化分析. 北京: 中国农业出版社.

卞正富. 1999. 矿区土地复垦界面要素的演替规律及其调控研究. 中国土地科学, 13: 6-11.

卞正富, 张国良. 2000. 矿山复垦土壤生产力指数的修正模型. 土壤学报, 37: 124-130.

曹伟, 盛煜, 陈继. 2008. 青海木里煤田冻土环境评价研究. 冰川冻土, 30: 157-164.

曹仲华. 2011. 西藏披碱草属牧草利用研究. 西北农林科技大学博士学位论文.

柴华, 何念鹏. 2016. 中国土壤容重特征及其对区域碳贮量估算的意义. 生态学报, 36(13): 3903-3910.

常勃. 2013. 微生物菌剂对矿区复垦土壤生物活性和油菜生长的影响. 山西农业大学硕士学位论文.

常承法, 郑锡澜. 1973. 中国西藏南部珠穆朗玛峰地区地质构造特征以及青藏高原东西向诸山系形成的探讨. 中国科学, (2): 190-201.

陈秉芳. 2013. 青海省杂多县纳日贡玛矿区外围找矿潜力分析. 中国地质大学硕士学位论文.

陈法扬. 2004. 生态修复与可持续发展. 全国水土保持生态修复研讨会论文汇编: 32-37.

陈红琦. 2017. 德尔尼铜矿矿产资源综合利用之浅见. 新疆有色金属, 40(2): 19-20.

陈龙乾, 邓喀中, 徐黎华, 等. 1999. 矿区复垦土壤质量评价方法. 中国矿业大学学报, 28: 449-452.

陈龙乾, 邓喀中, 许善宽, 等. 1999. 开采沉陷对耕地土壤化学特性影响的空间变化规律. 土壤侵蚀与水土保持学报, 5(3): 81-86.

陈秋计, 赵长胜, 谢宏全. 2004. 基于 GIS 和 ANN 技术的矿区复垦土地适宜性评价. 金属矿山, 333(3): 52-56.

陈孝杨, 周育智, 严家平, 等. 2016. 覆土厚度对煤矸石充填重构土壤活性有机碳分布的影响. 煤炭学报, 411(5): 1236-1243.

陈志国, 周国英, 陈桂深, 等. 2006. 青藏铁路格唐段高海拔地区植被恢复研究: I 高寒草原植被现状与恢复基本途径探讨. 安徽农业科学, (23): 6283-6285.

崔龙鹏, 白建峰, 史永红, 等. 2004. 采矿活动对煤矿区土壤中重金属污染研究. 土壤学报, 41(6): 896-904.

代宏文. 1995. 澳大利亚矿山复垦现状//周树林. 矿山废地复垦与绿化. 北京: 中国林业出版: 194-204.

戴全厚, 喻理飞, 薛芝, 等. 2008. 植被控制水土流失机理及功能研究. 水土保持研究, 15(2): 32-35.

丁宏宇. 2012. 海州露天矿排土场不同复垦模式对土壤改良效果研究. 辽宁工程技术大学硕士学位论文.

董富权, 钱壮志, 王建中, 等. 2012. 青海德尔尼铜矿床成因最新研究进展. 西北地质, 45(3): 93-102.

董富权. 2010. 德尔尼铜矿床成矿期次与矿床成因研究. 长安大学硕士学位论文.

董全民, 赵新全, 马玉寿. 2007. 放牧率对高寒混播草地主要植物种群生态位的影响. 中国生态农业学报, 15(5): 1-7.

董世魁, 刘世梁, 邵新庆, 等. 2009. 恢复生态学. 北京: 高等教育出版社: 1-23.

段晓明, 胡夏嵩, 盛海彦. 2007. 青藏高原地区护坡植物的选择与建植. 湖北农业科学, 46(2): 222-225.

段新伟, 左伟芹, 杨韶昆, 等. 2020. 高寒缺氧矿区草原生态恢复探究: 以青海省木里煤田为例. 矿业研究与开发, 40(2): 156-160.

段永红, 庞亨辉, 王景华. 2001. 阳泉煤矸石山矸石风化物剖面水分变化特征初探. 山西农业大学学报, 21(2): 125-127.

段中会. 2001. 榆神府矿区环境地质问题及开发效应. 陕西煤炭, (2): 1-3.

樊兰英. 2014. 煤矿废弃地植被恢复对土壤质量的影响及评价. 山西林业科技, 43(1): 25-30.

樊文华, 白中科, 李慧峰, 等. 2011. 不同复垦模式及复垦年限对土壤微生物的影响. 农业工程学报, 27(2): 330-336.

樊文华, 李慧峰, 白中科. 2006. 黄土区大型露天煤矿不同复垦模式和年限下土壤肥力的变化: 以平朔安太堡露天煤矿为例. 山西农业大学学报, 26(4): 313-316.

范英宏, 陆兆华, 程建龙, 等. 2003. 中国煤矿区主要生态环境问题及生态重建技术. 生态学报, 26(10): 2144-2152.

冯启言, 刘桂建. 2002. 兖州煤田矸石中的微量有害元素及其对土壤环境的影响. 中国矿业, 11(1): 67-69.

付标, 齐燕冰, 常庆瑞. 2015. 不同植被重建管理方式对沙质草地土壤及植被性质的影响. 草地学报, 23(1): 47-54.

付咪咪. 2014. 青海玉树 G214 公路护坡植被恢复技术研究. 长安大学硕士学位论文.

高红贝, 邵明安. 2011. 干旱区降雨过程对土壤水分与温度变化影响研究. 灌溉排水学报, (3): 40-45.

高晴. 2003. 加拿大的矿业环境保护. 资源·产业, 5(4): 19-23.

高英旭. 2016. 矿区废弃地植被恢复进展情况及对策. 辽宁林业科技, (6): 41-43, 45.

葛银堂. 1996. 山西煤矸石中的微量元素及其对环境的影响. 中国煤田地质, 8(4): 58-62.

巩杰, 陈利顶, 傅伯杰, 等. 2005. 黄土丘陵区小流域植被恢复的土壤养分效应研究. 水土保持学报, 19(1): 93-96.

古锦汉, 冯光钦, 梁亦肖, 等. 2006. 矿山迹地植被恢复树种选择技术研究. 湖南林业科技, 33(5): 18-20.

顾和和, 胡振琪, 秦延春, 等. 2000. 泥浆泵复垦土壤生产力的评价及其土壤重构. 资源科学, 22(5): 37-40.

顾梦鹤, 杜小光, 文淑均, 等. 2008. 施肥和刈割对垂穗披碱草(Elymus nutans)、中华羊茅(Festuca sinensis)和羊茅 (Festuca ovina)种间竞争力的影响. 生态学报, 28(6): 2472-2479.

郭彪, 王尚义, 牛俊杰, 等. 2015. 晋西北不同植被类型土壤水分时空变化特征. 水土保持通报, 35(1): 267-273.

郭楠. 2016. 煤矿废弃地不同修复模式下土壤理化性质的变化. 环境工程, 34: 1039-1043, 1048.

郭道宇, 张金屯, 宫辉力, 等. 2004. 安太堡矿区植被恢复过程主要种生态位梯度变化研究. 西北植物学报, 24: 2329-2334.

郭友红, 李树志, 鲁叶江. 2008. 塌陷区矸石充填复垦耕地覆土厚度的研究. 矿山测量, 6(1): 59-62.

郭忠升, 邵明安. 2012. 黄土丘陵半干旱区柠条锦鸡儿人工林对土壤水分的影响. 林业科学, 10(2): 107-114.

韩瑾, 周伟, 郭平. 2017. 青藏高原矿区土地利用动态变化研究: 以青海省聚乎更矿区为例. 矿山测量, 45(2): 108-113.

郝蓉, 白中科, 赵景逵, 等. 2003. 黄土区大型露天煤矿废弃地植被恢复过程中的植被动态. 生态学报, 23(8): 1470-1476.

何同康. 1965. 西藏高原高山草甸土和亚高山草甸土的形成条件和发生特点. 土壤学报, 13(1): 77-78.

洪坚平, 谢英荷, 孔令节, 等. 2000. 矿山复垦区土壤微生物及其生化特性研究. 生态学报, 20(1): 669-672.

胡雷, 阿的鲁骥, 字洪标, 等. 2015. 高原鼢鼠扰动及恢复年限对高寒草甸土壤养分和微生物功能多样性的影响.

应用生态学报, 26(9): 2794-2802.

胡亮, 贺治国. 2020. 矿山生态修复技术研究进展. 矿产保护与利用, 40(4): 40-45.

胡莹. 2011. 青海省矿产资源综合开发利用探析. 资源开发与市场, 27(11): 1017-1021.

胡振琪. 1995. 半干旱地区煤矸石山绿化技术研究. 煤炭学报, 20(3): 322-327.

胡振琪. 1997. 煤矿山复垦土壤剖面重构的基本原理与方法. 煤炭学报, 22(6): 617-622.

胡振琪. 2010. 山西省煤矿区土地复垦与生态重建的机遇和挑战. 山西农业科学, 38(1): 42-45, 64.

胡振琪, 付梅臣, 何中伟. 2005. 煤矿沉陷地复田景观质量评价体系与方法. 煤炭学报, 30(6): 698-703.

胡振琪, 李鹏波, 张光灿. 2006. 煤矸石山复垦. 北京: 煤炭工业出版社.

胡振琪, 凌海明. 2003. 金属矿山污染土地修复技术及实例研究. 金属矿山, 6: 53-56.

胡振琪, 魏忠义, 秦萍. 2005. 矿山复垦土壤重构的概念与方法. 土壤, 37(1): 8-12.

胡振琪, 张光灿, 魏忠义, 等. 2003. 煤矸石山的植物种群生长及其对土壤理化特性的影响. 中国矿业大学学报, 32(5): 491-499.

胡振琪, 赵艳玲, 姜晶, 等. 2005. 土地整理复垦项目验收方案研究. 农业工程学报, 21(6): 60-63.

胡振琪, 赵艳玲. 2021. 矿山生态修复面临的主要问题及解决策略. 中国煤炭, 47(9): 2-7.

胡志鹏, 杨燕. 2004. 煤矸石综合利用途径. 粉煤灰综合利用, (2): 36-38.

黄昌勇, 徐建明. 2000. 土壤学. 北京: 中国农业出版社: 1-311.

黄昌勇. 2014. 土壤学. 3 版. 北京: 中国农业出版社: 112-113.

霍义. 1985. 果洛地区高寒草甸退化草地植被恢复措施的探讨. 农牧资源与区划研究, (2): 9-12.

贾倩民, 陈彦云, 杨阳, 等. 2014. 不同人工草地对干旱区弃耕地土壤理化性质及微生物数量的影响. 水土保持学报, 28(1): 178-220.

姜凤岐, 曹成有, 曾得慧, 等. 2002. 科尔沁沙地生态系统退化与恢复. 北京: 中国林业出版社: 111-112.

蒋高明, 英国圣·海伦斯. 1993. 煤矿废弃地恢复实验研究. 植物学报, 35(12): 951-962.

金丹, 卞正富. 2009. 国内外土地复垦政策法规比较与借鉴. 中国土地科学, 23(10): 66-73.

金立群. 2019. 多年冻土矿区渣山人工植被对微生物群落恢复的影响研究. 青海大学硕士学位论文.

金立群, 李希来, 宋梓涵, 等. 2018. 高寒矿区植被恢复对渣山表层基质的响应. 草业科学, 35(12): 2784-2793.

金立群, 李希来, 孙华方, 等. 2019. 不同恢复年限对高寒露天煤矿区渣山植被和土壤特性的影响. 生态学杂志, 38(1): 121-128.

金立群, 李希来, 孙华方, 等. 2020. 高寒矿区排土场不同坡向植被和土壤特征研究. 土壤, 52(4): 831-839.

金铭, 李毅, 刘贤德, 等. 2011. 祁连山黑河中上游季节冻土年际变化特征分析. 冰川冻土, 33(5): 1068.

孔令伟, 薛春晓, 苏凤, 等. 2017. 不同建植技术对露天煤矿排土场生态修复效果的影响及评价. 水土保持研究, 24(1): 187-193.

李聪聪, 王佟, 王辉, 等. 2021. 木里煤田聚乎更矿区生态环境修复监测技术与方法. 煤炭学报, 46(5): 1451-1462.

李发吉, 等. 1993. 治理"黑土滩"试验研究. 青海草业, (2): 32-35.

李吉均, 文世宜, 长青松, 等. 1979. 青藏高原隆起的时代、幅度和形式的探讨. 中国科学, 6: 608-616.

李晋川, 王文英, 卢崇恩. 1999. 安太堡露天煤矿新垦土地恢复的探讨. 河南科学, 17: 92-95.

李娟, 韩霁昌, 张扬, 等. 2013a. 不同覆土厚度对裸岩石砾地土壤理化性状和冬小麦产量的影响. 安徽农业科学, 41(12): 5312-5314, 5341.

李娟, 张扬, 韩霁昌, 等. 2013b. 不同覆土厚度对裸岩石砾地土壤化学性状和春玉米产量的影响. 安徽农业科学, 41(5): 2037-2039.

李娟, 赵竟英, 陈伟强. 2004. 矿区废弃地复垦与生态环境重建. 国土与自然资源研究, (1): 27-28.

李林, 朱西德, 汪青春, 等. 2005. 青海高原冻土退化的若干事实揭示. 冰川冻土, 27(3): 320-328.

李鹏飞, 张兴昌, 朱首军, 等. 2015. 植被恢复对黑岱沟矿区排土场土壤性质的影响. 水土保持通报, 35(5): 64-70.

李韧, 赵林, 丁永建, 等. 2009. 青藏高原总辐射变化对高原季节冻土冻结深度的影响. 冰川冻土, 31(3): 428.

李树志. 1998. 矿区生态破坏防治技术. 北京: 煤炭工业出版社.

李希来. 1994. 果洛地区"黑土滩"中秃斑地测定. 青海畜牧兽医杂志, (3): 17-19.

李雅琼, 霍艳双, 赵一安, 等. 2016. 不同改良措施对退化草原土壤碳、氮储量的影响. 中国草地学报, 38(5): 91-95.

李英年, 关定国, 赵亮, 等. 2005. 海北高寒草甸的季节冻土及在植被生产力形成过程中的作用. 冰川冻土, 27(3): 311-319.

李英年, 沈振西, 周华坤. 2001. 寒冻雏形土不同地形部位土壤湿度及其与主要植被类型的对应关系. 山地学报, 19(3): 220-225.

李英年, 张景华. 1998. 祁连山海北冬春气温变化对草地生产力的影响. 高原气象, 17(4): 443-446.

李永红, 李希来, 唐俊伟, 等. 2021. 青海木里高寒矿区生态修复"七步法"种草技术研究. 中国煤炭地质, 33(7): 57-60.

李予红, 赵金召, 张万河, 等. 2021. 露天矿山高陡岩质边坡生态修复技术研究现状与发展趋势. 河北地质大学学报, 44(3): 82-86.

李跃林, 李志辉, 彭少麟. 2002. 典范相关分析在桉树人工林地土壤酶活性与营养元素关系研究中的应用. 应用与环境生物学报, 8(5): 544-549.

栗亚芝, 孔会磊, 南卡俄吾, 等. 2015. 青海省纳日贡玛斑岩型铜钼矿床成矿岩体的物质来源及成矿背景分析. 地质科技情报, 34(1): 1-9.

梁冰, 姜利国. 2010. 矿区渣山山剖面颗粒分布规律的实验研究. 实验力学, 25(6): 704-711.

梁留科, 常江, 吴次芳, 等. 2002. 德国煤矿区景观生态重建/土地复垦及对中国的启示. 经济地理, 22(6): 711-715.

梁霞. 2011. 基于青海半干旱地区公路生态恢复集成技术研究. 中国地质大学博士学位论文.

林惠琴. 2004. 依靠科技进步, 实施矿山复垦. 福建水土保持, 16(1): 40-43.

林先贵. 2010. 土壤微生物研究原理与方法. 北京: 高等教育出版社.

林永崇, 冯金良, 张继峰, 等. 2012. 藏北高原安多地区高山草甸土的母质成因及其成土模式. 山地学报, 30(6): 715.

凌婉婷, 贺纪正, 高彦征. 2000. 我国矿区土地复垦概况. 农业环境与发展, (4): 34-36.

刘德梅. 2013. 全新世以来典型高寒沼泽湿地的环境演化过程. 中国科学院研究生院博士学位论文.

刘海滨, 胡振琪. 1995 矸石的特性及风化机理探讨. 能源环境保护, 9(6): 43-45.

刘会平. 2010. 基于煤矸石充填复垦土地的复垦效应研究. 安徽理工大学硕士学位论文.

刘兰华, 李耀增, 康锋锋. 2007. 高原地区铁路建设生态恢复技术初探: 以青藏铁路格唐段为例. 水土保持研究,
    14(1): 310-312.

刘青柏, 刘明国, 冯景刚. 2006. MPI 模型在矸石山复垦土壤生产力评价中的应用. 水土保持研究, 13(3): 24-25.

刘瑞平, 徐友宁, 权国苍, 等. 2015. 西北地区高寒生态脆弱区典型金属矿山地质环境问题与恢复治理关键技术研
    究——德尔尼铜矿山. 地质论评, 61(4): 87-88.

刘瑞平, 徐友宁, 张江华, 等. 2018. 青藏高原典型金属矿山河流重金属污染对比. 地质通报, 37(12): 2154-2168.

刘赛艳, 黄强, 王义民, 等. 2016. 大通河流域土地利用/覆被变化的水文响应. 冰川冻土, 38(6): 1658-1665.

刘世全, 高丽丽, 蒲玉琳, 等. 2004. 西藏土壤有机质和氮素状况及其影响因素分析. 水土保持学报, 18(6): 54-57.

刘双, 李敏, 张晶, 等. 2012. 野鸭湖湿地土壤总磷分布特征及影响因素研究. 环境科学与技术, 35(4): 4-8.

刘爽, 柴波, 刘倩. 2015. 广西合山市煤矸石堆客土覆盖恢复植被研究. 中国水利学会学术年会论文集(水利岩土工
    程的创新与发展): 781-787.

刘爽, 郭晋丽. 2017. 煤矿区土壤-植被恢复过程及模式研究进展. 山西农业科学, 45(10): 1710-1713, 1736.

刘卫华, 赵冰清, 白中科, 等. 2014. 半干旱区露天矿生态复垦土壤养分与植物群落相关分析. 生态学杂志, 33(9):
    2369-2375.

刘应冬, 孙渝江. 2019. 多源遥感技术在青海大场金矿环境预测中的应用. 矿产保护与利用, 10(5): 151-155.

刘玉荣, 党志, 尚爱安. 2003. 煤矸石风化土壤中重金属的环境效应研究. 农业环境科学学报, 22(1): 64-66.

刘增铁, 任家琪, 邬介人, 等. 2008. 青海铜矿. 北京: 地质出版社.

刘占峰, 傅伯杰, 刘国华, 等. 2006. 土壤质量与土壤质量指标及其评价. 生态学报, 26(3): 901-913.

刘志民, 杨甲定, 刘新民, 等. 2000. 青藏高原几个主要环境因子对植物的生理效应. 中国沙漠, 20(3): 310-313.

刘宗磊. 2011. 藏中拉屋矿山植物生长限制因子研究. 西藏大学硕士学位论文.

龙健, 黄昌勇, 腾应, 等. 2002. 我国南方红壤矿山复垦土壤的微生物特征研究. 水土保持学报, 16(2): 126-129.

龙健, 黄昌勇, 滕应, 等. 2003. 矿区废弃地土壤微生物及其生化活性. 生态学报, 23(3): 496-503.

卢铁光, 杨广林, 王利坤. 2003. 基于相对土壤质量指数法的土壤质量变化评价与分析. 东北农业大学学报, 34(1):
    56-59.

鲁如坤, 时正元. 2000. 退化红壤肥力障碍特征及重建措施 III. 典型地区红壤磷素积累及其环境意义. 土壤, 6:
    310-314.

罗栋梁, 金会军, 吕兰芝, 等. 2014. 黄河源区多年冻土活动层和季节冻土冻融过程时空特征. 科学通报, 59(14):
    1327-1336.

吕久俊, 李秀珍, 胡远满, 等. 2007. 寒区生态系统中多年冻土研究进展. 生态学杂志, 26(3): 435-442.

吕珊兰, 赵景逵. 1997. 煤矸石风化物复垦种植中的氮素营养. 冶金矿山设计与建设, 12(4): 55-63.

吕贻峰. 2001. 国土资源学. 北京: 中国地质大学出版社

莫测辉, 蔡全英, 全江海. 2001. 城市污泥在矿山废弃地复垦的应用探讨. 生态学杂志, 20(2): 44-46.

南丽丽, 师尚礼, 郁继华. 2016. 荒漠灌区不同种植年限苜蓿草地土壤微生物特性. 草地学报, 24(5): 975-980.

南志强, 李梦寒, 刘宗磊. 2009. 西藏拉屋矿山土壤微生物的分布特征. 西藏科技, (12): 69.

倪含斌, 张丽萍, 吴希媛, 等. 2007. 矿区废弃地土壤重构与性能恢复研究进展. 土壤通报, 38(2): 399.

潘彤, 罗才让, 伊有昌, 等. 2006. 青海省金属矿产成矿规律及成矿预测. 北京: 地质出版社.

彭少麟. 2003. 热带亚热带恢复生态学研究与实践. 北京: 科学出版社: 1-25.

彭少麟, 陆宏芳. 2003. 恢复生态学焦点问题. 生态学报, 23(7): 1249-1257.

戚家忠, 胡振琪, 赵艳玲. 2005. 铲运机复垦重构土壤容重值的时空变异特性. 中国矿业大学学报, 34: 467-471.

秦川, 何丙辉, 蒋先军. 2016. 三峡库区不同土地利用方式下土壤养分含量特征研究. 草业学报, 25(9): 10-19.

秦俊梅, 白中科, 李俊杰, 等. 2006. 矿区复垦土壤环境质量剖面变化特征研究: 以平朔露天矿区为例. 山西农业大学学报, 26(1): 101-105.

青海省国土资源局, 2010. 青海省矿产资源总体规划(2008-2015 年).

邱祥洪. 2021. 废弃露天矿山生态修复措施及效益. 中国金属通报, (4): 193-194.

阮菊华, 毕雯雯. 2012. 青海煤炭矿山的主要地质环境问题与防治对策建议. 青海国土经略, (1): 54-55.

陕永杰, 张美萍, 白中科, 等. 2005. 平朔安太堡大型露天矿区土壤质量演变过程分析. 干旱区研究, 22(4): 565-568.

单贵莲, 初晓辉, 田青松, 等. 2012. 典型草原恢复演替过程中土壤性状动态变化研究. 草业学报, 21(4): 1-9.

邵霞珍. 2005. 澳大利亚矿区环境管理及对我国的借鉴. 中国矿业, 14(7): 48-50.

沈永平, 刘光琇, 丁永建, 等. 1998. 长江源区土壤水分对草地生态环境的影响. 地球科学进展, 12(增刊): 79-84.

史兴萍, 缪晓星, 王延秀, 等. 2021. 青海德尔尼铜矿矿山地质环境问题及防治. 煤炭技术, 40(3): 94-97.

束文胜, 张志泉, 蓝崇钰. 2000. 中国矿业废弃地的复垦对策研究. 生态科学, 24-28.

宋顺昌. 2009. 对青海矿山环境治理措施的探讨. 中国矿业, 18(7): 55.

宋秀杰, 师宝忠. 2004. 北京地区煤矸石的综合利用及生态保护. 城市管理与科技, 6(2): 62-68.

隋凤良. 1999. 德国矿山复垦. 森林与人类, 3: 47.

孙海运, 李新举, 胡振琪, 等. 2008. 马家塔露天矿区复垦土壤质量变化. 农业工程学报, 24(12): 205-209.

孙建, 刘苗, 李立军, 等. 2010. 不同施肥处理对土壤理化性质的影响. 华北农学报, 25(4): 221-225.

孙庆业, 杨德清. 1999. 植物在煤矸石堆上的定居. 安徽师范大学学报(自然科学版), 22(3): 236-239.

孙泰森, 师学义, 杨玉敏, 等. 2003. 五阳矿区采煤塌陷地复垦土壤质量变化研究. 水土保持学报, 17(4): 35-37, 89.

孙伟光, 吴祥云, 张丹梅. 2010. 露天矿土地复垦综合预控研究. 能源环境保护, 24(2): 13-15.

孙贤斌, 李玉成. 2015. 基于 GIS 的淮南煤矿废弃地土壤重金属污染生态风险评价. 安全与环境学报, 15(2): 348-352.

汤惠君. 2004. 土地复垦与生态重建. 衡阳师范学院学报(自然科学版), 25(3): 85-88.

唐庄生, 安慧, 上官周平. 2015. 荒漠草原沙漠化对土壤养分与植被根冠比的影响. 草地学报, 23(3): 463-468.

陶冶, 刘耀斌, 吴甘霖, 等. 2016. 准噶尔荒漠区域尺度浅层土壤化学计量特征及其空间分布格局. 草业学报, 25(7): 13-23.

滕应, 黄昌勇, 骆永明, 等. 2004. 铅锌银尾矿土壤微生物活性及其群落功能多样性研究. 土壤学报, 41(1): 113-119.

田小明, 李俊华, 危常州, 等. 2012. 连续 3 年施用生物有机肥对土壤有机质组分、棉花养分吸收及产量的影响. 植物营养与肥料学报, 18(5): 1111-1118.

田应兵, 熊明彪, 宋光煜. 2004. 若尔盖高原湿地生态恢复过程中土壤有机质的变化研究. 湿地科学, 2(2): 88-93.

汪俊珺, 和丽萍, 孟广涛, 等. 2015. 昆阳磷矿废弃地植被恢复过程中土壤性状演变概述. 广东农业科学, 42(21):

55-62.

王富春, 李玉龙, 鲁海峰, 等. 2016. 青南纳日贡玛斑岩型铜钼矿床物化探异常特征及找矿模型. 物探与化探, 40(6): 1055-1062.

王富春. 2014. 青海三江北段纳日贡玛斑岩型铜钼矿床勘查模型及外围找矿预测研究. 吉林大学硕士学位论文.

王改玲, 白中科. 2002. 安太堡露天煤矿排土场植被恢复的主要限制因子及对策. 水土保持研究, 9(1): 38-40.

王根绪, 程国栋, 沈永平. 2002. 土地覆盖变化对高山草甸土壤特性的影响. 科学通报, 47(23): 1772.

王国梁, 刘国彬, 周生路. 2003. 黄土高原土壤干层研究述评. 水土保持学报, 17(6): 156-159.

王海春. 2009. 矿区土地复垦的理论及实践研究综述. 经济论坛, 13(6): 40-42.

王海英, 宫渊波, 陈林武. 2008. 嘉陵江上游不同植被复垦模式土壤微生物及土壤酶活性的研究. 水土保持学报, 22(3): 172.

王金满, 郭伶俐, 白中科. 2013. 黄土区露天煤矿排土场复垦后土壤与植被的演变规律. 农业工程学报, 29(21): 223-232.

王金满, 杨睿璇, 白中科. 2012. 草原区露天煤矿排土场复垦土壤质量演替规律与模型. 农业工程学报, 28(14): 229-235.

王丽丽, 甄庆, 王颖, 等. 2018. 晋陕蒙矿区排土场不同改良模式下土壤养分效应研究. 土壤学报, 55(6): 1525-1533.

王丽艳, 刘光正, 王小东, 等. 2015. 江西省主要产煤区煤矸石堆特性研究. 南方林业科学, 43(3): 43-46.

王锐, 李希来, 张静, 等. 2019. 不同覆土处理对青海木里煤田排土场渣山表层土壤基质特征的影响. 草地学报, 27(5): 1266-1276.

王瑞宏, 贾彤, 曹苗文, 等. 2018. 铜尾矿坝不同恢复年限土壤理化性质和酶活性的特征. 环境科学, (7): 1-13.

王少勇, 王丽华. 2019. 把草原还给草原: 青海木里矿区生态恢复纪实. 青海国土经略, 6: 41-43.

王绍令, 罗祥瑞, 郭鹏飞. 1991. 青藏高原东部多年冻土分布特征. 冰川冻土, 13(2): 131-140.

王同智, 薛焱, 包玉英, 等. 2014. 不同复垦方式煤矿排土场植物群落与土壤因子关系. 西北植物学报, 34(3): 587-594.

王佟, 杜斌, 李聪聪, 等. 2021. 高原高寒煤矿区生态环境修复治理模式与关键技术. 煤炭学报, 46(1): 230-244.

王佟, 孙杰, 江涛, 等. 2020. 煤炭生态地质勘查基本构架与科学问题. 煤炭学报, 45(1): 276-284.

王晓春, 蔡体久, 谷金锋. 2007. 鸡西煤矿矸石山植被自然恢复规律及其环境解释. 生态学报, 27(9): 3744-3751.

王笑峰, 蔡体久, 张思冲, 等. 2009. 不同类型工矿废弃地基质肥力与重金属污染特征及其评价. 水土保持学报, 23(2): 157-218.

王彦龙, 马玉寿, 董全民, 等. 2010. 黄河源区黑土滩垂穗披碱草人工草地土壤水分动态研究. 青海畜牧兽医杂志, 41(5): 11-13.

王艳杰, 付桦. 2005. 雾灵山地区土壤有机质全氮及碱解氮的关系. 农业环境科学学报, 24(增刊): 85-90.

王莹, 李道亮. 2005. 煤矿废弃地植被恢复潜力评价模型. 中国农业大学学报, 10(2): 88-92.

危超. 2019. 矿山环境生态修复技术方法研究. 门窗, (16): 224.

韦莉莉, 卢昌熠, 丁晶, 等. 2016. 丛枝菌根真菌参与下植物-土壤系统的养分交流及调控. 生态学报, 36(14): 4233-4243.

魏建方. 2005. 基于青藏铁路建设影响高寒植被再造技术的研究. 西南交通大学硕士学位论文.

魏绍成, 杨国庆. 1997. 草甸的分布和形成途径及草甸水分状况的分析. 草业科学, (6): 2-6, 9.

魏忠义, 胡振琪, 白中科. 2001. 露天煤矿排土场平台"堆状地面"土壤重构方法. 煤炭学报, 26(1): 18-21.

文卓, 皇甫玉辉, 孙天竹, 等. 2019. 我国矿山土地复垦与生态修复存在的问题及建议. 矿产勘查, 10(12): 3076-3078.

吴代赦, 郑宝山, 康往东, 等. 2004. 煤矸石的淋溶行为与环境影响的研究: 以淮南潘谢矿区为例. 地球与环境, 32(1): 55-59.

吴钢, 魏东, 周政达, 等. 2014. 我国大型煤炭基地建设的生态恢复技术研究综述. 生态学报, 34(11): 2812-2820.

吴莎. 2014. 煤矸石基质土壤水分特性及生态效应试验研究. 河北工程大学硕士学位论文.

吴祥云, 孙广树, 卢慧, 等. 2006. 阜新矿区矸石废弃地立地质量的研究. 辽宁工程技术大学学报, 25(2): 301-303.

武冬梅, 张建红, 洪坚平, 等. 2000. 施肥对煤矸石风化物微生物活性的影响. 水土保持学报, 14(3): 100-103.

武冬梅, 张建红, 吕珊兰, 等. 1998. 山西矿区矸石山复垦种植施肥策略. 自然资源学报, 13(4): 333-336.

夏汉平, 蔡锡安. 2002. 采矿地的生态恢复技术. 应用生态学报, 13(11): 1471-1477.

肖武, 胡振琪, 许献磊, 等. 2010. 煤矿区土地复垦成本确定方法. 煤炭学报, 35(S): 175-179.

谢龙莲, 陈秋波, 王真辉, 等. 2004. 环境变化对土壤微生物的影响. 热带农业科学, 24(3): 39-47.

谢英荷, 张淑香, 洪坚平, 等. 1995. 煤矸石风化物上不同复垦措施对土壤微生物的影响. 土壤通报, 26(4): 183-185.

熊东红, 贺秀斌, 周红艺. 2005. 土壤质量评价研究进展. 世界科技研究与发展, 2: 71-75.

许光辉, 郑洪元. 1986. 土壤微生物分析方法手册. 北京: 中国农业出版社: 1-70.

许晓伟, 万福绪, 杨东, 等. 2013. 3 种中山杉种植模式对上海沿海土壤肥力的影响. 南京林业大学学报, 37(1): 163-167.

许长坤, 宋顺昌, 文怀军. 2011. 青海省煤炭资源概况及潜力分析. 中国煤炭地质, 23(5): 65-68.

薛海林. 2010. 浅谈青海海西州矿山环境保护与综合治理. 青海科技, (3): 34.

薛立, 邱立刚, 陈红跃, 等. 2003. 不同林分土壤养分、微生物与酶活性的研究. 土壤学报, 40(2): 280-285.

闫晗, 葛蕊, 潘胜凯, 等. 2014. 恢复措施对排土场土壤酶活性和微生物量的影响. 环境化学, 33(2): 327.

闫晗, 吴祥云, 黄静. 2011. 不同土地利用方式对露天矿排土场土壤酶活性的影响. 全国矿区环境综合治理与灾害防治技术研讨会: 162.

闫帅. 2015. 煤矸石山人工植被恢复技术研究. 中国林业科学研究院硕士学位论文.

杨翠霞, 张成梁, 刘禹伯, 等. 2017. 矿区废弃地近自然生态修复规划设计. 江苏农业科学, 45(17): 269-272.

杨福囷. 1980. 高山嵩草草地的生态学特点及其利用问题. 中国草原, (1): 32-38.

杨辉, 王璐. 2015. 矿区生态修复理论初探. 国土资源, (7): 48-49.

杨建平, 杨岁桥, 李曼. 2013. 中国冻土对气候变化的脆弱性. 冰川冻土, 35(6): 1442.

杨俊鹏, 戴华阳, 赵溪. 2015. 滇西北高寒地区金属矿山土地复垦技术探究: 以普朗铜矿区为例. 中国矿业, 24(12): 69-70.

杨淇清. 2010. 采煤区土地复垦问题及对策研究. 西南大学硕士学位论文.

杨瑞吉, 杨祁峰, 牛俊义. 2004. 表征土壤肥力主要指标的研究进展. 甘肃农业大学学报, 39(1): 86-91.

杨胜利, 王云鹏. 2009. 排土场稳定性影响因素分析. 露天采矿技术, (3): 4-7.

杨鞲鞲. 2012. 矿山废弃地生态修复技术与效应研究. 华北水利水电学院硕士学位论文.

杨鑫光, 李希来, 金立群, 等. 2018. 短期恢复下高寒矿区煤矸石山土壤变化特征研究. 草业学报, 27(8): 30-38

杨鑫光, 李希来, 金立群. 等. 2019. 不同人工恢复措施下高寒矿区煤矸石山植被和土壤恢复效果研究. 草业学报, 28(3): 1-11.

杨鑫光. 2019. 高寒矿区煤矸石山植被恢复潜力研究. 青海大学博士学位论文.

杨永均, Erskine P, 陈浮, 等. 2020. 澳大利亚矿山生态修复制度及其改革与启示. 国土资源情报, (2): 43-48.

杨幼清, 胡夏嵩, 李希来, 等. 2018. 高寒矿区草本植物根系增强排土场边坡土体抗剪强度试验研究. 水文地质工程地质, 45(6): 105-113.

杨幼清, 胡夏嵩, 李希来, 等. 2020. 高寒矿区软弱基底排土场边坡稳定性数值模拟. 地质与勘探, 56(1): 198-208.

杨悦舒, 夏振尧, 吴彬, 等. 2014. 基于层次分析法的生态防护基材土壤质量评价. 江苏农业科学, 42(3): 288-291.

姚敏娟, 张树礼, 李青丰. 2011. 黑岱沟露天矿排土场不同植被配置土壤水分研究. 北方环境, 23(1-2): 29-32.

姚泽, 徐先英, 付贵全, 等. 2020. 甘肃省主要矿山生态修复现状与综合治理措施分析. 甘肃科技, 36(16): 38-42, 80.

叶笃正, 陶诗言, 李麦村. 1958. 在六月和十月大气环流的突变现象. 气象学报, (4): 249-263.

于君宝, 王金达, 刘景双, 等. 2002. 矿山复垦土壤营养元素时空变化研究. 土壤学报, 39(5): 750-753.

余作岳, 彭少麟. 1996. 热带亚热带退化生态系统植被恢复生态学研究. 广州: 广东科技出版社: 1-35.

臧浩, 焦丽梅, 王程松, 等. 2021. 矿山生态保护修复治理技术研究. 能源与环保, 43(6): 28-34.

张涪平. 2012. 藏中拉屋铜矿区生态恢复研究. 华中农业大学博士学位论文.

张光灿, 刘霞, 王燕. 2002. 煤矿区生态重建过程中风化矸石山植被生长及土壤水文效应. 水土保持学报, 16(5): 20-23.

张光辉, 梁一民. 1996. 植被盖度对水土保持功效影响的研究综述. 水土保持研究, 3(2): 104-110.

张桂莲, 张金屯, 郭道宇. 2005. 安太堡矿区人工植被在恢复过程中的生态关系. 应用生态学报, 16(1): 151-155

张建彪. 2011. 煤矸石山生态重建中的植被演替及其与土壤因子的相互作用. 山西大学硕士学位论文.

张江华, 王葵颖, 徐友宁, 等. 2018. 矿采对高寒草地的影响及植被恢复技术. 地质通报, 37(12): 2260-2263.

张进德, 郗富瑞. 2020. 我国废弃矿山生态修复研究. 生态学报, 40(21): 7921-7930.

张静雯, 张成梁, 宋楠, 等. 2011. 煤矸石山不同坡面土壤营养元素与植被配置模式研究. 山西农业科学, 39(8): 841-845.

张玲, 叶正钱, 李廷强, 等. 2006. 铅锌矿区污染土壤微生物活性研究. 水土保持学报, 20(3): 136-140.

张乃明, 武雪萍, 谷晓滨, 等. 2003. 矿区复垦土壤养分变化趋势研究. 土壤通报, 34(1): 58-60.

张鹏, 赵洋, 黄磊, 等. 2016. 植被重建对露天煤矿排土场土壤酶活性的影响. 生态学报, 36(9): 2715-2723.

张卫红, 苗彦军, 马飞, 等. 2017. 披碱草属牧草在西藏草地系统中的地位探究. 黑龙江畜牧兽医, (2): 172-174.

张晓萍, 李锐, 杨勤科. 2004. 基于 RS/GIS 的生态脆弱区土地利用适宜性评价. 中国水土保持科学, 2(4): 30-36.

张信宝, 安芷生, 陈玉德. 1998. 半干旱区植被恢复与岩土性质. 地理学报, 65(增刊): 134-140.

张轩, 张强, 邹春花, 等. 2015. 覆土厚度对煤矸石山复垦土壤水分及大豆生长的影响. 山西农业科学, 43(8): 968-971, 991.

张轩. 2016. 覆土厚度对矸石山复垦区土壤性质的影响研究. 山西大学硕士学位论文.

张燕堃, 张灵菲, 张新中, 等. 2014. 不同草地恢复措施对高寒草甸植物根系特征的影响. 兰州大学学报(自然科学版), 50(1): 107-111.

张志权, 蓝崇钰, 束文圣, 等. 2001. 土壤种子库与矿业废弃地植被恢复研究: 定居植物对重金属的吸收和再分配. 植物生态学报, 25(3): 306-311.

章家恩. 2006. 生态学常用实验研究方法与技术. 北京: 化学工业出版社.

章午生, 金万福. 1985. 青海省矿产资源概况. 中国地质, (7): 28-30.

赵汝东, 樊剑波, 何园球, 等. 2011. 退化马尾松林下土壤障碍因子分析及酶活性研究. 土壤学报, 48(6): 1287.

赵晓林, 程红刚, 岳本江, 等. 2021. 矿山生态修复的研究热点和主流操作方式. 中国水土保持, (6): 46-48.

赵玉红, 张涪平, 王忠红. 2009. 藏中矿区植物种群生态位特征研究. 青海草业, 18(4): 2-7.

郑福祥, 王电龙. 2011. 掺土煤矸石垂直入渗规律模拟研究. 亚热带水土保持, 23(2): 19-21, 35.

郑永红, 张治国, 姚多喜, 等. 2013. 煤矸石充填复垦对土壤特性影响研究. 安徽理工大学学报(自然科学版), 33(4): 7-11.

郑元铭, 全小龙, 乔有明, 等. 2019. 高寒露天煤矿剥离物理化特性及其植物生长适宜性分析. 青海大学学报, 37(2): 22-35.

郑昭佩, 刘作新. 2003. 土壤质量及其评价. 应用生态学报, 14(1): 131-134.

智超, 廖昆. 2014. 青海纳日贡玛斑岩铜钼矿床地球化学特征及成矿作用. 西北地质, 47(3): 26-34.

中国科学院南京土壤研究所. 1985. 土壤微生物研究法. 北京: 科学出版社: 40-50.

周波. 2006. 木里露天煤矿水土流失量预测及防治对策. 草业科学, 23(7): 63-66.

周连碧. 2007. 我国矿区土地复垦与生态重建的研究与实践. 有色金属, 59(2): 90-94.

周启星, 张倩茹. 2005. 东北老工业基地煤炭矿区环境问题与生态对策. 生态学杂志, 24(3): 287-290.

周树理. 1995. 矿山废地复垦与绿化. 北京: 中国林业出版社: 149-151.

周玮, 朱军, 吴鹏, 等. 2012. 杠寨小流域不同林分对土壤理化性质的影响. 湖北农业科学, 51(22): 5041-5044.

周兴民, 王质彬, 杜庆. 1987. 青海植被. 西宁: 青海人民出版社.

周瑶, 马红彬, 贾希洋, 等. 2017. 不同恢复措施对宁夏典型草原土壤碳氮储量的影响. 草业学报, 26(12): 236-242.

周幼吾, 邱国庆, 郭东信, 等. 2000. 中国冻土. 北京: 科学出版社.

自然资源部. 2019. 自然资源部关于探索利用市场化方式推进矿山生态修复的意见.

自然资源部. 2020. 探索利用市场化方式推进矿山生态修复.

邹晓锦, 仇荣亮, 黄穗虹. 2007. 大宝山矿区重金属污染对作物的生态毒性研究. 农业环境科学学报, 26(增): 479-483.

左克成, 乐炎舟. 1978. 青海的高山草甸土. 土壤, 5: 190.

左克成, 乐炎舟. 1980. 海高山草甸土的形成及其肥力评价. 土壤学报, 17(4): 310-315.

Aber J D, Jordan W III. 1985. Restoration ecology: an environmental middle ground. BioScience, 35(7): 399.

Ahirwal J, Maiti S K, Reddy M S. 2017. Development of carbon, nitrogen and phosphate stocks of reclaimed coal mine soil within 8 years after forestation with *Prosopis juliflora* (Sw.) Dc. Catena, 156: 42-50.

Ahirwal J, Maiti S K, Singh A K. 2016. Ecological restoration of coal mine degraded lands in dry tropical climate: What has been done and what needs to be done? Environmental Quality Management, 26: 25-36.

Alday J G, Marrs R H, Martinez-Ruiz C. 2011. Vegetation succession on reclaimed coal wastes in Spain: The influence of soil and environmental factors. Applied Vegetation Science, 14: 84-94.

Arias-Fernandez R, Lopez-Mosquera M E, Seoane S. 2001. Coal-mine spoil reclaiming as substrate for "cultivation without soil" in Petunia. Acta Horticulturae, 559(2): 619-625.

Arshad M A, Martin S. 2002. Identifying critical limits for soil quality indicators in agroecosystem. Agricultural Ecosystems and Environment, 88: 153-160.

Asensio V, Vega F A, Andrade M L, et al. 2013. Tree vegetation and waste amendments to improve the physical condition of copper mine soils. Chemosphere, 90: 603-610.

Asensio V, Vega F A, Covelo E F. 2014. Effect of soil reclamation process on soil C fractions. Chemosphere, 95: 511-518.

Augusto L, Ranger J, Binkley D, et al. 2002. Impact of several common tree species of European temperate forests on soil fertility. Annals of Forest Science, 59: 233-253.

Avantika C, Vipin K, Zeba U, et al. 2017. Impact of coal mining on soil properties and their efficient eco-restoration. International Journal of Energy Technology and Policy, 13: 158-165.

Baker D. 1996. A methodology for integrating materials balance and land reclamation. IJSM, R&E, (10): 143-146.

Baker P. 1993. Some aspects of rehabilitation at South Blackwater. The Australian Coal Journal, (41): 17-25.

Bakr N, Weindorf D C, Bahnassy M H. 2010. Monitoring land cover changes in a newly reclaimed area of Egypt using multi-temporal land sat data. Apply Geography, 30(4): 592-605.

Banning N C, Lalor B M, Cookson W R, et al. 2012. Analysis of soil microbial community level physiological profiles innative and post-mining rehabilitation forest: Which substrates discriminate. Applied Soil Ecology, 56: 27-34.

Barliza J C, Pelaez J D L, Campo J. 2018. Recovery of biogeochemical processes in restored tropical dry forest on a coal mine spoil in La Guajira, Colombia. Land Degrad & Dev, 29: 3174-3183.

Bell L C. 2001. Establishment of native ecosystems after mining: Australian experience across diverse biogeographic zones. Ecological Engineering, 17: 179-186.

Bi Y L, Hu Z Q. 2000. Respective of applying VA mycorrhiza to reclamation. *In*: Lu X S, Zhou Y C, Wang G X, et al. Mine Land Reclamation and Ecological Restoration for 21 Century: Beijing International symposium on land reclamation. Beijing: China Coal Industry Publishing House: 555-559.

Bowcn C K, Schuman G E, Olson R A, et al. 2005. Influence of topsoil depth on plant and soil attributes of 24-year old reclaimed mined lands. Arid Land Research and Management, 19: 267-284.

Bradshaw A. 1997. Restoration of mined lands-using natural processes. Ecological Engineering, (8): 255-269.

Burton C M, Burton P J, Hebda R, et al. 2006. Determining the optimal sowing density for mixture of native Plants used to revegetate degraded ecosystems. Restoration Ecology, 14(3): 379-390.

Cairns J J. 1995. Restoration ecology. Encyclopedia of Environmental Biology, 3: 223-235.

Cao W, Sheng Y, Qin Y H, et al. 2010. Grey relation projection model for evaluating permafrost environment in the Muli coal mining area, China. International Journal of Mining, Reclamation and Environment, 24: 363-374.

Chen H, Zheng Y, Zhu Y. 1996. Phosphorus: a limiting factor for restoration of soil fertility in a newly reclaimed coal mined site in Xuzhou, China. Land Degradation and Development, 9(2): 176-183.

Christy T C, Irwin A U. 2001. Aboveground vegetation, seed bank and soil analysis of a 31-year-old forest restoration on coal mine spoil in Southeastern Ohio. The American Midland Naturalist, 147: 44-59.

Cornwell S M, Jackson M L. 1968. The availability of nitrogen to plant in acid coal-mine spoil. Nature, 217: 768-769.

Costin A B. 1955. Australia with reference to conditions in Europe and New Zealand. Alpine Soils, 6(1): 35-50.

Dancer W S, Handley J F, Bradshaw A D. 1977. Nitrogen accumulation in Kaolin mining wastes in Cornwall I. Natural communities. Plant and Soil, 48: 153-167.

Daniel M E, Carl E Z, James A B, et al. 2013. Reforestation practice for enhancement of ecosystem services on a compacted surface mine: Path toward ecosystem recovery. Ecological Engineering, 51: 16-23.

Daniellm L M, Peter D S, Jeffrey S B. 2002. Soil microbiological properties 20 years after surface mine reclamation: spatial analysis of reclaimed and undisturbed sites. Soil Biology & Biochemistry, 34: 1717-1725.

Darina H, Karel P. 2003. Spoil heaps from brown coal mining technical reclamation versus spontaneous re-vegetation. Restoration Ecology, 11(3): 385-390.

Darmody R G, Hetzler R T, Simmons F W. 1992. Coal mine subsidence: The effect of mitigation on crop yields. Proceedings of subsidence workshop due to underground mining. International Journal of Surface Mining, Reclamation and Environment, 6(4): 22-25.

Darmody R G. 1993. Coal mine subsidence: The effect of mitigation on crop yields. Proceedings of Subsidence Workshop due to Underground Mining, 22-25: 182-187.

Darmody R G. 1995. Modelling agricultural impacts of long wall mine subsidence: A GIS approach. International Journal of Surface Mining, Reclamation and Environment, 9(5): 63-68.

Diamond J. 1987. Reflections on goals and on the relationship between theory and practice. *In*: Jordon W R, Gilpin N, Aber J. Restoration Ecology: A Synthetic Approach to Ecological Research. Cambridge: Cambridge University Press: 329-336.

Dobson A D, Bradshaw A D, Baker A J M. 1997. Hopes for the future: restoration ecology and conservation biology. Science, 277: 515-522.

Dooley S R, Treseder K K. 2012. The effect of fire on microbial biomass: A meta-analysis of field studies. Biogeochemistry, 109: 49.

Dornbush M E, Wilscy B J. 2010. Experimental manipulation of soil depth alters species richness and co-occurrence in restored tall grass prairie. Journal of Ecology, 98: 117-125.

Duque J F, Matin J, Pedraza A, et al. 1998. A geomorphological design for the rehabilitation of an abandoned sand quarry in central Spain. Landscape and Urban Planning, 42: 1-14.

Folke C, Carpenter S, Walker B, ct al. 2004. Regime shifts, resilience, and biodiversity in ecosystem management. Annu Rev Ecol Evol Syst, 35: 557-581.

Friedli B, Tobias S, Fritsch M. 1998. Quality assessment of restored soils: combination of classical soil science methods with ground penetrating radar and near infrared aerial photography. Soil & Tillage Research, 46(1-2): 103-115.

Frouz J, Elhottová D, Kuráž V, et al. 2006. Effects of soil macrofauna on other soil biota and soil formation in reclaimed and unreclaimed post mining sites: results of a field microcosm experiment. Appl Soil Ecol, 33: 308-320.

Gatzweiler R, Jahn S, Neubert G, et al. 2001. Cover design waste management, for radioactive and AMD-producing mine waste in the Ronneburg area, Eastern Thuringia. Waste Management, 21: 175-184.

Gemmell R P. 1977. Colonization of Industrial Wasteland. London: Arnold: 21-47.

Gitt M J, Dollhopf D J. 1991. Coal waste reclamation using lime requirement. Journal of Environmental Quality, 20(1): 285-288.

Holl K D. 2002. Long-term vegetation recovery on reclaimed coal surface mines in the eastern US. Journal of Applied Ecology, 9(6): 963-969.

Holmes P M, Richardson D M. 1999. Protocols for restoration based on recruitment dynamic, community structure and ecosystem function: Perspectives from South African fynbos. Restoration Ecology, 7: 215-223.

Huang L, Zhang P, Hu Y G, et al. 2016. Vegetation and soil restoration in refuse dumps from open pit coal mines. Ecological Engineering, 94: 638-646.

Jing Z R, Wang J M, Zhu Y C, et al. 2018. Effects of land subsidence resulted from coal minim on soil nutrient distributions in a loess area of China. Journal of Cleaner Production, 177: 350-361.

Joan M, Josepm M. 2005. A GIS methodology for assess in ecological connectivity application to the Barcelona Metropolitan Area. Landscape and Urban Planning, 71: 243-262.

Kourtev P S, Ehrenfeld J G, Haggblom M. 2003. Experimental analysis of the effect of exotic and native plant species on the structure and function of soil microbial communities. Soil Biology & Biochemistry, 35: 895-905.

Kumar S, Maid S K, Chaudhuri S. 2015. Soil development in 2-21 years old coalmine reclaimed spoil with trees: A Case study from Sonepur-Bazari opencast project, Raniganj coalfield, India. Ecological Engineering, 84: 311-324.

Kumar V, Chandra A, Usmani Z. 2017. Impact of coal mining on soil properties and their 470 efficient eco-restoration. International Journal of Energy Technology & Policy, 13: 158.

Lee S K, Saxena N C. 1998. Biological reclamation of the coalmine spoils with MOPSMK. International Journal of Surface Mining, Reclamation and Environment, (12): 87-90.

Li J J, Zhou X M, Yan J X, et al. 2015. Effects of regenerating vegetation on soil enzyme activity and microbial structure in reclaimed soils on a surface coal mine site. Applied Soil Ecology, 56-62.

Li S, Yang B, Wu D. 2008. Community succession analysis of naturally colonized plants on coal gob piles in Shanxi mining areas, China. Water Air & Soil Pollution, 193: 211-228.

Li X L, Gao J, Zhang J, et al. 2019. Adaptive strategies to overcome challenges in vegetation restoration to coalmine wasteland in a frigid alpine setting. Catena, 182: 104123.

Li Y, Sun Q, Zhan J, et al. 2017. Soil-covered strategy for ecological restoration alters the bacterial community structure and predictive energy metabolic functions in mine tailings profiles. Applied Microbiology and Biotechnology, 101:

2549-2561.

Liang H Q, Zhang X D, Peng Z H, et al. 2009. Canonical correlation analysis of soil nutrients, microorganisms and enzyme activities in vegetation restoration areas of degraded and eroded soils in northwestern Hunan province, China. Frontiers of Forestry in China, 4: 44.

Liao M, Chen C L, Huang C Y. 2005. Effect of heavy metals on soil microbial activity and diversity in a reclaimed mining waste land of red soil area. Journal of Environmental Science, 17(5): 832-837.

Liu X Y, Bai Z K, Zhou W, et al. 2017. Changes in soil properties in the soil profile after mining and reclamation in an opencast coalmine on the Loess Plateau, China. Ecological Engineering, 98: 228-239.

Loit R, Elmar K, Igna R. 2002. Development of soil organic matter under pine on quarry detritus of open-cast oil shale mining. Forest Ecology and Management, 71: 191-198.

Lubke R A, Avis A M. 1999. A review mineral dune mining. Marine of the concept sand application of rehabilitation following heavy pollution. Bulletin, 37(8): 548-551.

Lugo A E. 1988. The future of the forest ecosystem rehabilitation in the tropics. Environment, 30(7): 17-25.

Lunt P H, Hedger J N. 2003. Effects of organic enrichment of mine spoil on growth and nutrient uptake in oak seedlings inoculated with selected ectomycorrhizal fungi. Restoration Ecology, 11(2): 125-130.

Mc Cormack D E, Carlson C L. 1986. Formulation of soil reconstruction and productivity standards. In: Carlson C L, Swisher J H. Innovative Approaches to Mined Land Reclamation. Carbondale: Southern Illinois University Press: 19-30.

Mc Nearny R L. 1995. Knight mine reclamation: A study of revegetation difficulties in a semiarid environment. IJSM, R&E, (9): 113-119.

Mukhopadhyay S, Masto R E, Yadav A, et al. 2016. Soil quality index for evaluation of reclaimed coal mine spoil. Science of the Total Environment, 542: 540-550.

Nadja Z, Rainer S, Helmut K, et al. 1999. Agricultural reclamation of disturbed soils in a lignite mining area using municipal and coal wastes: the humus situation at the beginning of reclamation. Plant and Soil, 213: 241-250.

Nie X J, Zhang H J, Han A G. 2015. Soil enzyme activities on eroded slopes in the Sichuan basin, China. Pedosphere, 25: 489.

Nyamadzawo G, Shukla M K, Lal R. 2008. Spatial variability of total soil carbon and nitrogen stocks for some reclaimed mine soils of South Eastern Ohio. Land Degradation and Development, 19: 275-288.

Palumbo A V, Mccarthy J F, Amonette J E, et al. 2004. Prospects for enhancing carbon sequestration and reclamation of degraded lands with fossil-fuel combustion by-products. Advances in Environmental Research, 8: 425-438.

Pelkki M H, Ringe J M, Brown D L, et al. 1996. Woody plant diversity on a revegetated abandoned coal wash sediment pond. International Journal of Surface Mining, Reclamation and Environment, 10(4): 161-166.

Pelkki. 1995. Woody plant diversity on a revegetated abandoned coal wash sediment pond. IJSM, R&E, (9): 161-166.

Redente E F, McLendon T, Agnew W. 1997. Influence of top-soil depth on plant community dynamics of a seeded site in northwest Colorado. Arid Soil Research and Rehabilitation, 11: 139-149.

Reynolds B, Reddy K J. 2012. Infiltration rates in reclaimed surface coal mines. Water, Air & Soil Pollution, 223:

5941-5958.

Richards I G, Barrat P A, Palmer J P. 1993. The Reclamation of Former Coal Mines and Steelworks. Amsterdam: Elsevier: 17.

Rival Ubach A, Barbcta A, Sardans J, et al. 2016. Topsoil depth substantially influences the responses to drought of the foliar metabolomes of Mediterranean forests. Perspectives in Plant Ecology, Evolution and Systematics, 21: 41-54.

Sangeeta M S K, Maitia R E M. 2013. Use of reclaimed mine soil index (RMSI) for screening of tree species for reclamation of coal mine degraded land. Ecological Engineering, 57: 133-142.

Schwab A P, Tomecek M B, Ohlenbusch P D. 1991. Plant availability of lead, cadmium, and boron in amended coal ash. Water, Air, Soil Pollution, 57-58(1): 297-306.

Sheoran V, Sheoran A S, Poonia P. 2010. Soil reclamation of abandoned mine land by revegetation: A review. International Journal of Soil, Sediment and Water, 3: 1-20.

Shrestha R K, Lal R. 2006. Ecosystem carbon budgeting and soil carbon sequestration in reclaimed mine soil. Environment International, 32: 781-796.

Shrestha R K, Lal R. 2008. Land use impacts on physical properties of 28 years oldreclaimedminesoils in Ohio. Plant Soil, 306: 249-260.

Singh A N, Singh J S. 2006. Experiments on ecological restoration of coal mine spoil using native trees in a dry tropical environment, India: A synthesis. New Forests, 31: 25-39.

Singh M M, Bhattacharya S. 1987. Proposed criteria for assessing subsidence damage to renewable resource lands. Mining Engineering, 24(5): 189-193.

Smith R A H, Bradshaw A D. 1979. The use of metal tolerant plant populations for the reclamation of metal liferous wastes. Journal of Applied Ecology, 16: 595-612.

Spencer R H, Johnston R P. 2002. Technology Best Practice. New York: Wiley: 312.

Streltsov. 1991. The importance of mine surveying to rational ecological management. Proceedings of 8th international congress & exhibition, International society for mine surveying (ISM). Lexington, Kentucky, Sep: 22-27.

Strzyszcz Z. 1996. Recultivation and landscaping in areas after brown-coal mining in middle-east European countries. Water, Air, Soil Pollution, 91(1, 2): 145-157.

Swab K M, Lorenz N, Byrd S, et al. 2017. Native vegetation in reclamation: Improving habitat and ecosystem function through using prairie species in mine land reclamation. Ecological Engineering, 108: 525-536.

Szcepanska J, Twardowska I. 1999. Distribution and environmental impact of coal mining wastes in Upper Silesia Poland. Environmental Geology, 38: 249-258.

Tripathi N, Singh R S, Hills C D. 2016. Soil carbon development in rejuvenated Indian coal mine spoil. Ecological Engineering, 90: 482-490.

Uhidcy F, Alberts E E. 1997. Plant root effects on soil erodibility, splash detachment, soil strength, and aggregate stability. Transactions of the ASAE, 41: 129-135.

Verma S, Sharma P K. 2007. Effect of long-term manuring and fertilizers on carbon pools, soil structure, and sustainability under different cropping systems in wet-temperate zone of northwest Himalayas. Biology & Fertility of Soils, 44:

235-240.

Wang H D, Wang J M, Cao Y G, et al. 2016. Effect of soil and topography on vegetation restoration in an opencast coal mine dump in a loess area Shengtai Xuebao. Acta Ecologica Sinica, 36: 5098-5108.

Wang S Y, Shi Y, Niu J J, et al, 2013. Influence of vegetation restoration models on soil nutrient of coal gangue pile: A case study of No. 1 Coal Gangue Pile in Hedong, Shanxi. Acta Geographica Sinica, 68: 372-379.

Wang Z Q, Liu B Y, Zhang Y. 2009. Soil moisture of different vegetation types on the Loess Plateau. Journal of Geographical Sciences, 19: 707-718.

Yuan Y, Zhao Z Q, Niu S Y, et al. 2018. Reclamation promotes the succession of the soil and vegetation in opencast coal mine: A case study from *Robinia pseudoacacia* reclaimed forests, Pingshuo mine, China. Catena, 165: 72-79.

Yuan Y, Zhao Z Q, Zhang P F, et al. 2017. Soil organic carbon and nitrogen pools in reclaimed mine soils under forest and cropland ecosystems in the Loess Plateau, China. Ecol Eng, 102: 137-144.

Zhang L, Wang J M, Bai Z K, et al. 2015. Effects of vegetation on runoff and soil erosion on reclaimed land in an opencast coal-mine dump in a loess area. Catena, 128: 44-53.

Zhao Z Q, Shahrour I, Bai Z K, et al. 2013. Soils development in opencast coal mine spoils reclaimed for 1-13 years in the West-Northern Loess Plateau of China. European Journal of Soil Biology, 55: 40-46.

Zier N, Schiene R, Koch H, et al. 1999. Agricultural reclamation of disturbed soils in a lignite mining area using municipal and coal wastes: the humus situation at the beginning of reclamation. Plant and Soil, 213(1-2): 241-250.

Zipper C E, Burger J A, Skousen J G, et al. 2011. Restoring forests and associated ecosystem services on appalachian coal surface mines. Environmental Management, 47: 751-765.

Zribi M, Ciarlettii V, Taconet O, et al. 2000. Characterization of the soil structure and microwave backscattering based on numerical three-dimensional surface representation: analysis with a fractional brownian model. Soil Structure and Microwave Backscattering, 72(2): 159-169.

Zvomuya F, Larney F J, Akinremi O O, et al. 2006. Topsoil replacement depth and organic amendment effects on plant nutrient uptake from reclaimed natural gas wellsites. Canadian Journal of Soil Science, 86: 859-869.

图　版

I　高寒矿区生态修复"七步法"植被建植技术

第一步：渣土筛选——形成种草基质层

2020 年 10 月 11 日 - 聚乎更 5 号井 - 冻土地貌重塑 - 矿坑部分回填（李永红、王鸿飞）

2020 年 11 月 11 日 - 江仓 1 号井 - 渣土筛选（李希来）

2021 年 5 月 30 日 - 聚乎更 5 号井 - 渣土筛选 - 机械耙地和捡石过程（贾顺斌、唐俊伟）

2021 年 5 月 30 日 - 聚乎更 5 号井 - 渣土筛选摊铺（贾顺斌、唐俊伟）

2021 年 6 月 3 日 - 江仓 4 号井 - 渣土筛选（李希来）

2021 年 6 月 16 日 - 聚乎更 3 号井 - 渣土筛选（邓宝池、李希来）

2021 年 6 月 16 日 - 聚乎更 3 号井 - 渣土筛选（邓宝池、李希来）

第二步：修建排水沟

2021 年 6 月 20 日 - 江仓 4 号井 - 修建排水沟 1（李志炜）

2021 年 6 月 20 日 - 江仓 4 号井 - 修建排水 沟 2（李志炜）

2021 年 6 月 20 日 - 江仓 5 号井 - 修建排水 沟（李志炜）

2021 年 8 月 5 日 - 聚乎更 5 号井 - 排水沟排 水效果（张洪明）

2021 年 8 月 20 日 - 聚乎更 5 号井 - 排水沟排 水效果（李希来）

第三步：改良渣土——拌入羊板粪

2021 年 5 月 20 日 - 江仓 2 号井 - 羊板粪拌入（李长慧）

2021 年 5 月 29 日 - 聚乎更 5 号井 - 羊板粪拌入（李永红）

2021 年 5 月 30 日 - 聚乎更 5 号井 - 羊板粪摊铺和拌入（贾顺斌、唐俊伟）

2021 年 6 月 16 日 - 聚乎更 3 号井 - 羊板粪摊铺与拌入（邓宝池、李希来）

2021 年 6 月 20 日 - 江仓 5 号井 - 羊板粪摊铺与拌入（李志炜）

2021 年 6 月 20 日 - 江仓 4 号井 - 羊板粪摊铺与拌入（李希来）

第四步：撒施有机肥

2021 年 5 月 20 日 - 江仓 2 号井 - 撒施有机肥 - 李长慧

2021 年 6 月 5 日 - 聚乎更 5 号井 - 撒施有机肥（李永红）

2021 年 6 月 20 日 - 江仓 4 号井 - 撒施有机肥（李志炜）

第五步：播种

2021 年 5 月 20 日 - 江仓 2 号井 - 机械播种（李长慧）

2021 年 5 月 24 日 - 江仓 2 号井 - 机械播种（王彪）

2021 年 5 月 24 日 - 江仓 2 号井 - 人工播种
（王彪）

2021 年 5 月 29 日 - 江仓 5 号井 - 人工播种
（李波）

2021 年 5 月 30 日 - 聚乎更 4 号井 - 人工播
种（欧为友）

2021 年 6 月 3 日 - 聚乎更 5 号井 - 人工拌种
（李永红）

2021 年 6 月 4 日 - 江仓 2 号井 - 机械播种
（李希来）

2021 年 6 月 16 日 - 江仓 1 号井 - 人工播种
（邓宝池、李希来）

2021 年 6 月 16 日 - 江仓 5 号井 - 人工播种（李希来）

第六步：耙糖镇压

2021年6月1日 - 聚乎更5号井 - 人工耙地（李永红、王鸿飞）

2021年6月2日 - 聚乎更5号井 - 播种后圆盘耙糖地（李永红、王鸿飞）

2021 年 6 月 2 日 - 聚乎更 5 号井 - 播种前圆盘耙耱地（李永红、王鸿飞）

2021 年 6 月 4 日 - 江仓 4 号井 - 播种后镇压器镇压（李希来）

2021 年 6 月 8 日 - 聚乎更 5 号井 - 播种前圆盘耙耱地（李永红、王鸿飞）

2021 年 6 月 15 日 - 聚乎更 5 号井 - 播种后镇压器镇压（李永红）

2021 年 6 月 16 日 - 聚乎更 3 号井 - 人工耙地（邓宝池、李希来）

第七步：铺设无纺布

2021 年 6 月 5 日 - 江仓 4 号井 - 无纺布铺设（李希来）

2021 年 6 月 12 日 - 聚乎更 5 号井 - 无纺布铺设（李永红、王鸿飞）

2021 年 6 月 16 日 - 聚乎更 3 号井 - 无纺布铺设（邓宝池、李希来）

2021 年 6 月 22 日 - 聚乎更 5 号井 - 无纺布铺设（李永红、王鸿飞）

Ⅱ 木里矿区生态修复治理前后对比

木里矿区生态修复治理之前照片拍摄者和提供者：张福强（青海省林业草原规划院），马万军、梁生强（青海省林业工程监理中心有限公司），严进录、夏青、杨世林（青海省林业工程咨询有限公司）

2020 年 8 月 10 日 - 哆嗦贡玛

2020 年 8 月 10 日 - 江仓 1 号井

2020 年 8 月 10 日 - 江仓 2 号井

2020 年 8 月 10 日 - 江仓 4 号井

2020 年 8 月 10 日 - 江仓 5 号井

2020 年 8 月 10 日 - 聚乎更 3 号井

2020 年 8 月 10 日 - 聚乎更 4 号井

2020 年 8 月 10 日 - 聚乎更 5 号井

2020 年 8 月 10 日 - 聚乎更 7 号井

2020 年 8 月 10 日 - 聚乎更 8 号井

2020 年 8 月 10 日 - 聚乎更 9 号井

木里矿区生态修复治理之后照片拍摄者和提供者：张福强（青海省林业草原规划院），马万军、梁生强（青海省林业工程监理中心有限公司），严进录、夏青、杨世林（青海省林业工程咨询有限公司）

2021 年 7 月 29 日 - 哆嗦贡玛

2021 年 7 月 29 日 - 江仓 1 号井

2021 年 7 月 29 日 - 江仓 2 号井

2021 年 7 月 29 日 - 江仓 4 号井

2021 年 7 月 29 日 - 江仓 5 号井

2021 年 7 月 29 日 - 聚乎更 3 号井

2021 年 7 月 29 日 - 聚乎更 4 号井

2021 年 7 月 29 日 - 聚乎更 7 号井

2021 年 7 月 29 日 - 聚乎更 8 号井

2021 年 7 月 29 日 - 聚乎更 9 号井

2021 年 8 月 20 日 - 聚乎更 5 号井（邓宝池、李希来）

Ⅲ 木里矿区生态修复总体效果

2021 年 7 月 3 日 - 聚乎更 4 号井 - 技术依托单位人员和施工企业负责人（李希来）

2021 年 7 月 29 日 - 江仓 2 号井 - 生态修复总体成效（青海省林业草原规划院）

2021 年 8 月 18 日 - 聚乎更 3 号井 - 生态修复总体效果（贾顺斌）

2021 年 8 月 19 日 - 聚乎更 4 号井 - 生态修复总体效果（贾顺斌）

2021 年 8 月 20 日 - 江仓 4 号井 - 生态修复总体效果 1（邓宝池、李希来）

2021 年 8 月 20 日 - 江仓 4 号井 - 生态修复总体效果 2（邓宝池、李希来）

2021 年 8 月 20 日 - 江仓 4 号井 - 生态修复总体效果 3（邓宝池、李希来）

2021 年 8 月 25 日 - 聚乎更 5 号井 - 生态修复总体效果（李永红）